典型工程造价指标

2024年版

（装配式建筑、绿色建筑等）

中国建设工程造价管理协会　主编

中国人事出版社

图书在版编目(CIP)数据

典型工程造价指标：2024年版：装配式建筑、绿色建筑等/中国建设工程造价管理协会主编. -- 北京：中国人事出版社，2024

ISBN 978-7-5129-2012-5

Ⅰ.①典… Ⅱ.①中… Ⅲ.①建筑造价管理-指标-中国-2024 Ⅳ.①TU723.31

中国国家版本馆CIP数据核字(2024)第108446号

中国人事出版社出版发行

(北京市惠新东街1号　邮政编码：100029)

*

河北宝昌佳彩印刷有限公司印刷装订　　新华书店经销

880毫米×1230毫米　16开本　33.5印张　783千字

2024年6月第1版　　2024年6月第1次印刷

定价：108.00元

营销中心电话：400-606-6496

出版社网址：http://www.class.com.cn

版权专有　　侵权必究

如有印装差错，请与本社联系调换：(010)81211666

我社将与版权执法机关配合，大力打击盗印、销售和使用盗版图书活动，敬请广大读者协助举报，经查实将给予举报者奖励。

举报电话：(010)64954652

编制单位和参编人员

主编单位：

中国建设工程造价管理协会

参编单位及人员（按拼音顺序排列）：

单位	人员	
北京京城招建设工程咨询有限公司	刘春颖	赵　静
北京求实工程管理有限公司	蒋炎青	庞　蕾
北京双圆工程咨询监理有限公司	黄　河	齐艳超
北京筑标建设工程咨询有限公司	张月玲	高　祎
重庆嘉豪工程造价咨询有限公司	张水金	庞茂成
重庆泓展建设工程咨询有限公司	邓国瑜	章秋艳
定宇设计咨询有限公司	王仕举	程　艳
方大国际工程咨询股份有限公司	徐耍旭	李春燕
广州菲达建筑咨询有限公司	张贵锋	罗琦琼
广东宏正工程咨询有限公司	邓俊辉	邓永根
广东隽衡工程造价咨询有限公司	何面杰	何敏波
广东省国际工程咨询有限公司	郭东民	刘秀梅
哈尔滨诚达工程投资咨询有限公司	张谷兰	白宇涛
海南诚安广和投资咨询管理有限公司	李松林	孟红红
海天工程咨询有限公司	田占岭	高清华
海逸恒安项目管理有限公司	杨宝峰	战上明
河南城印工程咨询有限公司	李　娜	赵巧茹
河南天衡工程管理有限公司	杨荣刚	李自亮
河南中州工程咨询有限公司	朱景会	喻婷婷
弘庚咨询有限公司	张　静	祁小栓
江苏春为全过程工程咨询有限公司	刘红梅	王　斌
内蒙古九鼎建设工程项目管理有限公司	初明磊	卢宏静
内蒙古硕力工程项目管理有限公司	宗文娜	李亚琪

宁夏惠建建设工程咨询有限公司	钱志平	慕瑞睿
瑞衡工程咨询有限公司	闫菲菲	赵丽娟
深圳市智筑工程咨询有限公司	李志伟	李 琦
天津滨海经建工程项目管理有限公司	张晓慧	邵巧君
天圆全（北京）国际工程项目管理有限公司	张晓双	王卓军
浙江安泰工程咨询有限公司	倪含辉	韩 威
浙江至诚工程咨询有限责任公司	丁浙鸣	楼亭亭
中德华建（北京）国际工程技术有限公司	万建军	王晓静
中国联合工程有限公司	俞铁震	郑 芳
中竞发工程管理咨询有限公司	马 丽	高 锋
中量工程咨询有限公司	沈永华	李佳妮
中兴豫建设管理有限公司	徐 文	李 杰
中誉恒信工程咨询有限公司	孔英豪	刘少珍

主审：

杨丽坤

审查人员：

王中和　李成栋　杨海欧　郝治福　佟 坤　宋志红　付 欣　冯 闻
赵 明　袁咸亮　杨玉婷　贾维维　刘 莹　王玉恒　李恺平

前 言

为适应市场需求,更好地发挥协会引领行业发展的作用,为行业及会员单位提供多元化的数据服务,中国建设工程造价管理协会组织编制了《典型工程造价指标2024年版(装配式建筑、绿色建筑等)》,为政府及企业的投资决策、造价指标类比、工程造价管理等提供参考。

一、编制内容

1. 工程分类

按照《建设工程分类标准》(GB/T 50841—2013),典型工程选取了居住建筑、办公建筑、商业建筑、文化建筑、教育建筑、体育建筑、卫生建筑等项目。

2. 指标分类

(1)按照《建设工程造价指标指数分类与测算标准》(GB/T 51290—2018),选取了经济指标、工程量指标、单位指标、占造价比例等。

(2)典型工程造价指标表格设置为工程概况及项目专业信息表、工程经济指标表和主要工程量指标表。

二、编制原则

1. 真实性原则

以各个典型工程不同阶段的真实数据为基础进行编制,对人、材、机价格信息不做调整。

2. 统一性原则

各类工程造价指标格式统一,确保编制的统一性。

3. 合理性原则

各单位对提供的典型工程造价指标的成果严格把关,确保各项造价指标数据准确合理。

4. 多样化原则

典型工程造价指标提供了不同层次的造价指标分析成果,为满足不同需求提供多样化的参考。

5. 择优选取原则

典型工程造价指标经过专家多次审查后,择优选取收入《典型工程造价指标2024年版(装配式建筑、绿色建筑等)》中。

三、编制过程

2023年5月，发文征集典型工程造价指标，共收到818份项目指标案例，2023年7月至11月，组织专家对征集的工程造价指标进行多次审查。2023年12月，进行最终核对与审查。

目 录

装配式建筑

装配式混凝土结构 …………………………………………………………………（ 3 ）
居住建筑 ……………………………………………………………………………（ 3 ）
案例 1　北京市某回迁房 ……………………………………………………（ 3 ）
案例 2　河南省某住宅楼 ……………………………………………………（ 10 ）
案例 3　河南省某住宅楼 ……………………………………………………（ 17 ）
案例 4　河南省某住宅楼 ……………………………………………………（ 23 ）
案例 5　河南省某住宅楼 ……………………………………………………（ 29 ）
办公建筑 ……………………………………………………………………………（ 36 ）
案例 6　江苏省某办公楼 ……………………………………………………（ 36 ）
案例 7　山东省某办公楼 ……………………………………………………（ 44 ）
案例 8　山东省某办公楼 ……………………………………………………（ 51 ）
案例 9　山东省某办公楼 ……………………………………………………（ 58 ）
案例 10　山东省某办公楼 …………………………………………………（ 65 ）
文化建筑 ……………………………………………………………………………（ 72 ）
案例 11　浙江省某学校图书馆 ……………………………………………（ 72 ）
教育建筑 ……………………………………………………………………………（ 79 ）
案例 12　广东省某中学教学楼 ……………………………………………（ 79 ）
案例 13　广东省某中学教学楼 ……………………………………………（ 85 ）
卫生建筑 ……………………………………………………………………………（ 92 ）
案例 14　海南省某医院科研楼 ……………………………………………（ 92 ）
厂房 …………………………………………………………………………………（ 99 ）
案例 15　江苏省某厂房车间 ………………………………………………（ 99 ）

装配式钢结构 (105)

教育建筑 (105)
- 案例 16　河南省某大学生活楼 (105)
- 案例 17　海南省某教学楼 (112)

体育建筑 (120)
- 案例 18　浙江省某体育馆 (120)
- 案例 19　海南省某游泳馆 (126)
- 案例 20　海南省某体育馆 (134)

卫生建筑 (142)
- 案例 21　海南省某医院医技综合楼 (142)

厂房 (150)
- 案例 22　天津市某厂房 (150)
- 案例 23　河北省某厂房机房 (156)
- 案例 24　河北省某厂房 (163)
- 案例 25　内蒙古自治区某厂房 (170)
- 案例 26　内蒙古自治区某厂房车间 (176)
- 案例 27　内蒙古自治区某厂房成品库 (183)
- 案例 28　海南省某厂房 (189)

绿色建筑

居住建筑 (199)
- 案例 29　北京市某住宅楼 (199)
- 案例 30　河南省某住宅楼 (207)

办公建筑 (213)
- 案例 31　北京市某办公楼 (213)
- 案例 32　北京市某办公楼 (221)
- 案例 33　山东省某办公楼 (229)

商业建筑 (236)
- 案例 34　山东省某商业楼 (236)

文化建筑 (243)
- 案例 35　广东省某展览馆 (243)

教育建筑 (250)
- 案例 36　北京市某大学报告厅 (250)

案例 37　山东省某中学教学楼	（258）
案例 38　山东省某小学教学楼	（265）
案例 39　山东省某幼儿园	（272）
案例 40　山东省某幼儿园	（279）
案例 41　广东省某大学实验楼	（286）
案例 42　广东省某大学行政楼	（292）
案例 43　广东省某大学宿舍楼	（299）
案例 44　广东省某大学教学楼	（306）
案例 45　广东省某中学教学楼	（313）
案例 46　广东省某中学宿舍楼	（320）
案例 47　海南省某大学宿舍楼	（328）
案例 48　重庆市某中学教学楼	（335）
案例 49　重庆市某中学行政楼	（342）
案例 50　宁夏回族自治区某大学行政楼	（349）
体育建筑	（356）
案例 51　广东省某体育馆	（356）
卫生建筑	（364）
案例 52　北京市某医院医技楼	（364）
厂房	（372）
案例 53　黑龙江省某厂房	（372）
案例 54　浙江省某厂房	（379）
案例 55　广东省某厂房	（386）

其他

居住建筑	（395）
案例 56　山东省某公寓楼	（395）
案例 57　山东省某地下车库	（402）
案例 58　河南省某保障房	（409）
案例 59　河南省某保障房	（416）
案例 60　海南省某保障房地下室	（423）
办公建筑	（430）
案例 61　山东省某办公楼	（430）
案例 62　山东省某办公楼	（437）

  案例63 山东省某办公楼 …………………………………………………………（444）
  案例64 山东省某地下车库 ………………………………………………………（451）
  案例65 山东省某地下车库 ………………………………………………………（458）
  案例66 重庆市某办公楼 …………………………………………………………（465）

教育建筑 ………………………………………………………………………………（472）
  案例67 浙江省某中学教学楼 ……………………………………………………（472）
  案例68 河南省某大学实验楼 ……………………………………………………（479）
  案例69 河南省某大学图书馆 ……………………………………………………（486）
  案例70 河南省某大学教学楼 ……………………………………………………（493）
  案例71 广东省某中学教学楼 ……………………………………………………（500）
  案例72 广东省某中学教学楼 ……………………………………………………（506）

卫生建筑 ………………………………………………………………………………（512）
  案例73 广东省某医院医技楼 ……………………………………………………（512）

厂房 ……………………………………………………………………………………（520）
  案例74 广东省某厂房 ……………………………………………………………（520）

装配式建筑

装配式混凝土结构

居住建筑

案例 1　北京市某回迁房

表 1　工程概况及项目专业信息表

基本信息					
建设性质	新建	工程类型	居住建筑/普通住宅/保障性住房	结构类型	剪力墙结构
建设形式	装配式	抗震等级	二级	开/竣工日期	2021-03-03/2023-11-28
计价方式	清单计价	造价阶段	签约合同价	总建筑面积（m²）	119 464.91
地下建筑面积（m²）	39 914.00	装修标准	初装	人防面积（m²）	—
建筑物基底面积（m²）	—	屋面面积（m²）	—	檐高或房屋高度（m）	52.90
地上最高层数（层）	18	地下层数（层）	3	首层层高（m）	2.90
标准层层高（m）	2.90	顶层层高（m）	2.97	地下一层层高（m）	3.00
地下二层层高（m）	3.60	地下三层层高（m）	3.60	户数（户）	—
装修类别	初装	基坑支护面积（m²）	—	建设年限（年）	—
绿建标准	—	安全文明施工标准	绿色	质量标准	合格

续表

说明	装饰工程范围：(1)楼地面装饰（面砖），公共服务楼9-11#楼地上楼面。(2)墙柱面装饰（涂料）：住宅楼1-8#楼公区及设备间、公共服务楼9-11#楼（除有水房间）、地下车库的设备间及车位位置（1m以下）。(3)天棚装饰（涂料）：住宅楼1-8#楼公区及设备间、公共服务楼9-11#楼（除有水房间）、地下车库的楼梯间及设备间。(4)油漆涂料：住宅楼1-8#楼外墙 安装工程：(1)消防（消防水、消防电）、弱电工程为专业分包，本项目只包含预留预埋。(2)电梯工程、小市政工程为专业分包，燃气工程为甲方直接发包，均不包含在本项目中	
项目专业信息		
建筑工程	地基处理及土护降工程	土石方工程：挖一般土石方。地基处理方式：其他。基坑支护形式：喷锚混凝土护坡
	基础工程	满堂基础
	主体工程	钢筋工程：普通钢筋。钢结构工程：钢柱、钢梁、其他。混凝土主要强度：C15、C25、C30、C35、C40
	屋面工程	屋面形式：平屋面。屋面材料：混凝土
	防水工程	地下防水：卷材防水。室内防水：涂膜防水。屋面防水：卷材防水
	保温工程	外墙保温：挤塑聚苯板。内墙保温：挤塑聚苯板。屋面保温：挤塑聚苯板
装饰工程	门窗工程	门：其他。窗：塑钢窗
	地面工程	细石混凝土
	墙面工程	涂料
	天棚工程	涂料
	外立面形式	涂料
安装工程	电气工程	电气照明灯具：普通灯具、装饰灯具。电气动力配管：塑料管、钢管、JDG管。电缆：普通电缆、矿物电缆。电气设备：变压器
	电梯工程	—
	建筑智能化及通信工程	—

续表

安装工程	空调工程	管道：镀锌钢板风管、其他。局部式空调类型：VRV。设备：空调机组。风机盘管：两管制
	通风工程	送排风系统
	给排水工程	冷水管：塑料管、复合管。中水管：塑料管、复合管。热水管：塑料管、复合管。卫生器具：有。给水设备：变频给水设备。污废水管道：塑料管、铸铁管、复合管
	采暖工程	采暖管道：塑料管、其他。热计量仪表：有。散热器：钢制。地板辐射采暖：有
	燃气工程	—
	消防工程	—

表2 工程经济指标表

编号	项目名称	金额（元）	单位指标（元/m²）	占比指标（%）
1	单项工程（分部分项+措施项目）	300 643 979.81	2 516.59	87.20
1.1	分部分项费	253 718 085.46	2 123.79	84.39
1.1.1	建筑工程	171 078 930.29	1 432.04	67.43
1.1.1.1	土石方工程	10 733 403.07	89.85	6.27
1.1.1.2	基坑与边坡支护	3 386 069.02	28.34	1.98
1.1.1.3	基础工程	8 262 989.63	69.17	4.83
1.1.1.4	砌筑工程	5 755 109.66	48.17	3.36
1.1.1.5	混凝土工程	79 592 867.92	666.24	46.52
1.1.1.5.1	现浇混凝土	20 137 951.04	168.57	25.30
1.1.1.5.2	预制混凝土	59 454 916.88	497.68	74.70
1.1.1.6	钢筋工程	31 883 242.23	266.88	18.64
1.1.1.6.1	普通钢筋	31 860 003.67	266.69	99.93
1.1.1.6.2	其他项	23 238.56	0.19	0.07

续表

编号	项目名称	金额（元）	单位指标（元/m²）	占比指标（%）
1.1.1.7	金属结构工程	4 445 747.20	37.21	2.60
1.1.1.8	屋面及防水工程	12 677 858.29	106.12	7.41
1.1.1.8.1	屋面防水	4 061 427.65	34.00	32.04
1.1.1.8.2	墙面、楼（地）面防水	8 616 430.64	72.13	67.96
1.1.1.9	保温、隔热及防腐工程	6 073 983.14	50.84	3.55
1.1.1.9.1	保温、隔热工程	6 073 983.14	50.84	100.00
1.1.1.10	其他项、补充项	8 267 660.13	69.21	4.83
1.1.2	装饰工程	33 565 337.13	280.96	13.23
1.1.2.1	门窗	13 541 624.24	113.35	40.34
1.1.2.2	楼地面装饰	7 297 140.55	61.08	21.74
1.1.2.3	墙柱面装饰	7 031 624.63	58.86	20.95
1.1.2.4	天棚装饰	1 981 536.39	16.59	5.90
1.1.2.5	油漆、涂料	3 692 511.56	30.91	11.00
1.1.2.6	隔断	16 747.20	0.14	0.05
1.1.2.7	其他内装饰	4 152.56	0.03	0.01
1.1.3	安装工程	49 073 818.04	410.78	19.34
1.1.3.1	电气工程	23 051 869.76	192.96	46.97
1.1.3.1.1	控制设备及低压电器安装	6 236 147.82	52.20	27.05
1.1.3.1.2	电机检查接线及调试	360 450.86	3.02	1.56
1.1.3.1.3	电缆安装	3 132 554.55	26.22	13.59
1.1.3.1.4	防雷及接地装置	499 537.17	4.18	2.17
1.1.3.1.5	配管、配线	10 470 458.24	87.64	45.42
1.1.3.1.6	照明器具安装	956 999.77	8.01	4.15
1.1.3.1.7	附属工程	929 898.53	7.78	4.03
1.1.3.1.8	电气调整试验	465 822.82	3.90	2.02
1.1.3.2	建筑智能化及通信工程	3 905 145.64	32.69	7.96
1.1.3.2.1	综合布线系统工程	3 905 145.64	32.69	100.00

续表

编号	项目名称	金额（元）	单位指标（元/m²）	占比指标（%）
1.1.3.3	空调、通风工程	3 256 460.89	27.26	6.64
1.1.3.3.1	空调设备	228 356.75	1.91	7.01
1.1.3.3.2	通风设备	718 176.73	6.01	22.05
1.1.3.3.3	通风管道	1 035 838.28	8.67	31.81
1.1.3.3.4	通风管道部件	1 274 089.13	10.66	39.12
1.1.3.4	给排水工程	6 838 594.09	57.24	13.94
1.1.3.4.1	给排水管道	4 318 498.25	36.15	63.15
1.1.3.4.2	卫生器具	171 318.96	1.43	2.51
1.1.3.4.3	给排水设备	2 348 776.88	19.66	34.35
1.1.3.5	采暖工程	7 777 206.36	65.10	15.85
1.1.3.5.1	采暖管道	3 365 211.36	28.17	43.27
1.1.3.5.2	供暖器具	4 411 995.00	36.93	56.73
1.1.3.6	其他项	4 202 974.51	35.18	8.56
1.1.3.6.1	支架及套管（给排水、采暖、燃气管道）	947 210.96	7.93	22.54
1.1.3.6.2	管道附件（给排水、采暖、燃气管道）	2 546 100.27	21.31	60.58
1.1.3.6.3	刷油工程	98 039.09	0.82	2.33
1.1.3.6.4	绝热工程	604 306.91	5.06	14.38
1.1.3.6.5	自动化控制仪表	7 317.28	0.06	0.17
1.1.3.7	补充项	41 566.79	0.35	0.08
1.2	措施项目费	46 925 894.35	392.80	15.61
1.2.1	单价措施项目	31 872 993.16	266.80	67.92
1.2.1.1	脚手架	3 862 336.71	32.33	12.12
1.2.1.2	混凝土模板及支架（撑）	15 583 206.16	130.44	48.89
1.2.1.3	其他项	12 427 450.29	104.03	38.99
1.2.2	总价措施项目	15 052 901.19	126.00	32.08
2	规费	9 951 112.34	83.30	2.89
3	税金	34 165 460.17	285.99	9.91

表3 主要工程量指标表

编号	工程量名称	数量	单位	单位指标
1	建筑工程			
1.1	土石方工程	232 658.27	m^3	1.95 m^3/m^2
1.2	基础工程	16 758.72	m^3	0.14 m^3/m^2
1.3	砌筑工程	7 232.60	m^3	0.06 m^3/m^2
1.4	混凝土工程			
1.4.1	现浇混凝土	52 320.36	m^3	0.44 m^3/m^2
1.4.2	预制混凝土	14 034.30	m^3	0.12 m^3/m^2
1.5	钢筋工程			
1.5.1	普通钢筋	5 609 027.00	kg	46.95 kg/m^2
1.6	金属结构工程	66.6	t	<0.01 t/m^2
1.7	屋面及防水工程			
1.7.1	防水工程	89 868.00	m^2	0.75 m^2/m^2
1.8	保温、隔热及防腐工程			
1.8.1	保温、隔热工程	70 850.61	m^2	0.59 m^2/m^2
2	装饰工程			
2.1	门窗	31 880.73	m^2	0.27 m^2/m^2
2.2	楼地面装饰	3 484.96	m^2	0.03 m^2/m^2
2.3	墙柱面装饰	50 786.24	m^2	0.43 m^2/m^2
2.4	天棚装饰	17 055.19	m^2	0.14 m^2/m^2
2.5	油漆、涂料	62 401.44	m^2	0.52 m^2/m^2
2.6	隔断	22 641.08	m^2	0.19 m^2/m^2
2.7	其他内装饰	653.33	m^2	0.01 m^2/m^2
3	安装工程			
3.1	电气工程			
3.1.1	电缆安装	27 689.50	m	0.23 m/m^2

续表

编号	工程量名称	数量	单位	单位指标
3.1.2	配管、配线	1 268 615.15	m	10.62 m/m²
3.1.3	照明器具安装	6 672.00	套	0.06 套/m²
3.2	建筑智能化及通信工程	—	—	—
3.3	空调、通风工程			
3.3.1	通风设备及部件制作安装	201	台	<0.01 台/m²
3.3.2	通风管道制作安装	5 573.48	m²	0.05 m²/m²
3.3.3	通风管道部件制作安装	956	个	0.01 个/m²
3.4	消防工程	—	—	—
3.4.1	水灭火系统	—	—	—
3.4.2	气体灭火系统	—	—	—
3.4.3	泡沫灭火系统	—	—	—
3.5	给排水、采暖、燃气工程			
3.5.1	给排水管道	81 535.85	m	0.68 m/m²
3.5.2	采暖管道	26 364.67	m	0.22 m/m²
3.5.3	支架及其他	9 829.04	kg	0.08 kg/m²
3.5.4	管道附件	16 331.00	组	0.14 组/m²
3.5.5	卫生器具	765	套	0.01 套/m²
3.5.6	供暖器具	232	组	<0.01 组/m²
3.5.7	设备	108	台	<0.01 台/m²
3.6	刷油、防腐蚀、绝热工程			
3.6.1	刷油工程	869.67	m²	0.01 m²/m²
3.6.2	绝热工程	5 555.67	m²	0.05 m²/m²
3.7	机械设备安装工程	—	—	—
4	措施项目费			
4.1	脚手架	119 815.00	m²	1.00 m²/m²
4.2	混凝土模板及支架(撑)	269 092.53	m²	2.25 m²/m²

案例 2　河南省某住宅楼

表 1　工程概况及项目专业信息表

基本信息					
建设性质	新建	工程类型	居住建筑/普通住宅/保障性住房	结构类型	剪力墙结构
建设形式	装配式	抗震等级	二级	开/竣工日期	—
计价方式	清单计价	造价阶段	招标控制价	总建筑面积（m²）	26 528.78
地下建筑面积（m²）	2 917.81	装修标准	精装	人防面积（m²）	—
建筑物基底面积（m²）	997.75	屋面面积（m²）	757.70	檐高或房屋高度（m）	90.00
地上最高层数（层）	30	地下层数（层）	3	首层层高（m）	3.00
标准层层高（m）	3.00	顶层层高（m）	3.00	地下一层层高（m）	3.20
地下二层层高（m）	3.20	地下三层层高（m）	3.50	户数（户）	240
装修类别	精装	基坑支护面积（m²）	—	建设年限（年）	4
绿建标准	其他	安全文明施工标准	绿色	质量标准	合格
说明	—				
项目专业信息					
建筑工程	地基处理及土护降工程	土石方工程：挖一般土石方。地基处理方式：其他。基坑支护形式：其他			
	基础工程	满堂基础、其他			
	主体工程	钢筋工程：高强钢筋、普通钢筋。混凝土主要强度：C15、C20、C25、C30、C35、C40、C45、C50、C55			

续表

建筑工程	屋面工程	屋面形式：平屋面。屋面材料：混凝土
	防水工程	地下防水：卷材防水。室内防水：涂膜防水。屋面防水：卷材防水
	保温工程	外墙保温：其他。屋面保温：挤塑聚苯板
装饰工程	门窗工程	门：断桥铝低辐射中空玻璃推拉门（Low-E中空SuperSE-I）5 mm+9 A+5 mm、钢制复合防盗进户门、玻璃钢制防盗单元门、钢制防火门、木质套装门。窗：断桥铝合金内平开窗（Low-E中空SuperSE-I）6 mm+12 A+6 mm、断桥铝合金推拉窗（Low-E中空SuperSE-I）5 mm+9 A+5 mm、铝合金防雨百叶窗
	地面工程	地下车库走道自流坪楼地面、电梯厅、前室、合用前室、一层大堂、公共走道、楼梯间为防滑地砖，户内地砖精装修
	墙面工程	卫生间墙面是300 mm×450 mm釉面砖，其余墙面均为内墙乳胶漆，户内墙面精装修
	天棚工程	卫生间、厨房、电梯厅、前室、合用前室、一层大堂、公共走道为铝合金方板吊顶，户内天棚精装修
	外立面形式	外墙干挂石材及外墙真石漆
安装工程	电气工程	电气照明灯具：普通灯具、装饰灯具、障碍照明、其他。电气动力配管：塑料管、JDG管、其他。电缆：普通电缆。电气设备：其他
	电梯工程	电梯种类：直梯
	建筑智能化及通信工程	闭路监控系统、停车场管理系统、门禁控制系统、可视对讲系统、智能门锁
	空调工程	集中/半集中式系统类型：风+水形式。冷热源形式：换热站集中供热
	通风工程	送排风系统、防排烟系统
	给排水工程	冷水管：钢管、塑料管。热水管：钢管、塑料管。污废水管道：铸铁管、钢管
	采暖工程	采暖管道：钢管、塑料管。散热器：钢制
	燃气工程	—
	消防工程	水灭火系统：消火栓系统。泡沫灭火系统：其他

表2 工程经济指标表

编号	项目名称	金额（元）	单位指标（元/m²）	占比指标（%）
1	单项工程（分部分项+措施项目）	95 660 781.05	3 605.92	90.13
1.1	分部分项费	86 926 287.14	3 276.68	90.87
1.1.1	建筑工程	58 878 887.23	2 219.43	67.73
1.1.1.1	地基处理工程	55 096.53	2.08	0.09
1.1.1.2	基础工程	2 368 405.88	89.28	4.02
1.1.1.3	砌筑工程	194 257.16	7.32	0.33
1.1.1.4	混凝土工程	25 682 914.90	968.12	43.62
1.1.1.4.1	现浇混凝土	4 203 737.16	158.46	16.37
1.1.1.4.2	预制混凝土	21 479 177.74	809.66	83.63
1.1.1.5	钢筋工程	5 954 706.07	224.46	10.11
1.1.1.5.1	普通钢筋	5 872 496.60	221.36	98.62
1.1.1.5.2	其他项	82 209.47	3.10	1.38
1.1.1.6	金属结构工程	107 862.02	4.07	0.18
1.1.1.7	屋面及防水工程	692 005.01	26.09	1.18
1.1.1.7.1	屋面防水	484 692.59	18.27	70.04
1.1.1.7.2	墙面、楼（地）面防水	207 312.42	7.81	29.96
1.1.1.8	保温、隔热及防腐工程	911 928.95	34.38	1.55
1.1.1.8.1	保温、隔热工程	911 928.95	34.38	100.00
1.1.1.9	其他项、补充项	22 911 710.71	863.65	38.91
1.1.2	装饰工程	15 186 150.21	572.44	17.47
1.1.2.1	门窗	4 345 961.63	163.82	28.62
1.1.2.2	楼地面装饰	956 421.80	36.05	6.30
1.1.2.3	墙柱面装饰	2 118 121.02	79.84	13.95

续表

编号	项目名称	金额（元）	单位指标（元/m²）	占比指标（%）
1.1.2.4	天棚装饰	662 089.36	24.96	4.36
1.1.2.5	油漆、涂料	6 144 619.49	231.62	40.46
1.1.2.6	其他内装饰	958 936.91	36.15	6.31
1.1.3	安装工程	12 861 249.70	484.80	14.80
1.1.3.1	电气工程	6 343 218.53	239.11	49.32
1.1.3.1.1	控制设备及低压电器安装	1 948 732.37	73.46	30.72
1.1.3.1.2	电机检查接线及调试	10 866.82	0.41	0.17
1.1.3.1.3	电缆安装	764 953.60	28.83	12.06
1.1.3.1.4	防雷及接地装置	178 326.37	6.72	2.81
1.1.3.1.5	配管、配线	2 599 575.04	97.99	40.98
1.1.3.1.6	照明器具安装	637 749.15	24.04	10.05
1.1.3.1.7	附属工程	174 085.15	6.56	2.74
1.1.3.1.8	电气调整试验	28 930.03	1.09	0.46
1.1.3.2	建筑智能化及通信工程	196 302.26	7.40	1.53
1.1.3.2.1	综合布线系统工程	86 636.17	3.27	44.13
1.1.3.2.2	建筑设备自动化系统工程	90 411.14	3.41	46.06
1.1.3.2.3	安全防范系统工程	19 254.95	0.73	9.81
1.1.3.3	空调、通风工程	399 883.65	15.07	3.11
1.1.3.3.1	通风设备	88 353.76	3.33	22.09
1.1.3.3.2	通风管道	254 633.21	9.60	63.68
1.1.3.3.3	通风管道部件	56 896.68	2.14	14.23
1.1.3.4	给排水工程	3 208 356.84	120.94	24.95
1.1.3.4.1	给排水管道	2 363 510.53	89.09	73.67

续表

编号	项目名称	金额（元）	单位指标（元/m²）	占比指标（%）
1.1.3.4.2	卫生器具	820 722.41	30.94	25.58
1.1.3.4.3	给排水设备	24 123.90	0.91	0.75
1.1.3.5	消防工程	1 124 042.10	42.37	8.74
1.1.3.5.1	水灭火系统	480 439.79	18.11	42.74
1.1.3.5.2	火灾自动报警系统	643 602.31	24.26	57.26
1.1.3.6	采暖工程	633 828.00	23.89	4.93
1.1.3.6.1	供暖器具	633 828.00	23.89	100.00
1.1.3.7	燃气工程	152 916.00	5.76	1.19
1.1.3.7.1	燃气器具	152 916.00	5.76	100.00
1.1.3.8	其他项	593 992.53	22.39	4.62
1.1.3.8.1	支架及套管（给排水、采暖、燃气管道）	312 216.04	11.77	52.56
1.1.3.8.2	管道附件（给排水、采暖、燃气管道）	256 461.80	9.67	43.18
1.1.3.8.3	刷油工程	3 581.12	0.13	0.60
1.1.3.8.4	绝热工程	19 387.29	0.73	3.26
1.1.3.8.5	自动化控制仪表	2 346.28	0.09	0.40
1.1.3.9	补充项	208 709.79	7.87	1.62
1.2	措施项目费	8 734 493.91	329.25	9.13
1.2.1	单价措施项目	5 685 724.46	214.32	65.10
1.2.1.1	脚手架	1 845 353.37	69.56	32.46
1.2.1.2	其他项	3 840 371.09	144.76	67.54
1.2.2	总价措施项目	3 048 769.45	114.92	34.90
2	规费	2 004 203.52	75.55	1.89
3	税金	8 474 846.81	319.46	7.98

表3 主要工程量指标表

编号	工程量名称	数量	单位	单位指标
1	建筑工程			
1.1	地基处理工程	203.88	m^3	0.01 m^3/m^2
1.2	基础工程	2 122.20	m^3	0.08 m^3/m^2
1.3	砌筑工程	411	m^3	0.02 m^3/m^2
1.4	混凝土工程			
1.4.1	现浇混凝土	7 430.87	m^3	0.28 m^3/m^2
1.4.2	预制混凝土	6 690.02	m^3	0.25 m^3/m^2
1.5	钢筋工程			
1.5.1	普通钢筋	1 108 389.00	kg	41.78 kg/m^2
1.6	屋面及防水工程			
1.6.1	防水工程	3 283.73	m^2	0.12 m^2/m^2
1.7	保温、隔热及防腐工程			
1.7.1	保温、隔热工程	10 037.20	m^2	0.38 m^2/m^2
2	装饰工程			
2.1	门窗	6 910.89	m^2	0.26 m^2/m^2
2.2	楼地面装饰	6 534.44	m^2	0.25 m^2/m^2
2.3	墙柱面装饰	8 456.25	m^2	0.32 m^2/m^2
2.4	天棚装饰	5 999.60	m^2	0.23 m^2/m^2
2.5	油漆、涂料	46 557.69	m^2	1.75 m^2/m^2
2.6	其他内装饰	21.6	m^2	<0.01 m^2/m^2
3	安装工程			
3.1	电气工程			
3.1.1	控制设备及低压电器安装	240	套	0.01 套/m^2
3.1.2	电缆安装	7 187.94	m	0.27 m/m^2
3.1.3	配管、配线	417 500.33	m	15.74 m/m^2
3.1.4	照明器具安装	4 698.00	套	0.18 套/m^2

续表

编号	工程量名称	数量	单位	单位指标
3.2	空调、通风工程			
3.2.1	通风管道制作安装	1 643.95	m²	0.06 m²/m²
3.2.2	通风管道部件制作安装	133	个	0.01 个/m²
3.3	消防工程			
3.3.1	水灭火系统			
3.3.1.1	消防管道	2 911.52	m	0.11 m/m²
3.3.1.2	消防装置	1	组	<0.01 组/m²
3.3.1.3	消火栓、灭火器	538	套	0.02 套/m²
3.3.2	火灾自动报警系统	3 507.00	套	0.13 套/m²
3.4	给排水、采暖、燃气工程			
3.4.1	给排水管道	36 669.47	m	1.38 m/m²
3.4.2	采暖管道	19 865.92	m	0.75 m/m²
3.4.3	支架及其他	5 865.40	kg	0.22 kg/m²
3.4.4	卫生器具	240	套	0.01 套/m²
3.4.5	供暖器具	1 440.00	组	0.05 组/m²
3.4.6	设备	240	台	0.01 台/m²
3.5	刷油、防腐蚀、绝热工程			
3.5.1	刷油工程	29.07	m²	<0.01 m²/m²
4	措施项目费			
4.1	混凝土模板及支架（撑）	59 997.86	m²	2.26 m²/m²

案例3 河南省某住宅楼

表1 工程概况及项目专业信息表

基本信息					
建设性质	新建	工程类型	居住建筑/普通住宅/商品房	结构类型	剪力墙结构
建设形式	装配式	抗震等级	三级	开/竣工日期	—
计价方式	清单计价	造价阶段	招标控制价	总建筑面积（m²）	15 015.12
地下建筑面积（m²）	1 414.04	装修标准	毛坯	人防面积（m²）	—
建筑物基底面积（m²）	—	屋面面积（m²）	—	檐高或房屋高度（m）	98.00
地上最高层数（层）	33	地下层数（层）	3	首层层高（m）	4.20
标准层层高（m）	3.00	顶层层高（m）	5.00	地下一层层高（m）	2.90
地下二层层高（m）	2.80	地下三层层高（m）	3.50	户数（户）	120
装修类别	毛坯	基坑支护面积（m²）	—	建设年限（年）	—
绿建标准	其他	安全文明施工标准	绿色	质量标准	合格
说明	门窗工程为甲分包项，无相关数据				
项目专业信息					
建筑工程	地基处理及土护降工程	土石方工程：挖一般土石方。地基处理方式：其他。基坑支护形式：其他			
	基础工程	满堂基础、其他			
	主体工程	钢筋工程：高强钢筋、普通钢筋。混凝土主要强度：C15、C20、C25、C30、C35、C40、C45、C50			

续表

建筑工程	屋面工程	屋面形式：平屋面。屋面材料：其他
	防水工程	—
	保温工程	外墙保温：挤塑聚苯板。内墙保温：挤塑聚苯板。屋面保温：挤塑聚苯板
装饰工程	门窗工程	—
	地面工程	水泥砂浆
	墙面工程	涂料
	天棚工程	涂料
	外立面形式	—
安装工程	电气工程	电气照明灯具：装饰灯具、障碍照明。电气动力配管：JDG管。电缆：普通电缆
	电梯工程	—
	建筑智能化及通信工程	—
	空调工程	—
	通风工程	—
	给排水工程	冷水管：塑料管。中水管：塑料管。热水管：塑料管。污废水管道：塑料管
	采暖工程	采暖管道：塑料管。散热器：无
	燃气工程	—
	消防工程	—

表2 工程经济指标表

编号	项目名称	金额（元）	单位指标（元/m²）	占比指标（%）
1	单项工程（分部分项+措施项目）	23 497 293.47	1 564.91	89.03
1.1	分部分项费	19 154 907.79	1 275.71	81.52

续表

编号	项目名称	金额（元）	单位指标（元/m²）	占比指标（%）
1.1.1	建筑工程	16 420 213.33	1 093.58	85.72
1.1.1.1	土石方工程	49 523.45	3.30	0.30
1.1.1.2	地基处理工程	37 602.76	2.50	0.23
1.1.1.3	基础工程	648 774.77	43.21	3.95
1.1.1.4	砌筑工程	433 930.04	28.90	2.64
1.1.1.5	混凝土工程	7 170 474.26	477.55	43.67
1.1.1.5.1	现浇混凝土	2 408 526.18	160.41	33.59
1.1.1.5.2	预制混凝土	4 761 948.08	317.14	66.41
1.1.1.6	钢筋工程	3 478 367.76	231.66	21.18
1.1.1.6.1	普通钢筋	3 289 640.72	219.09	94.57
1.1.1.6.2	其他项	188 727.04	12.57	5.43
1.1.1.7	金属结构工程	115 541.23	7.69	0.70
1.1.1.8	屋面及防水工程	189 151.67	12.60	1.15
1.1.1.8.1	屋面防水	85 236.76	5.68	45.06
1.1.1.8.2	墙面、楼（地）面防水	103 914.91	6.92	54.94
1.1.1.9	保温、隔热及防腐工程	1 255 375.99	83.61	7.65
1.1.1.9.1	保温、隔热工程	1 255 375.99	83.61	100.00
1.1.1.10	其他项、补充项	3 041 471.40	202.56	18.52
1.1.2	装饰工程	1 464 341.27	97.52	7.64
1.1.2.1	楼地面装饰	145 397.93	9.68	9.93
1.1.2.2	墙柱面装饰	1 287 710.08	85.76	87.94
1.1.2.3	天棚装饰	117.33	0.01	0.01
1.1.2.4	油漆、涂料	31 115.93	2.07	2.12
1.1.3	安装工程	1 270 353.19	84.60	6.63
1.1.3.1	电气工程	705 926.64	47.01	55.57
1.1.3.1.1	控制设备及低压电器安装	165 130.76	11.00	23.39

续表

编号	项目名称	金额（元）	单位指标（元/m²）	占比指标（%）
1.1.3.1.2	电缆安装	61 569.40	4.10	8.72
1.1.3.1.3	防雷及接地装置	41 061.22	2.73	5.82
1.1.3.1.4	配管、配线	327 958.40	21.84	46.46
1.1.3.1.5	照明器具安装	76 799.53	5.11	10.88
1.1.3.1.6	附属工程	33 025.72	2.20	4.68
1.1.3.1.7	电气调整试验	381.61	0.03	0.05
1.1.3.2	空调、通风工程	1 200.00	0.08	0.09
1.1.3.2.1	通风管道部件	1 200.00	0.08	100.00
1.1.3.3	给排水工程	401 065.78	26.71	31.57
1.1.3.3.1	给排水管道	371 068.52	24.71	92.52
1.1.3.3.2	卫生器具	24 279.40	1.62	6.05
1.1.3.3.3	给排水设备	5 717.86	0.38	1.43
1.1.3.4	采暖工程	72 163.48	4.81	5.68
1.1.3.4.1	采暖管道	72 163.48	4.81	100.00
1.1.3.5	其他项	89 997.29	5.99	7.08
1.1.3.5.1	支架及套管（给排水、采暖、燃气管道）	54 641.62	3.64	60.71
1.1.3.5.2	管道附件（给排水、采暖、燃气管道）	35 130.84	2.34	39.04
1.1.3.5.3	刷油工程	39.01	0.00	0.04
1.1.3.5.4	自动化控制仪表	185.82	0.01	0.21
1.2	措施项目费	4 342 385.68	289.20	18.48
1.2.1	单价措施项目	3 621 290.64	241.18	83.39
1.2.1.1	脚手架	1 374 072.59	91.51	37.94
1.2.1.2	其他项	2 247 218.05	149.66	62.06
1.2.2	总价措施项目	721 095.04	48.02	16.61
2	规费	716 299.88	47.71	2.71
3	税金	2 179 223.40	145.14	8.26

表3 主要工程量指标表

编号	工程量名称	数量	单位	单位指标
1	建筑工程			
1.1	土石方工程	564.72	m³	0.04 m³/m²
1.2	地基处理工程	97.98	m³	0.01 m³/m²
1.3	基础工程	1 214.89	m³	0.08 m³/m²
1.4	砌筑工程	980.22	m³	0.07 m³/m²
1.5	混凝土工程			
1.5.1	现浇混凝土	3 962.89	m³	0.26 m³/m²
1.5.2	预制混凝土	2 153.32	m³	0.14 m³/m²
1.6	钢筋工程			
1.6.1	普通钢筋	568 540.00	kg	37.86 kg/m²
1.7	金属结构工程	0.02	t	<0.01 t/m²
1.8	屋面及防水工程			
1.8.1	防水工程	3 910.09	m²	0.26 m²/m²
1.9	保温、隔热及防腐工程			
1.9.1	保温、隔热工程	17 798.57	m²	1.19 m²/m²
2	装饰工程			
2.1	楼地面装饰	2 771.18	m²	0.18 m²/m²
2.2	墙柱面装饰	46 654.41	m²	3.11 m²/m²
2.3	天棚装饰	16.05	m²	<0.01 m²/m²
2.4	油漆、涂料	3 124.99	m²	0.21 m²/m²
3	安装工程			
3.1	电气工程			
3.1.1	电缆安装	1 076.31	m	0.07 m/m²
3.1.2	配管、配线	31 352.50	m	2.09 m/m²
3.1.3	照明器具安装	844	套	0.06 套/m²
3.2	空调、通风工程			

续表

编号	工程量名称	数量	单位	单位指标
3.2.1	通风管道部件制作安装	4	个	<0.01 个/m²
3.3	给排水、采暖、燃气工程			
3.3.1	给排水管道	6 638.78	m	0.44 m/m²
3.3.2	采暖管道	1 838.56	m	0.12 m/m²
3.3.3	支架及其他	22.42	kg	<0.01 kg/m²
4	措施项目费			
4.1	混凝土模板及支架（撑）	39 373.35	m²	2.62 m²/m²

案例4 河南省某住宅楼

表1 工程概况及项目专业信息表

基本信息					
建设性质	新建	工程类型	居住建筑/普通住宅/商品房	结构类型	剪力墙结构
建设形式	装配式	抗震等级	三级	开/竣工日期	—
计价方式	清单计价	造价阶段	招标控制价	总建筑面积（m²）	35 493.28
地下建筑面积（m²）	3 224.04	装修标准	毛坯	人防面积（m²）	—
建筑物基底面积（m²）	—	屋面面积（m²）	—	檐高或房屋高度（m）	99.00
地上最高层数（层）	34	地下层数（层）	3	首层层高（m）	3.00
标准层层高（m）	3.00	顶层层高（m）	5.00	地下一层层高（m）	2.90
地下二层层高（m）	2.80	地下三层层高（m）	3.50	户数（户）	291
装修类别	毛坯	基坑支护面积（m²）	—	建设年限（年）	—
绿建标准	其他	安全文明施工标准	绿色	质量标准	合格
说明	门窗为甲分包项，无相关数据				
项目专业信息					
建筑工程	地基处理及土护降工程	土石方工程：挖一般土石方。地基处理方式：其他。基坑支护形式：其他			
	基础工程	满堂基础、其他			
	主体工程	钢筋工程：高强钢筋、普通钢筋。混凝土主要强度：C15、C20、C25、C30、C35、C40、C45、C50、C55			

续表

建筑工程	屋面工程	屋面形式：平屋面。屋面材料：其他
	防水工程	—
	保温工程	外墙保温：挤塑聚苯板。内墙保温：挤塑聚苯板。屋面保温：挤塑聚苯板
装饰工程	门窗工程	—
	地面工程	水泥砂浆
	墙面工程	涂料
	天棚工程	涂料
	外立面形式	—
安装工程	电气工程	电气照明灯具：装饰灯具、障碍照明。电气动力配管：JDG管。电缆：普通电缆
	电梯工程	—
	建筑智能化及通信工程	—
	空调工程	—
	通风工程	—
	给排水工程	冷水管：塑料管。中水管：塑料管。污废水管道：塑料管
	采暖工程	采暖管道：塑料管。散热器：无
	燃气工程	—
	消防工程	—

表2 工程经济指标表

编号	项目名称	金额（元）	单位指标（元/m²）	占比指标（%）
1	单项工程（分部分项+措施项目）	54 472 674.68	1 534.73	88.98
1.1	分部分项费	44 138 304.91	1 243.57	81.03

续表

编号	项目名称	金额（元）	单位指标（元/m²）	占比指标（%）
1.1.1	建筑工程	37 913 133.23	1 068.18	85.90
1.1.1.1	土石方工程	122 065.18	3.44	0.32
1.1.1.2	地基处理工程	92 368.17	2.60	0.24
1.1.1.3	基础工程	1 298 348.93	36.58	3.42
1.1.1.4	砌筑工程	1 051 550.14	29.63	2.77
1.1.1.5	混凝土工程	15 537 137.75	437.75	40.98
1.1.1.5.1	现浇混凝土	5 456 396.93	153.73	35.12
1.1.1.5.2	预制混凝土	10 080 740.82	284.02	64.88
1.1.1.6	钢筋工程	8 527 488.94	240.26	22.49
1.1.1.6.1	普通钢筋	8 132 807.80	229.14	95.37
1.1.1.6.2	其他项	394 681.14	11.12	4.63
1.1.1.7	金属结构工程	212 623.14	5.99	0.56
1.1.1.8	屋面及防水工程	417 593.53	11.77	1.10
1.1.1.8.1	屋面防水	162 488.69	4.58	38.91
1.1.1.8.2	墙面、楼（地）面防水	255 104.84	7.19	61.09
1.1.1.9	保温、隔热及防腐工程	3 026 830.15	85.28	7.98
1.1.1.9.1	保温、隔热工程	3 026 830.15	85.28	100.00
1.1.1.10	其他项、补充项	7 627 127.30	214.89	20.12
1.1.2	装饰工程	3 505 746.86	98.77	7.94
1.1.2.1	楼地面装饰	394 883.70	11.13	11.26
1.1.2.2	墙柱面装饰	2 992 280.00	84.31	85.35
1.1.2.3	天棚装饰	1 512.70	0.04	0.04
1.1.2.4	油漆、涂料	117 070.46	3.30	3.34
1.1.3	安装工程	2 719 424.82	76.62	6.16
1.1.3.1	电气工程	1 406 793.00	39.64	51.73
1.1.3.1.1	控制设备及低压电器安装	321 392.00	9.06	22.85

续表

编号	项目名称	金额（元）	单位指标（元/m²）	占比指标（%）
1.1.3.1.2	电缆安装	154 952.70	4.37	11.01
1.1.3.1.3	防雷及接地装置	76 966.04	2.17	5.47
1.1.3.1.4	配管、配线	651 591.75	18.36	46.32
1.1.3.1.5	照明器具安装	132 379.85	3.73	9.41
1.1.3.1.6	附属工程	69 129.05	1.95	4.91
1.1.3.1.7	电气调整试验	381.61	0.01	0.03
1.1.3.2	空调、通风工程	3 300.00	0.09	0.12
1.1.3.2.1	通风管道部件	3 300.00	0.09	100.00
1.1.3.3	给排水工程	806 095.27	22.71	29.64
1.1.3.3.1	给排水管道	741 984.66	20.90	92.05
1.1.3.3.2	卫生器具	41 239.17	1.16	5.12
1.1.3.3.3	给排水设备	22 871.44	0.64	2.84
1.1.3.4	采暖工程	214 747.53	6.05	7.90
1.1.3.4.1	采暖管道	214 747.53	6.05	100.00
1.1.3.5	其他项	288 489.02	8.13	10.61
1.1.3.5.1	支架及套管（给排水、采暖、燃气管道）	200 258.94	5.64	69.42
1.1.3.5.2	管道附件（给排水、采暖、燃气管道）	87 304.72	2.46	30.26
1.1.3.5.3	刷油工程	182.08	0.01	0.06
1.1.3.5.4	自动化控制仪表	743.28	0.02	0.26
1.2	措施项目费	10 334 369.77	291.16	18.97
1.2.1	单价措施项目	8 494 541.58	239.33	82.20
1.2.1.1	脚手架	3 189 426.19	89.86	37.55
1.2.1.2	其他项	5 305 115.39	149.47	62.45
1.2.2	总价措施项目	1 839 828.19	51.84	17.80
2	规费	1 693 836.44	47.72	2.77
3	税金	5 054 986.00	142.42	8.26

表3　主要工程量指标表

编号	工程量名称	数量	单位	单位指标
1	建筑工程			
1.1	土石方工程	1 319.97	m^3	0.04 m^3/m^2
1.2	地基处理工程	240.68	m^3	0.01 m^3/m^2
1.3	基础工程	2 427.05	m^3	0.07 m^3/m^2
1.4	砌筑工程	2 417.70	m^3	0.07 m^3/m^2
1.5	混凝土工程			
1.5.1	现浇混凝土	9 168.06	m^3	0.26 m^3/m^2
1.5.2	预制混凝土	4 792.37	m^3	0.14 m^3/m^2
1.6	钢筋工程			
1.6.1	普通钢筋	1 402 114.00	kg	39.5 kg/m^2
1.7	金属结构工程	0.08	t	<0.01 t/m^2
1.8	屋面及防水工程			
1.8.1	防水工程	8 634.62	m^2	0.24 m^2/m^2
1.9	保温、隔热及防腐工程			
1.9.1	保温、隔热工程	41 277.17	m^2	1.16 m^2/m^2
2	装饰工程			
2.1	楼地面装饰	7 425.25	m^2	0.21 m^2/m^2
2.2	墙柱面装饰	108 082.18	m^2	3.05 m^2/m^2
2.3	天棚装饰	221.67	m^2	0.01 m^2/m^2
2.4	油漆、涂料	9 976.10	m^2	0.28 m^2/m^2
3	安装工程			
3.1	电气工程			
3.1.1	电缆安装	2 836.70	m	0.08 m/m^2
3.1.2	配管、配线	59 620.64	m	1.68 m/m^2
3.1.3	照明器具安装	1 501.00	套	0.04 套$/m^2$
3.2	空调、通风工程			

续表

编号	工程量名称	数量	单位	单位指标
3.2.1	通风管道部件制作安装	11	个	<0.01 个/m²
3.3	给排水、采暖、燃气工程			
3.3.1	给排水管道	13 935.73	m	0.39 m/m²
3.3.2	采暖管道	5 490.86	m	0.15 m/m²
3.3.3	支架及其他	105.25	kg	<0.01 kg/m²
4	措施项目费			
4.1	混凝土模板及支架（撑）	90 149.80	m²	2.54 m²/m²

案例 5　河南省某住宅楼

表 1　工程概况及项目专业信息表

基本信息					
建设性质	新建	工程类型	居住建筑/普通住宅/保障性住房	结构类型	其他
建设形式	装配式	抗震等级	四级	开/竣工日期	—
计价方式	清单计价	造价阶段	招标控制价	总建筑面积（m²）	14 411.97
地下建筑面积（m²）	748.62	装修标准	精装	人防面积（m²）	—
建筑物基底面积（m²）	—	屋面面积（m²）	—	檐高或房屋高度（m）	52.00
地上最高层数（层）	18	地下层数（层）	1	首层层高（m）	2.90
标准层层高（m）	2.90	顶层层高（m）	2.90	地下一层层高（m）	3.60
地下二层层高（m）	—	地下三层层高（m）	—	户数（户）	—
装修类别	精装	基坑支护面积（m²）	—	建设年限（年）	—
绿建标准	—	安全文明施工标准	绿色	质量标准	合格
说明	—				
项目专业信息					
建筑工程	地基处理及土护降工程	土石方工程：挖一般土石方。地基处理方式：其他			
	基础工程	桩基础、筏板基础			
	主体工程	钢筋工程：普通钢筋。混凝土主要强度：C15、C20、C25、C30、C35			

续表

建筑工程	屋面工程	屋面形式：平屋面。屋面材料：混凝土
	防水工程	地下防水：防水卷材+防水涂料。室内防水：防水涂料。屋面防水：防水卷材+防水涂料
	保温工程	外墙保温：保温砂浆。屋面保温：挤塑聚苯板
装饰工程	门窗工程	门：木门、塑钢门、铝合金门。窗：塑钢窗、铝合金窗
	地面工程	块料+水泥砂浆
	墙面工程	涂料+块料
	天棚工程	涂料
	外立面形式	涂料
安装工程	电气工程	电气照明灯具：普通灯具、装饰灯具、荧光灯。电气动力配管：塑料管、钢管。母线槽：有。电缆：普通电缆、矿物电缆
	电梯工程	—
	建筑智能化及通信工程	闭路监控系统、门禁控制系统、可视对讲系统、其他
	空调工程	—
	通风工程	送排风系统、防排烟系统
	给排水工程	冷水管：塑料管、复合管。热水管：塑料管。卫生器具：有。给水设备：变频给水设备。污废水管道：塑料管、钢管
	采暖工程	—
	燃气工程	—
	消防工程	水灭火系统：消火栓系统

表2 工程经济指标表

编号	项目名称	金额（元）	单位指标（元/m²）	占比指标（%）
1	单项工程（分部分项+措施项目）	34 932 575.99	2 423.86	82.14
1.1	分部分项费	30 878 971.74	2 142.59	88.40

续表

编号	项目名称	金额（元）	单位指标（元/m²）	占比指标（%）
1.1.1	建筑工程	17 143 537.96	1 189.53	55.52
1.1.1.1	土石方工程	160 687.65	11.15	0.94
1.1.1.2	地基处理工程	561 462.68	38.96	3.28
1.1.1.3	基坑与边坡支护	246 489.51	17.10	1.44
1.1.1.4	基础工程	792 263.56	54.97	4.62
1.1.1.5	砌筑工程	39 145.63	2.72	0.23
1.1.1.6	混凝土工程	10 767 689.36	747.14	62.81
1.1.1.6.1	现浇混凝土	2 638 554.89	183.08	24.50
1.1.1.6.2	预制混凝土	8 129 134.47	564.05	75.50
1.1.1.7	钢筋工程	3 025 326.67	209.92	17.65
1.1.1.7.1	普通钢筋	3 025 326.67	209.92	100.00
1.1.1.8	金属结构工程	376 686.02	26.14	2.20
1.1.1.9	屋面及防水工程	661 405.54	45.89	3.86
1.1.1.9.1	屋面工程	61 575.26	4.27	9.31
1.1.1.9.2	屋面防水	128 770.23	8.93	19.47
1.1.1.9.3	墙面、楼（地）面防水	471 060.05	32.69	71.22
1.1.1.10	保温、隔热及防腐工程	512 381.34	35.55	2.99
1.1.1.10.1	保温、隔热工程	511 109.51	35.46	99.75
1.1.1.10.2	防腐工程	1 271.83	0.09	0.25
1.1.2	装饰工程	8 840 080.44	613.38	28.63
1.1.2.1	门窗	1 780 607.30	123.55	20.14
1.1.2.2	楼地面装饰	1 416 011.34	98.25	16.02
1.1.2.3	墙柱面装饰	3 640 321.88	252.59	41.18
1.1.2.4	天棚装饰	4 051.68	0.28	0.05
1.1.2.5	油漆、涂料	1 955 570.79	135.69	22.12
1.1.2.6	其他内装饰	43 517.45	3.02	0.49

续表

编号	项目名称	金额（元）	单位指标（元/m²）	占比指标（%）
1.1.3	安装工程	4 895 353.34	339.67	15.85
1.1.3.1	电气工程	2 373 816.83	164.71	48.49
1.1.3.1.1	配电装置安装	769 187.19	53.37	32.40
1.1.3.1.2	控制设备及低压电器安装	112 216.83	7.79	4.73
1.1.3.1.3	电缆安装	358 887.82	24.90	15.12
1.1.3.1.4	防雷及接地装置	76 871.57	5.33	3.24
1.1.3.1.5	配管、配线	590 618.11	40.98	24.88
1.1.3.1.6	照明器具安装	267 542.89	18.56	11.27
1.1.3.1.7	附属工程	130 419.84	9.05	5.49
1.1.3.1.8	电气调整试验	68 072.58	4.72	2.87
1.1.3.2	建筑智能化及通信工程	362 717.09	25.17	7.41
1.1.3.2.1	综合布线系统工程	169 643.91	11.77	46.77
1.1.3.2.2	有线电视、卫星接收系统工程	44 662.17	3.10	12.31
1.1.3.2.3	音频、视频系统工程	145 470.37	10.09	40.11
1.1.3.2.4	安全防范系统工程	2 940.64	0.20	0.81
1.1.3.3	空调、通风工程	132 283.02	9.18	2.70
1.1.3.3.1	通风设备	42 642.10	2.96	32.24
1.1.3.3.2	通风管道	39 453.96	2.74	29.83
1.1.3.3.3	通风管道部件	50 186.96	3.48	37.94
1.1.3.4	给排水工程	942 045.10	65.37	19.24
1.1.3.4.1	给排水管道	575 199.34	39.91	61.06
1.1.3.4.2	卫生器具	228 399.52	15.85	24.25
1.1.3.4.3	给排水设备	138 446.24	9.61	14.70
1.1.3.5	消防工程	810 275.01	56.22	16.55
1.1.3.5.1	水灭火系统	277 838.92	19.28	34.29
1.1.3.5.2	火灾自动报警系统	532 436.09	36.94	65.71

续表

编号	项目名称	金额（元）	单位指标（元/m²）	占比指标（%）
1.1.3.6	其他项	274 216.29	19.03	5.60
1.1.3.6.1	支架及套管（给排水、采暖、燃气管道）	99 659.84	6.92	36.34
1.1.3.6.2	管道附件（给排水、采暖、燃气管道）	154 469.45	10.72	56.33
1.1.3.6.3	刷油工程	5 454.77	0.38	1.99
1.1.3.6.4	绝热工程	12 507.04	0.87	4.56
1.1.3.6.5	自动化控制仪表	2 125.19	0.15	0.78
1.2	措施项目费	4 053 604.25	281.27	11.60
1.2.1	单价措施项目	2 741 263.44	190.21	67.63
1.2.1.1	脚手架	1 114 022.63	77.30	40.64
1.2.1.2	混凝土模板及支架（撑）	1 280 953.47	88.88	46.73
1.2.1.3	其他项	346 287.34	24.03	12.63
1.2.2	总价措施项目	1 312 340.81	91.06	32.37
2	其他项目费	3 080 000.00	213.71	7.24
2.1	暂估价材料或设备	1 540 000.00	106.86	50.00
2.1.1	专业工程暂估价（装饰工程）	1 500 000.00	104.08	97.40
2.1.2	专业工程暂估价（建筑智能化工程）	40 000.00	2.78	2.60
2.2	专业工程暂估价	1 540 000.00	106.86	50.00
3	规费	1 003 182.89	69.61	2.36
4	税金	3 511 418.30	243.65	8.26

表3 主要工程量指标表

编号	工程量名称	数量	单位	单位指标
1	建筑工程			
1.1	土石方工程	13 809.06	m³	0.96 m³/m²
1.2	地基处理工程	753.35	m³	0.05 m³/m²
1.3	基坑与边坡支护	183.02	m³	0.01 m³/m²

续表

编号	工程量名称	数量	单位	单位指标
1.4	基础工程	1 372.74	m³	0.10 m³/m²
1.5	砌筑工程	93.67	m³	0.01 m³/m²
1.6	混凝土工程			
1.6.1	现浇混凝土	4 095.37	m³	0.28 m³/m²
1.6.2	预制混凝土	5 373.20	m³	0.37 m³/m²
1.7	钢筋工程			
1.7.1	普通钢筋	550 153.00	kg	38.17 kg/m²
1.8	屋面及防水工程			
1.8.1	屋面工程	747.42	m²	0.05 m²/m²
1.8.2	防水工程	16 108.26	m²	1.12 m²/m²
1.9	保温、隔热及防腐工程			
1.9.1	保温、隔热工程	13 465.95	m²	0.93 m²/m²
1.9.2	防腐工程	29.1	m²	<0.01 m²/m²
2	装饰工程			
2.1	门窗	5 813.18	m²	0.40 m²/m²
2.2	楼地面装饰	11 705.84	m²	0.81 m²/m²
2.3	墙柱面装饰	24 324.79	m²	1.69 m²/m²
2.4	天棚装饰	198.32	m²	0.01 m²/m²
2.5	油漆、涂料	55 872.01	m²	3.88 m²/m²
2.6	其他内装饰	221.64	m²	0.02 m²/m²
3	安装工程			
3.1	电气工程			
3.1.1	母线安装	151.8	m	0.01 m/m²
3.1.2	电缆安装	3 419.90	m	0.24 m/m²
3.1.3	配管、配线	148 829.02	m	10.33 m/m²
3.1.4	照明器具安装	2 892.00	套	0.20 套/m²
3.2	建筑智能化及通信工程	—	—	—

续表

编号	工程量名称	数量	单位	单位指标
3.3	空调、通风工程			
3.3.1	通风管道制作安装	271.09	m²	0.02 m²/m²
3.3.2	通风管道部件制作安装	66	个	<0.01 个/m²
3.4	消防工程			
3.4.1	水灭火系统			
3.4.1.1	消防管道	650.75	m	0.05 m/m²
3.4.1.2	消火栓、灭火器	235	套	0.02 套/m²
3.4.2	气体灭火系统	—	—	—
3.4.3	泡沫灭火系统	—	—	—
3.4.4	火灾自动报警系统	1 515.00	套	0.11 套/m²
3.5	给排水、采暖、燃气工程			
3.5.1	给排水管道	12 171.10	m	0.84 m/m²
3.5.2	支架及其他	963.79	kg	0.07 kg/m²
3.5.3	管道附件	9	组	<0.01 组/m²
3.5.4	卫生器具	204	套	0.01 套/m²
3.5.5	设备	4	台	<0.01 台/m²
3.6	刷油、防腐蚀、绝热工程			
3.6.1	刷油工程	209.88	m²	0.01 m²/m²
4	措施项目费			
4.1	脚手架	14 411.97	m²	1.00 m²/m²
4.2	混凝土模板及支架（撑）	4 311.43	m²	0.30 m²/m²

办公建筑

案例6　江苏省某办公楼

表1　工程概况及项目专业信息表

基本信息					
建设性质	新建	工程类型	办公建筑/行政办公楼	结构类型	其他
建设形式	装配式	抗震等级	三级	开/竣工日期	—
计价方式	清单计价	造价阶段	投资估算	总建筑面积（m^2）	78 215.68
地下建筑面积（m^2）	30 057.30	装修标准	毛坯	人防面积（m^2）	7 638.00
建筑物基底面积（m^2）	—	屋面面积（m^2）	—	檐高或房屋高度（m）	99.85
地上最高层数（层）	23	地下层数（层）	3	首层层高（m）	5.10
标准层层高（m）	4.09	顶层层高（m）	3.40	地下一层层高（m）	—
地下二层层高（m）	—	地下三层层高（m）	—	户数（户）	—
装修类别	毛坯	基坑支护面积（m^2）	—	建设年限（年）	—
绿建标准	—	安全文明施工标准	绿色	质量标准	合格
说明	—				
项目专业信息					
建筑工程	地基处理及土护降工程	土石方工程：挖一般土石方。地基处理方式：其他。基坑支护形式：护坡桩、喷锚混凝土护坡、钢筋混凝土支撑、其他。降水方式：井点降水			

续表

建筑工程	基础工程	桩基础、满堂基础
	主体工程	钢筋工程：高强钢筋、普通钢筋。混凝土主要强度：C15、C20、C25、C30、C35、C40、C45、C50
	屋面工程	屋面形式：平屋面。屋面材料：混凝土
	防水工程	地下防水：卷材防水。室内防水：涂膜防水。屋面防水：卷材防水
	保温工程	外墙保温：挤塑聚苯板。屋面保温：挤塑聚苯板
装饰工程	门窗工程	门：木门、塑钢门。窗：断桥铝窗
	地面工程	细石混凝土
	墙面工程	涂料
	天棚工程	涂料
	外立面形式	玻璃幕墙
安装工程	电气工程	电气照明灯具：其他。电气动力配管：塑料管、钢管、JDG管。母线槽：有。电缆：普通电缆、其他。电气设备：变压器、应急发电
	电梯工程	电梯种类：进口直梯
	建筑智能化及通信工程	综合布线系统、信息发布系统、多媒体会议系统、广播系统、视频安防监控系统、入侵报警系统、电子巡更系统、门禁管理系统、建筑设备管理系统、机房工程
	空调工程	管道：普通钢板风管、镀锌钢板风管。集中/半集中式系统类型：风+水形式。局部式空调类型：VRV
	通风工程	送排风系统、防排烟系统、人防系统
	给排水工程	冷水管：钢管、塑料管。中水管：钢管。热水管：不锈钢管。直饮水管：不锈钢管。卫生器具：有。给水设备：稳压给水设备。污废水管道：塑料管、钢管、不锈钢管、复合管。直饮水系统类型：直饮水系统
	采暖工程	—
	燃气工程	—
	消防工程	水灭火系统：水喷淋系统

表2　工程经济指标表

编号	项目名称	金额（元）	单位指标（元/m²）	占比指标（%）
1	单项工程	452 590 134.96	5 786.44	100.00
1.1	分部分项费	266 663 525.43	3 409.34	58.92
1.1.1	建筑工程	193 288 274.89	2 471.22	72.48
1.1.1.1	土石方工程	17 730 773.90	226.69	9.17
1.1.1.2	地基处理工程	4 328 839.14	55.34	2.24
1.1.1.3	基坑与边坡支护	12 615 140.60	161.29	6.53
1.1.1.4	基础工程	32 761 274.38	418.86	16.95
1.1.1.5	砌筑工程	4 126 927.13	52.76	2.14
1.1.1.6	钢筋工程	50 953 079.59	651.44	26.36
1.1.1.6.1	普通钢筋	34 907 530.61	446.30	68.51
1.1.1.6.2	预应力钢筋	13 748 839.06	175.78	26.98
1.1.1.6.3	其他项	1 964 903.42	25.12	3.86
1.1.1.7	金属结构工程	65 178 697.92	833.32	33.72
1.1.1.8	屋面及防水工程	3 971 494.73	50.78	2.05
1.1.1.8.1	屋面工程	5 200.88	0.07	0.13
1.1.1.8.2	屋面防水	2 659 105.77	34.00	66.95
1.1.1.8.3	墙面、楼（地）面防水	1 307 188.08	16.71	32.91
1.1.1.9	保温、隔热及防腐工程	762 599.36	9.75	0.39
1.1.1.9.1	保温、隔热工程	762 599.36	9.75	100.00
1.1.1.10	拆除工程	859 448.14	10.99	0.44
1.1.2	装饰工程	26 322 371.83	336.54	9.87
1.1.2.1	门窗	2 522 755.48	32.25	9.58
1.1.2.2	楼地面装饰	4 838 683.72	61.86	18.38
1.1.2.3	墙柱面装饰	2 767 513.89	35.38	10.51
1.1.2.4	天棚装饰	519 683.73	6.64	1.97

续表

编号	项目名称	金额（元）	单位指标（元/m²）	占比指标（%）
1.1.2.5	油漆、涂料	15 285 108.99	195.42	58.07
1.1.2.6	其他内装饰	388 626.02	4.97	1.48
1.1.3	安装工程	47 052 878.71	601.58	17.65
1.1.3.1	电气工程	20 590 149.73	263.25	43.76
1.1.3.1.1	变压器安装	922 619.88	11.80	4.48
1.1.3.1.2	配电装置安装	519 355.10	6.64	2.52
1.1.3.1.3	母线安装	751 093.54	9.60	3.65
1.1.3.1.4	控制设备及低压电器安装	6 141 055.34	78.51	29.83
1.1.3.1.5	电缆安装	5 671 581.32	72.51	27.55
1.1.3.1.6	防雷及接地装置	594 287.83	7.60	2.89
1.1.3.1.7	配管、配线	5 118 617.60	65.44	24.86
1.1.3.1.8	照明器具安装	313 674.69	4.01	1.52
1.1.3.1.9	附属工程	396 397.52	5.07	1.93
1.1.3.1.10	电气调整试验	161 466.91	2.06	0.78
1.1.3.2	建筑智能化及通信工程	897 972.88	11.48	1.91
1.1.3.2.1	综合布线系统工程	3 404.80	0.04	0.38
1.1.3.2.2	建筑设备自动化系统工程	891 435.12	11.40	99.27
1.1.3.2.3	安全防范系统工程	3 132.96	0.04	0.35
1.1.3.3	空调、通风工程	9 267 894.93	118.49	19.70
1.1.3.3.1	空调设备	1 759 570.07	22.50	18.99
1.1.3.3.2	通风设备	580 700.34	7.42	6.27
1.1.3.3.3	通风管道	5 676 809.91	72.58	61.25
1.1.3.3.4	通风管道部件	1 250 814.61	15.99	13.50
1.1.3.4	给排水工程	4 348 790.67	55.60	9.24
1.1.3.4.1	给排水管道	2 917 315.12	37.30	67.08
1.1.3.4.2	支架	52 167.23	0.67	1.20

续表

编号	项目名称	金额（元）	单位指标（元/m²）	占比指标（%）
1.1.3.4.3	管道附件	266 345.81	3.41	6.12
1.1.3.4.4	给排水器具、设备	1 112 962.51	14.23	25.59
1.1.3.5	消防工程	5 194 844.93	66.42	11.04
1.1.3.5.1	水灭火系统	4 631 578.10	59.22	89.16
1.1.3.5.2	气体灭火系统	72 604.76	0.93	1.40
1.1.3.5.3	火灾自动报警系统	490 662.07	6.27	9.45
1.1.3.6	燃气工程	160 662.72	2.05	0.34
1.1.3.6.1	燃气器具	160 662.72	2.05	100.00
1.1.3.7	电梯工程	6 592 562.85	84.29	14.01
1.2	措施项目费	41 526 872.50	530.93	9.18
1.2.1	单价措施项目	27 599 666.78	352.87	66.46
1.2.1.1	脚手架	5 501 620.15	70.34	19.93
1.2.1.2	混凝土模板及支架（撑）	9 420 063.47	120.44	34.13
1.2.1.3	其他项	12 677 983.16	162.09	45.94
1.2.2	总价措施项目	13 927 205.72	178.06	33.54
1.3	其他项目费	89 850 000.00	1 148.75	19.85
1.3.1	其他项、补充项	89 850 000.00	1 148.75	100.00
1.4	规费	14 097 927.76	180.24	3.11
1.5	税金	40 451 809.27	517.18	8.94

表3 主要工程量指标表

编号	工程量名称	数量	单位	单位指标
1	建筑工程			
1.1	土石方工程	349 228.42	m³	4.46 m³/m²
1.2	地基处理工程、基坑与边坡支护	19 979.07	m³	0.26 m³/m²
1.3	桩基工程	19 562.02	m³	0.25 m³/m²

续表

编号	工程量名称	数量	单位	单位指标
1.4	砌筑工程	7 420.55	m³	0.09 m³/m²
1.5	混凝土工程			
1.5.1	现浇混凝土	24 760.26	m³	0.32 m³/m²
1.5.2	预制混凝土	55	m³	<0.01 m³/m²
1.6	钢筋工程	7 744 792.00	kg	99.02 kg/m²
1.7	金属结构工程	5 782 855.00	kg	73.93 kg/m²
1.8	屋面及防水工程	56 176.68	m²	0.72 m²/m²
1.9	保温、隔热及防腐工程	10 036.47	m²	0.13 m²/m²
1.10	拆除工程	9 055.53	m²	0.12 m²/m²
2	装饰工程			
2.1	门窗	1 763.94	m²	0.02 m²/m²
2.2	楼地面装饰	35 755.53	m²	0.46 m²/m²
2.3	墙柱面装饰	73 370.71	m²	0.94 m²/m²
2.4	天棚装饰	34 539.51	m²	0.44 m²/m²
2.5	油漆、涂料	421 590.61	m²	5.39 m²/m²
2.6	其他内装饰	788.98	m²	0.01 m²/m²
3	安装工程			
3.1	电气工程			
3.1.1	变压器安装	4	套	<0.01 套/m²
3.1.2	配电装置安装	10	套	<0.01 套/m²
3.1.3	母线安装	303.3	m	<0.01 m/m²
3.1.4	控制设备及低压电器安装	1 474.00	套	0.02 套/m²
3.1.5	电缆安装	99 652.86	m	1.27 m/m²
3.1.6	防雷及接地装置	20 928.60	套	0.27 套/m²
3.1.7	配管、配线	324 314.94	m	4.15 m/m²
3.1.8	照明器具安装	4 400.00	套	0.06 套/m²

续表

编号	工程量名称	数量	单位	单位指标
3.1.9	附属工程	16 410.00	个	0.21 个/m²
3.2	建筑智能化及通信工程			
3.2.1	综合布线系统工程	501.00	套	0.01 套/m²
3.2.2	建筑设备自动化系统工程	28	套	<0.01 套/m²
3.2.3	安全防范系统工程	2	套	<0.01 套/m²
3.3	空调、通风工程			
3.3.1	通风设备及部件制作安装	273	台	<0.01 台/m²
3.3.2	通风管道制作安装	24 765.23	m²	0.32 m²/m²
3.3.3	通风管道部件制作安装	2 133.00	个	0.03 个/m²
3.4	消防工程			
3.4.1	水灭火系统	49 355.00	套	0.63 套/m²
3.4.2	气体灭火系统	16	套	<0.01 套/m²
3.4.3	火灾自动报警系统	4 224.00	套	0.05 套/m²
3.5	给排水、采暖、燃气管道			
3.5.1	给排水、采暖、燃气管道	18 546.67	m	0.24 m/m²
3.5.2	支架及其他	100 151.77	kg	1.28 kg/m²
3.5.3	管道附件	3 114.00	组	0.04 组/m²
3.5.4	卫生器具	224	套	<0.01 套/m²
3.5.5	给排水、采暖、燃气设备	29	台	<0.01 台/m²
3.6	刷油、防腐蚀、绝热工程			
3.6.1	刷油工程	70 644.99	m²	0.90 m²/m²
3.6.2	防腐蚀工程	1	m²	<0.01 m²/m²
3.6.3	绝热工程	3 042.16	m²	0.04 m²/m²
3.7	机械设备安装工程			
3.7.1	电梯安装	13	部	<0.01 部/m²
4	措施项目费			

续表

编号	工程量名称	数量	单位	单位指标
4.1	脚手架	86 154.47	m²	1.1 m²/m²
4.2	混凝土模板及支架（撑）	108 668.21	m²	1.39 m²/m²
4.3	垂直运输	2	m²	<0.01 m²/m²
4.4	超高施工增加	36 229.56	m²	0.46 m²/m²

案例 7　山东省某办公楼

表 1　工程概况及项目专业信息表

基本信息					
建设性质	新建	工程类型	办公建筑/写字楼	结构类型	框架核心筒结构
建设形式	装配式	抗震等级	二级	开/竣工日期	—
计价方式	清单计价	造价阶段	投标报价	总建筑面积（m²）	27 402.05
地下建筑面积（m²）	2 796.80	装修标准	初装	人防面积（m²）	—
建筑物基底面积（m²）	—	屋面面积（m²）	—	檐高或房屋高度（m）	85.65
地上最高层数（层）	19	地下层数（层）	2	首层层高（m）	4.50
标准层层高（m）	4.50	顶层层高（m）	4.50	地下一层层高（m）	5.80
地下二层层高（m）	3.80	地下三层层高（m）	—	户数（户）	—
装修类别	初装	基坑支护面积（m²）	—	建设年限（年）	—
绿建标准	—	安全文明施工标准	绿色	质量标准	合格
说明	本项目不包含电梯、建筑智能化及通信、空调、采暖、燃气工程。 该楼座采用装配式施工工艺，主要包括桁架叠合板、轻质板墙、预制楼梯。 楼座的地下工程部分工程量包含在楼座主体内，建筑、装饰、安装工程都是正常计算的，工程指标没问题。 电气包括配电箱，消防包括探测器、模块箱，通风包括通风机、油烟净化机、传感器				
项目专业信息					
建筑工程	地基处理及土护降工程	土石方工程：挖一般土石方。地基处理方式：其他。基坑支护形式：其他			
	基础工程	满堂基础、其他			

续表

建筑工程	主体工程	钢筋工程：高强钢筋、普通钢筋。混凝土主要强度：C20、C25、C30、C35、C40、C45、C50
	屋面工程	屋面形式：平屋面。屋面材料：其他
	防水工程	地下防水：卷材防水。屋面防水：卷材防水
	保温工程	外墙保温：挤塑聚苯板。内墙保温：挤塑聚苯板。屋面保温：挤塑聚苯板
装饰工程	门窗工程	门：木门、塑钢门。窗：塑钢窗
	地面工程	细石混凝土
	墙面工程	涂料
	天棚工程	涂料
	外立面形式	涂料
安装工程	电气工程	电气照明灯具：普通灯具、装饰灯具、障碍照明。电气动力配管：钢管、JDG管。母线槽：有。电缆：普通电缆
	电梯工程	—
	建筑智能化及通信工程	—
	空调工程	—
	通风工程	防排烟系统
	给排水工程	冷水管：塑料管、复合管。中水管：塑料管、复合管。污废水管道：塑料管、铸铁管
	采暖工程	—
	燃气工程	—
	消防工程	水灭火系统：水喷淋系统

表2 工程经济指标表

编号	项目名称	金额（元）	单位指标（元/m²）	占比指标（%）
1	单项工程（分部分项+措施项目）	56 665 869.19	2 067.94	84.65
1.1	分部分项费	46 393 015.80	1 693.05	81.87
1.1.1	建筑工程	30 723 501.28	1 121.21	66.22
1.1.1.1	土石方工程	528 685.19	19.29	1.72
1.1.1.2	基础工程	5 323 197.15	194.26	17.33
1.1.1.3	砌筑工程	1 632 373.63	59.57	5.31
1.1.1.4	混凝土工程	8 640 609.80	315.33	28.12
1.1.1.4.1	现浇混凝土	7 080 272.54	258.38	81.94
1.1.1.4.2	预制混凝土	1 560 337.26	56.94	18.06
1.1.1.5	钢筋工程	13 493 345.34	492.42	43.92
1.1.1.5.1	普通钢筋	12 507 094.78	456.43	92.69
1.1.1.5.2	预应力钢筋	691 153.66	25.22	5.12
1.1.1.5.3	其他项	295 096.90	10.77	2.19
1.1.1.6	金属结构工程	190 413.64	6.95	0.62
1.1.1.7	屋面及防水工程	639 820.16	23.35	2.08
1.1.1.7.1	屋面防水	161 367.19	5.89	25.22
1.1.1.7.2	墙面、楼（地）面防水	478 452.97	17.46	74.78
1.1.1.8	保温、隔热及防腐工程	275 056.37	10.04	0.90
1.1.1.8.1	保温、隔热工程	275 056.37	10.04	100.00
1.1.2	装饰工程	4 665 270.57	170.25	10.06
1.1.2.1	门窗	221 587.36	8.09	4.75
1.1.2.2	楼地面装饰	1 419 057.19	51.79	30.42
1.1.2.3	墙柱面装饰	1 207 584.12	44.07	25.88
1.1.2.4	天棚装饰	187 220.61	6.83	4.01
1.1.2.5	油漆、涂料	686 968.74	25.07	14.73

续表

编号	项目名称	金额（元）	单位指标（元/m²）	占比指标（%）
1.1.2.6	其他内装饰	942 852.55	34.41	20.21
1.1.3	安装工程	11 004 243.95	401.58	23.72
1.1.3.1	电气工程	4 419 684.22	161.29	40.16
1.1.3.1.1	母线安装	985 886.36	35.98	22.31
1.1.3.1.2	控制设备及低压电器安装	84 698.80	3.09	1.92
1.1.3.1.3	电缆安装	1 309 410.13	47.79	29.63
1.1.3.1.4	防雷及接地装置	99 102.79	3.62	2.24
1.1.3.1.5	配管、配线	1 554 472.62	56.73	35.17
1.1.3.1.6	照明器具安装	134 075.00	4.89	3.03
1.1.3.1.7	附属工程	250 692.83	9.15	5.67
1.1.3.1.8	电气调整试验	1 345.69	0.05	0.03
1.1.3.2	建筑智能化及通信工程	85 869.08	3.13	0.78
1.1.3.2.1	建筑设备自动化系统工程	4 756.08	0.17	5.54
1.1.3.2.2	安全防范系统工程	81 113.00	2.96	94.46
1.1.3.3	空调、通风工程	2 837 037.59	103.53	25.78
1.1.3.3.1	通风设备	27 217.97	0.99	0.96
1.1.3.3.2	通风管道	2 435 783.99	88.89	85.86
1.1.3.3.3	通风管道部件	374 035.63	13.65	13.18
1.1.3.4	给排水工程	257 324.03	9.39	2.34
1.1.3.4.1	给排水管道	253 452.13	9.25	98.50
1.1.3.4.2	卫生器具	3 871.90	0.14	1.50
1.1.3.5	消防工程	1 255 278.77	45.81	11.41
1.1.3.5.1	水灭火系统	1 077 651.17	39.33	85.85
1.1.3.5.2	火灾自动报警系统	177 627.60	6.48	14.15
1.1.3.6	其他项	689 405.17	25.16	6.26
1.1.3.6.1	支架及套管（给排水、采暖、燃气管道）	368 340.71	13.44	53.43

续表

编号	项目名称	金额（元）	单位指标（元/m²）	占比指标（%）
1.1.3.6.2	管道附件（给排水、采暖、燃气管道）	88 970.94	3.25	12.91
1.1.3.6.3	刷油工程	28 245.00	1.03	4.10
1.1.3.6.4	绝热工程	203 742.13	7.44	29.55
1.1.3.6.5	自动化控制仪表	106.39	0.00	0.02
1.1.3.7	补充项	1 459 645.09	53.27	13.26
1.2	措施项目费	10 272 853.39	374.89	18.13
1.2.1	单价措施项目	9 526 533.94	347.66	92.74
1.2.1.1	脚手架	1 971 909.06	71.96	20.70
1.2.1.2	混凝土模板及支架（撑）	5 419 875.27	197.79	56.89
1.2.1.3	其他项	2 134 749.61	77.90	22.41
1.2.2	总价措施项目	746 319.45	27.24	7.26
2	规费	3 767 137.47	137.48	5.63
3	税金	5 527 398.10	201.71	8.26
4	设备、器具购置费	982 527.78	35.86	1.47

表3 主要工程量指标表

编号	工程量名称	数量	单位	单位指标
1	建筑工程			
1.1	土石方工程	125 280.85	m³	4.57 m³/m²
1.2	基础工程	6 087.72	m³	0.22 m³/m²
1.3	砌筑工程	2 732.34	m³	0.10 m³/m²
1.4	混凝土工程			
1.4.1	现浇混凝土	15 202.27	m³	0.55 m³/m²
1.4.2	预制混凝土	475.77	m³	0.02 m³/m²
1.5	钢筋工程			
1.5.1	普通钢筋	2 331 394.00	kg	85.08 kg/m²

续表

编号	工程量名称	数量	单位	单位指标
1.5.2	预应力钢筋	112 948.00	kg	4.12 kg/m²
1.6	金属结构工程	2.63	t	<0.01 t/m²
1.7	屋面及防水工程			
1.7.1	防水工程	5 545.13	m²	0.20 m²/m²
1.8	保温、隔热及防腐工程			
1.8.1	保温、隔热工程	3 334.23	m²	0.12 m²/m²
2	装饰工程			
2.1	门窗	542.14	m²	0.02 m²/m²
2.2	楼地面装饰	21 441.05	m²	0.78 m²/m²
2.3	墙柱面装饰	41 520.02	m²	1.52 m²/m²
2.4	天棚装饰	21 250.92	m²	0.78 m²/m²
2.5	油漆、涂料	48 687.70	m²	1.78 m²/m²
3	安装工程			
3.1	电气工程			
3.1.1	母线安装	330.61	m	0.01 m/m²
3.1.2	电缆安装	5 458.01	m	0.20 m/m²
3.1.3	配管、配线	107 395.70	m	3.92 m/m²
3.1.4	照明器具安装	1 083.00	套	0.04 套/m²
3.2	建筑智能化及通信工程			
3.2.1	安全防范系统工程	116	套	<0.01 套/m²
3.3	空调、通风工程			
3.3.1	通风管道制作安装	12 195.97	m²	0.45 m²/m²
3.3.2	通风管道部件制作安装	713	个	0.03 个/m²
3.4	消防工程			
3.4.1	水灭火系统			
3.4.1.1	消防管道	10 925.10	m	0.40 m/m²
3.4.1.2	消防装置	5	组	<0.01 组/m²

续表

编号	工程量名称	数量	单位	单位指标
3.4.1.3	消火栓、灭火器	361	套	0.01 套/m²
3.4.2	气体灭火系统	—	—	—
3.4.3	泡沫灭火系统	—	—	—
3.4.4	火灾自动报警系统	1 771.00	套	0.06 套/m²
3.5	给排水、采暖、燃气工程			
3.5.1	给排水管道	4 948.94	m	0.18 m/m²
3.5.2	支架及其他	13 278.84	kg	0.48 kg/m²
3.5.3	管道附件	30	组	<0.01 组/m²
3.6	刷油、防腐蚀、绝热工程			
3.6.1	刷油工程	2 311.80	m²	0.08 m²/m²
3.6.2	绝热工程	847.2	m²	0.03 m²/m²

案例8 山东省某办公楼

表1 工程概况及项目专业信息表

基本信息					
建设性质	新建	工程类型	办公建筑/写字楼	结构类型	框架结构
建设形式	装配式	抗震等级	二级	开/竣工日期	—
计价方式	清单计价	造价阶段	投标报价	总建筑面积（m²）	10 649.04
地下建筑面积（m²）	2 172.00	装修标准	初装	人防面积（m²）	—
建筑物基底面积（m²）	—	屋面面积（m²）	—	檐高或房屋高度（m）	36.15
地上最高层数（层）	8	地下层数（层）	2	首层层高（m）	4.50
标准层层高（m）	4.50	顶层层高（m）	4.50	地下一层层高（m）	5.60
地下二层层高（m）	3.80	地下三层层高（m）	—	户数（户）	—
装修类别	初装	基坑支护面积（m²）	—	建设年限（年）	—
绿建标准	—	安全文明施工标准	绿色	质量标准	合格
说明	本项目不包含电梯、建筑智能化及通信、空调、采暖、燃气工程。 该楼座采用装配式施工工艺，主要包括桁架叠合板、轻质板墙、预制楼梯。 楼座的地下工程部分工程量包含在楼座主体内，建筑、装饰、安装工程都是正常计算的，工程指标没问题。 设备、器具购置费是设备费，电气包括配电箱，消防包括状态显示装置、探测器、模块箱，通风包括排气扇、通风机、传感器				
项目专业信息					
建筑工程	地基处理及土护降工程	土石方工程：挖一般土石方。地基处理方式：其他。基坑支护形式：其他			

续表

建筑工程	基础工程	满堂基础、其他
	主体工程	钢筋工程：高强钢筋、普通钢筋。混凝土主要强度：C20、C25、C30、C35、C40
	屋面工程	屋面形式：平屋面。屋面材料：其他
	防水工程	地下防水：卷材防水。屋面防水：卷材防水
	保温工程	外墙保温：挤塑聚苯板。屋面保温：挤塑聚苯板
装饰工程	门窗工程	门：木门、塑钢门。窗：塑钢窗
	地面工程	细石混凝土
	墙面工程	涂料
	天棚工程	涂料
	外立面形式	涂料
安装工程	电气工程	电气照明灯具：普通灯具、装饰灯具。电气动力配管：钢管、JDG管。母线槽：有。电缆：普通电缆
	电梯工程	—
	建筑智能化及通信工程	
	空调工程	—
	通风工程	防排烟系统
	给排水工程	冷水管：塑料管、复合管。中水管：塑料管、复合管。污废水管道：塑料管、铸铁管、钢管
	采暖工程	—
	燃气工程	—
	消防工程	水灭火系统：水喷淋系统

表2 工程经济指标表

编号	项目名称	金额（元）	单位指标（元/m²）	占比指标（%）
1	单项工程（分部分项+措施项目）	21 314 437.71	2 001.54	84.64
1.1	分部分项费	17 811 442.75	1 672.59	83.57
1.1.1	建筑工程	12 221 910.61	1 147.70	68.62
1.1.1.1	土石方工程	180 215.41	16.92	1.47
1.1.1.2	基础工程	2 313 723.49	217.27	18.93
1.1.1.3	砌筑工程	563 885.49	52.95	4.61
1.1.1.4	混凝土工程	3 541 577.13	332.57	28.98
1.1.1.4.1	现浇混凝土	2 148 282.67	201.73	60.66
1.1.1.4.2	预制混凝土	1 393 294.46	130.84	39.34
1.1.1.5	钢筋工程	4 834 386.72	453.97	39.56
1.1.1.5.1	普通钢筋	3 606 381.02	338.66	74.60
1.1.1.5.2	预应力钢筋	1 120 878.93	105.26	23.19
1.1.1.5.3	其他项	107 126.77	10.06	2.22
1.1.1.6	金属结构工程	70 266.94	6.60	0.57
1.1.1.7	屋面及防水工程	488 817.51	45.90	4.00
1.1.1.7.1	屋面防水	167 196.66	15.70	34.20
1.1.1.7.2	墙面、楼（地）面防水	321 620.85	30.20	65.80
1.1.1.8	保温、隔热及防腐工程	229 037.92	21.51	1.87
1.1.1.8.1	保温、隔热工程	229 037.92	21.51	100.00
1.1.2	装饰工程	2 423 004.77	227.53	13.60
1.1.2.1	门窗	184 795.62	17.35	7.63
1.1.2.2	楼地面装饰	820 465.45	77.05	33.86
1.1.2.3	墙柱面装饰	680 016.55	63.86	28.07
1.1.2.4	天棚装饰	63 011.23	5.92	2.60
1.1.2.5	油漆、涂料	394 106.79	37.01	16.27

续表

编号	项目名称	金额（元）	单位指标（元/m²）	占比指标（%）
1.1.2.6	其他内装饰	280 609.13	26.35	11.58
1.1.3	安装工程	3 166 527.37	297.35	17.78
1.1.3.1	电气工程	1 761 769.31	165.44	55.64
1.1.3.1.1	母线安装	165 830.85	15.57	9.41
1.1.3.1.2	控制设备及低压电器安装	57 723.35	5.42	3.28
1.1.3.1.3	电机检查接线及调试	15 068.55	1.42	0.86
1.1.3.1.4	电缆安装	957 013.76	89.87	54.32
1.1.3.1.5	防雷及接地装置	37 944.02	3.56	2.15
1.1.3.1.6	配管、配线	332 759.26	31.25	18.89
1.1.3.1.7	照明器具安装	57 420.95	5.39	3.26
1.1.3.1.8	附属工程	136 662.88	12.83	7.76
1.1.3.1.9	电气调整试验	1 345.69	0.13	0.08
1.1.3.2	建筑智能化及通信工程	5 641.66	0.53	0.18
1.1.3.2.1	建筑设备自动化系统工程	452.96	0.04	8.03
1.1.3.2.2	安全防范系统工程	5 188.70	0.49	91.97
1.1.3.3	空调、通风工程	319 252.63	29.98	10.08
1.1.3.3.1	通风设备	9 242.29	0.87	2.89
1.1.3.3.2	通风管道	198 655.80	18.65	62.23
1.1.3.3.3	通风管道部件	111 354.54	10.46	34.88
1.1.3.4	给排水工程	87 818.85	8.25	2.77
1.1.3.4.1	给排水管道	84 308.78	7.92	96.00
1.1.3.4.2	卫生器具	3 510.07	0.33	4.00
1.1.3.5	消防工程	425 609.06	39.97	13.44
1.1.3.5.1	水灭火系统	353 662.81	33.21	83.10
1.1.3.5.2	火灾自动报警系统	71 946.25	6.76	16.90
1.1.3.6	其他项	150 500.67	14.13	4.75

续表

编号	项目名称	金额（元）	单位指标（元/m²）	占比指标（%）
1.1.3.6.1	支架及套管（给排水、采暖、燃气管道）	87 429.65	8.21	58.09
1.1.3.6.2	管道附件（给排水、采暖、燃气管道）	19 840.30	1.86	13.18
1.1.3.6.3	刷油工程	13 252.38	1.24	8.81
1.1.3.6.4	绝热工程	29 871.95	2.81	19.85
1.1.3.6.5	自动化控制仪表	106.39	0.01	0.07
1.1.3.7	补充项	415 935.19	39.06	13.14
1.2	措施项目费	3 502 994.96	328.95	16.43
1.2.1	单价措施项目	3 219 363.36	302.31	91.90
1.2.1.1	脚手架	497 286.06	46.70	15.45
1.2.1.2	混凝土模板及支架（撑）	1 895 450.18	177.99	58.88
1.2.1.3	其他项	826 627.12	77.62	25.68
1.2.2	总价措施项目	283 631.60	26.63	8.10
2	规费	1 410 074.79	132.41	5.60
3	税金	2 079 386.77	195.27	8.26
4	设备、器具购置费	379 785.04	35.66	1.51

表3 主要工程量指标表

编号	工程量名称	数量	单位	单位指标
1	建筑工程			
1.1	土石方工程	48 971.58	m³	4.60 m³/m²
1.2	基础工程	2 634.33	m³	0.25 m³/m²
1.3	砌筑工程	1 015.82	m³	0.10 m³/m²
1.4	混凝土工程			
1.4.1	现浇混凝土	5 732.14	m³	0.54 m³/m²
1.4.2	预制混凝土	300.37	m³	0.03 m³/m²
1.5	钢筋工程			

续表

编号	工程量名称	数量	单位	单位指标
1.5.1	普通钢筋	710 117.00	kg	66.68 kg/m²
1.5.2	预应力钢筋	191 122.00	kg	17.95 kg/m²
1.6	金属结构工程	0.29	t	<0.01 t/m²
1.7	屋面及防水工程			
1.7.1	防水工程	3 904.49	m²	0.37 m²/m²
1.8	保温、隔热及防腐工程			
1.8.1	保温、隔热工程	3 127.88	m²	0.29 m²/m²
2	装饰工程			
2.1	门窗	221.22	m²	0.02 m²/m²
2.2	楼地面装饰	9 958.11	m²	0.94 m²/m²
2.3	墙柱面装饰	21 346.54	m²	2.00 m²/m²
2.4	天棚装饰	7 152.24	m²	0.67 m²/m²
2.5	油漆、涂料	22 691.35	m²	2.13 m²/m²
3	安装工程			
3.1	电气工程			
3.1.1	母线安装	162.46	m	0.02 m/m²
3.1.2	电缆安装	4 423.20	m	0.42 m/m²
3.1.3	配管、配线	27 127.52	m	2.55 m/m²
3.1.4	照明器具安装	457	套	0.04 套/m²
3.2	建筑智能化及通信工程			
3.2.1	安全防范系统工程	6	套	<0.01 套/m²
3.3	空调、通风工程			
3.3.1	通风管道制作安装	1 033.51	m²	0.10 m²/m²
3.3.2	通风管道部件制作安装	169	个	0.02 个/m²
3.4	消防工程			
3.4.1	水灭火系统			
3.4.1.1	消防管道	3 785.31	m	0.36 m/m²

续表

编号	工程量名称	数量	单位	单位指标
3.4.1.2	消防装置	1	组	<0.01 组/m²
3.4.1.3	消火栓、灭火器	80	套	0.01 套/m²
3.4.2	气体灭火系统	—	—	—
3.4.3	泡沫灭火系统	—	—	—
3.4.4	火灾自动报警系统	547	套	0.05 套/m²
3.5	给排水、采暖、燃气工程			
3.5.1	给排水管道	1 630.97	m	0.15 m/m²
3.5.2	支架及其他	3 331.52	kg	0.31 kg/m²
3.5.3	管道附件	6	组	<0.01 组/m²
3.6	刷油、防腐蚀、绝热工程			
3.6.1	刷油工程	1 379.27	m²	0.13 m²/m²

案例 9　山东省某办公楼

表 1　工程概况及项目专业信息表

基本信息					
建设性质	新建	工程类型	办公建筑/写字楼	结构类型	框架核心筒结构
建设形式	装配式	抗震等级	二级	开/竣工日期	—
计价方式	清单计价	造价阶段	投标报价	总建筑面积（m²）	18 851.24
地下建筑面积（m²）	1 935.84	装修标准	初装	人防面积（m²）	—
建筑物基底面积（m²）	—	屋面面积（m²）	—	檐高或房屋高度（m）	68.10
地上最高层数（层）	15	地下层数（层）	2	首层层高（m）	4.50
标准层层高（m）	4.50	顶层层高（m）	4.50	地下一层层高（m）	5.95
地下二层层高（m）	3.80	地下三层层高（m）	—	户数（户）	—
装修类别	初装	基坑支护面积（m²）	—	建设年限（年）	—
绿建标准	—	安全文明施工标准	绿色	质量标准	合格
说明	本项目不包含电梯、建筑智能化及通信、空调、采暖、燃气工程。 该楼座采用装配式施工工艺，主要包括桁架叠合板、轻质板墙、预制楼梯。 楼座的地下工程部分工程量包含在楼座主体内，建筑、装饰、安装工程都是正常计算的，工程指标没问题。 设备、器具购置费是设备费，电气包括配电箱，消防包括探测器、监控机，通风包括排气扇、通风机、传感器				
项目专业信息					
建筑工程	地基处理及土护降工程	土石方工程：挖一般土石方。地基处理方式：其他。基坑支护形式：其他			

续表

建筑工程	基础工程	满堂基础、其他
	主体工程	钢筋工程：高强钢筋、普通钢筋。混凝土主要强度：C20、C25、C30、C35、C40、C45、C50
	屋面工程	屋面形式：平屋面。屋面材料：其他
	防水工程	地下防水：卷材防水。屋面防水：卷材防水
	保温工程	外墙保温：挤塑聚苯板。屋面保温：挤塑聚苯板
装饰工程	门窗工程	门：木门、塑钢门。窗：塑钢窗、其他
	地面工程	细石混凝土
	墙面工程	涂料
	天棚工程	涂料
	外立面形式	涂料
安装工程	电气工程	电气照明灯具：普通灯具、装饰灯具、障碍照明。电气动力配管：钢管、JDG管。母线槽：有。电缆：普通电缆
	电梯工程	—
	建筑智能化及通信工程	—
	空调工程	—
	通风工程	送排风系统
	给排水工程	冷水管：塑料管、复合管。中水管：塑料管、复合管。污废水管道：塑料管、铸铁管
	采暖工程	—
	燃气工程	—
	消防工程	水灭火系统：水喷淋系统

表2 工程经济指标表

编号	项目名称	金额（元）	单位指标（元/m²）	占比指标（%）
1	单项工程（分部分项+措施项目）	35 950 458.51	1 907.06	84.54
1.1	分部分项费	29 013 003.27	1 539.05	80.70
1.1.1	建筑工程	18 433 667.69	977.85	63.54
1.1.1.1	土石方工程	301 153.22	15.98	1.63
1.1.1.2	基础工程	3 101 933.48	164.55	16.83
1.1.1.3	砌筑工程	180 125.23	9.56	0.98
1.1.1.4	混凝土工程	6 437 158.68	341.47	34.92
1.1.1.4.1	现浇混凝土	4 202 041.19	222.91	65.28
1.1.1.4.2	预制混凝土	2 235 117.49	118.57	34.72
1.1.1.5	钢筋工程	7 708 809.94	408.93	41.82
1.1.1.5.1	普通钢筋	6 987 451.82	370.66	90.64
1.1.1.5.2	预应力钢筋	456 790.07	24.23	5.93
1.1.1.5.3	其他项	264 568.05	14.03	3.43
1.1.1.6	金属结构工程	23 722.43	1.26	0.13
1.1.1.7	屋面及防水工程	523 618.81	27.78	2.84
1.1.1.7.1	屋面防水	161 184.09	8.55	30.78
1.1.1.7.2	墙面、楼（地）面防水	362 434.72	19.23	69.22
1.1.1.8	保温、隔热及防腐工程	157 145.90	8.34	0.85
1.1.1.8.1	保温、隔热工程	157 145.90	8.34	100.00
1.1.2	装饰工程	2 743 025.40	145.51	9.45
1.1.2.1	门窗	159 640.05	8.47	5.82
1.1.2.2	楼地面装饰	679 519.44	36.05	24.77
1.1.2.3	墙柱面装饰	963 041.74	51.09	35.11
1.1.2.4	天棚装饰	70 080.88	3.72	2.55
1.1.2.5	油漆、涂料	563 063.30	29.87	20.53

续表

编号	项目名称	金额（元）	单位指标（元/m²）	占比指标（%）
1.1.2.6	其他内装饰	307 679.99	16.32	11.22
1.1.3	安装工程	7 836 310.18	415.69	27.01
1.1.3.1	电气工程	4 275 462.56	226.80	54.56
1.1.3.1.1	母线安装	585 519.91	31.06	13.69
1.1.3.1.2	控制设备及低压电器安装	74 447.61	3.95	1.74
1.1.3.1.3	电机检查接线及调试	9 570.74	0.51	0.22
1.1.3.1.4	电缆安装	2 161 788.92	114.68	50.56
1.1.3.1.5	防雷及接地装置	115 374.58	6.12	2.70
1.1.3.1.6	配管、配线	1 145 914.62	60.79	26.80
1.1.3.1.7	照明器具安装	85 338.79	4.53	2.00
1.1.3.1.8	附属工程	94 690.83	5.02	2.21
1.1.3.1.9	电气调整试验	2 816.56	0.15	0.07
1.1.3.2	建筑智能化及通信工程	99 629.86	5.29	1.27
1.1.3.2.1	建筑设备自动化系统工程	5 382.46	0.29	5.40
1.1.3.2.2	安全防范系统工程	94 247.40	5.00	94.60
1.1.3.3	空调、通风工程	984 019.87	52.20	12.56
1.1.3.3.1	通风设备	16 149.55	0.86	1.64
1.1.3.3.2	通风管道	712 872.85	37.82	72.44
1.1.3.3.3	通风管道部件	254 997.47	13.53	25.91
1.1.3.4	给排水工程	142 752.21	7.57	1.82
1.1.3.4.1	给排水管道	139 931.48	7.42	98.02
1.1.3.4.2	卫生器具	2 820.73	0.15	1.98
1.1.3.5	消防工程	989 152.83	52.47	12.62
1.1.3.5.1	水灭火系统	877 390.82	46.54	88.70
1.1.3.5.2	火灾自动报警系统	111 762.01	5.93	11.30
1.1.3.6	其他项	789 910.53	41.90	10.08

续表

编号	项目名称	金额（元）	单位指标（元/m²）	占比指标（%）
1.1.3.6.1	支架及套管（给排水、采暖、燃气管道）	202 679.54	10.75	25.66
1.1.3.6.2	管道附件（给排水、采暖、燃气管道）	68 265.32	3.62	8.64
1.1.3.6.3	刷油工程	48 487.96	2.57	6.14
1.1.3.6.4	绝热工程	470 370.69	24.95	59.55
1.1.3.6.5	自动化控制仪表	107.02	0.01	0.01
1.1.3.7	补充项	555 382.32	29.46	7.09
1.2	措施项目费	6 937 455.24	368.01	19.30
1.2.1	单价措施项目	6 419 335.84	340.53	92.53
1.2.1.1	脚手架	811 765.67	43.06	12.65
1.2.1.2	混凝土模板及支架（撑）	4 317 523.79	229.03	67.26
1.2.1.3	其他项	1 290 046.38	68.43	20.10
1.2.2	总价措施项目	518 119.40	27.48	7.47
2	规费	2 394 713.78	127.03	5.63
3	税金	3 511 131.13	186.25	8.26
4	设备、器具购置费	667 395.76	35.40	1.57

表3 主要工程量指标表

编号	工程量名称	数量	单位	单位指标
1	建筑工程			
1.1	土石方工程	75 666.64	m³	4.01 m³/m²
1.2	基础工程	3 773.15	m³	0.20 m³/m²
1.3	砌筑工程	318.79	m³	0.02 m³/m²
1.4	混凝土工程			
1.4.1	现浇混凝土	6 846.48	m³	0.36 m³/m²
1.4.2	预制混凝土	305.77	m³	0.02 m³/m²
1.5	钢筋工程			

续表

编号	工程量名称	数量	单位	单位指标
1.5.1	普通钢筋	1 408 466.00	kg	74.71 kg/m²
1.6	金属结构工程	0.28	t	<0.01 t/m²
1.7	屋面及防水工程			
1.7.1	防水工程	4 666.03	m²	0.25 m²/m²
1.8	保温、隔热及防腐工程			
1.8.1	保温、隔热工程	2 392.08	m²	0.13 m²/m²
2	装饰工程			
2.1	门窗	425.15	m²	0.02 m²/m²
2.2	楼地面装饰	4 069.53	m²	0.22 m²/m²
2.3	墙柱面装饰	31 218.13	m²	1.66 m²/m²
2.4	天棚装饰	7 114.81	m²	0.38 m²/m²
2.5	油漆、涂料	40 317.02	m²	2.14 m²/m²
3	安装工程			
3.1	电气工程			
3.1.1	母线安装	471.9	m	0.03 m/m²
3.1.2	电缆安装	10 746.13	m	0.57 m/m²
3.1.3	配管、配线	56 376.73	m	2.99 m/m²
3.1.4	照明器具安装	736	套	0.04 套/m²
3.2	建筑智能化及通信工程			
3.2.1	安全防范系统工程	130	套	0.01 套/m²
3.3	空调、通风工程			
3.3.1	通风管道制作安装	3 753.70	m²	0.20 m²/m²
3.3.2	通风管道部件制作安装	339	个	0.02 个/m²
3.4	消防工程			
3.4.1	水灭火系统			
3.4.1.1	消防管道	7 808.47	m	0.41 m/m²
3.4.1.2	消防装置	4	组	<0.01 组/m²

续表

编号	工程量名称	数量	单位	单位指标
3.4.1.3	消火栓、灭火器	187	套	0.01 套/m²
3.4.2	气体灭火系统	—	—	—
3.4.3	泡沫灭火系统	—	—	—
3.4.4	火灾自动报警系统	1 130.00	套	0.06 套/m²
3.5	给排水、采暖、燃气工程			
3.5.1	给排水管道	2 343.09	m	0.12 m/m²
3.5.2	支架及其他	8 749.88	kg	0.46 kg/m²
3.5.3	管道附件	14	组	<0.01 组/m²
3.6	刷油、防腐蚀、绝热工程			
3.6.1	刷油工程	3 713.14	m²	0.20 m²/m²
3.6.2	绝热工程	3 050.40	m²	0.16 m²/m²

案例 10 山东省某办公楼

表 1 工程概况及项目专业信息表

基本信息					
建设性质	新建	工程类型	办公建筑/写字楼	结构类型	框架核心筒结构
建设形式	装配式	抗震等级	二级	开/竣工日期	—
计价方式	清单计价	造价阶段	投标报价	总建筑面积（m²）	38 411.28
地下建筑面积（m²）	4 662.82	装修标准	初装	人防面积（m²）	—
建筑物基底面积（m²）	—	屋面面积（m²）	—	檐高或房屋高度（m）	91.25
地上最高层数（层）	20	地下层数（层）	2	首层层高（m）	5.40
标准层层高（m）	4.50	顶层层高（m）	4.50	地下一层层高（m）	5.50
地下二层层高（m）	3.80	地下三层层高（m）	—	户数（户）	—
装修类别	初装	基坑支护面积（m²）	—	建设年限（年）	—
绿建标准	—	安全文明施工标准	绿色	质量标准	合格
说明	本项目不包含电梯、建筑智能化及通信、空调、燃气工程				
项目专业信息					
建筑工程	地基处理及土护降工程	土石方工程：挖一般土石方。地基处理方式：其他。基坑支护形式：其他			
	基础工程	满堂基础、其他			
	主体工程	钢筋工程：高强钢筋、普通钢筋。混凝土主要强度：C20、C25、C30、C35、C40、C45、C50			

续表

建筑工程	屋面工程	屋面形式：平屋面。屋面材料：其他
	防水工程	地下防水：卷材防水。屋面防水：卷材防水
	保温工程	外墙保温：挤塑聚苯板。屋面保温：挤塑聚苯板
装饰工程	门窗工程	门：木门、塑钢门。窗：金属百叶窗
	地面工程	细石混凝土
	墙面工程	涂料
	天棚工程	涂料
	外立面形式	涂料
安装工程	电气工程	电气照明灯具：普通灯具、装饰灯具、障碍照明。电气动力配管：钢管、JDG管。母线槽：有。电缆：普通电缆
	电梯工程	—
	建筑智能化及通信工程	—
	空调工程	—
	通风工程	防排烟系统
	给排水工程	冷水管：塑料管、复合管。中水管：塑料管、复合管。污废水管道：塑料管、铸铁管
	采暖工程	采暖管道：钢管、塑料管。散热器：无。地板辐射采暖：有
	燃气工程	—
	消防工程	水灭火系统：水喷淋系统

表2 工程经济指标表

编号	项目名称	金额（元）	单位指标（元/m²）	占比指标（%）
1	单项工程（分部分项+措施项目）	73 981 411.66	1 926.03	84.07
1.1	分部分项费	60 517 829.34	1 575.52	81.80

续表

编号	项目名称	金额（元）	单位指标（元/m²）	占比指标（%）
1.1.1	建筑工程	40 393 299.23	1 051.60	66.75
1.1.1.1	土石方工程	623 324.50	16.23	1.54
1.1.1.2	基础工程	6 903 135.43	179.72	17.09
1.1.1.3	砌筑工程	2 474 168.87	64.41	6.13
1.1.1.4	混凝土工程	10 213 853.93	265.91	25.29
1.1.1.4.1	现浇混凝土	8 893 052.76	231.52	87.07
1.1.1.4.2	预制混凝土	1 320 801.17	34.39	12.93
1.1.1.5	钢筋工程	18 359 638.24	477.98	45.45
1.1.1.5.1	普通钢筋	16 205 014.61	421.88	88.26
1.1.1.5.2	预应力钢筋	1 553 166.96	40.44	8.46
1.1.1.5.3	其他项	601 456.67	15.66	3.28
1.1.1.6	金属结构工程	267 253.29	6.96	0.66
1.1.1.7	屋面及防水工程	1 022 281.49	26.61	2.53
1.1.1.7.1	屋面防水	282 793.47	7.36	27.66
1.1.1.7.2	墙面、楼（地）面防水	739 488.02	19.25	72.34
1.1.1.8	保温、隔热及防腐工程	529 643.48	13.79	1.31
1.1.1.8.1	保温、隔热工程	529 643.48	13.79	100.00
1.1.2	装饰工程	5 021 791.60	130.74	8.30
1.1.2.1	门窗	298 717.72	7.78	5.95
1.1.2.2	楼地面装饰	937 674.50	24.41	18.67
1.1.2.3	墙柱面装饰	1 550 566.18	40.37	30.88
1.1.2.4	天棚装饰	135 660.90	3.53	2.70
1.1.2.5	油漆、涂料	1 042 403.93	27.14	20.76
1.1.2.6	其他内装饰	1 056 768.37	27.51	21.04
1.1.3	安装工程	15 102 738.51	393.18	24.96
1.1.3.1	电气工程	8 210 634.73	213.76	54.37

续表

编号	项目名称	金额（元）	单位指标（元/m²）	占比指标（%）
1.1.3.1.1	母线安装	625 316.33	16.28	7.62
1.1.3.1.2	控制设备及低压电器安装	227 277.01	5.92	2.77
1.1.3.1.3	电缆安装	4 685 599.12	121.98	57.07
1.1.3.1.4	防雷及接地装置	153 580.65	4.00	1.87
1.1.3.1.5	配管、配线	1 931 019.57	50.27	23.52
1.1.3.1.6	照明器具安装	226 895.89	5.91	2.76
1.1.3.1.7	附属工程	359 580.40	9.36	4.38
1.1.3.1.8	电气调整试验	1 365.76	0.04	0.02
1.1.3.2	建筑智能化及通信工程	139 246.82	3.63	0.92
1.1.3.2.1	建筑设备自动化系统工程	5 850.50	0.15	4.20
1.1.3.2.2	安全防范系统工程	133 396.32	3.47	95.80
1.1.3.3	空调、通风工程	2 556 729.62	66.56	16.93
1.1.3.3.1	通风设备	44 542.35	1.16	1.74
1.1.3.3.2	通风管道	2 054 448.91	53.49	80.35
1.1.3.3.3	通风管道部件	457 738.36	11.92	17.90
1.1.3.4	给排水工程	326 620.58	8.50	2.16
1.1.3.4.1	给排水管道	316 331.83	8.24	96.85
1.1.3.4.2	卫生器具	6 325.27	0.16	1.94
1.1.3.4.3	给排水设备	3 963.48	0.10	1.21
1.1.3.5	消防工程	1 952 055.51	50.82	12.93
1.1.3.5.1	水灭火系统	1 697 386.99	44.19	86.95
1.1.3.5.2	火灾自动报警系统	254 668.52	6.63	13.05
1.1.3.6	采暖工程	32 940.66	0.86	0.22
1.1.3.6.1	采暖管道	11 063.85	0.29	33.59
1.1.3.6.2	供暖器具	21 876.81	0.57	66.41
1.1.3.7	燃气工程	362.18	0.01	0.00

续表

编号	项目名称	金额（元）	单位指标（元/m²）	占比指标（%）
1.1.3.7.1	燃气器具	362.18	0.01	100.00
1.1.3.8	其他项	1 227 456.11	31.96	8.13
1.1.3.8.1	支架及套管（给排水、采暖、燃气管道）	657 566.25	17.12	53.57
1.1.3.8.2	管道附件（给排水、采暖、燃气管道）	132 389.75	3.45	10.79
1.1.3.8.3	刷油工程	16 061.63	0.42	1.31
1.1.3.8.4	绝热工程	421 331.46	10.97	34.33
1.1.3.8.5	自动化控制仪表	107.02	0.00	0.01
1.1.3.9	补充项	656 692.30	17.10	4.35
1.2	措施项目费	13 463 582.32	350.51	18.20
1.2.1	单价措施项目	12 342 056.86	321.31	91.67
1.2.1.1	脚手架	1 500 943.80	39.08	12.16
1.2.1.2	混凝土模板及支架（撑）	8 386 976.14	218.35	67.95
1.2.1.3	其他项	2 454 136.92	63.89	19.88
1.2.2	总价措施项目	1 121 525.46	29.20	8.33
2	规费	4 925 226.82	128.22	5.60
3	税金	7 266 302.76	189.17	8.26
4	设备、器具购置费	1 830 058.95	47.64	2.08

表3 主要工程量指标表

编号	工程量名称	数量	单位	单位指标
1	建筑工程			
1.1	土石方工程	156 614.20	m³	4.08 m³/m²
1.2	基础工程	8 502.38	m³	0.22 m³/m²
1.3	砌筑工程	4 428.05	m³	0.12 m³/m²
1.4	混凝土工程			
1.4.1	现浇混凝土	14 523.14	m³	0.38 m³/m²

续表

编号	工程量名称	数量	单位	单位指标
1.4.2	预制混凝土	499.76	m³	0.01 m³/m²
1.5	钢筋工程			
1.5.1	普通钢筋	3 242 388.00	kg	84.41 kg/m²
1.6	金属结构工程	0.41	t	<0.01 t/m²
1.7	屋面及防水工程			
1.7.1	防水工程	9 328.35	m²	0.24 m²/m²
1.8	保温、隔热及防腐工程			
1.8.1	保温、隔热工程	6 147.22	m²	0.16 m²/m²
2	装饰工程			
2.1	门窗	795.41	m²	0.02 m²/m²
2.2	楼地面装饰	8 703.20	m²	0.23 m²/m²
2.3	墙柱面装饰	56 234.29	m²	1.46 m²/m²
2.4	天棚装饰	13 772.68	m²	0.36 m²/m²
2.5	油漆、涂料	68 946.25	m²	1.79 m²/m²
3	安装工程			
3.1	电气工程			
3.1.1	母线安装	494.76	m	0.01 m/m²
3.1.2	电缆安装	29 731.61	m	0.77 m/m²
3.1.3	配管、配线	97 740.65	m	2.54 m/m²
3.1.4	照明器具安装	1 818.00	套	0.05 套/m²
3.2	建筑智能化及通信工程			
3.2.1	安全防范系统工程	184	套	<0.01 套/m²
3.3	空调、通风工程			
3.3.1	通风管道制作安装	10 430.27	m²	0.27 m²/m²
3.3.2	通风管道部件制作安装	723	个	0.02 个/m²
3.4	消防工程			
3.4.1	水灭火系统			

续表

编号	工程量名称	数量	单位	单位指标
3.4.1.1	消防管道	17 652.19	m	0.46 m/m²
3.4.1.2	消防装置	7	组	<0.01 组/m²
3.4.1.3	消火栓、灭火器	339	套	0.01 套/m²
3.4.2	气体灭火系统	—	—	—
3.4.3	泡沫灭火系统	—	—	—
3.4.4	火灾自动报警系统	2 294.00	套	0.06 套/m²
3.5	给排水、采暖、燃气工程			
3.5.1	给排水管道	5 408.64	m	0.14 m/m²
3.5.2	支架及其他	24 377.38	kg	0.63 kg/m²
3.5.3	管道附件	37	组	<0.01 组/m²
3.5.4	设备	2	台	<0.01 台/m²
3.6	刷油、防腐蚀、绝热工程			
3.6.1	刷油工程	1 714.39	m²	0.04 m²/m²
3.6.2	绝热工程	1 106.50	m²	0.03 m²/m²

文化建筑

案例 11　浙江省某学校图书馆

表 1　工程概况及项目专业信息表

基本信息					
建设性质	新建	工程类型	文化建筑/图书馆	结构类型	其他
建设形式	装配式	抗震等级	三级	开/竣工日期	—
计价方式	清单计价	造价阶段	投资估算	总建筑面积（m²）	78 218.59
地下建筑面积（m²）	37 231.10	装修标准	其他	人防面积（m²）	—
建筑物基底面积（m²）	—	屋面面积（m²）	—	檐高或房屋高度（m）	38.60
地上最高层数（层）	7	地下层数（层）	2	首层层高（m）	6.00
标准层层高（m）	5.40	顶层层高（m）	4.60	地下一层层高（m）	—
地下二层层高	—	地下三层层高（m）	—	户数（户）	—
装修类别	其他	基坑支护面积（m²）	—	建设年限（年）	—
绿建标准	—	安全文明施工标准	绿色	质量标准	合格
说明	—				
项目专业信息					
建筑工程	地基处理及土护降工程	土石方工程：挖一般土石方。地基处理方式：其他。基坑支护形式：喷锚混凝土护坡、其他。降水方式：明沟排水			
	基础工程	满堂基础			

续表

建筑工程	主体工程	钢筋工程：普通钢筋。钢结构工程：钢柱、屋面钢结构、其他。混凝土主要强度：C15、C25、C30、C35、C40、C45、C50、C55
	屋面工程	屋面形式：平屋面。屋面材料：混凝土
	防水工程	地下防水：卷材防水/涂膜防水/刚性防水。室内防水：卷材防水/涂膜防水/刚性防水。屋面防水：卷材防水/涂膜防水/刚性防水
	保温工程	外墙保温：挤塑聚苯板。内墙保温：挤塑聚苯板。屋面保温：挤塑聚苯板
装饰工程	门窗工程	门：木门、铝合金门、装饰门。窗：断桥铝窗、其他
	地面工程	水泥砂浆/细石混凝土/自流平/面砖/防静电地板
	墙面工程	涂料/瓷砖/金属
	天棚工程	涂料/铝合金吊顶/采光天棚
	外立面形式	涂料/石材/玻璃幕墙/金属幕墙
安装工程	电气工程	电气照明灯具：普通灯具、装饰灯具、防爆灯具、障碍照明。电气动力配管：塑料管、钢管、JDG 管。母线槽：有。电缆：普通电缆、矿物电缆。电气设备：应急发电
	电梯工程	—
	建筑智能化及通信工程	—
	空调工程	管道：普通钢板风管、镀锌钢板风管、柔性软风管。集中/半集中式系统类型：风+水形式、全空气形式。局部式空调类型：VRV。设备：空调机组、新风机组、热回收机组。风机盘管：两管制
	通风工程	送排风系统、防排烟系统、人防系统
	给排水工程	冷水管：不锈钢管、复合管。中水管：不锈钢管。热水管：不锈钢管。卫生器具：有。给水设备：变频给水设备。污废水管道：塑料管、复合管
	采暖工程	—
	燃气工程	—
	消防工程	水灭火系统：水喷淋系统

表2 工程经济指标表

编号	项目名称	金额（元）	单位指标（元/m²）	占比指标（%）
1	单项工程	273 198 645.00	3 492.76	100.00
1.1	分部分项费	204 736 370.24	2 617.49	74.94
1.1.1	建筑工程	75 908 397.81	970.46	37.08
1.1.1.1	土石方工程	4 284 197.91	54.77	5.64
1.1.1.2	基坑与边坡支护	4 934 483.71	63.09	6.50
1.1.1.3	基础工程	12 957 580.50	165.66	17.07
1.1.1.4	砌筑工程	3 074 080.46	39.30	4.05
1.1.1.5	钢筋工程	37 495 770.55	479.37	49.40
1.1.1.5.1	普通钢筋	35 057 539.10	448.20	93.50
1.1.1.5.2	预应力钢筋	1 174 894.12	15.02	3.13
1.1.1.5.3	其他项	1 263 337.33	16.15	3.37
1.1.1.6	金属结构工程	2 841 405.28	36.33	3.74
1.1.1.7	屋面及防水工程	8 776 342.10	112.20	11.56
1.1.1.7.1	屋面防水	6 428 309.84	82.18	73.25
1.1.1.7.2	墙面、楼（地）面防水	2 348 032.26	30.02	26.75
1.1.1.8	保温、隔热及防腐工程	1 544 537.30	19.75	2.03
1.1.1.8.1	保温、隔热工程	1 544 537.30	19.75	100.00
1.1.2	装饰工程	81 120 015.43	1 037.09	39.62
1.1.2.1	门窗	6 438 323.66	82.31	7.94
1.1.2.2	楼地面装饰	13 752 338.47	175.82	16.95
1.1.2.3	墙柱面装饰	9 536 255.75	121.92	11.76
1.1.2.4	天棚装饰	5 797 478.07	74.12	7.15
1.1.2.5	油漆、涂料	1 605 477.27	20.53	1.98
1.1.2.6	幕墙	41 925 269.30	536.00	51.68
1.1.2.7	其他内装饰	2 064 872.91	26.40	2.55

续表

编号	项目名称	金额（元）	单位指标（元/m²）	占比指标（%）
1.1.3	安装工程	47 707 957.00	609.93	23.30
1.1.3.1	电气工程	20 229 397.65	258.63	42.40
1.1.3.1.1	母线安装	3 062 006.99	39.15	15.14
1.1.3.1.2	控制设备及低压电器安装	3 180 555.46	40.66	15.72
1.1.3.1.3	电机检查接线及调试	15 017.14	0.19	0.07
1.1.3.1.4	电缆安装	8 469 996.17	108.29	41.87
1.1.3.1.5	防雷及接地装置	256 447.79	3.28	1.27
1.1.3.1.6	配管、配线	4 246 418.61	54.29	20.99
1.1.3.1.7	照明器具安装	642 975.71	8.22	3.18
1.1.3.1.8	附属工程	315 446.75	4.03	1.56
1.1.3.1.9	电气调整试验	40 533.03	0.52	0.20
1.1.3.2	建筑智能化及通信工程	82 535.65	1.06	0.17
1.1.3.2.1	综合布线系统工程	49 827.82	0.64	60.37
1.1.3.2.2	建筑设备自动化系统工程	30 892.83	0.39	37.43
1.1.3.2.3	有线电视、卫星接收系统工程	1 815.00	0.02	2.20
1.1.3.3	空调、通风工程	16 174 067.68	206.78	33.90
1.1.3.3.1	空调设备	5 672 491.06	72.52	35.07
1.1.3.3.2	通风设备	437 940.95	5.60	2.71
1.1.3.3.3	通风管道	6 694 934.48	85.59	41.39
1.1.3.3.4	通风管道部件	3 368 701.19	43.07	20.83
1.1.3.4	给排水工程	4 218 010.01	53.93	8.84
1.1.3.4.1	给排水管道	2 677 985.28	34.24	63.49
1.1.3.4.2	支架	840 861.89	10.75	19.94
1.1.3.4.3	管道附件	147 830.08	1.89	3.50
1.1.3.4.4	给排水器具、设备	551 332.76	7.05	13.07
1.1.3.5	消防工程	7 003 946.01	89.54	14.68

续表

编号	项目名称	金额（元）	单位指标（元/m²）	占比指标（%）
1.1.3.5.1	水灭火系统	3 524 736.39	45.06	50.33
1.1.3.5.2	气体灭火系统	2 228 524.28	28.49	31.82
1.1.3.5.3	泡沫灭火系统	174 388.60	2.23	2.49
1.1.3.5.4	火灾自动报警系统	1 076 296.74	13.76	15.37
1.2	措施项目费	22 125 907.11	282.87	8.10
1.2.1	单价措施项目	18 993 293.06	242.82	85.84
1.2.1.1	脚手架	3 982 208.63	50.91	20.97
1.2.1.2	混凝土模板及支架（撑）	9 958 550.68	127.32	52.43
1.2.1.3	其他项	5 052 533.75	64.60	26.60
1.2.2	总价措施项目	3 132 614.05	40.05	14.16
1.3	其他项目费	6 583 657.13	84.17	2.41
1.3.1	其他项、补充项	6 583 657.13	84.17	100.00
1.4	规费	8 455 854.71	108.11	3.10
1.5	税金	31 296 855.81	400.12	11.46

表3 主要工程量指标表

编号	工程量名称	数量	单位	单位指标
1	建筑工程			
1.1	土石方工程	248 994.64	m³	3.18 m³/m²
1.2	基坑与边坡支护	61 199.17	m³	0.78 m³/m²
1.3	桩基工程	2 908.43	m³	0.04 m³/m²
1.4	砌筑工程	7 056.08	m³	0.09 m³/m²
1.5	混凝土工程			
1.5.1	现浇混凝土	31 775.92	m³	0.41 m³/m²
1.6	钢筋工程	7 367 440.00	kg	94.19 kg/m²
1.7	金属结构工程	337 984.00	kg	4.32 kg/m²

续表

编号	工程量名称	数量	单位	单位指标
1.8	屋面及防水工程	187 935.53	m²	2.40 m²/m²
1.9	保温、隔热及防腐工程	23 066.01	m²	0.29 m²/m²
2	装饰工程			
2.1	门窗	10 062.31	m²	0.13 m²/m²
2.2	楼地面装饰	112 017.40	m²	1.43 m²/m²
2.3	墙柱面装饰	124 463.75	m²	1.59 m²/m²
2.4	天棚装饰	139 153.30	m²	1.78 m²/m²
2.5	油漆、涂料	52 703.68	m²	0.67 m²/m²
2.6	幕墙	28 522.07	m²	0.36 m²/m²
2.7	其他内装饰	4 953.81	m²	0.06 m²/m²
3	安装工程			
3.1	电气工程			
3.1.1	母线安装	1 354.06	m	0.02 m/m²
3.1.2	控制设备及低压电器安装	893	套	0.01 套/m²
3.1.3	电机检查接线及调试	133	台	<0.01 台/m²
3.1.4	电缆安装	81 249.01	m	1.04 m/m²
3.1.5	防雷及接地装置	20 445.00	套	0.26 套/m²
3.1.6	配管、配线	322 455.73	m	4.12 m/m²
3.1.7	照明器具安装	6 318.00	套	0.08 套/m²
3.1.8	附属工程	18 546.00	个	0.24 个/m²
3.2	建筑智能化及通信工程			
3.2.1	综合布线系统工程	11 029.00	套	0.14 套/m²
3.2.2	建筑设备自动化系统工程	32	套	<0.01 套/m²
3.2.3	有线电视、卫星接收系统工程	500	套	0.01 套/m²
3.3	空调、通风工程			
3.3.1	通风设备及部件制作安装	321	台	<0.01 台/m²
3.3.2	通风管道制作安装	48 172.34	m²	0.62 m²/m²

续表

编号	工程量名称	数量	单位	单位指标
3.3.3	通风管道部件制作安装	5 321.00	个	0.07 个/m²
3.4	消防工程			
3.4.1	水灭火系统	43 598.00	套	0.56 套/m²
3.4.2	气体灭火系统	1 086.00	套	0.01 套/m²
3.4.3	泡沫灭火系统	3 021.00	套	0.04 套/m²
3.4.4	火灾自动报警系统	5 886.00	套	0.08 套/m²
3.5	给排水、采暖、燃气管道			
3.5.1	给排水、采暖、燃气管道	20 804.26	m	0.27 m/m²
3.5.2	支架及其他	34 675.17	kg	0.44 kg/m²
3.5.3	管道附件	2 696.00	组	0.03 组/m²
3.5.4	卫生器具	114	套	<0.01 套/m²
3.5.5	给排水、采暖、燃气设备	16	台	<0.01 台/m²
3.6	刷油、防腐蚀、绝热工程			
3.6.1	刷油工程	205 179.12	m²	2.62 m²/m²
3.6.2	防腐蚀工程	2.6	m²	<0.01 m²/m²
3.6.3	绝热工程	2 682.30	m²	0.03 m²/m²
4	措施项目费			
4.1	脚手架	153 351.94	m²	1.96 m²/m²
4.2	混凝土模板及支架（撑）	169 467.44	m²	2.17 m²/m²
4.3	垂直运输	78 218.59	m²	1.00 m²/m²
4.4	超高施工增加	1	m²	<0.01 m²/m²

教育建筑

案例 12　广东省某中学教学楼

表 1　工程概况及项目专业信息表

基本信息					
建设性质	新建	工程类型	教育建筑/教学楼	结构类型	框架结构
建设形式	装配式	抗震等级	四级	开/竣工日期	—
计价方式	清单计价	造价阶段	投资估算	总建筑面积（m²）	23 074.53
地下建筑面积（m²）	0	装修标准	精装	人防面积（m²）	—
建筑物基底面积（m²）	7 739.36	屋面面积（m²）	295.19	檐高或房屋高度（m）	11.95
地上最高层数（层）	3	地下层数（层）	0	首层层高（m）	4.20
标准层层高（m）	4.20	顶层层高（m）	3.00	地下一层层高（m）	—
地下二层层高（m）	—	地下三层层高（m）	—	户数（户）	—
装修类别	精装	基坑支护面积（m²）	—	建设年限（年）	—
绿建标准	其他	安全文明施工标准	绿色	质量标准	合格
说明	—				
项目专业信息					
建筑工程	地基处理及土护降工程	土石方工程：挖一般土石方。地基处理方式：其他。基坑支护形式：其他。降水方式：明沟排水			

续表

建筑工程	基础工程	独立基础
	主体工程	钢筋工程：普通钢筋。钢结构工程：钢柱、钢梁、钢板。混凝土主要强度：C15、C20、C25、C30
	屋面工程	屋面形式：坡屋面。屋面材料：混凝土
	防水工程	室内防水：卷材防水。屋面防水：卷材防水
	保温工程	屋面保温：挤塑聚苯板
装饰工程	门窗工程	门：木门、铝合金门、甲级防火门、钢制门。窗：铝合金窗、甲级防火窗
	地面工程	水泥砂浆/细石混凝土/面砖/防静电橡胶地板
	墙面工程	涂料/瓷砖/蒸压轻质加气混凝土板/油漆
	天棚工程	涂料/纸面石膏板/铝扣板/打孔铝板
	外立面形式	涂料/蒸压轻质加气混凝土板
安装工程	电气工程	电气照明灯具：普通灯具、装饰灯具、防爆灯具、障碍照明。电气动力配管：钢管、JDG管。母线槽：有。电缆：普通电缆、矿物电缆。电气设备：变压器、应急发电、其他
	电梯工程	—
	建筑智能化及通信工程	闭路监控系统，无障碍厕所呼叫系统图/综合布线系统/IP网络广播系统/高清视频监控系统/一卡通系统/有线电视系统/校园文化宣传系统
	空调工程	—
	通风工程	—
	给排水工程	冷水管：钢管、塑料管、复合管。热水管：塑料管。直饮水管：塑料管。污废水管道：塑料管
	采暖工程	—
	燃气工程	—
	消防工程	水灭火系统：消火栓系统

表2 工程经济指标表

编号	项目名称	金额（元）	单位指标（元/m²）	占比指标（%）
1	单项工程	91 720 403.13	3 974.96	100.00
1.1	分部分项费	80 364 952.50	3 482.84	87.62
1.1.1	建筑工程	53 734 576.71	2 328.74	66.86
1.1.1.1	土石方工程	3 349 533.24	145.16	6.23
1.1.1.2	地基处理工程	308 641.35	13.38	0.57
1.1.1.3	基础工程	2 110 975.64	91.49	3.93
1.1.1.4	砌筑工程	159 946.78	6.93	0.30
1.1.1.5	钢筋工程	4 940 529.05	214.11	9.19
1.1.1.5.1	普通钢筋	4 581 397.07	198.55	92.73
1.1.1.5.2	其他项	359 131.98	15.56	7.27
1.1.1.6	金属结构工程	37 707 598.06	1 634.17	70.17
1.1.1.7	屋面及防水工程	5 157 352.59	223.51	9.60
1.1.1.7.1	屋面防水	4 334 656.80	187.85	84.05
1.1.1.7.2	墙面、楼（地）面防水	822 695.79	35.65	15.95
1.1.2	装饰工程	16 004 884.75	693.62	19.92
1.1.2.1	门窗	2 994 360.76	129.77	18.71
1.1.2.2	楼地面装饰	4 519 352.79	195.86	28.24
1.1.2.3	墙柱面装饰	2 114 184.87	91.62	13.21
1.1.2.4	天棚装饰	247 281.84	10.72	1.55
1.1.2.5	油漆、涂料	2 848 996.51	123.47	17.80
1.1.2.6	隔断	1 206 265.08	52.28	7.54
1.1.2.7	其他内装饰	2 074 442.90	89.90	12.96
1.1.3	安装工程	10 625 491.04	460.49	13.22
1.1.3.1	电气工程	7 806 435.03	338.31	73.47
1.1.3.1.1	配电装置安装	1 036 704.27	44.93	13.28

续表

编号	项目名称	金额（元）	单位指标（元/m²）	占比指标（%）
1.1.3.1.2	母线安装	53 813.19	2.33	0.69
1.1.3.1.3	控制设备及低压电器安装	653 587.43	28.33	8.37
1.1.3.1.4	电缆安装	2 389 030.53	103.54	30.60
1.1.3.1.5	防雷及接地装置	104 818.00	4.54	1.34
1.1.3.1.6	配管、配线	2 937 899.71	127.32	37.63
1.1.3.1.7	照明器具安装	469 946.52	20.37	6.02
1.1.3.1.8	附属工程	94 141.28	4.08	1.21
1.1.3.1.9	电气调整试验	66 494.10	2.88	0.85
1.1.3.2	建筑智能化及通信工程	178 002.38	7.71	1.68
1.1.3.2.1	综合布线系统工程	135 322.68	5.86	76.02
1.1.3.2.2	建筑设备自动化系统工程	42 679.70	1.85	23.98
1.1.3.3	给排水工程	1 555 248.23	67.40	14.64
1.1.3.3.1	给排水管道	1 040 609.39	45.10	66.91
1.1.3.3.2	管道附件	7 653.05	0.33	0.49
1.1.3.3.3	给排水器具、设备	506 985.79	21.97	32.60
1.1.3.4	消防工程	1 085 805.40	47.06	10.22
1.1.3.4.1	水灭火系统	1 010 473.28	43.79	93.06
1.1.3.4.2	气体灭火系统	15 950.48	0.69	1.47
1.1.3.4.3	火灾自动报警系统	59 381.64	2.57	5.47
1.2	措施项目费	2 707 496.89	117.34	2.95
1.2.1	总价措施项目	2 707 496.89	117.34	100.00
1.3	规费	4 878 440.66	211.42	5.32
1.4	税金	3 769 513.08	163.36	4.11

表3 主要工程量指标表

编号	工程量名称	数量	单位	单位指标
1	建筑工程			
1.1	土石方工程	51 495.42	m^3	2.23 m^3/m^2
1.2	地基处理与边坡支护	10 650.15	m^3	0.46 m^3/m^2
1.3	砌筑工程	130.29	m^3	0.01 m^3/m^2
1.4	混凝土工程			
1.4.1	现浇混凝土	7 638.32	m^3	0.33 m^3/m^2
1.4.2	预制混凝土	33.63	m^3	<0.01 m^3/m^2
1.5	钢筋工程	736 516.00	kg	31.92 kg/m^2
1.6	金属结构工程	4 221 261.00	kg	182.94 kg/m^2
1.7	屋面及防水工程	27 970.49	m^2	1.21 m^2/m^2
2	装饰工程			
2.1	门窗	1 419.12	m^2	0.06 m^2/m^2
2.2	楼地面装饰	23 700.00	m^2	1.03 m^2/m^2
2.3	墙柱面装饰	19 346.35	m^2	0.84 m^2/m^2
2.4	天棚装饰	1 275.66	m^2	0.06 m^2/m^2
2.5	油漆、涂料	41 176.21	m^2	1.78 m^2/m^2
2.6	隔断	1 273.74	m^2	0.06 m^2/m^2
2.7	其他内装饰	4 777.77	m^2	0.21 m^2/m^2
3	安装工程			
3.1	电气工程			
3.1.1	配电装置安装	7	套	<0.01 套/m^2
3.1.2	母线安装	93.82	m	<0.01 m/m^2
3.1.3	控制设备及低压电器安装	2 357.00	套	0.10 套/m^2
3.1.4	电缆安装	15 408.57	m	0.67 m/m^2
3.1.5	防雷及接地装置	4 500.00	套	0.20 套/m^2
3.1.6	配管、配线	332 386.30	m	14.40 m/m^2

续表

编号	工程量名称	数量	单位	单位指标
3.1.7	照明器具安装	3 314.00	套	0.14 套/m²
3.1.8	附属工程	1 928.00	个	0.08 个/m²
3.2	建筑智能化及通信工程			
3.2.1	综合布线系统工程	21 002.00	套	0.91 套/m²
3.2.2	建筑设备自动化系统工程	10	套	<0.01 套/m²
3.3	消防工程			
3.3.1	水灭火系统	4 067.00	套	0.18 套/m²
3.3.2	气体灭火系统	98	套	<0.01 套/m²
3.3.3	火灾自动报警系统	248	套	0.01 套/m²
3.4	给排水、采暖、燃气管道			
3.4.1	给排水、采暖、燃气管道	12 293.57	m	0.53 m/m²
3.4.2	支架及其他	2 742.00	kg	0.12 kg/m²
3.4.3	管道附件	136	组	0.01 组/m²
3.4.4	卫生器具	882	套	0.04 套/m²
3.4.5	给排水、采暖、燃气设备	6	台	<0.01 台/m²
3.5	刷油、防腐蚀、绝热工程			
3.5.1	刷油工程	4 152.80	m²	0.18 m²/m²

案例 13　广东省某中学教学楼

表 1　工程概况及项目专业信息表

基本信息					
建设性质	新建	工程类型	教育建筑/教学楼	结构类型	框架结构
建设形式	装配式	抗震等级	三级	开/竣工日期	—
计价方式	清单计价	造价阶段	投资估算	总建筑面积（m^2）	5 383.46
地下建筑面积（m^2）	0	装修标准	精装	人防面积（m^2）	—
建筑物基底面积（m^2）	1 789.14	屋面面积（m^2）	15.36	檐高或房屋高度（m）	12.00
地上最高层数（层）	3	地下层数（层）	0	首层层高（m）	4.43
标准层层高（m）	4.00	顶层层高（m）	3.26	地下一层层高（m）	—
地下二层层高（m）	—	地下三层层高（m）	—	户数（户）	
装修类别	精装	基坑支护面积（m^2）	—	建设年限（年）	—
绿建标准	—	安全文明施工标准	绿色	质量标准	合格
说明	—				
项目专业信息					
建筑工程	地基处理及土护降工程	土石方工程：挖基坑土石方。地基处理方式：其他。基坑支护形式：其他。降水方式：明沟排水			
	基础工程	独立基础、筏板基础			
	主体工程	钢筋工程：普通钢筋。混凝土主要强度：C15、C30			
	屋面工程	屋面形式：平屋面。屋面材料：波纹板			

续表

建筑工程	防水工程	室内防水：涂膜防水。屋面防水：卷材防水
	保温工程	屋面保温：矿棉板保温层
装饰工程	门窗工程	门：木门、塑钢门、铝合金门
	地面工程	水泥砂浆/细石混凝土/面砖/石材/防静电地板/水泥纤维板地面/石塑地面
	墙面工程	涂料/集成一体化墙板/墙砖
	天棚工程	涂料/纸面石膏板/铝扣板/拉网板/防火板
	外立面形式	涂料/铝板/面砖幕墙/仿石材幕墙
安装工程	电气工程	电气照明灯具：普通灯具、装饰灯具、障碍照明、荧光灯。电气动力配管：塑料管、钢管。电缆：普通电缆、矿物电缆。电气设备：变压器、应急发电
	电梯工程	电梯种类：进口直梯
	建筑智能化及通信工程	闭路监控系统、建筑设备监控系统、公共广播
	空调工程	管道：镀锌钢板风管。集中/半集中式系统类型：风+水形式。设备：排风机/排油烟风机/净化器
	通风工程	防排烟系统
	给排水工程	冷水管：钢管、塑料管、复合管。污废水管道：塑料管、钢管、复合管
	采暖工程	—
	燃气工程	—
	消防工程	水灭火系统：消火栓系统。气体灭火系统：无管网灭火系统。火灾自动报警系统：有

表2 工程经济指标表

编号	项目名称	金额（元）	单位指标（元/m²）	占比指标（%）
1	单项工程	27 334 129.68	5 077.43	100.00
1.1	分部分项费	24 548 026.27	4 559.90	89.81
1.1.1	建筑工程	7 228 357.35	1 342.70	29.45
1.1.1.1	土石方工程	60 736.36	11.28	0.84
1.1.1.2	基坑与边坡支护	16 844.36	3.13	0.23
1.1.1.3	基础工程	205 359.49	38.15	2.84
1.1.1.4	砌筑工程	71 211.95	13.23	0.99
1.1.1.5	钢筋工程	226 996.95	42.17	3.14
1.1.1.5.1	普通钢筋	226 996.95	42.17	100.00
1.1.1.6	金属结构工程	5 398 534.76	1 002.80	74.69
1.1.1.7	屋面及防水工程	1 163 120.39	216.05	16.09
1.1.1.7.1	屋面工程	1 005 819.22	186.84	86.48
1.1.1.7.2	屋面防水	2 583.63	0.48	0.22
1.1.1.7.3	墙面、楼（地）面防水	154 717.54	28.74	13.30
1.1.1.8	拆除工程	85 553.09	15.89	1.18
1.1.2	装饰工程	14 787 566.11	2 746.85	60.24
1.1.2.1	门窗	899 472.54	167.08	6.08
1.1.2.2	楼地面装饰	2 063 039.37	383.22	13.95
1.1.2.3	墙柱面装饰	2 853 685.13	530.08	19.30
1.1.2.4	天棚装饰	1 474 920.07	273.97	9.97
1.1.2.5	油漆、涂料	3 079 074.76	571.95	20.82
1.1.2.6	幕墙	2 829 169.80	525.53	19.13
1.1.2.7	隔断	1 150 223.30	213.66	7.78
1.1.2.8	其他内装饰	437 981.14	81.36	2.96
1.1.3	安装工程	2 532 102.81	470.35	10.31

续表

编号	项目名称	金额（元）	单位指标（元/m²）	占比指标（%）
1.1.3.1	电气工程	1 749 522.00	324.98	69.09
1.1.3.1.1	配电装置安装	203 703.32	37.84	11.64
1.1.3.1.2	控制设备及低压电器安装	364 341.59	67.68	20.83
1.1.3.1.3	电缆安装	289 173.43	53.72	16.53
1.1.3.1.4	防雷及接地装置	21 160.58	3.93	1.21
1.1.3.1.5	配管、配线	561 925.07	104.38	32.12
1.1.3.1.6	照明器具安装	303 512.01	56.38	17.35
1.1.3.1.7	附属工程	1 224.92	0.23	0.07
1.1.3.1.8	电气调整试验	4 481.08	0.83	0.26
1.1.3.2	建筑智能化及通信工程	53 271.15	9.90	2.10
1.1.3.2.1	综合布线系统工程	53 271.15	9.90	100.00
1.1.3.3	空调、通风工程	51 083.52	9.49	2.02
1.1.3.3.1	通风管道	36 576.30	6.79	71.60
1.1.3.3.2	通风管道部件	14 507.22	2.69	28.40
1.1.3.4	给排水工程	339 095.41	62.99	13.39
1.1.3.4.1	给排水管道	282 935.29	52.56	83.44
1.1.3.4.2	管道附件	18 443.09	3.43	5.44
1.1.3.4.3	给排水器具、设备	37 717.03	7.01	11.12
1.1.3.5	消防工程	117 430.27	21.81	4.64
1.1.3.5.1	水灭火系统	88 279.81	16.40	75.18
1.1.3.5.2	气体灭火系统	4 231.76	0.79	3.60
1.1.3.5.3	火灾自动报警系统	24 918.70	4.63	21.22
1.1.3.6	电梯工程	221 700.46	41.18	8.76
1.2	措施项目费	581 879.88	108.09	2.13
1.2.1	单价措施项目	76 412.07	14.19	13.13
1.2.1.1	混凝土模板及支架（撑）	76 412.07	14.19	100.00

续表

编号	项目名称	金额（元）	单位指标（元/m²）	占比指标（%）
1.2.2	总价措施项目	505 467.81	93.89	86.87
1.3	规费	1 230 414.31	228.55	4.50
1.4	税金	973 809.22	180.89	3.56

表3 主要工程量指标表

编号	工程量名称	数量	单位	单位指标
1	建筑工程			
1.1	土石方工程	4 761.54	m³	0.88 m³/m²
1.2	基坑与边坡支护	1.83	m³	<0.01 m³/m²
1.3	砌筑工程	81.15	m³	0.02 m³/m²
1.4	混凝土工程			
1.4.1	现浇混凝土	105.61	m³	0.02 m³/m²
1.5	钢筋工程	36 088.00	kg	6.70 kg/m²
1.6	金属结构工程	453 113.00	kg	84.17 kg/m²
1.7	屋面及防水工程	3 508.76	m²	0.65 m²/m²
1.8	拆除工程	511.26	m²	0.09 m²/m²
2	装饰工程			
2.1	门窗	1 145.12	m²	0.21 m²/m²
2.2	楼地面装饰	13 666.88	m²	2.54 m²/m²
2.3	墙柱面装饰	9 621.77	m²	1.79 m²/m²
2.4	天棚装饰	5 183.87	m²	0.96 m²/m²
2.5	油漆、涂料	50 451.98	m²	9.37 m²/m²
2.6	幕墙	2 615.92	m²	0.49 m²/m²
2.7	隔断	2 390.95	m²	0.44 m²/m²
2.8	其他内装饰	1 849.26	m²	0.34 m²/m²

续表

编号	工程量名称	数量	单位	单位指标
3	安装工程			
3.1	电气工程			
3.1.1	配电装置安装	1	套	<0.01 套/m²
3.1.2	控制设备及低压电器安装	990	套	0.18 套/m²
3.1.3	电缆安装	2 593.40	m	0.48 m/m²
3.1.4	防雷及接地装置	1 043.00	套	0.19 套/m²
3.1.5	配管、配线	57 828.75	m	10.74 m/m²
3.1.6	照明器具安装	1 138.00	套	0.21 套/m²
3.1.7	附属工程	213.0	个	0.04 个/m²
3.2	建筑智能化及通信工程			
3.2.1	综合布线系统工程	9 059.70	套	1.68 套/m²
3.3	空调、通风工程			
3.3.1	通风管道制作安装	195	m²	0.04 m²/m²
3.3.2	通风管道部件制作安装	119.0	个	0.02 个/m²
3.4	消防工程			
3.4.1	水灭火系统	392	套	0.07 套/m²
3.4.2	气体灭火系统	26	套	<0.01 套/m²
3.4.3	火灾自动报警系统	43	套	0.01 套/m²
3.5	给排水、采暖、燃气管道			
3.5.1	给排水、采暖、燃气管道	3 081.54	m	0.57 m/m²
3.5.2	支架及其他	259	kg	0.05 kg/m²
3.5.3	管道附件	116	组	0.02 组/m²
3.5.4	卫生器具	228	套	0.04 套/m²
3.5.5	给排水、采暖、燃气设备	1	台	<0.01 台/m²
3.6	刷油、防腐蚀、绝热工程			
3.6.1	刷油工程	374	m²	0.07 m²/m²

续表

编号	工程量名称	数量	单位	单位指标
3.7	机械设备安装工程			
3.7.1	电梯安装	1	部	<0.01 部/m²
4	措施项目费			
4.1	混凝土模板及支架（撑）	67.04	m²	0.01 m²/m²

卫生建筑

案例 14　海南省某医院科研楼

表 1　工程概况及项目专业信息表

基本信息					
建设性质	新建	工程类型	卫生建筑/医技楼	结构类型	框架剪力墙结构
建设形式	装配式	抗震等级	特一级	开/竣工日期	—
计价方式	清单计价	造价阶段	招标控制价	总建筑面积（m²）	17 597.44
地下建筑面积（m²）	0	装修标准	精装	人防面积（m²）	—
建筑物基底面积（m²）	—	屋面面积（m²）	—	檐高或房屋高度（m）	47.40
地上最高层数（层）	11	地下层数（层）	0	首层层高（m）	5.10
标准层层高（m）	4.00	顶层层高（m）	4.00	地下一层层高（m）	—
地下二层层高（m）	—	地下三层层高（m）	—	户数（户）	—
装修类别	精装	基坑支护面积（m²）	—	建设年限（年）	—
绿建标准	—	安全文明施工标准	绿色	质量标准	合格
说明	人工单价按海南省住房城乡建设厅《关于调整建筑工人人工单价的通知》里 135 元/工日计取，主要材料市场信息价按照《海南工程造价信息》2020 年 10 月海口地区价格，信息价上无材料价格的暂按市场的常用品牌询价				

续表

项目专业信息		
建筑工程	地基处理及土护降工程	土石方工程：挖一般土石方。地基处理方式：其他。基坑支护形式：其他
	基础工程	其他
	主体工程	钢筋工程：高强钢筋、普通钢筋。钢结构工程：钢柱。混凝土主要强度：C15、C30、C35、C40
	屋面工程	屋面形式：平屋面。屋面材料：其他
	防水工程	屋面防水：卷材防水
	保温工程	屋面保温：挤塑聚苯板
装饰工程	门窗工程	—
	地面工程	面砖
	墙面工程	涂料
	天棚工程	铝合金吊顶
	外立面形式	玻璃幕墙
安装工程	电气工程	电气照明灯具：普通灯具、装饰灯具。电气动力配管：钢管、JDG管。母线槽：有。电缆：普通电缆
	电梯工程	电梯种类：进口电梯
	建筑智能化及通信工程	—
	空调工程	管道：普通钢板风管。集中/半集中式系统类型：风+水形式、全空气形式。局部式空调类型：其他。冷热源形式：其他。设备：其他。风机盘管：两管制
	通风工程	防排烟系统
	给排水工程	热水管：塑料管。卫生器具：有。污废水管道：塑料管。直饮水系统类型：直饮水机
	采暖工程	—
	燃气工程	—
	消防工程	水灭火系统：水喷淋系统

表2 工程经济指标表

编号	项目名称	金额（元）	单位指标（元/m²）	占比指标（%）
1	单项工程（分部分项+措施项目）	74 330 398.58	4 223.93	71.62
1.1	分部分项费	66 252 830.45	3 764.91	89.13
1.1.1	建筑工程	22 111 107.45	1 256.50	33.37
1.1.1.1	砌筑工程	1 948 322.68	110.72	8.81
1.1.1.2	混凝土工程	5 723 267.93	325.23	25.88
1.1.1.2.1	现浇混凝土	3 630 200.91	206.29	63.43
1.1.1.2.2	预制混凝土	2 093 067.02	118.94	36.57
1.1.1.3	钢筋工程	9 772 436.67	555.33	44.20
1.1.1.3.1	普通钢筋	9 359 825.07	531.89	95.78
1.1.1.3.2	其他项	412 611.60	23.45	4.22
1.1.1.4	金属结构工程	4 025 710.21	228.77	18.21
1.1.1.5	屋面及防水工程	641 369.96	36.45	2.90
1.1.1.5.1	屋面防水	641 369.96	36.45	100.00
1.1.2	装饰工程	25 680 899.77	1 459.35	38.76
1.1.2.1	门窗	1 033 806.94	58.75	4.03
1.1.2.2	楼地面装饰	3 923 935.23	222.98	15.28
1.1.2.3	墙柱面装饰	10 588 528.15	601.71	41.23
1.1.2.4	天棚装饰	3 942 523.05	224.04	15.35
1.1.2.5	油漆、涂料	695 668.19	39.53	2.71
1.1.2.6	幕墙	5 067 158.13	287.95	19.73
1.1.2.7	隔断	120 475.36	6.85	0.47
1.1.2.8	其他内装饰	308 804.72	17.55	1.20
1.1.3	安装工程	18 460 823.23	1 049.06	27.86
1.1.3.1	电气工程	4 061 670.86	230.81	22.00
1.1.3.1.1	母线安装	103 903.93	5.90	2.56

续表

编号	项目名称	金额（元）	单位指标（元/m²）	占比指标（%）
1.1.3.1.2	控制设备及低压电器安装	331 669.71	18.85	8.17
1.1.3.1.3	电缆安装	345 802.72	19.65	8.51
1.1.3.1.4	防雷及接地装置	95 295.36	5.42	2.35
1.1.3.1.5	配管、配线	2 278 334.94	129.47	56.09
1.1.3.1.6	照明器具安装	712 984.32	40.52	17.55
1.1.3.1.7	附属工程	193 679.88	11.01	4.77
1.1.3.2	建筑智能化及通信工程	2 956 895.56	168.03	16.02
1.1.3.2.1	综合布线系统工程	2 911 500.00	165.45	98.46
1.1.3.2.2	建筑设备自动化系统工程	1 252.72	0.07	0.04
1.1.3.2.3	安全防范系统工程	44 142.84	2.51	1.49
1.1.3.3	空调、通风工程	3 863 103.29	219.53	20.93
1.1.3.3.1	空调设备	731 701.24	41.58	18.94
1.1.3.3.2	通风设备	212 471.19	12.07	5.50
1.1.3.3.3	通风管道	1 578 897.27	89.72	40.87
1.1.3.3.4	通风管道部件	1 340 033.59	76.15	34.69
1.1.3.4	给排水工程	1 386 501.28	78.79	7.51
1.1.3.4.1	给排水管道	615 873.97	35.00	44.42
1.1.3.4.2	卫生器具	488 470.67	27.76	35.23
1.1.3.4.3	给排水设备	282 156.64	16.03	20.35
1.1.3.5	消防工程	1 838 230.58	104.46	9.96
1.1.3.5.1	水灭火系统	1 424 041.06	80.92	77.47
1.1.3.5.2	火灾自动报警系统	414 189.52	23.54	22.53
1.1.3.6	采暖工程	231 836.58	13.17	1.26
1.1.3.6.1	采暖设备	231 836.58	13.17	100.00
1.1.3.7	其他项	1 526 303.45	86.73	8.27
1.1.3.7.1	支架及套管（给排水、采暖、燃气管道）	50 799.41	2.89	3.33

续表

编号	项目名称	金额（元）	单位指标（元/m²）	占比指标（%）
1.1.3.7.2	管道附件（给排水、采暖、燃气管道）	372 193.49	21.15	24.39
1.1.3.7.3	刷油工程	63 243.86	3.59	4.14
1.1.3.7.4	绝热工程	461 609.65	26.23	30.24
1.1.3.7.5	自动化控制仪表	362 935.34	20.62	23.78
1.1.3.7.6	其他机械设备安装	215 521.70	12.25	14.12
1.1.3.8	补充项	2 596 281.63	147.54	14.06
1.2	措施项目费	8 077 568.13	459.02	10.87
1.2.1	单价措施项目	5 193 286.64	295.12	64.29
1.2.1.1	脚手架	1 882 739.32	106.99	36.25
1.2.1.2	混凝土模板及支架（撑）	1 914 464.86	108.79	36.86
1.2.1.3	其他项	1 396 082.46	79.33	26.88
1.2.2	总价措施项目	2 884 281.49	163.90	35.71
2	其他项目费	18 889 627.39	1 073.43	18.20
2.1	暂列金额	1 759 745.00	100.00	9.32
2.2	专业工程暂估价	17 129 882.39	973.43	90.68
3	规费	1 995 918.57	113.42	1.92
4	税金	8 569 435.00	486.97	8.26

表3 主要工程量指标表

编号	工程量名称	数量	单位	单位指标
1	建筑工程			
1.1	砌筑工程	2 061.08	m³	0.12 m³/m²
1.2	混凝土工程			
1.2.1	现浇混凝土	4 565.15	m³	0.26 m³/m²
1.2.2	预制混凝土	575.45	m³	0.03 m³/m²
1.3	钢筋工程			

续表

编号	工程量名称	数量	单位	单位指标
1.3.1	普通钢筋	1 759 745.00	kg	100 kg/m²
1.4	金属结构工程	312.83	t	0.02 t/m²
1.5	屋面及防水工程			
1.5.1	防水工程	1 634.77	m²	0.09 m²/m²
2	装饰工程			
2.1	门窗	1 463.77	m²	0.08 m²/m²
2.2	楼地面装饰	15 559.43	m²	0.88 m²/m²
2.3	墙柱面装饰	18 269.62	m²	1.04 m²/m²
2.4	天棚装饰	19 379.85	m²	1.10 m²/m²
2.5	油漆、涂料	20 618.50	m²	1.17 m²/m²
2.6	幕墙	6 535.57	m²	0.37 m²/m²
2.7	隔断	424	m²	0.02 m²/m²
2.8	其他内装饰	89.99	m²	0.01 m²/m²
3	安装工程			
3.1	电气工程			
3.1.1	母线安装	40.6	m	<0.01 m/m²
3.1.2	电缆安装	1 287.18	m	0.07 m/m²
3.1.3	配管、配线	252 893.58	m	14.37 m/m²
3.1.4	照明器具安装	2 419.00	套	0.14 套/m²
3.2	建筑智能化及通信工程			
3.2.1	安全防范系统工程	42	套	<0.01 套/m²
3.3	空调、通风工程			
3.3.1	通风设备及部件制作安装	332	台	0.02 台/m²
3.3.2	通风管道制作安装	10 507.58	m²	0.60 m²/m²
3.3.3	通风管道部件制作安装	2 721.00	个	0.15 个/m²
3.4	消防工程			
3.4.1	水灭火系统			

续表

编号	工程量名称	数量	单位	单位指标
3.4.1.1	消防管道	15 087.25	m	0.86 m/m²
3.4.1.2	消防装置	12	组	<0.01 组/m²
3.4.1.3	消火栓、灭火器	383	套	0.02 套/m²
3.4.2	火灾自动报警系统	972	套	0.06 套/m²
3.5	给排水、采暖、燃气工程			
3.5.1	给排水管道	9 477.08	m	0.54 m/m²
3.5.2	管道附件	18	组	<0.01 组/m²
3.5.3	卫生器具	170	套	0.01 套/m²
3.5.4	设备	3	台	<0.01 台/m²
3.6	刷油、防腐蚀、绝热工程			
3.6.1	刷油工程	2 486.85	m²	0.14 m²/m²
3.6.2	绝热工程	271.2	m²	0.02 m²/m²

厂房

案例 15　江苏省某厂房车间

表 1　工程概况及项目专业信息表

基本信息					
建设性质	新建	工程类型	工业建筑/厂房	结构类型	其他
建设形式	装配式	抗震等级	三级	开/竣工日期	—
计价方式	清单计价	造价阶段	投资估算	总建筑面积（m²）	31 676.67
地下建筑面积（m²）	0	装修标准	毛坯	人防面积（m²）	—
建筑物基底面积（m²）	22 723.00	屋面面积（m²）	22 512.00	檐高或房屋高度（m）	22.60
地上最高层数（层）	4	地下层数（层）	0	首层层高（m）	12.00
标准层层高（m）	3.00	顶层层高（m）	4.70	地下一层层高（m）	—
地下二层层高（m）	—	地下三层层高（m）	—	户数（户）	—
装修类别	毛坯	基坑支护面积（m²）	—	建设年限（年）	—
绿建标准	其他	安全文明施工标准	绿色	质量标准	合格
说明	—				
项目专业信息					
建筑工程	地基处理及土护降工程	土石方工程：单独另列			

续表

建筑工程	基础工程	独立基础、带形基础、满堂基础
	主体工程	钢筋工程：普通钢筋。钢结构工程：钢柱/钢梁/钢檩条/钢系杆/钢支撑/钢天沟/钢爬梯/预埋件/型材屋面。混凝土主要强度：C15、C25、C30
	屋面工程	屋面形式：平屋面。屋面材料：混凝土/彩钢板
	防水工程	室内防水：涂膜防水/卷材防水。屋面防水：卷材防水/刚性防水
	保温工程	外墙保温：金属保温一体板。屋面保温：挤塑聚苯板
装饰工程	门窗工程	门：铝合金门、钢质防火门。窗：铝合金窗
	地面工程	水泥砂浆/细石混凝土/块料
	墙面工程	彩钢板/金属保温一体板
	天棚工程	涂料
	外立面形式	彩钢板/金属保温一体板
安装工程	电气工程	电气照明灯具：普通灯具。电气动力配管：塑料管、钢管、JDG管、其他。母线槽：有。电缆：普通电缆、矿物电缆
	电梯工程	—
	建筑智能化及通信工程	—
	空调工程	管道：镀锌钢板风管。设备：其他
	通风工程	—
	给排水工程	冷水管：塑料管、复合管。污废水管道：塑料管、铸铁管
	采暖工程	—
	燃气工程	—
	消防工程	水灭火系统：消火栓系统

表2 工程经济指标表

编号	项目名称	金额（元）	单位指标（元/m²）	占比指标（%）
1	单项工程	79 151 223.04	2 498.72	100.00
1.1	分部分项费	51 811 089.48	1 635.62	65.46
1.1.1	建筑工程	28 285 516.89	892.94	54.59
1.1.1.1	土石方工程	2 674.94	0.08	0.01
1.1.1.2	基础工程	2 027 807.03	64.02	7.17
1.1.1.3	砌筑工程	1 039 118.27	32.80	3.67
1.1.1.4	钢筋工程	8 606 838.64	271.71	30.43
1.1.1.4.1	普通钢筋	7 217 864.92	227.86	83.86
1.1.1.4.2	预应力钢筋	115 784.26	3.66	1.35
1.1.1.4.3	其他项	1 273 189.46	40.19	14.79
1.1.1.5	金属结构工程	12 994 310.65	410.22	45.94
1.1.1.6	屋面及防水工程	3 225 668.69	101.83	11.40
1.1.1.6.1	屋面工程	2 246 468.85	70.92	69.64
1.1.1.6.2	屋面防水	957 752.53	30.24	29.69
1.1.1.6.3	墙面、楼（地）面防水	21 447.31	0.68	0.66
1.1.1.7	保温、隔热及防腐工程	389 098.67	12.28	1.38
1.1.1.7.1	保温、隔热工程	389 098.67	12.28	100.00
1.1.2	装饰工程	20 386 465.11	643.58	39.35
1.1.2.1	门窗	2 357 380.83	74.42	11.56
1.1.2.2	楼地面装饰	6 375 745.09	201.28	31.27
1.1.2.3	墙柱面装饰	10 381 314.18	327.73	50.92
1.1.2.4	天棚装饰	42 552.48	1.34	0.21
1.1.2.5	油漆、涂料	1 064 410.61	33.60	5.22
1.1.2.6	其他内装饰	165 061.92	5.21	0.81
1.1.3	安装工程	3 139 107.48	99.10	6.06

续表

编号	项目名称	金额（元）	单位指标（元/m²）	占比指标（%）
1.1.3.1	电气工程	2 128 395.22	67.19	67.80
1.1.3.1.1	控制设备及低压电器安装	125 809.99	3.97	5.91
1.1.3.1.2	电缆安装	1 071 263.36	33.82	50.33
1.1.3.1.3	防雷及接地装置	136 914.55	4.32	6.43
1.1.3.1.4	配管、配线	547 576.48	17.29	25.73
1.1.3.1.5	照明器具安装	133 234.08	4.21	6.26
1.1.3.1.6	附属工程	113 596.76	3.59	5.34
1.1.3.2	空调、通风工程	15 831.28	0.50	0.50
1.1.3.2.1	通风设备	872.11	0.03	5.51
1.1.3.2.2	通风管道	12 283.08	0.39	77.59
1.1.3.2.3	通风管道部件	2 676.09	0.08	16.90
1.1.3.3	给排水工程	815 274.64	25.74	25.97
1.1.3.3.1	给排水管道	628 020.59	19.83	77.03
1.1.3.3.2	支架	126 163.73	3.98	15.47
1.1.3.3.3	给排水器具、设备	61 090.32	1.93	7.49
1.1.3.4	消防工程	179 606.34	5.67	5.72
1.1.3.4.1	水灭火系统	179 606.34	5.67	100.00
1.2	措施项目费	12 245 394.80	386.57	15.47
1.2.1	单价措施项目	6 753 514.95	213.20	55.15
1.2.1.1	脚手架	1 928 470.83	60.88	28.56
1.2.1.2	混凝土模板及支架（撑）	4 257 501.96	134.40	63.04
1.2.1.3	其他项	567 542.16	17.92	8.40
1.2.2	总价措施项目	5 491 879.85	173.37	44.85
1.3	其他项目费	5 550 000.00	175.21	7.01
1.3.1	其他项、补充项	5 550 000.00	175.21	100.00
1.4	规费	2 698 369.60	85.18	3.41
1.5	税金	6 846 369.16	216.13	8.65

表3 主要工程量指标表

编号	工程量名称	数量	单位	单位指标
1	建筑工程			
1.1	土石方工程	51.6	m^3	<0.01 m^3/m^2
1.2	桩基工程	704.58	m^3	0.02 m^3/m^2
1.3	砌筑工程	1 316.08	m^3	0.04 m^3/m^2
1.4	混凝土工程			
1.4.1	现浇混凝土	5 830.21	m^3	0.18 m^3/m^2
1.4.2	预制混凝土	18.72	m^3	<0.01 m^3/m^2
1.5	钢筋工程	1 608 262.00	kg	50.77 kg/m^2
1.6	金属结构工程	1 139 863.00	kg	35.98 kg/m^2
1.7	屋面及防水工程	27 644.09	m^2	0.87 m^2/m^2
1.8	保温、隔热及防腐工程	3 877.80	m^2	0.12 m^2/m^2
2	装饰工程			
2.1	门窗	3 494.00	m^2	0.11 m^2/m^2
2.2	楼地面装饰	34 190.58	m^2	1.08 m^2/m^2
2.3	墙柱面装饰	28 449.00	m^2	0.9 m^2/m^2
2.4	天棚装饰	13 997.53	m^2	0.44 m^2/m^2
2.5	油漆、涂料	30 401.69	m^2	0.96 m^2/m^2
2.6	其他内装饰	501.31	m^2	0.02 m^2/m^2
3	安装工程			
3.1	电气工程			
3.1.1	控制设备及低压电器安装	577	套	0.02 套/m^2
3.1.2	电缆安装	3 818.90	m	0.12 m/m^2
3.1.3	防雷及接地装置	6 132.00	套	0.19 套/m^2
3.1.4	配管、配线	48 025.40	m	1.52 m/m^2
3.1.5	照明器具安装	514	套	0.02 套/m^2
3.1.6	附属工程	4 984.50	个	0.16 个/m^2

续表

编号	工程量名称	数量	单位	单位指标
3.2	空调、通风工程			
3.2.1	通风管道制作安装	74	m²	<0.01 m²/m²
3.2.2	通风管道部件制作安装	19.2	个	<0.01 个/m²
3.3	消防工程			
3.3.1	水灭火系统	981.2	套	0.03 套/m²
3.4	给排水、采暖、燃气管道			
3.4.1	给排水、采暖、燃气管道	3 918.00	m	0.12 m/m²
3.4.2	支架及其他	8 266.80	kg	0.26 kg/m²
3.4.3	管道附件	29	组	<0.01 组/m²
3.4.4	卫生器具	108	套	<0.01 套/m²
3.5	刷油、防腐蚀、绝热工程			
3.5.1	刷油工程	623.9	m²	0.02 m²/m²
4	措施项目费			
4.1	脚手架工程	1	m²	<0.01 m²/m²
4.2	混凝土模板及支架（撑）	88 594.41	m²	2.80 m²/m²
4.3	垂直运输	1	m²	<0.01 m²/m²

装配式钢结构

教育建筑

案例 16　河南省某大学生活楼

表 1　工程概况及项目专业信息表

基本信息					
建设性质	新建	工程类型	教育建筑/其他	结构类型	钢-混凝土组合结构
建设形式	装配式	抗震等级	二级	开/竣工日期	2020-05-15/2020-10-17
计价方式	清单计价	造价阶段	施工图预算	总建筑面积（m²）	7 803.92
地下建筑面积（m²）	0	装修标准	精装	人防面积（m²）	0
建筑物基底面积（m²）	2 916.75	屋面面积（m²）	2 708.19	檐高或房屋高度（m）	15.30
地上最高层数（层）	3	地下层数（层）	0	首层层高（m）	5.10
标准层层高（m）	5.10	顶层层高（m）	5.10	地下一层层高（m）	—
地下二层层高（m）	—	地下三层层高（m）	—	户数（户）	0
装修类别	精装	基坑支护面积（m²）	0	建设年限（年）	—
绿建标准	其他	安全文明施工标准	绿色	质量标准	合格
说明	—				

续表

项目专业信息		
建筑工程	地基处理及土护降工程	土石方工程：挖基坑土石方
	基础工程	独立基础
	主体工程	钢筋工程：普通钢筋、预应力钢筋。钢结构工程：屋面钢结构。混凝土主要强度：C15、C20、C25、C30
	屋面工程	屋面形式：坡屋面。屋面材料：混凝土
	防水工程	室内防水：涂膜防水。屋面防水：卷材防水
	保温工程	外墙保温：挤塑聚苯板。屋面保温：挤塑聚苯板
装饰工程	门窗工程	门：木门、塑钢门、铝合金门。窗：断桥铝窗
	地面工程	面砖
	墙面工程	涂料
	天棚工程	铝合金吊顶
	外立面形式	涂料
安装工程	电气工程	电气照明灯具：装饰灯具。电气动力配管：塑料管、钢管、JDG管。电缆：普通电缆
	电梯工程	—
	建筑智能化及通信工程	—
	空调工程	局部式空调类型：分体式空调
	通风工程	送排风系统
	给排水工程	冷水管：塑料管、复合管。热水管：复合管。卫生器具：有。给水设备：无负压给水设备。污废水管道：铸铁管
	采暖工程	—
	燃气工程	—
	消防工程	水灭火系统：消火栓系统。气体灭火系统：无管网灭火系统。火灾自动报警系统：有

表2 工程经济指标表

编号	项目名称	金额（元）	单位指标（元/m²）	占比指标（%）
1	单项工程（分部分项+措施项目）	27 834 677.80	3 566.76	89.05
1.1	分部分项费	26 502 625.50	3 396.07	95.21
1.1.1	建筑工程	15 043 964.52	1 927.74	56.76
1.1.1.1	土石方工程	236 821.85	30.35	1.57
1.1.1.2	基础工程	409 243.06	52.44	2.72
1.1.1.3	砌筑工程	1 252 910.09	160.55	8.33
1.1.1.4	混凝土工程	290 576.99	37.23	1.93
1.1.1.4.1	现浇混凝土	290 576.99	37.23	100.00
1.1.1.5	钢筋工程	743 086.82	95.22	4.94
1.1.1.5.1	普通钢筋	718 549.82	92.08	96.70
1.1.1.5.2	其他项	24 537.00	3.14	3.30
1.1.1.6	金属结构工程	7 820 508.03	1 002.13	51.98
1.1.1.7	屋面及防水工程	1 024 651.17	131.30	6.81
1.1.1.7.1	屋面防水	942 682.32	120.80	92.00
1.1.1.7.2	墙面、楼（地）面防水	81 968.85	10.50	8.00
1.1.1.8	保温、隔热及防腐工程	751 978.69	96.36	5.00
1.1.1.8.1	保温、隔热工程	751 978.69	96.36	100.00
1.1.1.9	其他项、补充项	2 514 187.82	322.17	16.71
1.1.2	装饰工程	6 923 738.83	887.21	26.12
1.1.2.1	门窗	737 321.58	94.48	10.65
1.1.2.2	楼地面装饰	1 083 019.75	138.78	15.64
1.1.2.3	墙柱面装饰	957 872.10	122.74	13.83
1.1.2.4	天棚装饰	769 725.46	98.63	11.12
1.1.2.5	油漆、涂料	1 982 593.09	254.05	28.63
1.1.2.6	幕墙	1 077 193.33	138.03	15.56

续表

编号	项目名称	金额（元）	单位指标（元/m²）	占比指标（%）
1.1.2.7	其他内装饰	316 013.52	40.49	4.56
1.1.3	安装工程	4 534 922.15	581.11	17.11
1.1.3.1	电气工程	988 338.70	126.65	21.79
1.1.3.1.1	控制设备及低压电器安装	197 929.57	25.36	20.03
1.1.3.1.2	电缆安装	181 828.56	23.30	18.40
1.1.3.1.3	防雷及接地装置	63 811.68	8.18	6.46
1.1.3.1.4	配管、配线	410 040.49	52.54	41.49
1.1.3.1.5	照明器具安装	108 847.40	13.95	11.01
1.1.3.1.6	附属工程	24 295.90	3.11	2.46
1.1.3.1.7	电气调整试验	1 585.10	0.20	0.16
1.1.3.2	建筑智能化及通信工程	10 620.52	1.36	0.23
1.1.3.2.1	综合布线系统工程	8 893.89	1.14	83.74
1.1.3.2.2	音频、视频系统工程	1 726.63	0.22	16.26
1.1.3.3	空调、通风工程	2 065 511.67	264.68	45.55
1.1.3.3.1	空调设备	1 747 833.69	223.97	84.62
1.1.3.3.2	通风设备	41 968.85	5.38	2.03
1.1.3.3.3	通风管道	149 577.11	19.17	7.24
1.1.3.3.4	通风管道部件	126 132.02	16.16	6.11
1.1.3.4	给排水工程	230 014.80	29.47	5.07
1.1.3.4.1	给排水管道	210 915.34	27.03	91.70
1.1.3.4.2	卫生器具	19 099.46	2.45	8.30
1.1.3.5	消防工程	507 806.62	65.07	11.20
1.1.3.5.1	水灭火系统	385 970.43	49.46	76.01
1.1.3.5.2	火灾自动报警系统	121 836.19	15.61	23.99
1.1.3.6	电梯工程	550 289.40	70.51	12.13
1.1.3.7	其他项	112 736.17	14.45	2.49

续表

编号	项目名称	金额（元）	单位指标（元/m²）	占比指标（%）
1.1.3.7.1	支架及套管（给排水、采暖、燃气管道）	78 911.20	10.11	70.00
1.1.3.7.2	管道附件（给排水、采暖、燃气管道）	33 732.56	4.32	29.92
1.1.3.7.3	自动化控制仪表	92.41	0.01	0.08
1.1.3.8	补充项	69 604.27	8.92	1.53
1.2	措施项目费	1 332 052.30	170.69	4.79
1.2.1	单价措施项目	402 750.41	51.61	30.24
1.2.1.1	脚手架	205 233.19	26.30	50.96
1.2.1.2	其他项	197 517.22	25.31	49.04
1.2.2	总价措施项目	929 301.89	119.08	69.76
2	其他项目费	200 000.00	25.63	0.64
2.1	专业工程暂估价	200 000.00	25.63	100.00
3	规费	689 395.76	88.34	2.21
4	税金	2 534 424.23	324.76	8.11

表3 主要工程量指标表

编号	工程量名称	数量	单位	单位指标
1	建筑工程			
1.1	土石方工程	11 193.51	m³	1.43 m³/m²
1.2	基础工程	786.7	m³	0.10 m³/m²
1.3	砌筑工程	96.74	m³	0.01 m³/m²
1.4	混凝土工程			
1.4.1	现浇混凝土	266.4	m³	0.03 m³/m²
1.5	钢筋工程			
1.5.1	普通钢筋	140 178.00	kg	17.96 kg/m²
1.6	金属结构工程	817.68	t	0.10 t/m²
1.7	屋面及防水工程			

续表

编号	工程量名称	数量	单位	单位指标
1.7.1	防水工程	9 782.23	m²	1.25 m²/m²
1.8	保温、隔热及防腐工程			
1.8.1	保温、隔热工程	9 917.42	m²	1.27 m²/m²
2	装饰工程			
2.1	门窗	957.77	m²	0.12 m²/m²
2.2	楼地面装饰	8 209.66	m²	1.05 m²/m²
2.3	墙柱面装饰	18 806.23	m²	2.41 m²/m²
2.4	天棚装饰	17 963.14	m²	2.30 m²/m²
2.5	油漆、涂料	38 233.42	m²	4.90 m²/m²
2.6	幕墙	1 383.14	m²	0.18 m²/m²
2.7	其他内装饰	240.35	m²	0.03 m²/m²
3	安装工程			
3.1	电气工程			
3.1.1	电缆安装	1 589.62	m	0.20 m/m²
3.1.2	配管、配线	64 227.43	m	8.23 m/m²
3.1.3	照明器具安装	814	套	0.10 套/m²
3.2	空调、通风工程			
3.2.1	通风设备及部件制作安装	127	台	0.02 台/m²
3.2.2	通风管道制作安装	1 661.46	m²	0.21 m²/m²
3.2.3	通风管道部件制作安装	206	个	0.03 个/m²
3.3	消防工程			
3.3.1	水灭火系统			
3.3.1.1	消防管道	3 523.16	m	0.45 m/m²
3.3.1.2	消防装置	4	组	<0.01 组/m²
3.3.1.3	消火栓、灭火器	214	套	0.03 套/m²
3.3.2	火灾自动报警系统	525	套	0.07 套/m²
3.4	给排水、采暖、燃气工程			

续表

编号	工程量名称	数量	单位	单位指标
3.4.1	给排水管道	2 316.23	m	0.30 m/m²
3.4.2	支架及其他	3 064.26	kg	0.39 kg/m²
3.4.3	管道附件	6	组	<0.01 组/m²
3.5	机械设备安装工程			
3.5.1	电梯安装	2	部	<0.01 部/m²
4	措施项目费			
4.1	混凝土模板及支架（撑）	5 851.31	m²	0.75 m²/m²

案例 17　海南省某教学楼

表 1　工程概况及项目专业信息表

基本信息					
建设性质	新建	工程类型	教育建筑/教学楼	结构类型	钢-混凝土组合结构
建设形式	装配式	抗震等级	二级	开/竣工日期	2020-12-31/2023-06-18
计价方式	清单计价	造价阶段	施工图预算	总建筑面积（m²）	29 857.71
地下建筑面积（m²）	6 085.38	装修标准	精装	人防面积（m²）	2 546.53
建筑物基底面积（m²）	3 046.65	屋面面积（m²）	143.39	檐高或房屋高度（m）	63.20
地上最高层数（层）	15	地下层数（层）	2	首层层高（m）	5.00
标准层层高（m）	3.90	顶层层高（m）	4.10	地下一层层高（m）	4.50
地下二层层高（m）	4.05	地下三层层高（m）	—	户数（户）	150
装修类别	精装	基坑支护面积（m²）	3 604.00	建设年限（年）	—
绿建标准	绿建三星	安全文明施工标准	绿色	质量标准	合格
说明	主要材料根据《海南工程造价信息》2020年11月海口地区价格及市场询价执行，人工参照海南省住房城乡建设厅文件《关于调整建筑工人人工单价的通知》，预拌混凝土（C20）504.85 元/m³、预拌混凝土（C25）514.56 元/m³、预拌混凝土（C30）524.27 元/m³、预拌混凝土（C40）553.4 元/m³、预拌混凝土（C50）601.94 元/m³、蒸压灰砂砖 451.33 元/千块、中砂 237.86 元/m³、自承式楼层板 TD4-90 130 元/m²、自承式楼层板 TD4-80 125 元/m²、自承式楼层板 TD4-120 135 元/m²				

续表

项目专业信息		
建筑工程	地基处理及土护降工程	土石方工程：挖一般土石方。地基处理方式：其他、桩处理地基。基坑支护形式：其他、护坡桩、喷锚混凝土护坡。降水方式：井点降水
	基础工程	其他、桩基础、满堂基础
	主体工程	钢筋工程：普通钢筋、高强钢筋。钢结构工程：钢柱、钢梁、钢板。混凝土主要强度：C15、C20、C25、C30、C40、C50
	屋面工程	屋面形式：平屋面。屋面材料：其他
	防水工程	地下防水：卷材防水。屋面防水：卷材防水
	保温工程	外墙保温：挤塑聚苯板
装饰工程	门窗工程	—
	地面工程	面砖
	墙面工程	涂料
	天棚工程	铝合金吊顶
	外立面形式	玻璃幕墙
安装工程	电气工程	电气照明灯具：普通灯具、装饰灯具、防爆灯具。电气动力配管：钢管、JDG管。母线槽：有。电缆：普通电缆。电气设备：变压器
	电梯工程	电梯种类：进口直梯
	建筑智能化及通信工程	信息发布系统
	空调工程	管道：普通钢板风管。集中/半集中式系统类型：其他、风+水形式、全空气形式。局部式空调类型：分体式空调。冷热源形式：其他。设备：其他。风机盘管：两管制
	通风工程	防排烟系统
	给排水工程	冷水管：塑料管。卫生器具：有。给水设备：变频给水设备。污废水管道：塑料管、铸铁管、钢管、复合管。直饮水系统类型：直饮水机

续表

	采暖工程	—
安装工程	燃气工程	—
	消防工程	水灭火系统：水喷淋系统。气体灭火系统：无管网灭火系统。火灾自动报警系统：有

表2 工程经济指标表

编号	项目名称	金额（元）	单位指标（元/m²）	占比指标（%）
1	单项工程（分部分项+措施项目）	189 239 091.24	6 338.03	89.96
1.1	分部分项费	177 980 981.39	5 960.97	94.05
1.1.1	建筑工程	83 716 108.53	2 803.84	47.04
1.1.1.1	土石方工程	1 520 366.47	50.92	1.82
1.1.1.2	地基处理工程	2 188 242.29	73.29	2.61
1.1.1.3	基坑与边坡支护	2 866 923.61	96.02	3.42
1.1.1.4	基础工程	6 262 892.99	209.76	7.48
1.1.1.5	砌筑工程	1 725 825.78	57.80	2.06
1.1.1.6	混凝土工程	5 913 079.58	198.04	7.06
1.1.1.6.1	现浇混凝土	5 887 140.11	197.17	99.56
1.1.1.6.2	预制混凝土	25 939.47	0.87	0.44
1.1.1.7	钢筋工程	14 252 985.14	477.36	17.03
1.1.1.7.1	普通钢筋	7 241 020.12	242.52	50.80
1.1.1.7.2	预应力钢筋	1 901 638.66	63.69	13.34
1.1.1.7.3	其他项	5 110 326.36	171.16	35.85
1.1.1.8	金属结构工程	43 786 591.18	1 466.51	52.30
1.1.1.9	屋面及防水工程	2 178 941.45	72.98	2.60
1.1.1.9.1	屋面防水	911 227.38	30.52	41.82
1.1.1.9.2	墙面、楼（地）面防水	1 267 714.07	42.46	58.18

续表

编号	项目名称	金额（元）	单位指标（元/m²）	占比指标（%）
1.1.1.10	保温、隔热及防腐工程	553 613.30	18.54	0.66
1.1.1.10.1	保温、隔热工程	553 613.30	18.54	100.00
1.1.1.11	拆除工程	235 281.31	7.88	0.28
1.1.1.12	其他项、补充项	2 231 365.43	74.73	2.67
1.1.2	装饰工程	58 073 335.10	1 945.00	32.63
1.1.2.1	门窗	3 237 432.06	108.43	5.57
1.1.2.2	楼地面装饰	6 002 301.57	201.03	10.34
1.1.2.3	墙柱面装饰	4 921 421.54	164.83	8.47
1.1.2.4	天棚装饰	3 961 301.89	132.67	6.82
1.1.2.5	油漆、涂料	14 813 088.72	496.12	25.51
1.1.2.6	幕墙	18 738 730.91	627.60	32.27
1.1.2.7	隔断	4 721 225.57	158.12	8.13
1.1.2.8	其他内装饰	1 677 832.84	56.19	2.89
1.1.3	安装工程	36 191 537.76	1 212.13	20.33
1.1.3.1	电气工程	11 119 685.55	372.42	30.72
1.1.3.1.1	变压器安装	286 799.94	9.61	2.58
1.1.3.1.2	配电装置安装	387 742.73	12.99	3.49
1.1.3.1.3	母线安装	632 362.83	21.18	5.69
1.1.3.1.4	控制设备及低压电器安装	2 747 293.72	92.01	24.71
1.1.3.1.5	蓄电池安装	46 124.80	1.54	0.41
1.1.3.1.6	电机检查接线及调试	10 763.40	0.36	0.10
1.1.3.1.7	电缆安装	2 506 056.61	83.93	22.54
1.1.3.1.8	防雷及接地装置	103 873.41	3.48	0.93
1.1.3.1.9	配管、配线	3 221 443.56	107.89	28.97
1.1.3.1.10	照明器具安装	1 097 230.36	36.75	9.87
1.1.3.1.11	附属工程	76 840.04	2.57	0.69

续表

编号	项目名称	金额（元）	单位指标（元/m²）	占比指标（%）
1.1.3.1.12	电气调整试验	3 154.15	0.11	0.03
1.1.3.2	建筑智能化及通信工程	4 668 697.89	156.36	12.90
1.1.3.2.1	计算机应用、网络系统工程	1 827 949.04	61.22	39.15
1.1.3.2.2	综合布线系统工程	1 070 493.99	35.85	22.93
1.1.3.2.3	建筑设备自动化系统工程	44 207.97	1.48	0.95
1.1.3.2.4	建筑信息综合管理系统工程	143 039.52	4.79	3.06
1.1.3.2.5	有线电视、卫星接收系统工程	18 172.57	0.61	0.39
1.1.3.2.6	音频、视频系统工程	144 783.86	4.85	3.10
1.1.3.2.7	安全防范系统工程	1 420 050.94	47.56	30.42
1.1.3.3	空调、通风工程	8 534 291.08	285.83	23.58
1.1.3.3.1	空调设备	4 170 712.17	139.69	48.87
1.1.3.3.2	通风设备	906 863.39	30.37	10.63
1.1.3.3.3	通风管道	2 460 911.20	82.42	28.84
1.1.3.3.4	通风管道部件	995 804.32	33.35	11.67
1.1.3.4	给排水工程	1 765 530.78	59.13	4.88
1.1.3.4.1	给排水管道	766 310.15	25.67	43.40
1.1.3.4.2	卫生器具	318 062.09	10.65	18.02
1.1.3.4.3	给排水设备	681 158.54	22.81	38.58
1.1.3.5	消防工程	2 880 304.47	96.47	7.96
1.1.3.5.1	水灭火系统	1 639 801.91	54.92	56.93
1.1.3.5.2	泡沫灭火系统	531 033.40	17.79	18.44
1.1.3.5.3	火灾自动报警系统	709 469.16	23.76	24.63
1.1.3.6	电梯工程	2 257 000.00	75.59	6.24
1.1.3.7	其他项	3 613 312.65	121.02	9.98
1.1.3.7.1	支架及套管（给排水、采暖、燃气管道）	1 410 821.70	47.25	39.05
1.1.3.7.2	管道附件（给排水、采暖、燃气管道）	516 031.19	17.28	14.28

续表

编号	项目名称	金额（元）	单位指标（元/m²）	占比指标（%）
1.1.3.7.3	刷油工程	153 596.11	5.14	4.25
1.1.3.7.4	绝热工程	1 146 896.80	38.41	31.74
1.1.3.7.5	自动化控制仪表	22 156.37	0.74	0.61
1.1.3.7.6	其他机械设备安装	363 810.48	12.18	10.07
1.1.3.8	补充项	1 352 715.34	45.31	3.74
1.2	措施项目费	11 258 109.85	377.06	5.95
1.2.1	单价措施项目	4 029 379.24	134.95	35.79
1.2.1.1	脚手架	834 321.17	27.94	20.71
1.2.1.2	混凝土模板及支架（撑）	1 562 376.66	52.33	38.77
1.2.1.3	其他项	1 632 681.41	54.68	40.52
1.2.2	总价措施项目	7 228 730.61	242.11	64.21
2	规费	3 741 197.44	125.30	1.78
3	税金	17 368 225.99	581.70	8.26

表 3　主要工程量指标表

编号	工程量名称	数量	单位	单位指标
1	建筑工程			
1.1	土石方工程	71 805.37	m³	2.40 m³/m²
1.2	地基处理工程	2 673.74	m³	0.09 m³/m²
1.3	基坑与边坡支护	2 500.25	m³	0.08 m³/m²
1.4	基础工程	6 243.34	m³	0.21 m³/m²
1.5	砌筑工程	2 554.66	m³	0.09 m³/m²
1.6	混凝土工程			
1.6.1	现浇混凝土	8 091.26	m³	0.27 m³/m²
1.6.2	预制混凝土	17.3	m³	<0.01 m³/m²
1.7	钢筋工程			

续表

编号	工程量名称	数量	单位	单位指标
1.7.1	普通钢筋	1 323 307.00	kg	44.32 kg/m²
1.7.2	预应力钢筋	356 632.00	kg	11.94 kg/m²
1.8	金属结构工程	3 613.09	t	0.12 t/m²
1.9	屋面及防水工程			
1.9.1	防水工程	10 398.33	m²	0.35 m²/m²
1.10	保温、隔热及防腐工程			
1.10.1	保温、隔热工程	2 379.29	m²	0.08 m²/m²
2	装饰工程			
2.1	门窗	1 291.56	m²	0.04 m²/m²
2.2	楼地面装饰	28 206.64	m²	0.94 m²/m²
2.3	墙柱面装饰	21 922.61	m²	0.73 m²/m²
2.4	天棚装饰	19 002.46	m²	0.64 m²/m²
2.5	油漆、涂料	124 195.53	m²	4.16 m²/m²
2.6	幕墙	18 494.40	m²	0.62 m²/m²
2.7	隔断	12 584.96	m²	0.42 m²/m²
2.8	其他内装饰	498.21	m²	0.02 m²/m²
3	安装工程			
3.1	电气工程			
3.1.1	母线安装	169.2	m	0.01 m/m²
3.1.2	电缆安装	15 353.75	m	0.51 m/m²
3.1.3	配管、配线	259 702.82	m	8.70 m/m²
3.1.4	照明器具安装	5 399.00	套	0.18 套/m²
3.2	建筑智能化及通信工程			
3.2.1	计算机应用、网络系统工程	1	套	<0.01 套/m²
3.2.2	建筑信息综合管理系统工程	6	套	<0.01 套/m²
3.2.3	有线电视、卫星接收系统工程	1	套	<0.01 套/m²
3.2.4	安全防范系统工程	15	套	<0.01 套/m²

续表

编号	工程量名称	数量	单位	单位指标
3.3	空调、通风工程			
3.3.1	通风设备及部件制作安装	374	台	0.01 台/m^2
3.3.2	通风管道制作安装	15 989.69	m^2	0.54 m^2/m^2
3.3.3	通风管道部件制作安装	1 927.00	个	0.06 个/m^2
3.4	消防工程			
3.4.1	水灭火系统			
3.4.1.1	消防管道	14 218.68	m	0.48 m/m^2
3.4.1.2	消防装置	4	组	<0.01 组/m^2
3.4.1.3	消火栓、灭火器	448	套	0.02 套/m^2
3.4.2	气体灭火系统			
3.4.2.1	消防装置	5	套	<0.01 套/m^2
3.4.3	泡沫灭火系统			
3.4.3.1	消防管道	6 683.33	m	0.22 m/m^2
3.4.4	火灾自动报警系统	2 306.00	套	0.08 套/m^2
3.5	给排水、采暖、燃气工程			
3.5.1	给排水管道	7 690.26	m	0.26 m/m^2
3.5.2	支架及其他	43 926.78	kg	1.47 kg/m^2
3.5.3	管道附件	2 611.00	组	0.09 组/m^2
3.5.4	卫生器具	2	套	<0.01 套/m^2
3.5.5	设备	4	台	<0.01 台/m^2
3.6	刷油、防腐蚀、绝热工程			
3.6.1	刷油工程	2 213.21	m^2	0.07 m^2/m^2
3.6.2	绝热工程	23.74	m^2	<0.01 m^2/m^2
3.7	机械设备安装工程			
3.7.1	电梯安装	6	部	<0.01 部/m^2

体育建筑

案例 18　浙江省某体育馆

表 1　工程概况及项目专业信息表

基本信息					
建设性质	新建	工程类型	体育建筑/体育馆	结构类型	钢结构
建设形式	装配式	抗震等级	四级	开/竣工日期	—
计价方式	清单计价	造价阶段	招标控制价	总建筑面积（m²）	4 894.99
地下建筑面积（m²）	0	装修标准	精装	人防面积（m²）	—
建筑物基底面积（m²）	—	屋面面积（m²）	5 614.18	檐高或房屋高度（m）	12.80
地上最高层数（层）	1	地下层数（层）	0	首层层高（m）	7.80
标准层层高（m）	0	顶层层高（m）	0	地下一层层高（m）	—
地下二层层高（m）	—	地下三层层高（m）	—	户数（户）	—
装修类别	精装	基坑支护面积（m²）	—	建设年限（年）	—
绿建标准	其他	安全文明施工标准	绿色	质量标准	合格
说明	—				
项目专业信息					
建筑工程	地基处理及土护降工程	土石方工程：挖一般土石方。地基处理方式：其他。基坑支护形式：其他			
	基础工程	其他			

续表

建筑工程	主体工程	钢筋工程：高强钢筋。混凝土主要强度：C15、C20、C25、C30、C35、C40
	屋面工程	屋面形式：坡屋面。屋面材料：其他
	防水工程	—
	保温工程	—
装饰工程	门窗工程	窗：铝合金窗
	地面工程	水泥砂浆
	墙面工程	涂料
	天棚工程	—
	外立面形式	玻璃幕墙
安装工程	电气工程	电气照明灯具：装饰灯具。电气动力配管：JDG管。电缆：矿物电缆
	电梯工程	—
	建筑智能化及通信工程	—
	空调工程	集中/半集中式系统类型：风+水形式，全空气形式
	通风工程	—
	给排水工程	污废水管道：塑料管
	采暖工程	—
	燃气工程	—
	消防工程	—

表2　工程经济指标表

编号	项目名称	金额（元）	单位指标（元/m²）	占比指标（%）
1	单项工程（分部分项+措施项目）	18 868 820.75	3 854.72	90.59
1.1	分部分项费	18 468 396.57	3 772.92	97.88

续表

编号	项目名称	金额（元）	单位指标（元/m²）	占比指标（%）
1.1.1	建筑工程	8 374 795.53	1 710.89	45.35
1.1.1.1	砌筑工程	214 225.91	43.76	2.56
1.1.1.2	混凝土工程	111 243.13	22.73	1.33
1.1.1.2.1	现浇混凝土	111 243.13	22.73	100.00
1.1.1.3	钢筋工程	245 271.23	50.11	2.93
1.1.1.3.1	普通钢筋	5 310.75	1.08	2.17
1.1.1.3.2	其他项	239 960.48	49.02	97.83
1.1.1.4	金属结构工程	4 622 178.11	944.27	55.19
1.1.1.5	屋面及防水工程	1 500 954.07	306.63	17.92
1.1.1.5.1	屋面工程	1 500 954.07	306.63	100.00
1.1.1.6	保温、隔热及防腐工程	1 277 989.58	261.08	15.26
1.1.1.6.1	保温、隔热工程	1 277 989.58	261.08	100.00
1.1.1.7	其他项、补充项	402 933.50	82.32	4.81
1.1.2	装饰工程	7 676 046.00	1 568.14	41.56
1.1.2.1	门窗	186 895.70	38.18	2.43
1.1.2.2	楼地面装饰	1 425 624.38	291.24	18.57
1.1.2.3	墙柱面装饰	79 795.67	16.30	1.04
1.1.2.4	油漆、涂料	1 532 537.07	313.08	19.97
1.1.2.5	幕墙	4 365 055.76	891.74	56.87
1.1.2.6	其他内装饰	86 137.42	17.60	1.12
1.1.3	安装工程	2 417 555.04	493.88	13.09
1.1.3.1	电气工程	656 436.82	134.10	27.15
1.1.3.1.1	控制设备及低压电器安装	47 661.74	9.74	7.26
1.1.3.1.2	电缆安装	72 282.47	14.77	11.01
1.1.3.1.3	防雷及接地装置	23 737.09	4.85	3.62
1.1.3.1.4	配管、配线	349 401.36	71.38	53.23
1.1.3.1.5	照明器具安装	163 019.95	33.30	24.83

续表

编号	项目名称	金额（元）	单位指标（元/m²）	占比指标（%）
1.1.3.1.6	电气调整试验	334.21	0.07	0.05
1.1.3.2	空调、通风工程	1 188 821.48	242.86	49.17
1.1.3.2.1	空调设备	736 569.08	150.47	61.96
1.1.3.2.2	通风设备	25 977.76	5.31	2.19
1.1.3.2.3	通风管道	350 453.04	71.59	29.48
1.1.3.2.4	通风管道部件	75 821.60	15.49	6.38
1.1.3.3	给排水工程	120 526.26	24.62	4.99
1.1.3.3.1	给排水管道	117 847.14	24.08	97.78
1.1.3.3.2	卫生器具	2 679.12	0.55	2.22
1.1.3.4	消防工程	199 872.65	40.83	8.27
1.1.3.4.1	水灭火系统	186 661.34	38.13	93.39
1.1.3.4.2	火灾自动报警系统	13 211.31	2.70	6.61
1.1.3.5	其他项	214 238.87	43.77	8.86
1.1.3.5.1	支架及套管（给排水、采暖、燃气管道）	19 963.69	4.08	9.32
1.1.3.5.2	管道附件（给排水、采暖、燃气管道）	86 366.41	17.64	40.31
1.1.3.5.3	刷油工程	24 966.44	5.10	11.65
1.1.3.5.4	绝热工程	82 196.16	16.79	38.37
1.1.3.5.5	自动化控制仪表	746.17	0.15	0.35
1.1.3.6	补充项	37 658.96	7.69	1.56
1.2	措施项目费	400 424.18	81.80	2.12
1.2.1	单价措施项目	100 563.12	20.54	25.11
1.2.1.1	脚手架	36 320.83	7.42	36.12
1.2.1.2	混凝土模板及支架（撑）	24 935.52	5.09	24.80
1.2.1.3	其他项	39 306.77	8.03	39.09
1.2.2	总价措施项目	299 861.06	61.26	74.89
2	规费	239 905.96	49.01	1.15
3	税金	1 719 785.40	351.34	8.26

表3 主要工程量指标表

编号	工程量名称	数量	单位	单位指标
1	建筑工程			
1.1	砌筑工程	344.09	m^3	0.07 m^3/m^2
1.2	混凝土工程			
1.2.1	现浇混凝土	298.67	m^3	0.06 m^3/m^2
1.3	钢筋工程			
1.3.1	普通钢筋	5 914.00	kg	1.21 kg/m^2
1.4	金属结构工程	459.77	t	0.09 t/m^2
1.5	屋面及防水工程			
1.5.1	屋面工程	5 614.18	m^2	1.15 m^2/m^2
1.6	保温、隔热及防腐工程			
1.6.1	保温、隔热工程	7 220.38	m^2	1.48 m^2/m^2
2	装饰工程			
2.1	门窗	625.32	m^2	0.13 m^2/m^2
2.2	楼地面装饰	4 929.85	m^2	1.01 m^2/m^2
2.3	墙柱面装饰	3 565.91	m^2	0.73 m^2/m^2
2.4	油漆、涂料	14 486.42	m^2	2.96 m^2/m^2
2.5	幕墙	3 907.79	m^2	0.80 m^2/m^2
2.6	其他内装饰	81.05	m^2	0.02 m^2/m^2
3	安装工程			
3.1	电气工程			
3.1.1	电缆安装	1 286.82	m	0.26 m/m^2
3.1.2	配管、配线	36 231.78	m	7.40 m/m^2
3.1.3	照明器具安装	304	套	0.06 套/m^2
3.2	建筑智能化及通信工程	—	—	—
3.3	空调、通风工程			
3.3.1	通风设备及部件制作安装	22	台	<0.01 台/m^2

续表

编号	工程量名称	数量	单位	单位指标
3.3.2	通风管道制作安装	1 797.70	m²	0.37 m²/m²
3.3.3	通风管道部件制作安装	58	个	0.01 个/m²
3.4	消防工程			
3.4.1	水灭火系统			
3.4.1.1	消防管道	636.2	m	0.13 m/m²
3.4.1.2	消防装置	1	组	<0.01 组/m²
3.4.1.3	消火栓、灭火器	13	套	<0.01 套/m²
3.4.2	气体灭火系统	—	—	—
3.4.3	泡沫灭火系统	—	—	—
3.4.4	火灾自动报警系统	80	套	0.02 套/m²
3.5	给排水、采暖、燃气工程			
3.5.1	给排水管道	810.64	m	0.17 m/m²
3.5.2	支架及其他	700.35	kg	0.14 kg/m²
3.6	刷油、防腐蚀、绝热工程			
3.6.1	刷油工程	842.31	m²	0.17 m²/m²

案例 19　海南省某游泳馆

表 1　工程概况及项目专业信息表

基本信息					
建设性质	新建	工程类型	体育建筑/游泳馆	结构类型	钢-混凝土组合结构
建设形式	装配式	抗震等级	二级	开/竣工日期	—
计价方式	清单计价	造价阶段	施工图预算	总建筑面积（m^2）	19 009.00
地下建筑面积（m^2）	2 777.00	装修标准	精装	人防面积（m^2）	0
建筑物基底面积（m^2）	996.65	屋面面积（m^2）	12 434.50	檐高或房屋高度（m）	20.50
地上最高层数（层）	2	地下层数（层）	1	首层层高（m）	6.00
标准层层高（m）	5.85	顶层层高（m）	5.85	地下一层层高（m）	5.85
地下二层层高（m）	—	地下三层层高（m）	—	座位数（个）	993
装修类别	精装	基坑支护面积（m^2）	6 254.78	建设年限（年）	3
绿建标准	其他	安全文明施工标准	绿色	质量标准	合格
说明	主要材料根据《海南工程造价信息》2018 年 12 月儋州地区价格（不含税价）及市场咨询执行，预拌混凝土（C20 加 25 泵送）539.56 元/m^3、预拌混凝土（C25 加 25 泵送）549.27 元/m^3、预拌混凝土（C30 P6 加 25 泵送）573.98 元/m^3、预拌混凝土（C35 P6 加 25 泵送）588.54 元/m^3、中砂 271.84 元/m^3、钢筋（HRB400 以内 ϕ10 以内）3 905.17 元/t、钢筋（HRB400 以内 ϕ16）3 931.03 元/t、水泥 PC 32.5（R）456.9 元/t				
项目专业信息					
建筑工程	地基处理及土护降工程	土石方工程：挖一般土石方。地基处理方式：桩处理地基、其他。基坑支护形式：喷锚混凝土护坡、其他。降水方式：明沟排水			

续表

建筑工程	基础工程	桩基础、其他
	主体工程	钢筋工程：高强钢筋、普通钢筋。钢结构工程：钢柱、钢梁、钢板、屋面钢结构。混凝土主要强度：C20、C25、C30、C35、C40、C45
	屋面工程	屋面形式：坡屋面。屋面材料：金属屋面
	防水工程	地下防水：卷材防水。室内防水：卷材防水。屋面防水：卷材防水
	保温工程	外墙保温：挤塑聚苯板。内墙保温：挤塑聚苯板。屋面保温：挤塑聚苯板
装饰工程	门窗工程	门：木门、塑钢门、铝合金门、装饰门。窗：断桥铝窗、铝合金窗
	地面工程	细石混凝土、自流平、面砖、石材
	墙面工程	涂料、瓷砖、木制装饰墙面
	天棚工程	铝合金吊顶、涂料、纸面石膏板
	外立面形式	玻璃幕墙、金属幕墙
安装工程	电气工程	电气照明灯具：普通灯具、装饰灯具。电气动力配管：钢管、JDG管。电缆：普通电缆、矿物电缆。电气设备：变压器
	电梯工程	电梯种类：合资直梯、合资观光梯
	建筑智能化及通信工程	闭路监控系统、建筑设备监控系统、门禁控制系统、公共广播、信息发布系统、可视对讲系统、多媒体会议系统、智能门锁
	空调工程	管道：镀锌钢板风管。集中/半集中式系统类型：风+水形式。局部式空调类型：VRV。冷热源形式：风冷冷水机组。设备：空调机组。风机盘管：两管制
	通风工程	防排烟系统
	给排水工程	冷水管：不锈钢管。热水管：不锈钢管。卫生器具：有。给水设备：变频给水设备。污废水管道：塑料管、钢管。直饮水系统类型：其他
	采暖工程	—
	燃气工程	—
	消防工程	—

表2 工程经济指标表

编号	项目名称	金额（元）	单位指标（元/m²）	占比指标（%）
1	单项工程（分部分项+措施项目）	227 112 077.02	11 947.61	89.77
1.1	分部分项费	213 752 053.38	11 244.78	94.12
1.1.1	建筑工程	88 368 981.16	4 648.80	41.34
1.1.1.1	土石方工程	2 329 800.45	122.56	2.64
1.1.1.2	地基处理工程	26 497.80	1.39	0.03
1.1.1.3	基坑与边坡支护	405 692.19	21.34	0.46
1.1.1.4	基础工程	5 475 976.73	288.07	6.20
1.1.1.5	砌筑工程	4 207 867.80	221.36	4.76
1.1.1.6	混凝土工程	5 014 781.89	263.81	5.67
1.1.1.6.1	现浇混凝土	4 991 175.73	262.57	99.53
1.1.1.6.2	预制混凝土	23 606.16	1.24	0.47
1.1.1.7	钢筋工程	14 455 633.71	760.46	16.36
1.1.1.7.1	普通钢筋	13 454 196.48	707.78	93.07
1.1.1.7.2	预应力钢筋	231 050.79	12.15	1.60
1.1.1.7.3	其他项	770 386.44	40.53	5.33
1.1.1.8	金属结构工程	16 301 362.52	857.56	18.45
1.1.1.9	屋面及防水工程	35 381 613.94	1 861.31	40.04
1.1.1.9.1	屋面工程	29 848 594.40	1 570.23	84.36
1.1.1.9.2	屋面防水	916 581.33	48.22	2.59
1.1.1.9.3	墙面、楼（地）面防水	4 616 438.21	242.86	13.05
1.1.1.10	保温、隔热及防腐工程	2 095 660.42	110.25	2.37
1.1.1.10.1	保温、隔热工程	2 095 660.42	110.25	100.00
1.1.1.11	拆除工程	97 931.78	5.15	0.11
1.1.1.12	其他项、补充项	2 576 161.93	135.52	2.92
1.1.2	装饰工程	41 515 785.21	2 184.01	19.42

续表

编号	项目名称	金额（元）	单位指标（元/m²）	占比指标（%）
1.1.2.1	门窗	3 330 523.20	175.21	8.02
1.1.2.2	楼地面装饰	6 431 685.31	338.35	15.49
1.1.2.3	墙柱面装饰	7 879 508.61	414.51	18.98
1.1.2.4	天棚装饰	3 563 340.99	187.46	8.58
1.1.2.5	油漆、涂料	7 507 433.77	394.94	18.08
1.1.2.6	幕墙	12 163 846.74	639.90	29.30
1.1.2.7	隔断	159 214.81	8.38	0.38
1.1.2.8	其他内装饰	480 231.78	25.26	1.16
1.1.3	安装工程	83 867 287.01	4 411.98	39.24
1.1.3.1	电气工程	21 945 586.53	1 154.48	26.17
1.1.3.1.1	变压器安装	511 733.64	26.92	2.33
1.1.3.1.2	配电装置安装	558 943.56	29.40	2.55
1.1.3.1.3	母线安装	212 724.14	11.19	0.97
1.1.3.1.4	控制设备及低压电器安装	6 394 474.68	336.39	29.14
1.1.3.1.5	电缆安装	5 617 624.71	295.52	25.60
1.1.3.1.6	防雷及接地装置	268 495.70	14.12	1.22
1.1.3.1.7	10 kV 以下架空配电线路	57 088.25	3.00	0.26
1.1.3.1.8	配管、配线	2 883 650.93	151.70	13.14
1.1.3.1.9	照明器具安装	4 680 822.49	246.24	21.33
1.1.3.1.10	附属工程	760 028.43	39.98	3.46
1.1.3.2	建筑智能化及通信工程	13 357 376.28	702.69	15.93
1.1.3.2.1	计算机应用、网络系统工程	4 334 545.25	228.03	32.45
1.1.3.2.2	综合布线系统工程	2 292 916.04	120.62	17.17
1.1.3.2.3	建筑设备自动化系统工程	302 056.08	15.89	2.26
1.1.3.2.4	建筑信息综合管理系统工程	2 280 006.18	119.94	17.07
1.1.3.2.5	有线电视、卫星接收系统工程	2 509 679.52	132.03	18.79

续表

编号	项目名称	金额（元）	单位指标（元/m²）	占比指标（%）
1.1.3.2.6	音频、视频系统工程	1 249 176.45	65.72	9.35
1.1.3.2.7	安全防范系统工程	388 996.76	20.46	2.91
1.1.3.3	空调、通风工程	10 863 843.86	571.51	12.95
1.1.3.3.1	空调设备	2 158 535.96	113.55	19.87
1.1.3.3.2	通风设备	1 383 355.72	72.77	12.73
1.1.3.3.3	通风管道	5 765 400.01	303.30	53.07
1.1.3.3.4	通风管道部件	1 556 552.17	81.89	14.33
1.1.3.4	给排水工程	6 882 346.20	362.06	8.21
1.1.3.4.1	给排水管道	2 089 142.04	109.90	30.36
1.1.3.4.2	卫生器具	340 149.65	17.89	4.94
1.1.3.4.3	给排水设备	4 453 054.51	234.26	64.70
1.1.3.5	消防工程	2 613 209.74	137.47	3.12
1.1.3.5.1	水灭火系统	1 231 109.25	64.76	47.11
1.1.3.5.2	泡沫灭火系统	247 910.74	13.04	9.49
1.1.3.5.3	火灾自动报警系统	1 134 189.75	59.67	43.40
1.1.3.6	采暖工程	26 973.16	1.42	0.03
1.1.3.6.1	供暖器具	26 973.16	1.42	100.00
1.1.3.7	电梯工程	514 550.00	27.07	0.61
1.1.3.8	其他项	11 920 089.08	627.08	14.21
1.1.3.8.1	支架及套管（给排水、采暖、燃气管道）	2 236 261.57	117.64	18.76
1.1.3.8.2	管道附件（给排水、采暖、燃气管道）	1 572 501.71	82.72	13.19
1.1.3.8.3	刷油工程	4 007.54	0.21	0.03
1.1.3.8.4	绝热工程	1 637 163.20	86.13	13.73
1.1.3.8.5	自动化控制仪表	496 533.66	26.12	4.17
1.1.3.8.6	其他机械设备安装	5 973 621.40	314.25	50.11
1.1.3.9	补充项	15 743 312.16	828.20	18.77

续表

编号	项目名称	金额（元）	单位指标（元/m²）	占比指标（%）
1.2	措施项目费	13 360 023.64	702.83	5.88
1.2.1	单价措施项目	6 272 138.42	329.96	46.95
1.2.1.1	脚手架	1 204 883.67	63.38	19.21
1.2.1.2	混凝土模板及支架（撑）	4 201 952.77	221.05	66.99
1.2.1.3	其他项	865 301.98	45.52	13.80
1.2.2	总价措施项目	7 087 885.22	372.87	53.05
2	规费	4 993 201.01	262.68	1.97
3	税金	20 889 475.02	1 098.93	8.26

表3 主要工程量指标表

编号	工程量名称	数量	单位	单位指标
1	建筑工程			
1.1	土石方工程	91 237.38	m³	4.80 m³/m²
1.2	基础工程	8 509.21	m³	0.45 m³/m²
1.3	砌筑工程	1 593.59	m³	0.08 m³/m²
1.4	混凝土工程			
1.4.1	现浇混凝土	7 077.42	m³	0.37 m³/m²
1.5	钢筋工程			
1.5.1	普通钢筋	2 483 046.00	kg	130.62 kg/m²
1.5.2	预应力钢筋	41 273.00	kg	2.17 kg/m²
1.6	金属结构工程	1 443.61	t	0.08 t/m²
1.7	屋面及防水工程			
1.7.1	屋面工程	13 446.70	m²	0.71 m²/m²
1.7.2	防水工程	30 935.56	m²	1.63 m²/m²
1.8	保温、隔热及防腐工程			
1.8.1	保温、隔热工程	6 458.42	m²	0.34 m²/m²

续表

编号	工程量名称	数量	单位	单位指标
2	装饰工程			
2.1	门窗	2 892.03	m²	0.15 m²/m²
2.2	楼地面装饰	30 951.09	m²	1.63 m²/m²
2.3	墙柱面装饰	36 248.37	m²	1.91 m²/m²
2.4	天棚装饰	21 135.08	m²	1.11 m²/m²
2.5	油漆、涂料	118 564.16	m²	6.24 m²/m²
2.6	幕墙	2 453.72	m²	0.13 m²/m²
2.7	隔断	500.18	m²	0.03 m²/m²
2.8	其他内装饰	458.5	m²	0.02 m²/m²
3	安装工程			
3.1	电气工程			
3.1.1	母线安装	127.74	m	0.01 m/m²
3.1.2	控制设备及低压电器安装	178	套	0.01 套/m²
3.1.3	电缆安装	72 949.16	m	3.84 m/m²
3.1.4	配管、配线	209 007.02	m	11.00 m/m²
3.1.5	照明器具安装	5 145.00	套	0.27 套/m²
3.2	建筑智能化及通信工程			
3.2.1	计算机应用、网络系统工程	33	套	<0.01 套/m²
3.2.2	建筑设备自动化系统工程	5	套	<0.01 套/m²
3.2.3	有线电视、卫星接收系统工程	175	套	0.01 套/m²
3.2.4	音频、视频系统工程	19	套	<0.01 套/m²
3.2.5	安全防范系统工程	77	套	<0.01 套/m²
3.3	空调、通风工程			
3.3.1	通风设备及部件制作安装	216	台	0.01 台/m²
3.3.2	通风管道制作安装	16 658.78	m²	0.88 m²/m²
3.3.3	通风管道部件制作安装	1 254.00	个	0.07 个/m²
3.4	消防工程			

续表

编号	工程量名称	数量	单位	单位指标
3.4.1	水灭火系统			
3.4.1.1	消防管道	8 121.55	m	0.43 m/m²
3.4.1.2	消防装置	15	组	<0.01 组/m²
3.4.1.3	消火栓、灭火器	405	套	0.02 套/m²
3.4.2	气体灭火系统			
3.4.2.1	消防装置	14	套	<0.01 套/m²
3.4.3	火灾自动报警系统	1 803.00	套	0.09 套/m²
3.5	给排水、采暖、燃气工程			
3.5.1	给排水管道	9 420.37	m	0.50 m/m²
3.5.2	支架及其他	39 061.61	kg	2.05 kg/m²
3.5.3	管道附件	209	组	0.01 组/m²
3.5.4	卫生器具	48	套	<0.01 套/m²
3.5.5	设备	16	台	<0.01 台/m²
3.6	刷油、防腐蚀、绝热工程			
3.6.1	刷油工程	292.98	m²	0.02 m²/m²
3.6.2	绝热工程	208	m²	0.01 m²/m²
3.7	机械设备安装工程			
3.7.1	电梯安装	2	部	<0.01 部/m²

案例 20　海南省某体育馆

表 1　工程概况及项目专业信息表

基本信息					
建设性质	新建	工程类型	体育建筑/体育馆	结构类型	钢-混凝土组合结构
建设形式	装配式	抗震等级	一级	开/竣工日期	2019-11-15/2022-05-13
计价方式	清单计价	造价阶段	施工图预算	总建筑面积（m²）	24 065.00
地下建筑面积（m²）	0	装修标准	精装	人防面积（m²）	0
建筑物基底面积（m²）	12 341.00	屋面面积（m²）	14 968.40	檐高或房屋高度（m）	16.00
地上最高层数（层）	3	地下层数（层）	0	首层层高（m）	6.90
标准层层高（m）	4.80	顶层层高（m）	4.30	地下一层层高（m）	—
地下二层层高（m）	—	地下三层层高（m）	—	座位数（个）	5 054
装修类别	精装	基坑支护面积（m²）	0	建设年限（年）	3
绿建标准	其他	安全文明施工标准	绿色	质量标准	合格
说明	主要材料根据《海南工程造价信息》2018 年 12 月儋州地区价格（不含税价）及市场咨询执行，预拌混凝土（C20 加 25 泵送）539.56 元/m³、预拌混凝土（C25 加 25 泵送）549.27 元/m³、预拌混凝土（C30 P6 加 25 泵送）573.98 元/m³、预拌混凝土（C35 P6 加 25 泵送）588.54 元/m³、中砂 271.84 元/m³、钢筋（HRB400 以内 φ10 以内）3 905.17 元/t、钢筋（HRB400 以内 φ16）3 931.03 元/t、水泥 PC 32.5（R）456.9 元/t				
项目专业信息					
建筑工程	地基处理及土护降工程	土石方工程：挖一般土石方。地基处理方式：桩处理地基，其他。基坑支护形式：其他			

续表

建筑工程	基础工程	其他
	主体工程	钢筋工程：高强钢筋、普通钢筋。钢结构工程：钢柱、钢梁、钢板、屋面钢结构。混凝土主要强度：C20、C25、C30、C35、C40、C45
	屋面工程	屋面形式：坡屋面。屋面材料：金属
	防水工程	地下防水：卷材防水。室内防水：卷材防水。屋面防水：卷材防水
	保温工程	屋面保温：挤塑聚苯板
装饰工程	门窗工程	门：木门、铝合金门、装饰门。窗：铝合金窗
	地面工程	面砖、石材、自流平
	墙面工程	涂料、瓷砖、木制装饰板墙面
	天棚工程	涂料、纸面石膏板、铝合金吊顶
	外立面形式	金属幕墙
安装工程	电气工程	电气照明灯具：普通灯具、装饰灯具。电气动力配管：JDG 管。电缆：普通电缆、矿物电缆。电气设备：变压器
	电梯工程	电梯种类：合资直梯
	建筑智能化及通信工程	闭路监控系统、建筑设备监控系统、门禁控制系统、公共广播、信息发布系统、可视对讲系统、智能门锁
	空调工程	集中/半集中式系统类型：风+水形式。局部式空调类型：分体式空调。冷热源形式：其他。设备：空调机组。风机盘管：两管制
	通风工程	防排烟系统
	给排水工程	冷水管：不锈钢管。热水管：不锈钢管。卫生器具：有。污废水管道：塑料管、钢管。直饮水系统类型：其他
	采暖工程	—
	燃气工程	—
	消防工程	水灭火系统：水喷淋系统。气体灭火系统：无管网灭火系统。火灾自动报警系统：有

表2 工程经济指标表

编号	项目名称	金额（元）	单位指标（元/m²）	占比指标（%）
1	单项工程（分部分项+措施项目）	236 561 490.07	9 830.11	89.71
1.1	分部分项费	221 503 681.96	9 204.39	93.63
1.1.1	建筑工程	98 302 272.97	4 084.86	44.38
1.1.1.1	土石方工程	1 622 415.28	67.42	1.65
1.1.1.2	基础工程	4 454 736.84	185.11	4.53
1.1.1.3	砌筑工程	4 425 952.45	183.92	4.50
1.1.1.4	混凝土工程	6 060 658.31	251.85	6.17
1.1.1.4.1	现浇混凝土	6 007 102.97	249.62	99.12
1.1.1.4.2	预制混凝土	53 555.34	2.23	0.88
1.1.1.5	钢筋工程	14 433 743.42	599.78	14.68
1.1.1.5.1	普通钢筋	13 145 941.65	546.27	91.08
1.1.1.5.2	预应力钢筋	733 346.81	30.47	5.08
1.1.1.5.3	其他项	554 454.96	23.04	3.84
1.1.1.6	金属结构工程	22 519 833.35	935.79	22.91
1.1.1.7	屋面及防水工程	36 450 014.06	1 514.65	37.08
1.1.1.7.1	屋面工程	35 668 536.23	1 482.17	97.86
1.1.1.7.2	屋面防水	676 908.88	28.13	1.86
1.1.1.7.3	墙面、楼（地）面防水	104 568.95	4.35	0.29
1.1.1.8	保温、隔热及防腐工程	3 946 003.67	163.97	4.01
1.1.1.8.1	保温、隔热工程	3 946 003.67	163.97	100.00
1.1.1.9	拆除工程	91 490.50	3.80	0.09
1.1.1.10	其他项、补充项	4 297 425.09	178.58	4.37
1.1.2	装饰工程	54 313 751.93	2 256.96	24.52
1.1.2.1	门窗	3 261 400.07	135.52	6.00
1.1.2.2	楼地面装饰	9 330 671.36	387.73	17.18

续表

编号	项目名称	金额（元）	单位指标（元/m²）	占比指标（%）
1.1.2.3	墙柱面装饰	10 126 788.50	420.81	18.64
1.1.2.4	天棚装饰	3 612 873.48	150.13	6.65
1.1.2.5	油漆、涂料	9 564 016.37	397.42	17.61
1.1.2.6	幕墙	17 145 177.01	712.45	31.57
1.1.2.7	隔断	220 482.61	9.16	0.41
1.1.2.8	其他内装饰	1 052 342.53	43.73	1.94
1.1.3	安装工程	68 887 657.06	2 862.57	31.10
1.1.3.1	电气工程	27 746 684.75	1 152.99	40.28
1.1.3.1.1	变压器安装	249 214.76	10.36	0.90
1.1.3.1.2	配电装置安装	1 884 777.31	78.32	6.79
1.1.3.1.3	控制设备及低压电器安装	5 139 971.35	213.59	18.52
1.1.3.1.4	电缆安装	5 901 382.10	245.23	21.27
1.1.3.1.5	防雷及接地装置	252 666.54	10.50	0.91
1.1.3.1.6	10 kV以下架空配电线路	57 088.25	2.37	0.21
1.1.3.1.7	配管、配线	3 080 236.48	128.00	11.10
1.1.3.1.8	照明器具安装	10 227 031.80	424.98	36.86
1.1.3.1.9	附属工程	535 567.57	22.26	1.93
1.1.3.1.10	电气调整试验	418 748.59	17.40	1.51
1.1.3.2	建筑智能化及通信工程	11 393 719.25	473.46	16.54
1.1.3.2.1	计算机应用、网络系统工程	1 471 780.37	61.16	12.92
1.1.3.2.2	综合布线系统工程	1 202 179.21	49.96	10.55
1.1.3.2.3	建筑设备自动化系统工程	1 211 112.45	50.33	10.63
1.1.3.2.4	建筑信息综合管理系统工程	2 866 329.54	119.11	25.16
1.1.3.2.5	有线电视、卫星接收系统工程	2 589 373.02	107.60	22.73
1.1.3.2.6	音频、视频系统工程	1 688 537.00	70.17	14.82
1.1.3.2.7	安全防范系统工程	364 407.66	15.14	3.20

续表

编号	项目名称	金额（元）	单位指标（元/m²）	占比指标（%）
1.1.3.3	空调、通风工程	11 705 191.43	486.40	16.99
1.1.3.3.1	空调设备	2 677 102.49	111.24	22.87
1.1.3.3.2	通风设备	1 013 477.28	42.11	8.66
1.1.3.3.3	通风管道	4 443 730.47	184.66	37.96
1.1.3.3.4	通风管道部件	3 570 881.19	148.38	30.51
1.1.3.4	给排水工程	1 136 499.03	47.23	1.65
1.1.3.4.1	给排水管道	166 631.39	6.92	14.66
1.1.3.4.2	卫生器具	490 209.40	20.37	43.13
1.1.3.4.3	给排水设备	479 658.24	19.93	42.20
1.1.3.5	消防工程	3 088 440.59	128.34	4.48
1.1.3.5.1	水灭火系统	1 857 352.92	77.18	60.14
1.1.3.5.2	泡沫灭火系统	212 494.92	8.83	6.88
1.1.3.5.3	火灾自动报警系统	1 018 592.75	42.33	32.98
1.1.3.6	电梯工程	257 470.00	10.70	0.37
1.1.3.7	其他项	5 014 087.30	208.36	7.28
1.1.3.7.1	支架及套管（给排水、采暖、燃气管道）	1 845 891.40	76.70	36.81
1.1.3.7.2	管道附件（给排水、采暖、燃气管道）	797 375.64	33.13	15.90
1.1.3.7.3	绝热工程	1 353 503.52	56.24	26.99
1.1.3.7.4	自动化控制仪表	220 000.19	9.14	4.39
1.1.3.7.5	其他机械设备安装	797 316.55	33.13	15.90
1.1.3.8	补充项	8 545 564.71	355.10	12.41
1.2	措施项目费	15 057 808.11	625.71	6.37
1.2.1	单价措施项目	7 593 399.51	315.54	50.43
1.2.1.1	脚手架	1 698 748.35	70.59	22.37
1.2.1.2	混凝土模板及支架（撑）	4 855 923.41	201.78	63.95
1.2.1.3	其他项	1 038 727.75	43.16	13.68

续表

编号	项目名称	金额（元）	单位指标（元/m²）	占比指标（%）
1.2.2	总价措施项目	7 464 408.60	310.18	49.57
2	规费	5 353 425.17	222.46	2.03
3	税金	21 772 342.39	904.73	8.26

表3 主要工程量指标表

编号	工程量名称	数量	单位	单位指标
1	建筑工程			
1.1	土石方工程	76 394.93	m³	3.17 m³/m²
1.2	基础工程	7 156.72	m³	0.30 m³/m²
1.3	砌筑工程	975.34	m³	0.04 m³/m²
1.4	混凝土工程			
1.4.1	现浇混凝土	7 907.13	m³	0.33 m³/m²
1.4.2	预制混凝土	41.11	m³	<0.01 m³/m²
1.5	钢筋工程			
1.5.1	普通钢筋	2 463 814.00	kg	102.38 kg/m²
1.5.2	预应力钢筋	130 999.00	kg	5.44 kg/m²
1.6	金属结构工程	1 984.77	t	0.08 t/m²
1.7	屋面及防水工程			
1.7.1	屋面工程	16 072.04	m²	0.67 m²/m²
1.7.2	防水工程	6 369.78	m²	0.26 m²/m²
1.8	保温、隔热及防腐工程			
1.8.1	保温、隔热工程	12 160.82	m²	0.51 m²/m²
2	装饰工程			
2.1	门窗	2 712.87	m²	0.11 m²/m²
2.2	楼地面装饰	43 714.13	m²	1.82 m²/m²
2.3	墙柱面装饰	41 550.25	m²	1.73 m²/m²

续表

编号	工程量名称	数量	单位	单位指标
2.4	天棚装饰	20 432.87	m²	0.85 m²/m²
2.5	油漆、涂料	149 813.31	m²	6.23 m²/m²
2.6	幕墙	2 328.47	m²	0.10 m²/m²
2.7	隔断	1 241.88	m²	0.05 m²/m²
2.8	其他内装饰	678.24	m²	0.03 m²/m²
3	安装工程			
3.1	电气工程			
3.1.1	控制设备及低压电器安装	199	套	0.01 套/m²
3.1.2	电缆安装	98 610.32	m	4.10 m/m²
3.1.3	配管、配线	244 999.49	m	10.18 m/m²
3.1.4	照明器具安装	5 766.00	套	0.24 套/m²
3.2	建筑智能化及通信工程			
3.2.1	计算机应用、网络系统工程	31	套	<0.01 套/m²
3.2.2	综合布线系统工程	2	套	<0.01 套/m²
3.2.3	建筑设备自动化系统工程	12	套	<0.01 套/m²
3.2.4	有线电视、卫星接收系统工程	160	套	0.01 套/m²
3.2.5	音频、视频系统工程	22	套	<0.01 套/m²
3.2.6	安全防范系统工程	63	套	<0.01 套/m²
3.3	空调、通风工程			
3.3.1	通风设备及部件制作安装	249	台	0.01 台/m²
3.3.2	通风管道制作安装	20 737.16	m²	0.86 m²/m²
3.3.3	通风管道部件制作安装	4 745.00	个	0.20 个/m²
3.4	消防工程			
3.4.1	水灭火系统			
3.4.1.1	消防管道	9 930.24	m	0.41 m/m²
3.4.1.2	消防装置	11	组	<0.01 组/m²
3.4.1.3	消火栓、灭火器	433	套	0.02 套/m²

续表

编号	工程量名称	数量	单位	单位指标
3.4.2	气体灭火系统			
3.4.2.1	消防装置	12	套	<0.01 套/m²
3.4.3	泡沫灭火系统	—	—	—
3.4.4	火灾自动报警系统	1 729.00	套	0.07 套/m²
3.5	给排水、采暖、燃气工程			
3.5.1	给排水管道	1 988.06	m	0.08 m/m²
3.5.2	支架及其他	16 513.67	kg	0.69 kg/m²
3.5.3	卫生器具	34	套	<0.01 套/m²
3.5.4	设备	10	台	<0.01 台/m²
3.6	刷油、防腐蚀、绝热工程	—	—	—
3.7	机械设备安装工程			
3.7.1	电梯安装	1	部	<0.01 部/m²
4	措施项目费			
4.1	混凝土模板及支架（撑）	57.13	m²	<0.01 m²/m²

卫生建筑

案例 21　海南省某医院医技综合楼

表 1　工程概况及项目专业信息表

基本信息					
建设性质	新建	工程类型	卫生建筑	结构类型	钢-混凝土组合结构
建设形式	装配式	抗震等级	一级	开/竣工日期	—
计价方式	清单计价	造价阶段	招标工程量清单	总建筑面积（m²）	66 410.00
地下建筑面积（m²）	21 640.00	装修标准	精装	人防面积（m²）	—
建筑物基底面积（m²）	4 187.17	屋面面积（m²）	719.34	檐高或房屋高度（m）	70.95
地上最高层数（层）	16	地下层数（层）	2	首层层高（m）	5.40
标准层层高（m）	3.90	顶层层高（m）	4.15	地下一层层高（m）	—
地下二层层高（m）	—	地下三层层高（m）	—	户数（户）	—
装修类别	精装	基坑支护面积（m²）	—	建设年限（年）	—
绿建标准	—	安全文明施工标准	绿色	质量标准	合格
说明	主要材料根据《海南工程造价信息》2021 年 7 月价格和市场询价执行，钢筋 3.681 元/kg，预拌混凝土（C35）558.26 元/m³、预拌混凝土（C30）543.69 元/m³、厚型防火涂料 15 元/kg、平板铝板（幕墙）213 元/m²、型钢 3 874.55 元/t、SBS 改性沥青防水卷材 33.98 元/m²				

续表

项目专业信息		
建筑工程	地基处理及土护降工程	土石方工程：挖一般土石方。地基处理方式：其他。基坑支护形式：其他。降水方式：井点降水
	基础工程	其他
	主体工程	钢筋工程：高强钢筋、普通钢筋。混凝土主要强度：C15、C20、C25、C30、C35、C40、C45、C50
	屋面工程	屋面形式：平屋面。屋面材料：其他
	防水工程	地下防水：卷材防水。室内防水：涂膜防水。屋面防水：卷材防水
	保温工程	外墙保温：挤塑聚苯板
装饰工程	门窗工程	门：铝合金门、其他。窗：铝合金窗
	地面工程	水泥砂浆
	墙面工程	—
	天棚工程	铝塑板吊顶
	外立面形式	—
安装工程	电气工程	电气照明灯具：防爆灯具。电气动力配管：塑料管、钢管、JDG管。电缆：普通电缆
	电梯工程	电梯种类：进口直梯
	建筑智能化及通信工程	—
	空调工程	集中/半集中式系统类型：风+水形式。局部式空调类型：分体式空调
	通风工程	—
	给排水工程	冷水管：不锈钢管。热水管：铜管。给水设备：变频给水设备。污废水管道：塑料管、复合管
	采暖工程	—
	燃气工程	—
	消防工程	水灭火系统：消火栓系统、水喷淋系统。气体灭火系统：无管网灭火系统。火灾自动报警系统：有

表2　工程经济指标表

编号	项目名称	金额（元）	单位指标（元/m²）	占比指标（%）
1	单项工程（分部分项+措施项目）	342 887 932.39	5 163.20	83.80
1.1	分部分项费	315 753 947.27	4 754.61	92.09
1.1.1	建筑工程	178 700 352.65	2 690.87	56.59
1.1.1.1	土石方工程	4 201 261.67	63.26	2.35
1.1.1.2	地基处理工程	5 645 722.02	85.01	3.16
1.1.1.3	基坑与边坡支护	1 418 292.95	21.36	0.79
1.1.1.4	基础工程	29 597 856.93	445.68	16.56
1.1.1.5	砌筑工程	5 032 353.16	75.78	2.82
1.1.1.6	混凝土工程	25 065 728.52	377.44	14.03
1.1.1.6.1	现浇混凝土	14 779 376.89	222.55	58.96
1.1.1.6.2	预制混凝土	10 286 351.63	154.89	41.04
1.1.1.7	钢筋工程	28 818 321.80	433.95	16.13
1.1.1.7.1	普通钢筋	19 372 317.35	291.71	67.22
1.1.1.7.2	预应力钢筋	8 812 163.77	132.69	30.58
1.1.1.7.3	其他项	633 840.68	9.54	2.20
1.1.1.8	金属结构工程	58 848 386.23	886.14	32.93
1.1.1.9	屋面及防水工程	8 236 904.73	124.03	4.61
1.1.1.9.1	屋面防水	3 422 967.10	51.54	41.56
1.1.1.9.2	墙面、楼（地）面防水	4 813 937.63	72.49	58.44
1.1.1.10	保温、隔热及防腐工程	2 650 300.91	39.91	1.48
1.1.1.10.1	保温、隔热工程	2 513 790.03	37.85	94.85
1.1.1.10.2	防腐工程	136 510.88	2.06	5.15
1.1.1.11	拆除工程	664 817.59	10.01	0.37
1.1.1.12	其他项、补充项	8 520 406.14	128.30	4.77
1.1.2	装饰工程	67 356 008.91	1 014.24	21.33

续表

编号	项目名称	金额（元）	单位指标（元/m²）	占比指标（%）
1.1.2.1	门窗	7 503 166.05	112.98	11.14
1.1.2.2	楼地面装饰	10 080 093.85	151.79	14.97
1.1.2.3	墙柱面装饰	17 306 764.41	260.60	25.69
1.1.2.4	天棚装饰	3 220 528.43	48.49	4.78
1.1.2.5	油漆、涂料	15 927 976.92	239.84	23.65
1.1.2.6	幕墙	12 258 867.81	184.59	18.20
1.1.2.7	隔断	147 031.36	2.21	0.22
1.1.2.8	其他内装饰	911 580.08	13.73	1.35
1.1.3	安装工程	69 697 585.71	1 049.50	22.07
1.1.3.1	电气工程	15 885 949.15	239.21	22.79
1.1.3.1.1	配电装置安装	83 519.04	1.26	0.53
1.1.3.1.2	母线安装	305 026.87	4.59	1.92
1.1.3.1.3	控制设备及低压电器安装	3 793 304.38	57.12	23.88
1.1.3.1.4	电缆安装	4 189 878.74	63.09	26.37
1.1.3.1.5	防雷及接地装置	210 151.50	3.16	1.32
1.1.3.1.6	配管、配线	5 535 308.96	83.35	34.84
1.1.3.1.7	照明器具安装	1 058 185.92	15.93	6.66
1.1.3.1.8	附属工程	708 559.95	10.67	4.46
1.1.3.1.9	电气调整试验	2 013.79	0.03	0.01
1.1.3.2	建筑智能化及通信工程	549 327.84	8.27	0.79
1.1.3.2.1	计算机应用、网络系统工程	1 738.20	0.03	0.32
1.1.3.2.2	综合布线系统工程	37 261.15	0.56	6.78
1.1.3.2.3	建筑设备自动化系统工程	65 460.52	0.99	11.92
1.1.3.2.4	建筑信息综合管理系统工程	13 930.48	0.21	2.54
1.1.3.2.5	有线电视、卫星接收系统工程	18 608.56	0.28	3.39
1.1.3.2.6	音频、视频系统工程	35 270.79	0.53	6.42

续表

编号	项目名称	金额（元）	单位指标（元/m²）	占比指标（%）
1.1.3.2.7	安全防范系统工程	377 058.14	5.68	68.64
1.1.3.3	空调、通风工程	13 935 663.41	209.84	19.99
1.1.3.3.1	空调设备	3 968 075.81	59.75	28.47
1.1.3.3.2	通风设备	2 236 460.29	33.68	16.05
1.1.3.3.3	通风管道	3 482 944.22	52.45	24.99
1.1.3.3.4	通风管道部件	4 248 183.09	63.97	30.48
1.1.3.4	给排水工程	6 245 519.22	94.04	8.96
1.1.3.4.1	给排水管道	3 491 246.25	52.57	55.90
1.1.3.4.2	卫生器具	847 328.53	12.76	13.57
1.1.3.4.3	给排水设备	1 906 944.44	28.71	30.53
1.1.3.5	消防工程	7 133 699.89	107.42	10.24
1.1.3.5.1	水灭火系统	3 890 754.66	58.59	54.54
1.1.3.5.2	气体灭火系统	106 230.70	1.60	1.49
1.1.3.5.3	泡沫灭火系统	465 647.66	7.01	6.53
1.1.3.5.4	火灾自动报警系统	2 671 066.87	40.22	37.44
1.1.3.6	采暖工程	121 728.46	1.83	0.17
1.1.3.6.1	供暖器具	27 263.74	0.41	22.40
1.1.3.6.2	采暖设备	94 464.72	1.42	77.60
1.1.3.7	电梯工程	3 535 800.00	53.24	5.07
1.1.3.8	其他项	17 255 868.87	259.84	24.76
1.1.3.8.1	支架及套管（给排水、采暖、燃气管道）	1 350 706.78	20.34	7.83
1.1.3.8.2	管道附件（给排水、采暖、燃气管道）	5 255 914.82	79.14	30.46
1.1.3.8.3	刷油工程	219 128.85	3.30	1.27
1.1.3.8.4	绝热工程	2 558 325.94	38.52	14.83
1.1.3.8.5	自动化控制仪表	1 103 409.83	16.62	6.39
1.1.3.8.6	其他机械设备安装	6 768 382.65	101.92	39.22

续表

编号	项目名称	金额（元）	单位指标（元/m²）	占比指标（%）
1.1.3.9	补充项	5 034 028.87	75.80	7.22
1.2	措施项目费	27 133 985.12	408.58	7.91
1.2.1	单价措施项目	12 465 621.01	187.71	45.94
1.2.1.1	脚手架	1 846 390.83	27.80	14.81
1.2.1.2	混凝土模板及支架（撑）	6 295 524.95	94.80	50.50
1.2.1.3	其他项	4 323 705.23	65.11	34.69
1.2.2	总价措施项目	14 668 364.11	220.88	54.06
2	其他项目费	23 971 904.53	360.97	5.86
2.1	暂列金额	8 661 904.53	130.43	36.13
2.2	专业工程暂估价	15 310 000.00	230.54	63.87
3	规费	8 528 051.20	128.42	2.08
4	税金	33 784 909.91	508.73	8.26

表3 主要工程量指标表

编号	工程量名称	数量	单位	单位指标
1	建筑工程			
1.1	土石方工程	280 421.68	m³	4.22 m³/m²
1.2	基坑与边坡支护	869.77	m³	0.01 m³/m²
1.3	基础工程	29 379.91	m³	0.44 m³/m²
1.4	砌筑工程	7 965.28	m³	0.12 m³/m²
1.5	混凝土工程			
1.5.1	现浇混凝土	20 310.37	m³	0.31 m³/m²
1.5.2	预制混凝土	43.07	m³	<0.01 m³/m²
1.6	钢筋工程			
1.6.1	普通钢筋	3 690 489.00	kg	55.57 kg/m²
1.6.2	预应力钢筋	1 666 159.00	kg	25.09 kg/m²

续表

编号	工程量名称	数量	单位	单位指标
1.7	金属结构工程	6 727.16	t	0.10 t/m²
1.8	屋面及防水工程			
1.8.1	防水工程	134 287.50	m²	2.02 m²/m²
1.9	保温、隔热及防腐工程			
1.9.1	保温、隔热工程	54 452.57	m²	0.82 m²/m²
1.9.2	防腐工程	16 894.34	m²	0.25 m²/m²
2	装饰工程			
2.1	门窗	7 086.14	m²	0.11 m²/m²
2.2	楼地面装饰	116 165.11	m²	1.75 m²/m²
2.3	墙柱面装饰	260 806.99	m²	3.93 m²/m²
2.4	天棚装饰	48 971.01	m²	0.74 m²/m²
2.5	油漆、涂料	208 673.32	m²	3.14 m²/m²
2.6	幕墙	17 027.99	m²	0.26 m²/m²
2.7	隔断	533.74	m²	0.01 m²/m²
2.8	其他内装饰	244.48	m²	<0.01 m²/m²
3	安装工程			
3.1	电气工程			
3.1.1	母线安装	145.61	m	<0.01 m/m²
3.1.2	电缆安装	48 521.91	m	0.73 m/m²
3.1.3	配管、配线	504 120.44	m	7.59 m/m²
3.1.4	照明器具安装	8 476.00	套	0.13 套/m²
3.2	建筑智能化及通信工程			
3.2.1	有线电视、卫星接收系统工程	4	套	<0.01 套/m²
3.2.2	安全防范系统工程	335	套	0.01 套/m²
3.3	空调、通风工程			
3.3.1	通风设备及部件制作安装	972	台	0.01 台/m²
3.3.2	通风管道制作安装	21 159.59	m²	0.32 m²/m²

续表

编号	工程量名称	数量	单位	单位指标
3.3.3	通风管道部件制作安装	7 136.00	个	0.11 个/m²
3.4	消防工程			
3.4.1	水灭火系统			
3.4.1.1	消防管道	29 141.54	m	0.44 m/m²
3.4.1.2	消防装置	98	组	<0.01 组/m²
3.4.1.3	消火栓、灭火器	983	套	0.01 套/m²
3.4.2	气体灭火系统			
3.4.2.1	消防装置	15	套	<0.01 套/m²
3.4.3	泡沫灭火系统	—	—	—
3.4.4	火灾自动报警系统	6 354.00	套	0.10 套/m²
3.5	给排水、采暖、燃气工程			
3.5.1	给排水管道	30 393.22	m	0.46 m/m²
3.5.2	支架及其他	45 514.71	kg	0.69 kg/m²
3.5.3	管道附件	39	组	<0.01 组/m²
3.5.4	卫生器具	321	套	<0.01 套/m²
3.5.5	供暖器具	2	组	<0.01 组/m²
3.5.6	设备	37	台	<0.01 台/m²
3.6	刷油、防腐蚀、绝热工程			
3.6.1	刷油工程	5 403.03	m²	0.08 m²/m²
3.7	机械设备安装工程			
3.7.1	电梯安装	11	部	<0.01 部/m²

厂房

案例22　天津市某厂房

表1　工程概况及项目专业信息表

基本信息					
建设性质	新建	工程类型	工业建筑/厂房	结构类型	钢-混凝土组合结构
建设形式	装配式	抗震等级	二级	开/竣工日期	—
计价方式	清单计价	造价阶段	招标控制价	总建筑面积（m²）	14 826.79
地下建筑面积（m²）	0	装修标准	毛坯	人防面积（m²）	0
建筑物基底面积（m²）	13 060.70	屋面面积（m²）	13 147.90	檐高或房屋高度（m）	10.00
地上最高层数（层）	1	地下层数（层）	0	首层层高（m）	10.00
标准层层高（m）	10.00	顶层层高（m）	—	地下一层层高（m）	—
地下二层层高（m）	—	地下三层层高（m）	—	户数（户）	—
装修类别	毛坯	基坑支护面积（m²）	0	建设年限（年）	2
绿建标准	其他	安全文明施工标准	绿色	质量标准	合格
说明	本工程外立面采用岩棉夹芯金属复合板，外挂铝板，外墙采用真石漆。 不包含电梯工程。 弱电工程仅包含预留预埋部分。 不含燃气工程。 本工程为1层（局部2层），1层部分为钢结构，面积约11 320.23 m²，屋面为金属屋面，局部2层部分为框架结构，面积约3 506.56 m²，屋面为卷材防水加涂膜防水屋面。 本项目规费已包含在分部分项费和措施项目费中，不再单独列项				

续表

项目专业信息		
建筑工程	地基处理及土护降工程	土石方工程：挖一般土石方。地基处理方式：桩处理地基
	基础工程	桩基础
	主体工程	钢筋工程：高强钢筋、普通钢筋。钢结构工程：钢柱、钢梁、屋面钢结构。混凝土主要强度：C15、C20、C25、C30、C35、C40、C45
	屋面工程	屋面形式：坡屋面。屋面材料：金属
	防水工程	屋面防水：卷材防水+涂膜防水
	保温工程	外墙保温：挤塑聚苯板。屋面保温：挤塑聚苯板
装饰工程	门窗工程	门：木门、塑钢门、铝合金门。窗：断桥铝窗、铝合金窗
	地面工程	细石混凝土+地砖
	墙面工程	水泥砂浆+吸声墙面
	天棚工程	腻子+矿棉板+涂料
	外立面形式	铝板+真石漆+金属板
安装工程	电气工程	电气照明灯具：普通灯具。电气动力配管：钢管。电缆：普通电缆。电气设备：配电箱
	电梯工程	—
	建筑智能化及通信工程	—
	空调工程	—
	通风工程	送排风系统
	给排水工程	冷水管：球墨铸铁管+钢衬塑管+塑料管。中水管：塑料管。卫生器具：有。污废水管道：塑料管
	采暖工程	采暖管道：钢管。散热器：无
	燃气工程	—
	消防工程	水灭火系统：消火栓系统。泡沫灭火系统：镀锌管

表2 工程经济指标表

编号	项目名称	金额（元）	单位指标（元/m²）	占比指标（%）
1	单项工程（分部分项+措施项目）	41 923 532.00	2 827.55	91.74
1.1	分部分项费	38 338 362.00	2 585.75	91.45
1.1.1	建筑工程	28 970 962.00	1 953.96	75.57
1.1.1.1	土石方工程	532 700.00	35.93	1.84
1.1.1.2	基础工程	8 017 438.00	540.74	27.67
1.1.1.3	砌筑工程	619 526.00	41.78	2.14
1.1.1.4	混凝土工程	3 272 607.00	220.72	11.30
1.1.1.4.1	现浇混凝土	3 272 607.00	220.72	100.00
1.1.1.5	钢筋工程	5 431 873.00	366.36	18.75
1.1.1.5.1	普通钢筋	5 232 806.00	352.93	96.34
1.1.1.5.2	其他项	199 067.00	13.43	3.66
1.1.1.6	金属结构工程	9 487 733.00	639.90	32.75
1.1.1.7	屋面及防水工程	873 429.00	58.91	3.01
1.1.1.7.1	屋面工程	109 545.00	7.39	12.54
1.1.1.7.2	屋面防水	706 008.00	47.62	80.83
1.1.1.7.3	墙面、楼（地）面防水	57 876.00	3.90	6.63
1.1.1.8	保温、隔热及防腐工程	735 656.00	49.62	2.54
1.1.1.8.1	保温、隔热工程	432 229.00	29.15	58.75
1.1.1.8.2	防腐工程	303 427.00	20.46	41.25
1.1.2	装饰工程	5 994 181.00	404.28	15.63
1.1.2.1	门窗	1 609 535.00	108.56	26.85
1.1.2.2	楼地面装饰	1 059 269.00	71.44	17.67
1.1.2.3	墙柱面装饰	2 610 910.00	176.09	43.56
1.1.2.4	天棚装饰	149 315.00	10.07	2.49
1.1.2.5	隔断	471 371.00	31.79	7.86

续表

编号	项目名称	金额（元）	单位指标（元/m²）	占比指标（%）
1.1.2.6	其他内装饰	93 781.00	6.33	1.56
1.1.3	安装工程	3 373 219.00	227.51	8.80
1.1.3.1	电气工程	2 683 833.00	181.01	79.56
1.1.3.1.1	控制设备及低压电器安装	125 576.00	8.47	4.68
1.1.3.1.2	电缆安装	777 540.00	52.44	28.97
1.1.3.1.3	防雷及接地装置	215 311.00	14.52	8.02
1.1.3.1.4	配管、配线	1 400 454.00	94.45	52.18
1.1.3.1.5	照明器具安装	151 222.00	10.20	5.63
1.1.3.1.6	电气调整试验	13 730.00	0.93	0.51
1.1.3.2	建筑智能化及通信工程	17 641.00	1.19	0.52
1.1.3.2.1	计算机应用、网络系统工程	17 641.00	1.19	100.00
1.1.3.3	空调、通风工程	16 487.00	1.11	0.49
1.1.3.3.1	通风管道	14 421.00	0.97	87.47
1.1.3.3.2	通风管道部件	2 066.00	0.14	12.53
1.1.3.4	给排水工程	53 647.00	3.62	1.59
1.1.3.4.1	给排水管道	50 008.00	3.37	93.22
1.1.3.4.2	卫生器具	3 639.00	0.25	6.78
1.1.3.5	消防工程	246 667.00	16.64	7.31
1.1.3.5.1	水灭火系统	60 558.00	4.08	24.55
1.1.3.5.2	火灾自动报警系统	186 109.00	12.55	75.45
1.1.3.6	其他项	67 159.00	4.53	1.99
1.1.3.6.1	支架及套管（给排水、采暖、燃气管道）	30 220.00	2.04	45.00
1.1.3.6.2	管道附件（给排水、采暖、燃气管道）	36 760.00	2.48	54.74
1.1.3.6.3	自动化控制仪表	179	0.01	0.27
1.1.3.7	补充项	287 785.00	19.41	8.53
1.2	措施项目费	3 585 170.00	241.80	8.55

续表

编号	项目名称	金额（元）	单位指标（元/m²）	占比指标（%）
1.2.1	单价措施项目	2 090 827.00	141.02	58.32
1.2.1.1	脚手架	277 365.00	18.71	13.27
1.2.1.2	混凝土模板及支架（撑）	1 138 486.00	76.79	54.45
1.2.1.3	其他项	674 976.00	45.52	32.28
1.2.2	总价措施项目	1 494 343.00	100.79	41.68
2	税金	3 773 117.00	254.48	8.26

表3 主要工程量指标表

编号	工程量名称	数量	单位	单位指标
1	建筑工程			
1.1	土石方工程	17 343.29	m³	1.17 m³/m²
1.2	基础工程	2 584.56	m³	0.17 m³/m²
1.3	砌筑工程	900.75	m³	0.06 m³/m²
1.4	混凝土工程			
1.4.1	现浇混凝土	5 282.28	m³	0.36 m³/m²
1.5	钢筋工程			
1.5.1	普通钢筋	810 826.00	kg	54.69 kg/m²
1.6	金属结构工程	675.39	t	0.05 t/m²
1.7	屋面及防水工程			
1.7.1	屋面工程	132.75	m²	0.01 m²/m²
1.7.2	防水工程	2 195.18	m²	0.15 m²/m²
1.8	保温、隔热及防腐工程			
1.8.1	保温、隔热工程	3 555.13	m²	0.24 m²/m²
1.8.2	防腐工程	6 988.24	m²	0.47 m²/m²
2	装饰工程			
2.1	门窗	2 267.92	m²	0.15 m²/m²

续表

编号	工程量名称	数量	单位	单位指标
2.2	楼地面装饰	14 023.04	m²	0.95 m²/m²
2.3	墙柱面装饰	18 953.25	m²	1.28 m²/m²
2.4	天棚装饰	1 390.10	m²	0.09 m²/m²
2.5	隔断	2 769.95	m²	0.19 m²/m²
3	安装工程			
3.1	电气工程			
3.1.1	电缆安装	3 367.09	m	0.23 m/m²
3.1.2	配管、配线	91 987.29	m	6.20 m/m²
3.1.3	照明器具安装	1 592.00	套	0.11 套/m²
3.2	建筑智能化及通信工程	—	—	—
3.3	空调、通风工程			
3.3.1	通风设备及部件制作安装	16	台	<0.01 台/m²
3.3.2	通风管道制作安装	97.42	m²	0.01 m²/m²
3.3.3	通风管道部件制作安装	24	个	<0.01 个/m²
3.4	消防工程			
3.4.1	水灭火系统			
3.4.1.1	消火栓、灭火器	184	套	0.01 套/m²
3.4.2	气体灭火系统	—	—	—
3.4.3	泡沫灭火系统	—	—	—
3.4.4	火灾自动报警系统	525	套	0.04 套/m²
3.5	给排水、采暖、燃气工程			
3.5.1	支架及其他	495.68	kg	0.03 kg/m²

案例23 河北省某厂房机房

表1 工程概况及项目专业信息表

基本信息					
建设性质	新建	工程类型	工业建筑/厂房	结构类型	钢结构
建设形式	装配式	抗震等级	二级	开/竣工日期	—
计价方式	清单计价	造价阶段	招标控制价	总建筑面积（m²）	19 011.24
地下建筑面积（m²）	3 374.50	装修标准	精装	人防面积（m²）	—
建筑物基底面积（m²）	—	屋面面积（m²）	3 566.25	檐高或房屋高度（m）	33.00
地上最高层数（层）	5	地下层数（层）	0	首层层高（m）	6.55
标准层层高（m）	6.00	顶层层高（m）	6.00	地下一层层高（m）	—
地下二层层高（m）	—	地下三层层高（m）	—	户数（户）	—
装修类别	精装	基坑支护面积（m²）	—	建设年限（年）	—
绿建标准	其他	安全文明施工标准	绿色	质量标准	合格
说明	弱电工程、空调工程和电梯工程为专业发包，不在本次范围。本楼无变压器和应急发电设备				
项目专业信息					
建筑工程	地基处理及土护降工程	土石方工程：挖一般土石方			
	基础工程	桩基础、带形基础、满堂基础			
	主体工程	钢筋工程：普通钢筋。钢结构工程：钢柱、钢梁、钢板。混凝土主要强度：C15、C20、C25、C30、C35、C40			

续表

建筑工程	屋面工程	屋面形式：平屋面。屋面材料：混凝土
	防水工程	室内防水：涂膜防水。屋面防水：卷材防水
	保温工程	外墙保温：70 mm 厚 A 级岩棉。屋面保温：挤塑聚苯板
装饰工程	门窗工程	门：钢制防火门。窗：断桥铝窗
	地面工程	水泥砂浆
	墙面工程	涂料
	天棚工程	涂料
	外立面形式	涂料
安装工程	电气工程	电气照明灯具：普通灯具、装饰灯具。电气动力配管：钢管、JDG 管。电缆：普通电缆
	电梯工程	—
	建筑智能化及通信工程	—
	空调工程	管道：镀锌钢板风管、柔性软风管
	通风工程	送排风系统、防排烟系统
	给排水工程	冷水管：塑料管、复合管。卫生器具：有。污废水管道：塑料管、钢管
	采暖工程	—
	燃气工程	—
	消防工程	水灭火系统：消火栓系统、水喷淋系统。气体灭火系统：管网灭火系统。火灾自动报警系统：有

表 2　工程经济指标表

编号	项目名称	金额（元）	单位指标（元/m²）	占比指标（%）
1	单项工程（分部分项+措施项目）	102 101 043.97	5 370.56	93.84
1.1	分部分项费	93 131 077.80	4 898.74	91.21

续表

编号	项目名称	金额（元）	单位指标（元/m²）	占比指标（%）
1.1.1	建筑工程	66 145 903.43	3 479.31	71.02
1.1.1.1	土石方工程	907 643.84	47.74	1.37
1.1.1.2	地基处理工程	4 601 515.45	242.04	6.96
1.1.1.3	基础工程	2 540 169.12	133.61	3.84
1.1.1.4	砌筑工程	219 922.73	11.57	0.33
1.1.1.5	混凝土工程	4 256 701.40	223.90	6.44
1.1.1.5.1	现浇混凝土	4 256 701.40	223.90	100.00
1.1.1.6	钢筋工程	4 617 441.62	242.88	6.98
1.1.1.6.1	普通钢筋	4 460 845.38	234.64	96.61
1.1.1.6.2	其他项	156 596.24	8.24	3.39
1.1.1.7	金属结构工程	45 715 884.66	2 404.68	69.11
1.1.1.8	屋面及防水工程	1 084 404.39	57.04	1.64
1.1.1.8.1	屋面工程	261 308.67	13.74	24.10
1.1.1.8.2	屋面防水	541 348.42	28.48	49.92
1.1.1.8.3	墙面、楼（地）面防水	281 747.30	14.82	25.98
1.1.1.9	保温、隔热及防腐工程	1 490 022.95	78.38	2.25
1.1.1.9.1	保温、隔热工程	1 490 022.95	78.38	100.00
1.1.1.10	拆除工程	4 174.23	0.22	0.01
1.1.1.11	其他项、补充项	708 023.04	37.24	1.07
1.1.2	装饰工程	14 263 750.48	750.28	15.32
1.1.2.1	门窗	1 192 662.04	62.73	8.36
1.1.2.2	楼地面装饰	1 830 640.85	96.29	12.83
1.1.2.3	墙柱面装饰	96 705.53	5.09	0.68
1.1.2.4	天棚装饰	2 480 314.46	130.47	17.39
1.1.2.5	油漆、涂料	2 106 121.76	110.78	14.77
1.1.2.6	隔断	6 422 732.65	337.84	45.03

续表

编号	项目名称	金额（元）	单位指标（元/m²）	占比指标（%）
1.1.2.7	其他内装饰	134 573.19	7.08	0.94
1.1.3	安装工程	12 721 423.89	669.15	13.66
1.1.3.1	电气工程	5 892 605.41	309.95	46.32
1.1.3.1.1	控制设备及低压电器安装	114 998.85	6.05	1.95
1.1.3.1.2	电机检查接线及调试	6 771.34	0.36	0.11
1.1.3.1.3	电缆安装	442 515.16	23.28	7.51
1.1.3.1.4	防雷及接地装置	378 695.59	19.92	6.43
1.1.3.1.5	配管、配线	3 215 872.74	169.16	54.57
1.1.3.1.6	照明器具安装	1 615 133.79	84.96	27.41
1.1.3.1.7	附属工程	91 162.20	4.80	1.55
1.1.3.1.8	电气调整试验	27 455.74	1.44	0.47
1.1.3.2	建筑智能化及通信工程	8 080.20	0.43	0.06
1.1.3.2.1	安全防范系统工程	8 080.20	0.43	100.00
1.1.3.3	空调、通风工程	977 862.24	51.44	7.69
1.1.3.3.1	通风管道	616 280.55	32.42	63.02
1.1.3.3.2	通风管道部件	361 581.69	19.02	36.98
1.1.3.4	给排水工程	207 244.90	10.90	1.63
1.1.3.4.1	给排水管道	141 916.78	7.46	68.48
1.1.3.4.2	卫生器具	65 328.12	3.44	31.52
1.1.3.5	消防工程	4 496 555.75	236.52	35.35
1.1.3.5.1	水灭火系统	798 690.12	42.01	17.76
1.1.3.5.2	气体灭火系统	2 996 865.15	157.64	66.65
1.1.3.5.3	火灾自动报警系统	701 000.48	36.87	15.59
1.1.3.6	其他项	413 702.25	21.76	3.25
1.1.3.6.1	支架及套管（给排水、采暖、燃气管道）	211 878.56	11.14	51.22
1.1.3.6.2	管道附件（给排水、采暖、燃气管道）	106 340.74	5.59	25.70

续表

编号	项目名称	金额（元）	单位指标（元/m²）	占比指标（%）
1.1.3.6.3	刷油工程	54 192.64	2.85	13.10
1.1.3.6.4	防腐工程	3 404.22	0.18	0.82
1.1.3.6.5	绝热工程	20 596.72	1.08	4.98
1.1.3.6.6	自动化控制仪表	17 289.37	0.91	4.18
1.1.3.7	补充项	725 373.14	38.15	5.70
1.2	措施项目费	8 969 966.17	471.82	8.79
1.2.1	单价措施项目	3 374 834.54	177.52	37.62
1.2.1.1	脚手架	649 490.80	34.16	19.25
1.2.1.2	混凝土模板及支架（撑）	1 453 257.37	76.44	43.06
1.2.1.3	其他项	1 272 086.37	66.91	37.69
1.2.2	总价措施项目	5 595 131.63	294.31	62.38
2	规费	3 476 948.36	182.89	3.20
3	税金	825 837.07	43.44	0.76
4	设备、器具购置费	2 402 726.45	126.38	2.21

表3 主要工程量指标表

编号	工程量名称	数量	单位	单位指标
1	建筑工程			
1.1	土石方工程	20 882.05	m³	1.10 m³/m²
1.2	地基处理工程	7 948.13	m³	0.42 m³/m²
1.3	基础工程	9 611.57	m³	0.51 m³/m²
1.4	砌筑工程	493.22	m³	0.03 m³/m²
1.5	混凝土工程			
1.5.1	现浇混凝土	3 659.88	m³	0.19 m³/m²
1.6	钢筋工程			
1.6.1	普通钢筋	652 585.00	kg	34.33 kg/m²

续表

编号	工程量名称	数量	单位	单位指标
1.7	金属结构工程	4 117.80	t	0.22 t/m²
1.8	屋面及防水工程			
1.8.1	屋面工程	3 762.39	m²	0.20 m²/m²
1.8.2	防水工程	13 291.02	m²	0.70 m²/m²
1.9	保温、隔热及防腐工程			
1.9.1	保温、隔热工程	17 101.71	m²	0.90 m²/m²
1.10	拆除工程	2	m²	<0.01 m²/m²
2	装饰工程			
2.1	门窗	2 238.94	m²	0.12 m²/m²
2.2	楼地面装饰	17 816.39	m²	0.94 m²/m²
2.3	墙柱面装饰	3 940.95	m²	0.21 m²/m²
2.4	天棚装饰	44 857.09	m²	2.36 m²/m²
2.5	油漆、涂料	14 131.34	m²	0.74 m²/m²
2.6	隔断	23 121.21	m²	1.22 m²/m²
2.7	其他内装饰	2.21	m²	<0.01 m²/m²
3	安装工程			
3.1	电气工程			
3.1.1	控制设备及低压电器安装	659	套	0.03 套/m²
3.1.2	电缆安装	120 868.43	m	6.36 m/m²
3.1.3	配管、配线	293 013.96	m	15.41 m/m²
3.1.4	照明器具安装	1 253.00	套	0.07 套/m²
3.2	建筑智能化及通信工程			
3.2.1	安全防范系统工程	45	套	<0.01 套/m²
3.3	空调、通风工程			
3.3.1	通风管道制作安装	3 468.23	m²	0.18 m²/m²
3.3.2	通风管道部件制作安装	394	个	0.02 个/m²
3.4	消防工程			

续表

编号	工程量名称	数量	单位	单位指标
3.4.1	水灭火系统			
3.4.1.1	消防管道	5 640.12	m	0.30 m/m²
3.4.1.2	消防装置	2	组	<0.01 组/m²
3.4.2	气体灭火系统			
3.4.2.1	消防管道	9 678.67	m	0.51 m/m²
3.4.3	泡沫灭火系统	—	—	—
3.4.4	火灾自动报警系统	4 660.00	套	0.25 套/m²
3.5	给排水、采暖、燃气工程			
3.5.1	给排水管道	2 012.12	m	0.11 m/m²
3.5.2	支架及其他	7 635.42	kg	0.40 kg/m²
3.5.3	管道附件	4	组	<0.01 组/m²
3.5.4	卫生器具	317	套	0.02 套/m²
3.6	刷油、防腐蚀、绝热工程			
3.6.1	刷油工程	2 920.40	m²	0.15 m²/m²
3.6.2	防腐蚀工程	25.54	m²	<0.01 m²/m²
3.6.3	绝热工程	9.84	m²	<0.01 m²/m²

案例 24　河北省某厂房

表1　工程概况及项目专业信息表

基本信息					
建设性质	新建	工程类型	工业建筑/厂房	结构类型	钢结构
建设形式	装配式	抗震等级	二级	开/竣工日期	—
计价方式	清单计价	造价阶段	招标控制价	总建筑面积（m²）	19 072.78
地下建筑面积（m²）	0	装修标准	初装	人防面积（m²）	—
建筑物基底面积（m²）	—	屋面面积（m²）	3 738.00	檐高或房屋高度（m）	31.76
地上最高层数（层）	5	地下层数（层）	0	首层层高（m）	6.55
标准层层高（m）	6.00	顶层层高（m）	6.00	地下一层层高（m）	—
地下二层层高（m）	—	地下三层层高（m）	—	户数（户）	—
装修类别	初装	基坑支护面积（m²）	—	建设年限（年）	—
绿建标准	其他	安全文明施工标准	绿色	质量标准	合格
说明	弱电工程、空调工程和电梯工程为专业发包，不在本次范围；本楼无变压器和应急发电设备				
项目专业信息					
建筑工程	地基处理及土护降工程	土石方工程：挖一般土石方			
	基础工程	桩基础、带形基础、满堂基础			
	主体工程	钢筋工程：普通钢筋。钢结构工程：钢柱、钢梁、钢板。混凝土主要强度：C15、C20、C25、C30、C35、C40			

续表

建筑工程	屋面工程	屋面形式：平屋面。屋面材料：混凝土
	防水工程	地下防水：涂膜防水。室内防水：涂膜防水。屋面防水：卷材防水
	保温工程	外墙保温：A级岩棉。屋面保温：挤塑聚苯板
装饰工程	门窗工程	门：钢制防火门、卷帘门。窗：断桥铝窗
	地面工程	水泥砂浆
	墙面工程	涂料
	天棚工程	涂料
	外立面形式	涂料
安装工程	电气工程	电气照明灯具：普通灯具、装饰灯具。电气动力配管：钢管、JDG管。电缆：普通电缆
	电梯工程	—
	建筑智能化及通信工程	—
	空调工程	—
	通风工程	送排风系统、防排烟系统
	给排水工程	冷水管：塑料管、复合管。卫生器具：有。污废水管道：塑料管、钢管
	采暖工程	—
	燃气工程	—
	消防工程	水灭火系统：水喷淋系统

表2 工程经济指标表

编号	项目名称	金额（元）	单位指标（元/m²）	占比指标（%）
1	单项工程（分部分项+措施项目）	100 558 677.92	5 272.37	95.91
1.1	分部分项费	91 552 493.94	4 800.17	91.04

续表

编号	项目名称	金额（元）	单位指标（元/m²）	占比指标（%）
1.1.1	建筑工程	66 303 691.76	3 476.35	72.42
1.1.1.1	土石方工程	902 315.92	47.31	1.36
1.1.1.2	地基处理工程	3 723 818.49	195.24	5.62
1.1.1.3	基础工程	2 501 636.94	131.16	3.77
1.1.1.4	砌筑工程	703 681.55	36.89	1.06
1.1.1.5	混凝土工程	4 370 467.11	229.15	6.59
1.1.1.5.1	现浇混凝土	4 370 467.11	229.15	100.00
1.1.1.6	钢筋工程	4 726 897.00	247.83	7.13
1.1.1.6.1	普通钢筋	4 565 938.98	239.40	96.59
1.1.1.6.2	其他项	160 958.02	8.44	3.41
1.1.1.7	金属结构工程	45 499 349.33	2 385.56	68.62
1.1.1.8	屋面及防水工程	1 083 937.39	56.83	1.63
1.1.1.8.1	屋面工程	259 908.39	13.63	23.98
1.1.1.8.2	屋面防水	540 542.78	28.34	49.87
1.1.1.8.3	墙面、楼（地）面防水	283 486.22	14.86	26.15
1.1.1.9	保温、隔热及防腐工程	2 079 390.76	109.02	3.14
1.1.1.9.1	保温、隔热工程	2 079 390.76	109.02	100.00
1.1.1.10	拆除工程	4 174.23	0.22	0.01
1.1.1.11	其他项、补充项	708 023.04	37.12	1.07
1.1.2	装饰工程	12 655 194.19	663.52	13.82
1.1.2.1	门窗	1 193 113.45	62.56	9.43
1.1.2.2	楼地面装饰	1 813 080.22	95.06	14.33
1.1.2.3	墙柱面装饰	360 543.51	18.90	2.85
1.1.2.4	天棚装饰	2 359 024.12	123.69	18.64
1.1.2.5	油漆、涂料	2 139 008.31	112.15	16.90
1.1.2.6	隔断	4 655 851.39	244.11	36.79

续表

编号	项目名称	金额（元）	单位指标（元/m²）	占比指标（%）
1.1.2.7	其他内装饰	134 573.19	7.06	1.06
1.1.3	安装工程	12 593 607.99	660.29	13.76
1.1.3.1	电气工程	5 816 458.54	304.96	46.19
1.1.3.1.1	控制设备及低压电器安装	89 039.16	4.67	1.53
1.1.3.1.2	电机检查接线及调试	8 837.07	0.46	0.15
1.1.3.1.3	电缆安装	477 569.39	25.04	8.21
1.1.3.1.4	防雷及接地装置	303 783.82	15.93	5.22
1.1.3.1.5	配管、配线	3 156 073.27	165.48	54.26
1.1.3.1.6	照明器具安装	1 665 155.47	87.31	28.63
1.1.3.1.7	附属工程	88 544.62	4.64	1.52
1.1.3.1.8	电气调整试验	27 455.74	1.44	0.47
1.1.3.2	建筑智能化及通信工程	7 900.64	0.41	0.06
1.1.3.2.1	安全防范系统工程	7 900.64	0.41	100.00
1.1.3.3	空调、通风工程	978 755.13	51.32	7.77
1.1.3.3.1	通风管道	616 862.72	32.34	63.03
1.1.3.3.2	通风管道部件	361 892.41	18.97	36.97
1.1.3.4	给排水工程	168 433.38	8.83	1.34
1.1.3.4.1	给排水管道	102 712.71	5.39	60.98
1.1.3.4.2	卫生器具	65 720.67	3.45	39.02
1.1.3.5	消防工程	4 431 929.85	232.37	35.19
1.1.3.5.1	水灭火系统	826 587.97	43.34	18.65
1.1.3.5.2	气体灭火系统	2 931 875.66	153.72	66.15
1.1.3.5.3	火灾自动报警系统	673 466.22	35.31	15.20
1.1.3.6	其他项	468 593.97	24.57	3.72
1.1.3.6.1	支架及套管（给排水、采暖、燃气管道）	215 759.25	11.31	46.04
1.1.3.6.2	管道附件（给排水、采暖、燃气管道）	152 361.85	7.99	32.51

续表

编号	项目名称	金额（元）	单位指标（元/m²）	占比指标（%）
1.1.3.6.3	刷油工程	53 714.03	2.82	11.46
1.1.3.6.4	防腐工程	3 617.15	0.19	0.77
1.1.3.6.5	绝热工程	24 508.35	1.28	5.23
1.1.3.6.6	自动化控制仪表	18 633.34	0.98	3.98
1.1.3.7	补充项	721 536.48	37.83	5.73
1.2	措施项目费	9 006 183.98	472.20	8.96
1.2.1	单价措施项目	3 482 305.39	182.58	38.67
1.2.1.1	脚手架	650 587.06	34.11	18.68
1.2.1.2	混凝土模板及支架（撑）	1 556 049.87	81.58	44.68
1.2.1.3	其他项	1 275 668.46	66.88	36.63
1.2.2	总价措施项目	5 523 878.59	289.62	61.33
2	规费	3 450 054.73	180.89	3.29
3	税金	840 039.78	44.04	0.80

表3 主要工程量指标表

编号	工程量名称	数量	单位	单位指标
1	建筑工程			
1.1	土石方工程	20 827.71	m³	1.09 m³/m²
1.2	地基处理工程	6 597.64	m³	0.35 m³/m²
1.3	基础工程	8 246.38	m³	0.43 m³/m²
1.4	砌筑工程	1 586.5	m³	0.08 m³/m²
1.5	混凝土工程			
1.5.1	现浇混凝土	3 094.37	m³	0.16 m³/m²
1.6	钢筋工程			
1.6.1	普通钢筋	666 382	kg	34.94 kg/m²
1.7	金属结构工程	4 117.8	t	0.22 t/m²

续表

编号	工程量名称	数量	单位	单位指标
1.8	屋面及防水工程			
1.8.1	屋面工程	3 739.53	m²	0.20 m²/m²
1.8.2	防水工程	13 360.98	m²	0.70 m²/m²
1.9	保温、隔热及防腐工程			
1.9.1	保温、隔热工程	17 143.88	m²	0.90 m²/m²
1.10	拆除工程	2	m²	<0.01 m²/m²
2	装饰工程			
2.1	门窗	2 238.94	m²	0.12 m²/m²
2.2	楼地面装饰	17 655.34	m²	0.93 m²/m²
2.3	墙柱面装饰	4 341.89	m²	0.23 m²/m²
2.4	天棚装饰	14 556.01	m²	0.76 m²/m²
2.5	油漆、涂料	53 745.02	m²	2.82 m²/m²
2.6	隔断	16 947.48	m²	0.89 m²/m²
2.7	其他内装饰	2.21	m²	<0.01 m²/m²
3	安装工程			
3.1	电气工程			
3.1.1	控制设备及低压电器安装	658	套	0.03 套/m²
3.1.2	电缆安装	23 534.77	m	1.23 m/m²
3.1.3	配管、配线	289 316.52	m	15.17 m/m²
3.1.4	照明器具安装	1 215	套	0.06 套/m²
3.2	建筑智能化及通信工程			
3.2.1	安全防范系统工程	44	套	<0.01 套/m²
3.3	空调、通风工程			
3.3.1	通风管道制作安装	3 524.43	m²	0.18 m²/m²
3.3.2	通风管道部件制作安装	528	个	0.03 个/m²
3.4	消防工程			
3.4.1	水灭火系统			

续表

编号	工程量名称	数量	单位	单位指标
3.4.1.1	消防管道	5 824.85	m	0.31 m/m²
3.4.1.2	消防装置	2	组	<0.01 组/m²
3.4.2	气体灭火系统			
3.4.2.1	消防管道	9 442.62	m	0.50 m/m²
3.4.3	泡沫灭火系统	—	—	—
3.4.4	火灾自动报警系统	4 615	套	0.24 套/m²
3.5	给排水、采暖、燃气工程			
3.5.1	给排水管道	1 321.67	m	0.07 m/m²
3.5.2	支架及其他	7 690.31	kg	0.40 kg/m²
3.5.3	管道附件	5	组	<0.01 组/m²
3.5.4	卫生器具	320	套	0.02 套/m²
3.6	刷油、防腐蚀、绝热工程			
3.6.1	刷油工程	2 852.87	m²	0.15 m²/m²
3.6.2	防腐蚀工程	50.27	m²	<0.01 m²/m²
3.6.3	绝热工程	9.73	m²	<0.01 m²/m²

案例 25　内蒙古自治区某厂房

表 1　工程概况及项目专业信息表

基本信息					
建设性质	新建	工程类型	工业建筑/厂房	结构类型	钢结构
建设形式	装配式	抗震等级	四级	开/竣工日期	—
计价方式	清单计价	造价阶段	招标控制价	总建筑面积（m²）	12 349.00
地下建筑面积（m²）	0	装修标准	初装	人防面积（m²）	—
建筑物基底面积（m²）	4 939.60	屋面面积（m²）	5 007.38	檐高或房屋高度（m）	13.00
地上最高层数（层）	3	地下层数（层）	0	首层层高（m）	5.00
标准层层高（m）	4.00	顶层层高（m）	4.00	地下一层层高（m）	—
地下二层层高（m）	—	地下三层层高（m）	—	户数（户）	0
装修类别	初装	基坑支护面积（m²）	—	建设年限（年）	—
绿建标准	其他	安全文明施工标准	绿色	质量标准	合格
说明	本项目包含专业：土建工程、装饰工程、钢结构工程、给排水工程、电气工程、通风工程				
项目专业信息					
建筑工程	地基处理及土护降工程	土石方工程：挖一般土石方。基坑支护形式：其他			
	基础工程	独立基础、其他			
	主体工程	钢筋工程：普通钢筋。钢结构工程：钢柱、钢梁、钢板、屋面钢结构。混凝土主要强度：C15、C20、C25、C30、C35			

续表

建筑工程	屋面工程	屋面形式：坡屋面。屋面材料：金属
	防水工程	—
	保温工程	—
装饰工程	门窗工程	门：塑钢门。窗：断桥铝窗
	地面工程	细石混凝土
	墙面工程	金属
	天棚工程	—
	外立面形式	外墙一体化板
安装工程	电气工程	电气照明灯具：装饰灯具。电气动力配管：JDG 管
	电梯工程	—
	建筑智能化及通信工程	—
	空调工程	—
	通风工程	防排烟系统
	给排水工程	冷水管：塑料管。污废水管道：铸铁管
	采暖工程	—
	燃气工程	—
	消防工程	—

表2　工程经济指标表

编号	项目名称	金额（元）	单位指标（元/m²）	占比指标（%）
1	单项工程（分部分项+措施项目）	14 325 591.14	1 160.06	88.27
1.1	分部分项费	14 053 855.38	1 138.06	98.10
1.1.1	建筑工程	12 617 258.23	1 021.72	89.78
1.1.1.1	土石方工程	716 056.62	57.98	5.68

续表

编号	项目名称	金额（元）	单位指标（元/m²）	占比指标（%）
1.1.1.2	基础工程	353 255.62	28.61	2.80
1.1.1.3	砌筑工程	205 042.45	16.60	1.63
1.1.1.4	混凝土工程	416 891.44	33.76	3.30
1.1.1.4.1	现浇混凝土	416 538.94	33.73	99.92
1.1.1.4.2	预制混凝土	352.5	0.03	0.08
1.1.1.5	钢筋工程	772 783.48	62.58	6.12
1.1.1.5.1	普通钢筋	761 060.38	61.63	98.48
1.1.1.5.2	其他项	11 723.10	0.95	1.52
1.1.1.6	金属结构工程	9 434 394.72	763.98	74.77
1.1.1.7	屋面及防水工程	22 245.90	1.80	0.18
1.1.1.7.1	屋面防水	20 709.04	1.68	93.09
1.1.1.7.2	墙面、楼（地）面防水	1 536.86	0.12	6.91
1.1.1.8	其他项、补充项	696 588.00	56.41	5.52
1.1.2	装饰工程	1 217 792.14	98.61	8.67
1.1.2.1	门窗	330 838.24	26.79	27.17
1.1.2.2	楼地面装饰	473 389.31	38.33	38.87
1.1.2.3	墙柱面装饰	80 225.57	6.50	6.59
1.1.2.4	油漆、涂料	333 339.02	26.99	27.37
1.1.3	安装工程	218 805.01	17.72	1.56
1.1.3.1	电气工程	163 351.31	13.23	74.66
1.1.3.1.1	控制设备及低压电器安装	39 875.52	3.23	24.41
1.1.3.1.2	电缆安装	6 958.38	0.56	4.26
1.1.3.1.3	防雷及接地装置	32 231.33	2.61	19.73
1.1.3.1.4	配管、配线	59 236.75	4.80	36.26
1.1.3.1.5	照明器具安装	25 049.33	2.03	15.33
1.1.3.2	空调、通风工程	4 881.84	0.40	2.23

续表

编号	项目名称	金额（元）	单位指标（元/m²）	占比指标（%）
1.1.3.2.1	空调设备	3 443.05	0.28	70.53
1.1.3.2.2	通风管道部件	1 438.79	0.12	29.47
1.1.3.3	给排水工程	10 156.12	0.82	4.64
1.1.3.3.1	给排水管道	9 868.48	0.80	97.17
1.1.3.3.2	卫生器具	287.64	0.02	2.83
1.1.3.4	消防工程	29 778.58	2.41	13.61
1.1.3.4.1	水灭火系统	29 700.10	2.41	99.74
1.1.3.4.2	火灾自动报警系统	78.48	0.01	0.26
1.1.3.5	其他项	7 171.12	0.58	3.28
1.1.3.5.1	支架及套管（给排水、采暖、燃气管道）	4 046.63	0.33	56.43
1.1.3.5.2	管道附件（给排水、采暖、燃气管道）	2 793.20	0.23	38.95
1.1.3.5.3	刷油工程	331.29	0.03	4.62
1.1.3.6	补充项	3 466.04	0.28	1.58
1.2	措施项目费	271 735.76	22.00	1.90
1.2.1	总价措施项目	268 308.10	21.72	99.00
1.2.2	单价措施项目	3 427.66	0.28	1.00
2	其他项目费	23 798.70	1.93	0.15
3	规费	539 078.59	43.65	3.32
4	税金	1 339 962.16	108.51	8.26

表3 主要工程量指标表

编号	工程量名称	数量	单位	单位指标
1	建筑工程			
1.1	土石方工程	35 655.92	m³	2.89 m³/m²
1.2	基础工程	1 185.40	m³	0.10 m³/m²
1.3	砌筑工程	1 015.56	m³	0.08 m³/m²

续表

编号	工程量名称	数量	单位	单位指标
1.4	混凝土工程			
1.4.1	现浇混凝土	1 237.13	m³	0.10 m³/m²
1.4.2	预制混凝土	0.87	m³	<0.01 m³/m²
1.5	钢筋工程			
1.5.1	普通钢筋	152 866.00	kg	12.38 kg/m²
1.6	金属结构工程	1 103.55	t	0.09 t/m²
2	装饰工程			
2.1	门窗	625.32	m²	0.05 m²/m²
2.2	楼地面装饰	12 337.66	m²	1.00 m²/m²
2.3	墙柱面装饰	2 678.65	m²	0.22 m²/m²
2.4	油漆、涂料	22 420.78	m²	1.82 m²/m²
3	安装工程			
3.1	电气工程			
3.1.1	电缆安装	381.1	m	0.03 m/m²
3.1.2	配管、配线	2 925.37	m	0.24 m/m²
3.1.3	照明器具安装	197	套	0.02 套/m²
3.2	建筑智能化及通信工程	—	—	—
3.3	空调、通风工程			
3.3.1	通风设备及部件制作安装	13	台	<0.01 台/m²
3.3.2	通风管道部件制作安装	13	个	<0.01 个/m²
3.4	消防工程			
3.4.1	水灭火系统			
3.4.1.1	消防管道	297.4	m	0.02 m/m²
3.4.1.2	消火栓、灭火器	48	套	<0.01 套/m²
3.4.2	气体灭火系统	—	—	—
3.4.3	泡沫灭火系统	—	—	—
3.4.4	火灾自动报警系统	8	套	<0.01 套/m²

续表

编号	工程量名称	数量	单位	单位指标
3.5	给排水、采暖、燃气工程			
3.5.1	给排水管道	122.22	m	0.01 m/m²
3.5.2	支架及其他	213.74	kg	0.02 kg/m²
3.5.3	管道附件	2	组	<0.01 组/m²
3.6	刷油、防腐蚀、绝热工程	—	—	—
3.7	机械设备安装工程	—	—	—
4	措施项目费			
4.1	脚手架工程	18 123.53	m²	1.47 m²/m²
4.2	混凝土模板及支架（撑）	2 885.90	m²	0.23 m²/m²

案例 26 内蒙古自治区某厂房车间

表 1 工程概况及项目专业信息表

基本信息					
建设性质	新建	工程类型	工业建筑/厂房	结构类型	钢-混凝土组合结构
建设形式	全现浇	抗震等级	二级	开/竣工日期	—
计价方式	清单计价	造价阶段	招标控制价	总建筑面积（m²）	7 704.62
地下建筑面积（m²）	0	装修标准	精装	人防面积（m²）	—
建筑物基底面积（m²）	—	屋面面积（m²）	—	檐高或房屋高度（m）	10.20
地上最高层数（层）	2	地下层数（层）	0	首层层高（m）	6.00
标准层层高（m）	0	顶层层高（m）	4.20	地下一层层高（m）	—
地下二层层高（m）	—	地下三层层高（m）	—	户数（户）	—
装修类别	精装	基坑支护面积（m²）	—	建设年限（年）	—
绿建标准	—	安全文明施工标准	达标	质量标准	合格
说明	—				
项目专业信息					
建筑工程	地基处理及土护降工程	土石方工程：挖一般土石方			
	基础工程	独立基础			
	主体工程	钢筋工程：普通钢筋。钢结构工程：钢柱、钢梁、屋面钢结构。混凝土主要强度：C15、C20、C25、C30			
	屋面工程	屋面形式：坡屋面。屋面材料：金属			

续表

建筑工程	防水工程	室内防水：卷材防水
	保温工程	外墙保温：挤塑聚苯板
装饰工程	门窗工程	门：木门、塑钢门、铝合金门。窗：铝合金窗
	地面工程	面砖
	墙面工程	石材
	天棚工程	涂料
	外立面形式	涂料
安装工程	电气工程	电气照明灯具：装饰灯具、防爆灯具。电气动力配管：钢管。电缆：普通电缆
	电梯工程	电梯种类：国产货梯
	建筑智能化及通信工程	—
	空调工程	管道：镀锌钢板风管
	通风工程	送排风系统、防排烟系统
	给排水工程	冷水管：塑料管。中水管：塑料管。热水管：塑料管。直饮水管：塑料管。卫生器具：有。污废水管道：铸铁管
	采暖工程	采暖管道：钢管。散热器：铸铁
	燃气工程	—
	消防工程	水灭火系统：消火栓系统

表2 工程经济指标表

编号	项目名称	金额（元）	单位指标（元/m²）	占比指标（%）
1	单项工程（分部分项+措施项目）	14 453 520.79	1 875.96	86.99
1.1	分部分项费	14 122 067.35	1 832.93	97.71
1.1.1	建筑工程	9 735 348.16	1 263.57	68.94

续表

编号	项目名称	金额（元）	单位指标（元/m²）	占比指标（%）
1.1.1.1	土石方工程	490 088.35	63.61	5.03
1.1.1.2	基础工程	489 494.34	63.53	5.03
1.1.1.3	砌筑工程	739 670.82	96.00	7.60
1.1.1.4	混凝土工程	1 358 353.70	176.30	13.95
1.1.1.4.1	现浇混凝土	1 309 796.04	170.00	96.43
1.1.1.4.2	预制混凝土	48 557.66	6.30	3.57
1.1.1.5	钢筋工程	2 902 333.53	376.70	29.81
1.1.1.5.1	普通钢筋	2 786 817.17	361.71	96.02
1.1.1.5.2	其他项	115 516.36	14.99	3.98
1.1.1.6	金属结构工程	257 341.21	33.40	2.64
1.1.1.7	屋面及防水工程	742 421.69	96.36	7.63
1.1.1.7.1	屋面工程	639 197.97	82.96	86.10
1.1.1.7.2	屋面防水	49 538.78	6.43	6.67
1.1.1.7.3	墙面、楼（地）面防水	53 684.94	6.97	7.23
1.1.1.8	保温、隔热及防腐工程	539 609.77	70.04	5.54
1.1.1.8.1	保温、隔热工程	539 609.77	70.04	100.00
1.1.1.9	其他项、补充项	2 216 034.75	287.62	22.76
1.1.2	装饰工程	2 573 009.38	333.96	18.22
1.1.2.1	门窗	420 307.42	54.55	16.34
1.1.2.2	楼地面装饰	342 722.03	44.48	13.32
1.1.2.3	墙柱面装饰	855 189.70	111.00	33.24
1.1.2.4	天棚装饰	209 932.16	27.25	8.16
1.1.2.5	油漆、涂料	689 253.15	89.46	26.79
1.1.2.6	隔断	9 072.07	1.18	0.35
1.1.2.7	其他内装饰	46 532.85	6.04	1.81
1.1.3	安装工程	1 813 709.81	235.41	12.84

续表

编号	项目名称	金额（元）	单位指标（元/m²）	占比指标（%）
1.1.3.1	电气工程	494 645.11	64.20	27.27
1.1.3.1.1	控制设备及低压电器安装	47 648.54	6.18	9.63
1.1.3.1.2	电缆安装	121 274.16	15.74	24.52
1.1.3.1.3	防雷及接地装置	10 786.34	1.40	2.18
1.1.3.1.4	配管、配线	252 299.57	32.75	51.01
1.1.3.1.5	照明器具安装	60 307.37	7.83	12.19
1.1.3.1.6	附属工程	791.38	0.10	0.16
1.1.3.1.7	电气调整试验	1 537.75	0.20	0.31
1.1.3.2	建筑智能化及通信工程	347.51	0.05	0.02
1.1.3.2.1	综合布线系统工程	347.51	0.05	100.00
1.1.3.3	空调、通风工程	241 212.05	31.31	13.30
1.1.3.3.1	通风设备	54 107.55	7.02	22.43
1.1.3.3.2	通风管道	145 517.18	18.89	60.33
1.1.3.3.3	通风管道部件	41 587.32	5.40	17.24
1.1.3.4	给排水工程	109 584.58	14.22	6.04
1.1.3.4.1	给排水管道	91 137.95	11.83	83.17
1.1.3.4.2	卫生器具	18 446.63	2.39	16.83
1.1.3.5	消防工程	239 602.03	31.10	13.21
1.1.3.5.1	水灭火系统	159 361.95	20.68	66.51
1.1.3.5.2	火灾自动报警系统	80 240.08	10.41	33.49
1.1.3.6	采暖工程	272 595.47	35.38	15.03
1.1.3.6.1	采暖管道	104 130.27	13.52	38.20
1.1.3.6.2	供暖器具	168 465.20	21.87	61.80
1.1.3.7	电梯工程	120 000.00	15.58	6.62
1.1.3.8	其他项	194 394.98	25.23	10.72
1.1.3.8.1	支架及套管（给排水、采暖、燃气管道）	142 304.52	18.47	73.20

续表

编号	项目名称	金额（元）	单位指标（元/m²）	占比指标（%）
1.1.3.8.2	管道附件（给排水、采暖、燃气管道）	33 272.37	4.32	17.12
1.1.3.8.3	刷油工程	7 176.37	0.93	3.69
1.1.3.8.4	绝热工程	9 650.83	1.25	4.96
1.1.3.8.5	自动化控制仪表	1 990.89	0.26	1.02
1.1.3.9	补充项	141 328.08	18.34	7.79
1.2	措施项目费	331 453.44	43.02	2.29
1.2.1	总价措施项目	322 005.89	41.79	97.15
1.2.2	单价措施项目	18 403.23	2.39	5.55
2	其他项目费	69 341.58	9.00	0.42
3	规费	719 769.15	93.42	4.33
4	税金	1 371 836.83	178.05	8.26

表3 主要工程量指标表

编号	工程量名称	数量	单位	单位指标
1	建筑工程			
1.1	土石方工程	68 558.92	m³	8.90 m³/m²
1.2	基础工程	1 167.21	m³	0.15 m³/m²
1.3	砌筑工程	2 650.63	m³	0.34 m³/m²
1.4	混凝土工程			
1.4.1	现浇混凝土	2 509.52	m³	0.33 m³/m²
1.4.2	预制混凝土	39.28	m³	0.01 m³/m²
1.5	钢筋工程			
1.5.1	普通钢筋	474 479.00	kg	61.58 kg/m²
1.6	金属结构工程	38.37	t	<0.01 t/m²
1.7	屋面及防水工程			
1.7.1	屋面工程	3 721.46	m²	0.48 m²/m²

续表

编号	工程量名称	数量	单位	单位指标
1.7.2	防水工程	2 363.43	m^2	0.31 m^2/m^2
1.8	保温、隔热及防腐工程			
1.8.1	保温、隔热工程	11 788.43	m^2	1.53 m^2/m^2
2	装饰工程			
2.1	门窗	1 134.30	m^2	0.15 m^2/m^2
2.2	楼地面装饰	5 177.62	m^2	0.67 m^2/m^2
2.3	墙柱面装饰	22 896.57	m^2	2.97 m^2/m^2
2.4	天棚装饰	5 232.23	m^2	0.68 m^2/m^2
2.5	油漆、涂料	19 304.65	m^2	2.51 m^2/m^2
2.6	隔断	54.5	m^2	0.01 m^2/m^2
2.7	其他内装饰	2.62	m^2	<0.01 m^2/m^2
3	安装工程			
3.1	电气工程			
3.1.1	电缆安装	2 305.00	m	0.30 m/m^2
3.1.2	配管、配线	27 874.90	m	3.62 m/m^2
3.1.3	照明器具安装	618	套	0.08 套/m^2
3.2	建筑智能化及通信工程	—	—	—
3.3	空调、通风工程			
3.3.1	通风管道制作安装	900.59	m^2	0.12 m^2/m^2
3.3.2	通风管道部件制作安装	78	个	0.01 个/m^2
3.4	消防工程			
3.4.1	水灭火系统			
3.4.1.1	消防管道	1 003.90	m	0.13 m/m^2
3.4.1.2	消火栓、灭火器	119	套	0.02 套/m^2
3.4.2	气体灭火系统	—	—	—
3.4.3	泡沫灭火系统	—	—	—
3.4.4	火灾自动报警系统	348	套	0.05 套/m^2

续表

编号	工程量名称	数量	单位	单位指标
3.5	给排水、采暖、燃气工程			
3.5.1	给排水管道	809.5	m	0.11 m/m²
3.5.2	采暖管道	1 959.90	m	0.25 m/m²
3.5.3	支架及其他	1 263.00	kg	0.16 kg/m²
3.5.4	供暖器具	198	组	0.03 组/m²
3.6	刷油、防腐蚀、绝热工程			
3.6.1	刷油工程	295.8	m²	0.04 m²/m²
3.7	机械设备安装工程			
3.7.1	电梯安装	1	部	<0.01 部/m²
4	措施项目费			
4.1	脚手架工程	20 090.44	m²	2.61 m²/m²
4.2	混凝土模板及支架（撑）	30 246.65	m²	3.93 m²/m²

案例 27　内蒙古自治区某厂房成品库

表 1　工程概况及项目专业信息表

基本信息					
建设性质	新建	工程类型	工业建筑/厂房	结构类型	钢结构
建设形式	全现浇	抗震等级	一级	开/竣工日期	—
计价方式	清单计价	造价阶段	招标控制价	总建筑面积（m^2）	4 862.00
地下建筑面积（m^2）	0	装修标准	初装	人防面积（m^2）	0
建筑物基底面积（m^2）	4 862.00	屋面面积（m^2）	4 984.00	檐高或房屋高度（m）	9.50
地上最高层数（层）	1	地下层数（层）	0	首层层高（m）	9.50
标准层层高（m）	9.50	顶层层高（m）	9.50	地下一层层高（m）	—
地下二层层高（m）	—	地下三层层高（m）	—	户数（户）	—
装修类别	初装	基坑支护面积（m^2）	0	建设年限（年）	—
绿建标准	—	安全文明施工标准	达标	质量标准	合格
说明	—				
项目专业信息					
建筑工程	地基处理及土护降工程	土石方工程：挖沟槽土石方。地基处理方式：换填地基，1 000 mm 厚天然级配砂石换填			
	基础工程	独立基础、带形基础、独立基础为主、局部带型基础			
	主体工程	钢筋工程：普通钢筋、高强钢筋。混凝土主要强度：无、C15、C20、C30			
	屋面工程	屋面形式：坡屋面。屋面材料：金属			

续表

建筑工程	防水工程	地下防水：刚性防水
	保温工程	外墙保温：挤塑聚苯板
装饰工程	门窗工程	—
	地面工程	—
	墙面工程	—
	天棚工程	—
	外立面形式	—
安装工程	电气工程	电气照明灯具：普通灯具、装饰灯具。电气动力配管：钢管、JDG管。电缆：普通电缆
	电梯工程	—
	建筑智能化及通信工程	—
	空调工程	—
	通风工程	—
	给排水工程	—
	采暖工程	采暖管道：钢管。散热器：钢制
	燃气工程	—
	消防工程	水灭火系统：水喷淋系统。气体灭火系统：管网灭火系统

表2 工程经济指标表

编号	项目名称	金额（元）	单位指标（元/m²）	占比指标（%）
1	单项工程（分部分项+措施项目）	6 875 998.12	1 414.23	84.53
1.1	分部分项费	6 251 506.88	1 285.79	90.92
1.1.1	建筑工程	4 792 669.57	985.74	76.66
1.1.1.1	土石方工程	68 594.78	14.11	1.43

续表

编号	项目名称	金额（元）	单位指标（元/m²）	占比指标（%）
1.1.1.2	地基处理工程	166 859.66	34.32	3.48
1.1.1.3	基础工程	298 859.31	61.47	6.24
1.1.1.4	砌筑工程	266 755.02	54.87	5.57
1.1.1.5	钢筋工程	132 951.59	27.35	2.77
1.1.1.5.1	普通钢筋	123 265.66	25.35	92.71
1.1.1.5.2	其他项	9 685.93	1.99	7.29
1.1.1.6	金属结构工程	3 015 169.98	620.15	62.91
1.1.1.7	屋面及防水工程	679 905.52	139.84	14.19
1.1.1.7.1	屋面工程	641 176.29	131.88	94.30
1.1.1.7.2	屋面防水	14 410.76	2.96	2.12
1.1.1.7.3	墙面、楼（地）面防水	24 318.47	5.00	3.58
1.1.1.8	保温、隔热及防腐工程	163 573.71	33.64	3.41
1.1.1.8.1	保温、隔热工程	104 322.63	21.46	63.78
1.1.1.8.2	防腐工程	59 251.08	12.19	36.22
1.1.2	装饰工程	760 265.89	156.37	12.16
1.1.2.1	门窗	358 133.53	73.66	47.11
1.1.2.2	楼地面装饰	133 112.16	27.38	17.51
1.1.2.3	墙柱面装饰	139 322.55	28.66	18.33
1.1.2.4	油漆、涂料	129 697.65	26.68	17.06
1.1.3	安装工程	698 571.42	143.68	11.17
1.1.3.1	电气工程	140 151.99	28.83	20.06
1.1.3.1.1	控制设备及低压电器安装	12 027.55	2.47	8.58
1.1.3.1.2	防雷及接地装置	26 325.41	5.41	18.78
1.1.3.1.3	配管、配线	78 098.29	16.06	55.72

续表

编号	项目名称	金额（元）	单位指标（元/m²）	占比指标（%）
1.1.3.1.4	照明器具安装	22 408.34	4.61	15.99
1.1.3.1.5	电气调整试验	1 292.40	0.27	0.92
1.1.3.2	给排水工程	95 059.10	19.55	13.61
1.1.3.2.1	给排水管道	95 059.10	19.55	100.00
1.1.3.3	消防工程	242 829.51	49.94	34.76
1.1.3.3.1	水灭火系统	242 829.51	49.94	100.00
1.1.3.4	采暖工程	85 309.35	17.55	12.21
1.1.3.4.1	供暖器具	85 309.35	17.55	100.00
1.1.3.5	其他项	116 719.29	24.01	16.71
1.1.3.5.1	支架及套管（给排水、采暖、燃气管道）	61 830.22	12.72	52.97
1.1.3.5.2	管道附件（给排水、采暖、燃气管道）	31 587.03	6.50	27.06
1.1.3.5.3	刷油工程	22 380.20	4.60	19.17
1.1.3.5.4	绝热工程	921.84	0.19	0.79
1.1.3.6	补充项	18 502.18	3.81	2.65
1.2	措施项目费	624 491.24	128.44	9.08
1.2.1	单价措施项目	326 817.18	67.22	52.33
1.2.1.1	脚手架	137 691.84	28.32	42.13
1.2.1.2	混凝土模板及支架（撑）	67 968.29	13.98	20.80
1.2.1.3	其他项	121 157.05	24.92	37.07
1.2.2	总价措施项目	297 674.06	61.22	47.67
2	规费	442 999.84	91.11	5.45
3	税金	671 637.77	138.14	8.26
4	设备、器具购置费	143 643.91	29.54	1.77

表3 主要工程量指标表

编号	工程量名称	数量	单位	单位指标
1	建筑工程			
1.1	土石方工程	8 312.40	m³	1.71 m³/m²
1.2	地基处理工程	1 522.72	m³	0.31 m³/m²
1.3	基础工程	693.36	m³	0.14 m³/m²
1.4	砌筑工程	730.7	m³	0.15 m³/m²
1.5	混凝土工程			
1.5.1	现浇混凝土	143.64	m³	0.03 m³/m²
1.6	钢筋工程			
1.6.1	普通钢筋	23 667.00	kg	4.87 kg/m²
1.7	金属结构工程	177.18	t	0.04 t/m²
1.8	屋面及防水工程			
1.8.1	屋面工程	4 877.72	m²	1.00 m²/m²
1.8.2	防水工程	1 364.73	m²	0.28 m²/m²
1.9	保温、隔热及防腐工程			
1.9.1	保温、隔热工程	1 412.49	m²	0.29 m²/m²
1.9.2	防腐工程	968.76	m²	0.20 m²/m²
2	装饰工程			
2.1	门窗	901.44	m²	0.19 m²/m²
2.2	楼地面装饰	4 660.79	m²	0.96 m²/m²
2.3	墙柱面装饰	3 867.20	m²	0.80 m²/m²
2.4	油漆、涂料	3 344.93	m²	0.69 m²/m²
3	安装工程			
3.1	电气工程			
3.1.1	配管、配线	13 061.30	m	2.69 m/m²
3.1.2	照明器具安装	122.00	套	0.03 套/m²
3.2	建筑智能化及通信工程	—	—	—

续表

编号	工程量名称	数量	单位	单位指标
3.3	空调、通风工程	—	—	—
3.4	消防工程			
3.4.1	水灭火系统			
3.4.1.1	消防管道	2 958.96	m	0.61 m/m²
3.4.1.2	消火栓、灭火器	94	套	0.02 套/m²
3.4.2	气体灭火系统	—	—	—
3.4.3	泡沫灭火系统	—	—	—
3.5	给排水、采暖、燃气工程			
3.5.1	给排水管道	2 176.8	m	0.45 m/m²
3.5.2	采暖管道	2 176.8	m	0.45 m/m²
3.5.3	支架及其他	2 978.02	kg	0.61 kg/m²
3.5.4	供暖器具	91	组	0.02 组/m²
3.6	刷油、防腐蚀、绝热工程			
3.6.1	刷油工程	1 103.99	m²	0.23 m²/m²

案例 28　海南省某厂房

表1　工程概况及项目专业信息表

基本信息					
建设性质	新建	工程类型	工业建筑/厂房	结构类型	钢-混凝土组合结构
建设形式	装配式	抗震等级	一级	开/竣工日期	2020-07-01/2021-11-10
计价方式	清单计价	造价阶段	招标控制价	总建筑面积（m²）	21 305.00
地下建筑面积（m²）	0	装修标准	初装	人防面积（m²）	0
建筑物基底面积（m²）	14 790.00	屋面面积（m²）	14 951.70	檐高或房屋高度（m）	33.70
地上最高层数（层）	1	地下层数（层）	0	首层层高（m）	33.70
标准层层高（m）	0	顶层层高（m）	0	地下一层层高（m）	—
地下二层层高（m）	—	地下三层层高（m）	—	户数（户）	5 568
装修类别	初装	基坑支护面积（m²）	0	建设年限（年）	—
绿建标准	其他	安全文明施工标准	绿色	质量标准	合格
说明	—				
项目专业信息					
建筑工程	地基处理及土护降工程	土石方工程：挖一般土石方。地基处理方式：桩处理地基			
	基础工程	桩基础			
	主体工程	钢筋工程：高强钢筋、普通钢筋。钢结构工程：钢柱、钢梁、屋面钢结构。混凝土主要强度：C15、C25、C30、C35			

续表

建筑工程	屋面工程	屋面形式：坡屋面。屋面材料：金属
	防水工程	室内防水：涂膜防水。屋面防水：卷材防水
	保温工程	屋面保温：挤塑聚苯板
装饰工程	门窗工程	门：木门、铝合金门、其他。窗：断桥铝窗、铝合金窗
	地面工程	细石混凝土
	墙面工程	涂料
	天棚工程	涂料
	外立面形式	金属幕墙
安装工程	电气工程	电气照明灯具：普通灯具、装饰灯具、防爆灯具、障碍照明。电气动力配管：钢管、JDG管。母线槽：有。电缆：普通电缆、矿物电缆。电气设备：变压器
	电梯工程	电梯种类：合资直梯、合资货梯
	建筑智能化及通信工程	计算机网络系统、闭路监控系统、建筑设备监控系统、门禁控制系统、公共广播、其他
	空调工程	管道：镀锌钢板风管。集中/半集中式系统类型：风+水形式。局部式空调类型：VRV。冷热源形式：水冷冷水机组、风冷冷水机组。设备：空调机组、新风机组。风机盘管：两管制
	通风工程	送排风系统
	给排水工程	冷水管：复合管。热水管：复合管。卫生器具：有。污废水管道：塑料管、铸铁管。直饮水系统类型：其他
	采暖工程	—
	燃气工程	—
	消防工程	水灭火系统：消火栓系统。气体灭火系统：管网灭火系统。火灾自动报警系统：有

表2 工程经济指标表

编号	项目名称	金额(元)	单位指标(元/m²)	占比指标(%)
1	单项工程(分部分项+措施项目)	219 787 726.68	10 316.25	91.74
1.1	分部分项费	201 039 500.67	9 436.26	91.47
1.1.1	建筑工程	85 578 121.20	4 016.81	42.57
1.1.1.1	土石方工程	4 860 060.37	228.12	5.68
1.1.1.2	基础工程	13 944 672.91	654.53	16.29
1.1.1.3	砌筑工程	1 820 594.46	85.45	2.13
1.1.1.4	混凝土工程	7 738 993.11	363.25	9.04
1.1.1.4.1	现浇混凝土	7 738 993.11	363.25	100.00
1.1.1.5	钢筋工程	27 068 899.23	1 270.54	31.63
1.1.1.5.1	普通钢筋	22 750 835.22	1 067.86	84.05
1.1.1.5.2	预应力钢筋	2 112 632.05	99.16	7.80
1.1.1.5.3	其他项	2 205 431.96	103.52	8.15
1.1.1.6	金属结构工程	16 370 126.16	768.37	19.13
1.1.1.7	屋面及防水工程	8 718 586.55	409.23	10.19
1.1.1.7.1	屋面工程	4 015 616.72	188.48	46.06
1.1.1.7.2	屋面防水	2 340 703.43	109.87	26.85
1.1.1.7.3	墙面、楼(地)面防水	2 362 266.40	110.88	27.09
1.1.1.8	保温、隔热及防腐工程	260 382.20	12.22	0.30
1.1.1.8.1	保温、隔热工程	260 382.20	12.22	100.00
1.1.1.9	其他项、补充项	4 795 806.21	225.10	5.60
1.1.2	装饰工程	50 611 551.23	2 375.57	25.17
1.1.2.1	门窗	5 877 072.00	275.85	11.61
1.1.2.2	楼地面装饰	12 096 721.87	567.79	23.90
1.1.2.3	墙柱面装饰	18 498 277.73	868.26	36.55
1.1.2.4	天棚装饰	1 198 139.61	56.24	2.37

续表

编号	项目名称	金额（元）	单位指标（元/m²）	占比指标（%）
1.1.2.5	油漆、涂料	8 887 759.24	417.17	17.56
1.1.2.6	幕墙	1 517 230.67	71.21	3.00
1.1.2.7	隔断	2 344 065.66	110.02	4.63
1.1.2.8	其他内装饰	192 284.45	9.03	0.38
1.1.3	安装工程	64 849 828.24	3 043.88	32.26
1.1.3.1	电气工程	11 882 996.58	557.76	18.32
1.1.3.1.1	变压器安装	735 390.32	34.52	6.19
1.1.3.1.2	配电装置安装	958 301.02	44.98	8.06
1.1.3.1.3	母线安装	361 670.51	16.98	3.04
1.1.3.1.4	控制设备及低压电器安装	1 818 003.71	85.33	15.30
1.1.3.1.5	蓄电池安装	18 881.76	0.89	0.16
1.1.3.1.6	电缆安装	4 223 968.24	198.26	35.55
1.1.3.1.7	防雷及接地装置	1 057 731.54	49.65	8.90
1.1.3.1.8	配管、配线	1 743 983.66	81.86	14.68
1.1.3.1.9	照明器具安装	788 963.07	37.03	6.64
1.1.3.1.10	附属工程	170 637.13	8.01	1.44
1.1.3.1.11	电气调整试验	5 465.62	0.26	0.05
1.1.3.2	建筑智能化及通信工程	1 680 400.61	78.87	2.59
1.1.3.2.1	计算机应用、网络系统工程	299 473.21	14.06	17.82
1.1.3.2.2	综合布线系统工程	286 205.11	13.43	17.03
1.1.3.2.3	建筑设备自动化系统工程	269 290.60	12.64	16.03
1.1.3.2.4	建筑信息综合管理系统工程	77 612.83	3.64	4.62
1.1.3.2.5	音频、视频系统工程	85 206.39	4.00	5.07
1.1.3.2.6	安全防范系统工程	662 612.47	31.10	39.43
1.1.3.3	空调、通风工程	22 980 246.80	1 078.63	35.44
1.1.3.3.1	空调设备	802 386.95	37.66	3.49
1.1.3.3.2	通风设备	10 900 695.78	511.65	47.44

续表

编号	项目名称	金额（元）	单位指标（元/m²）	占比指标（%）
1.1.3.3.3	通风管道	8 665 514.60	406.74	37.71
1.1.3.3.4	通风管道部件	2 611 649.47	122.58	11.36
1.1.3.4	给排水工程	5 084 793.74	238.67	7.84
1.1.3.4.1	给排水管道	2 463 736.34	115.64	48.45
1.1.3.4.2	卫生器具	196 272.01	9.21	3.86
1.1.3.4.3	给排水设备	2 424 785.39	113.81	47.69
1.1.3.5	消防工程	1 984 951.16	93.17	3.06
1.1.3.5.1	水灭火系统	711 001.67	33.37	35.82
1.1.3.5.2	火灾自动报警系统	1 273 949.49	59.80	64.18
1.1.3.6	采暖工程	1 518 326.22	71.27	2.34
1.1.3.6.1	采暖设备	1 518 326.22	71.27	100.00
1.1.3.7	电梯工程	710 600.00	33.35	1.10
1.1.3.8	其他项	11 482 540.27	538.96	17.71
1.1.3.8.1	支架及套管（给排水、采暖、燃气管道）	837 387.70	39.30	7.29
1.1.3.8.2	管道附件（给排水、采暖、燃气管道）	1 754 207.91	82.34	15.28
1.1.3.8.3	刷油工程	31 635.52	1.48	0.28
1.1.3.8.4	绝热工程	3 929.04	0.18	0.03
1.1.3.8.5	自动化控制仪表	523 492.00	24.57	4.56
1.1.3.8.6	其他机械设备安装	8 331 888.10	391.08	72.56
1.1.3.9	补充项	7 524 972.86	353.20	11.60
1.2	措施项目费	18 748 226.01	879.99	8.53
1.2.1	单价措施项目	11 648 633.74	546.76	62.13
1.2.1.1	脚手架	2 994 262.30	140.54	25.70
1.2.1.2	混凝土模板及支架（撑）	6 053 899.42	284.15	51.97
1.2.1.3	其他项	2 600 472.02	122.06	22.32
1.2.2	总价措施项目	7 099 592.27	333.24	37.87
2	税金	19 780 895.39	928.46	8.26

表3 主要工程量指标表

编号	工程量名称	数量	单位	单位指标
1	建筑工程			
1.1	土石方工程	102 804.48	m^3	4.83 m^3/m^2
1.2	基础工程	17 165.85	m^3	0.81 m^3/m^2
1.3	砌筑工程	2 717.22	m^3	0.13 m^3/m^2
1.4	混凝土工程			
1.4.1	现浇混凝土	11 681.73	m^3	0.55 m^3/m^2
1.5	钢筋工程			
1.5.1	普通钢筋	4 176 246	kg	196.02 kg/m^2
1.5.2	预应力钢筋	421 350.00	kg	19.78 kg/m^2
1.6	金属结构工程	5 594.39	t	0.26 t/m^2
1.7	屋面及防水工程			
1.7.1	屋面工程	12 060.72	m^2	0.57 m^2/m^2
1.7.2	防水工程	49 514.47	m^2	2.32 m^2/m^2
1.8	保温、隔热及防腐工程			
1.8.1	保温、隔热工程	430	m^2	0.02 m^2/m^2
2	装饰工程			
2.1	门窗	3 208.99	m^2	0.15 m^2/m^2
2.2	楼地面装饰	21 570.58	m^2	1.01 m^2/m^2
2.3	墙柱面装饰	82 321.16	m^2	3.86 m^2/m^2
2.4	天棚装饰	3 644.86	m^2	0.17 m^2/m^2
2.5	油漆、涂料	213 116.33	m^2	10.00 m^2/m^2
2.6	幕墙	1 417.14	m^2	0.07 m^2/m^2
2.7	隔断	5 518.3	m^2	0.26 m^2/m^2
2.8	其他内装饰	55.57	m^2	<0.01 m^2/m^2
3	安装工程			
3.1	电气工程			

续表

编号	工程量名称	数量	单位	单位指标
3.1.1	母线安装	73.87	m	<0.01 m/m²
3.1.2	电缆安装	31 539.02	m	1.48 m/m²
3.1.3	配管、配线	137 057.44	m	6.43 m/m²
3.1.4	照明器具安装	1 685.00	套	0.08 套/m²
3.2	建筑智能化及通信工程			
3.2.1	建筑信息综合管理系统工程	1	套	<0.01 套/m²
3.3	空调、通风工程			
3.3.1	通风设备及部件制作安装	208.00	台	0.01 台/m²
3.3.2	通风管道制作安装	20 904.12	m²	0.98 m²/m²
3.3.3	通风管道部件制作安装	1 994	个	0.09 个/m²
3.4	消防工程			
3.4.1	水灭火系统			
3.4.1.1	消防装置	4.00	组	<0.01 组/m²
3.4.1.2	消火栓、灭火器	477	套	0.02 套/m²
3.4.2	火灾自动报警系统	791.00	套	0.04 套/m²
3.5	给排水、采暖、燃气工程			
3.5.1	给排水管道	15 068.29	m	0.71 m/m²
3.5.2	支架及其他	3 862.85	kg	0.18 kg/m²
3.5.3	管道附件	212	组	0.01 组/m²
3.5.4	卫生器具	8.00	套	<0.01 套/m²
3.5.5	设备	12.00	台	<0.01 台/m²
3.6	机械设备安装工程			
3.6.1	电梯安装	2	部	<0.01 部/m²
4	措施项目费			
4.1	混凝土模板及支架（撑）	144.05	m²	0.01 m²/m²

绿色建筑

居住建筑

案例 29　北京市某住宅楼

表1　工程概况及项目专业信息表

基本信息					
建设性质	新建	工程类型	居住建筑/普通住宅/商品房	结构类型	剪力墙结构
建设形式	装配式	抗震等级	三级	开/竣工日期	—
计价方式	清单计价	造价阶段	竣工结算价	总建筑面积（m²）	7 531.32
地下建筑面积（m²）	872.43	装修标准	初装	人防面积（m²）	0
建筑物基底面积（m²）	525.67	屋面面积（m²）	375.42	檐高或房屋高度（m）	48.60
地上最高层数（层）	16	地下层数（层）	2	首层层高（m）	3.00
标准层层高（m）	3.00	顶层层高（m）	3.13	地下一层层高（m）	3.22
地下二层层高（m）	3.55	地下三层层高（m）	—	户数（户）	64
装修类别	初装	基坑支护面积（m²）	0	建设年限（年）	—
绿建标准	绿建一星	安全文明施工标准	绿色	质量标准	合格
说明	本工程-2~3层为全现浇剪力墙，3~16层为装配式结构，装配预制构件包含：楼板、空调板、楼梯、外墙（局部外墙含保温）、隔墙。 本工程地上8栋楼共用一个地库，本指标含楼栋地下主体部分、土方、肥槽回填。不含地库主体结构、桩基础、护坡桩及降水。 本指标不含楼栋公共区域精装修、地库入户大堂、通道精装修（含精装修基层做法）全部装修工作，不含外墙石材。 本指标不含户内给排水、洁具、五金。 本指标电气工程中电气设备为配电箱、配电柜。 本指标燃气工程户内部分按户计费，包含报警器和电磁阀、立管、支管、燃气表等安装（不提供燃气灶具）				

续表

项目专业信息		
建筑工程	地基处理及土护降工程	土石方工程：挖一般土石方
	基础工程	满堂基础
	主体工程	钢筋工程：普通钢筋。钢结构工程：地上及地下预埋铁件及钢梯。混凝土主要强度：C15、C20、C25、C30、C35
	屋面工程	屋面形式：平屋面。屋面材料：混凝土
	防水工程	地下防水：涂膜防水和卷材防水。室内防水：涂膜防水。屋面防水：卷材防水
	保温工程	外墙保温：岩棉板、硬质聚氨酯+模塑聚苯板。内墙保温：憎水膨珠保温砂浆。屋面保温：岩棉板、挤塑聚苯板
装饰工程	门窗工程	门：防火门、不锈钢镀铜门、钢木复合门。窗：铝合金百叶窗、断桥铝合金窗、塑钢窗
	地面工程	水泥砂浆
	墙面工程	涂料、水泥砂浆、腻子
	天棚工程	涂料、腻子
	外立面形式	涂料
安装工程	电气工程	电气照明灯具：普通灯具、装饰灯具。电气动力配管：钢管、JDG管、PVC管。电缆：普通电缆。电气设备：其他
	电梯工程	电梯种类：合资直梯
	建筑智能化及通信工程	计算机网络系统、门禁控制系统、可视对讲系统
	空调工程	管道：镀锌钢板风管、柔性软风管。风机盘管：两管制
	通风工程	送排风系统
	给排水工程	冷水管：塑料管、复合管。中水管：塑料管、复合管。热水管：塑料管、复合管。卫生器具：有。污废水管道：塑料管、铸铁管、钢管

续表

安装工程	采暖工程	采暖管道：钢管。热计量仪表：有。散热器：钢制。地板辐射采暖：有
	燃气工程	燃气管道：钢管
	消防工程	水灭火系统：消火栓系统。火灾自动报警系统：有

表2 工程经济指标表

编号	项目名称	金额（元）	单位指标（元/m²）	占比指标（%）
1	单项工程（分部分项+措施项目）	25 387 834.69	3 370.97	87.43
1.1	分部分项费	21 821 123.91	2 897.38	85.95
1.1.1	建筑工程	13 868 760.33	1 841.48	63.56
1.1.1.1	土石方工程	354 105.79	47.02	2.55
1.1.1.2	砌筑工程	92 903.58	12.34	0.67
1.1.1.3	混凝土工程	9 704 494.45	1 288.55	69.97
1.1.1.3.1	现浇混凝土	1 984 895.17	263.55	20.45
1.1.1.3.2	预制混凝土	7 719 599.28	1 025.00	79.55
1.1.1.4	钢筋工程	2 217 271.67	294.41	15.99
1.1.1.4.1	普通钢筋	2 116 943.89	281.09	95.48
1.1.1.4.2	其他项	100 327.78	13.32	4.52
1.1.1.5	金属结构工程	25 806.28	3.43	0.19
1.1.1.6	屋面及防水工程	562 868.87	74.74	4.06
1.1.1.6.1	屋面工程	63 829.81	8.48	11.34
1.1.1.6.2	屋面防水	44 444.92	5.90	7.90
1.1.1.6.3	墙面、楼（地）面防水	454 594.14	60.36	80.76
1.1.1.7	保温、隔热及防腐工程	495 639.12	65.81	3.57
1.1.1.7.1	保温、隔热工程	495 639.12	65.81	100.00
1.1.1.8	其他项、补充项	415 670.57	55.19	3.00

续表

编号	项目名称	金额（元）	单位指标（元/m²）	占比指标（%）
1.1.2	装饰工程	2 841 584.13	377.30	13.02
1.1.2.1	门窗	1 016 553.79	134.98	35.77
1.1.2.2	楼地面装饰	317 547.77	42.16	11.18
1.1.2.3	墙柱面装饰	548 521.09	72.83	19.30
1.1.2.4	天棚装饰	72 252.04	9.59	2.54
1.1.2.5	油漆、涂料	570 183.24	75.71	20.07
1.1.2.6	其他内装饰	90 898.94	12.07	3.20
1.1.2.7	其他项、补充项	225 627.26	29.96	7.94
1.1.3	安装工程	5 110 779.45	678.60	23.42
1.1.3.1	电气工程	1 876 692.47	249.19	36.72
1.1.3.1.1	控制设备及低压电器安装	372 423.41	49.45	19.84
1.1.3.1.2	电机检查接线及调试	12 713.60	1.69	0.68
1.1.3.1.3	电缆安装	337 295.48	44.79	17.97
1.1.3.1.4	防雷及接地装置	112 799.46	14.98	6.01
1.1.3.1.5	配管、配线	728 748.25	96.76	38.83
1.1.3.1.6	照明器具安装	135 024.45	17.93	7.19
1.1.3.1.7	附属工程	137 372.33	18.24	7.32
1.1.3.1.8	电气调整试验	40 315.49	5.35	2.15
1.1.3.2	建筑智能化及通信工程	201 402.28	26.74	3.94
1.1.3.2.1	计算机应用、网络系统工程	21 220.90	2.82	10.54
1.1.3.2.2	综合布线系统工程	18 599.19	2.47	9.23
1.1.3.2.3	安全防范系统工程	161 582.19	21.45	80.23
1.1.3.3	空调、通风工程	65 339.83	8.68	1.28
1.1.3.3.1	通风设备	15 184.63	2.02	23.24
1.1.3.3.2	通风管道	6 554.92	0.87	10.03
1.1.3.3.3	通风管道部件	43 600.28	5.79	66.73
1.1.3.4	给排水工程	328 516.95	43.62	6.43

续表

编号	项目名称	金额（元）	单位指标（元/m²）	占比指标（%）
1.1.3.4.1	给排水管道	283 982.89	37.71	86.44
1.1.3.4.2	卫生器具	9 515.45	1.26	2.90
1.1.3.4.3	给排水设备	35 018.61	4.65	10.66
1.1.3.5	消防工程	254 790.31	33.83	4.99
1.1.3.5.1	水灭火系统	80 357.47	10.67	31.54
1.1.3.5.2	火灾自动报警系统	174 432.84	23.16	68.46
1.1.3.6	采暖工程	237 878.12	31.59	4.65
1.1.3.6.1	采暖管道	131 379.68	17.44	55.23
1.1.3.6.2	供暖器具	106 498.44	14.14	44.77
1.1.3.7	燃气工程	254 976.00	33.86	4.99
1.1.3.7.1	燃气管道	254 976.00	33.86	100.00
1.1.3.8	电梯工程	1 318 884.92	175.12	25.81
1.1.3.9	其他项	536 029.17	71.17	10.49
1.1.3.9.1	支架及套管（给排水、采暖、燃气管道）	45 478.48	6.04	8.48
1.1.3.9.2	管道附件（给排水、采暖、燃气管道）	225 490.75	29.94	42.07
1.1.3.9.3	刷油工程	467.51	0.06	0.09
1.1.3.9.4	绝热工程	259 190.19	34.41	48.35
1.1.3.9.5	自动化控制仪表	5 402.24	0.72	1.01
1.1.3.10	补充项	36 269.40	4.82	0.71
1.2	措施项目费	3 566 710.78	473.58	14.05
1.2.1	单价措施项目	2 276 515.38	302.27	63.83
1.2.1.1	脚手架	177 080.16	23.51	7.78
1.2.1.2	混凝土模板及支架（撑）	1 334 225.72	177.16	58.61
1.2.1.3	其他项	765 209.50	101.60	33.61
1.2.2	总价措施项目	1 290 195.40	171.31	36.17
2	规费	844 522.28	112.13	2.91
3	税金	2 804 374.74	372.36	9.66

表3 主要工程量指标表

编号	工程量名称	数量	单位	单位指标
1	建筑工程			
1.1	土石方工程	5 992.60	m³	0.80 m³/m²
1.2	砌筑工程	207.83	m³	0.03 m³/m²
1.3	混凝土工程			
1.3.1	现浇混凝土	3 822.37	m³	0.51 m³/m²
1.3.2	预制混凝土	1 654.66	m³	0.22 m³/m²
1.4	钢筋工程			
1.4.1	普通钢筋	432 762.75	kg	57.46 kg/m²
1.5	金属结构工程	3.06	t	<0.01 t/m²
1.6	屋面及防水工程			
1.6.1	防水工程	4 900.77	m²	0.65 m²/m²
1.7	保温、隔热及防腐工程			
1.7.1	保温、隔热工程	3 540.55	m²	0.47 m²/m²
2	装饰工程			
2.1	门窗	2 030.36	m²	0.27 m²/m²
2.2	楼地面装饰	5 754.15	m²	0.76 m²/m²
2.3	墙柱面装饰	16 752.56	m²	2.22 m²/m²
2.4	天棚装饰	5 190.52	m²	0.69 m²/m²
2.5	油漆、涂料	11 801.26	m²	1.57 m²/m²
3	安装工程			
3.1	电气工程			
3.1.1	控制设备及低压电器安装	1 107	套	0.15 套/m²
3.1.2	电缆安装	2 115.79	m	0.28 m/m²
3.1.3	配管、配线	84 893.33	m	11.27 m/m²
3.1.4	照明器具安装	3 476.00	套	0.46 套/m²
3.2	建筑智能化及通信工程			

续表

编号	工程量名称	数量	单位	单位指标
3.2.1	计算机应用、网络系统工程	6	套	<0.01 套/m²
3.2.2	综合布线系统工程	10	套	<0.01 套/m²
3.2.3	安全防范系统工程	300	套	0.04 套/m²
3.3	空调、通风工程			
3.3.1	通风设备及部件制作安装	9	台	<0.01 台/m²
3.3.2	通风管道制作安装	35.88	m²	<0.01 m²/m²
3.3.3	通风管道部件制作安装	47	个	0.01 个/m²
3.4	消防工程			
3.4.1	水灭火系统			
3.4.1.1	消防管道	439.3	m	0.06 m/m²
3.4.1.2	消火栓、灭火器	56	套	0.01 套/m²
3.4.2	气体灭火系统	—	—	—
3.4.3	泡沫灭火系统	—	—	—
3.4.4	火灾自动报警系统	501	套	0.07 套/m²
3.5	给排水、采暖、燃气工程			
3.5.1	给排水管道	6 544.69	m	0.87 m/m²
3.5.2	采暖管道	7 525.17	m	1.00 m/m²
3.5.3	支架及其他	724.72	kg	0.10 kg/m²
3.5.4	管道附件	4 445	组	0.59 组/m²
3.5.5	卫生器具	257.00	套	0.03 套/m²
3.5.6	供暖器具	192.00	组	0.03 组/m²
3.5.7	设备	5	台	<0.01 台/m²
3.6	刷油、防腐蚀、绝热工程			
3.6.1	刷油工程	23.20	m²	<0.01 m²/m²
3.6.2	绝热工程	4 674.66	m²	0.62 m²/m²
3.7	机械设备安装工程			

续表

编号	工程量名称	数量	单位	单位指标
3.7.1	电梯安装	4.00	部	<0.01 部/m²
4	措施项目费			
4.1	脚手架工程	7 531.33	m²	1.00 m²/m²
4.2	混凝土模板及支架（撑）	24 720.27	m²	3.28 m²/m²

案例 30　河南省某住宅楼

表 1　工程概况及项目专业信息表

基本信息					
建设性质	新建	工程类型	居住建筑/普通住宅/商品房	结构类型	剪力墙结构
建设形式	装配式	抗震等级	三级	开/竣工日期	—
计价方式	清单计价	造价阶段	招标控制价	总建筑面积（m²）	32 390.83
地下建筑面积（m²）	1 077.19	装修标准	毛坯	人防面积（m²）	—
建筑物基底面积（m²）	—	屋面面积（m²）	—	檐高或房屋高度（m）	99.00
地上最高层数（层）	34	地下层数（层）	3	首层层高（m）	3.00
标准层层高（m）	3.00	顶层层高（m）	5.00	地下一层层高（m）	2.90
地下二层层高（m）	2.80	地下三层层高（m）	3.50	户数（户）	228
装修类别	毛坯	基坑支护面积（m²）	—	建设年限（年）	—
绿建标准	绿建一星	安全文明施工标准	绿色	质量标准	合格
说明	门窗工程为甲分包项，无相关数据				
项目专业信息					
建筑工程	地基处理及土护降工程	土石方工程：挖一般土石方。地基处理方式：其他。基坑支护形式：其他			
	基础工程	满堂基础、其他			
	主体工程	钢筋工程：高强钢筋、普通钢筋。混凝土主要强度：C15、C20、C25、C30、C35、C40、C45、C50、C55			

续表

建筑工程	屋面工程	屋面形式：平屋面。屋面材料：其他
	防水工程	—
	保温工程	外墙保温：挤塑聚苯板。内墙保温：挤塑聚苯板。屋面保温：挤塑聚苯板
装饰工程	门窗工程	—
	地面工程	水泥砂浆
	墙面工程	涂料
	天棚工程	涂料
	外立面形式	—
安装工程	电气工程	电气照明灯具：装饰灯具、障碍照明。电气动力配管：JDG 管。电缆：普通电缆
	电梯工程	—
	建筑智能化及通信工程	—
	空调工程	—
	通风工程	—
	给排水工程	冷水管：塑料管。中水管：塑料管。污废水管道：塑料管
	采暖工程	采暖管道：塑料管。散热器：无
	燃气工程	—
	消防工程	—

表2 工程经济指标表

编号	项目名称	金额（元）	单位指标（元/m²）	占比指标（%）
1	单项工程（分部分项+措施项目）	51 276 053.17	1 583.04	89.02
1.1	分部分项费	41 922 607.19	1 294.27	81.76

续表

编号	项目名称	金额（元）	单位指标（元/m²）	占比指标（%）
1.1.1	建筑工程	35 659 296.92	1 100.91	85.06
1.1.1.1	土石方工程	132 172.89	4.08	0.37
1.1.1.2	地基处理工程	77 201.18	2.38	0.22
1.1.1.3	基础工程	1 311 720.52	40.50	3.68
1.1.1.4	砌筑工程	1 059 088.72	32.70	2.97
1.1.1.5	混凝土工程	15 814 354.17	488.24	44.35
1.1.1.5.1	现浇混凝土	4 724 725.52	145.87	29.88
1.1.1.5.2	预制混凝土	11 089 628.65	342.37	70.12
1.1.1.6	钢筋工程	7 768 186.08	239.83	21.78
1.1.1.6.1	普通钢筋	7 334 934.38	226.45	94.42
1.1.1.6.2	其他项	433 251.70	13.38	5.58
1.1.1.7	金属结构工程	157 075.23	4.85	0.44
1.1.1.8	屋面及防水工程	483 484.34	14.93	1.36
1.1.1.8.1	屋面防水	174 081.07	5.37	36.01
1.1.1.8.2	墙面、楼（地）面防水	309 403.27	9.55	63.99
1.1.1.9	保温、隔热及防腐工程	2 667 745.15	82.36	7.48
1.1.1.9.1	保温、隔热工程	2 667 745.15	82.36	100.00
1.1.1.10	其他项、补充项	6 188 268.64	191.05	17.35
1.1.2	装饰工程	3 503 188.02	108.15	8.36
1.1.2.1	楼地面装饰	353 197.21	10.90	10.08
1.1.2.2	墙柱面装饰	3 051 087.14	94.20	87.09
1.1.2.3	天棚装饰	6 321.43	0.20	0.18
1.1.2.4	油漆、涂料	92 582.24	2.86	2.64
1.1.3	安装工程	2 760 122.25	85.21	6.58
1.1.3.1	电气工程	1 328 072.92	41.00	48.12
1.1.3.1.1	控制设备及低压电器安装	346 716.63	10.70	26.11

续表

编号	项目名称	金额（元）	单位指标（元/m²）	占比指标（%）
1.1.3.1.2	电缆安装	128 236.06	3.96	9.66
1.1.3.1.3	防雷及接地装置	88 174.35	2.72	6.64
1.1.3.1.4	配管、配线	573 416.56	17.70	43.18
1.1.3.1.5	照明器具安装	135 848.92	4.19	10.23
1.1.3.1.6	附属工程	55 298.79	1.71	4.16
1.1.3.1.7	电气调整试验	381.61	0.01	0.03
1.1.3.2	空调、通风工程	3 000.00	0.09	0.11
1.1.3.2.1	通风管道部件	3 000.00	0.09	100.00
1.1.3.3	给排水工程	872 267.10	26.93	31.60
1.1.3.3.1	给排水管道	815 935.62	25.19	93.54
1.1.3.3.2	卫生器具	44 895.76	1.39	5.15
1.1.3.3.3	给排水设备	11 435.72	0.35	1.31
1.1.3.4	采暖工程	241 594.90	7.46	8.75
1.1.3.4.1	采暖管道	241 594.90	7.46	100.00
1.1.3.5	其他项	315 187.33	9.73	11.42
1.1.3.5.1	支架及套管（给排水、采暖、燃气管道）	221 691.85	6.84	70.34
1.1.3.5.2	管道附件（给排水、采暖、燃气管道）	93 079.40	2.87	29.53
1.1.3.5.3	刷油工程	44.44	0.00	0.01
1.1.3.5.4	自动化控制仪表	371.64	0.01	0.12
1.2	措施项目费	9 353 445.98	288.77	18.24
1.2.1	单价措施项目	7 776 178.76	240.07	83.14
1.2.1.1	脚手架	2 909 274.06	89.82	37.41
1.2.1.2	其他项	4 866 904.70	150.26	62.59
1.2.2	总价措施项目	1 577 267.22	48.69	16.86
2	规费	1 568 464.99	48.42	2.72
3	税金	4 756 006.64	146.83	8.26

表3 主要工程量指标表

编号	工程量名称	数量	单位	单位指标
1	建筑工程			
1.1	土石方工程	1 190.32	m^3	0.04 m^3/m^2
1.2	地基处理工程	201.16	m^3	0.01 m^3/m^2
1.3	基础工程	2 451.18	m^3	0.08 m^3/m^2
1.4	砌筑工程	2 346.3	m^3	0.07 m^3/m^2
1.5	混凝土工程			
1.5.1	现浇混凝土	7 990.86	m^3	0.25 m^3/m^2
1.5.2	预制混凝土	4 896.91	m^3	0.15 m^3/m^2
1.6	钢筋工程			
1.6.1	普通钢筋	1 270 071	kg	39.21 kg/m^2
1.7	金属结构工程	0.25	t	<0.01 t/m^2
1.8	屋面及防水工程			
1.8.1	防水工程	10 884.55	m^2	0.34 m^2/m^2
1.9	保温、隔热及防腐工程			
1.9.1	保温、隔热工程	37 025.52	m^2	1.14 m^2/m^2
2	装饰工程			
2.1	楼地面装饰	6 163.83	m^2	0.19 m^2/m^2
2.2	墙柱面装饰	110 393.07	m^2	3.41 m^2/m^2
2.3	天棚装饰	397.67	m^2	0.01 m^2/m^2
2.4	油漆、涂料	8 240.18	m^2	0.25 m^2/m^2
3	安装工程			
3.1	电气工程			
3.1.1	电缆安装	2 084.54	m	0.06 m/m^2
3.1.2	配管、配线	53 236.86	m	1.64 m/m^2
3.1.3	照明器具安装	1 541.00	套	0.05 套$/m^2$
3.2	空调、通风工程			

续表

编号	工程量名称	数量	单位	单位指标
3.2.1	通风管道部件制作安装	10	个	<0.01 个/m²
3.3	给排水、采暖、燃气工程			
3.3.1	给排水管道	15 025.74	m	0.46 m/m²
3.3.2	采暖管道	6 182.06	m	0.19 m/m²
3.3.3	支架及其他项	24.09	kg	<0.01 kg/m²
4	措施项目费			
4.1	混凝土模板及支架（撑）	80 513.86	m²	2.49 m²/m²

办公建筑

案例 31 北京市某办公楼

表 1 工程概况及项目专业信息表

基本信息					
建设性质	新建	工程类型	办公建筑/行政办公楼	结构类型	钢结构
建设形式	装配式	抗震等级	三级	开/竣工日期	—
计价方式	清单计价	造价阶段	投标报价	总建筑面积（m²）	81 038.00
地下建筑面积（m²）	32 956.00	装修标准	精装	人防面积（m²）	6 533.00
建筑物基底面积（m²）	7 657.00	屋面面积（m²）	—	檐高或房屋高度（m）	40.20
地上最高层数（层）	8	地下层数（层）	3	首层层高（m）	4.80
标准层层高（m）	4.00	顶层层高（m）	4.00	地下一层层高（m）	4.00
地下二层层高（m）	4.00	地下三层层高（m）	4.00	户数（户）	—
装修类别	精装	基坑支护面积（m²）	—	建设年限（年）	—
绿建标准	绿建三星	安全文明施工标准	绿色	质量标准	合格
说明	本工程专业工程暂估价为 139 509 499.08 元，其中燃气工程：862 985.32 元；抗震支吊架工程：7 431 192.66 元；大开间等预留区（办公室、会议室、B1 餐厅区域）装修工程：48 325 412.84 元；智能建筑（非密信息化部分）：62 018 348.62 元；外电源工程：15 596 330.28 元；二级能源站工程：2 752 293.58 元；标识导视工程：1 376 146.79 元；燃气热水炉工程：1 146 788.99 元。本工程弱电工程为预留预埋				

续表

项目专业信息		
建筑工程	地基处理及土护降工程	土石方工程：挖一般土石方
	基础工程	满堂基础
	主体工程	钢筋工程：高强钢筋、普通钢筋。钢结构工程：钢柱、钢梁、钢板、屋面钢结构。混凝土主要强度：C15、C20、C25、C30、C35、C40、C45、C60
	屋面工程	屋面形式：平屋面。屋面材料：木塑板
	防水工程	地下防水：卷材防水。室内防水：涂膜防水。屋面防水：卷材防水
	保温工程	外墙保温：挤塑聚苯板。内墙保温：挤塑聚苯板。屋面保温：挤塑聚苯板
装饰工程	门窗工程	门：木门。窗：塑钢窗、断桥铝窗、铝合金窗
	地面工程	面砖
	墙面工程	涂料
	天棚工程	涂料
	外立面形式	玻璃幕墙
安装工程	电气工程	电气照明灯具：普通灯具、装饰灯具、防爆灯具。电气动力配管：钢管。电缆：普通电缆。电气设备：变压器
	电梯工程	电梯种类：进口直梯
	建筑智能化及通信工程	—
	空调工程	管道：镀锌钢板风管。集中/半集中式系统类型：风+水形式。局部式空调类型：分体式空调。冷热源形式：水冷冷水机组。设备：空调机组、新风机组、热回收机组。风机盘管：两管制
	通风工程	人防系统
	给排水工程	冷水管：不锈钢管、塑料管。中水管：塑料管、复合管。热水管：不锈钢管、塑料管。卫生器具：有。给水设备：变频给水设备。污废水管道：铸铁管、钢管

续表

安装工程	采暖工程	采暖管道：钢管、塑料管。散热器：钢制。地板辐射采暖：有
	燃气工程	—
	消防工程	水灭火系统：消火栓系统、水喷淋系统。气体灭火系统：管网灭火系统。火灾自动报警系统：有

表2 工程经济指标表

编号	项目名称	金额（元）	单位指标（元/m²）	占比指标（%）
1	单项工程	706 442 931.04	8 717.43	100.00
1.1	分部分项费	407 924 681.42	5 033.75	57.74
1.1.1	建筑工程	176 264 710.41	2 175.09	43.21
1.1.1.1	土石方工程	3 088 564.25	38.11	1.75
1.1.1.2	地基处理工程	5 672 057.60	69.99	3.22
1.1.1.3	基础工程	10 133 940.22	125.05	5.75
1.1.1.4	砌筑工程	4 340 361.96	53.56	2.46
1.1.1.5	混凝土工程	16 966 720.86	209.37	9.63
1.1.1.5.1	现浇混凝土	16 966 720.86	209.37	100.00
1.1.1.6	钢筋工程	35 935 908.89	443.45	20.39
1.1.1.6.1	普通钢筋	35 935 908.89	443.45	100.00
1.1.1.7	金属结构工程	68 957 415.72	850.93	39.12
1.1.1.8	屋面及防水工程	23 617 618.51	291.44	13.40
1.1.1.8.1	屋面工程	16 603 748.60	204.89	70.30
1.1.1.8.2	屋面防水	2 218 590.17	27.38	9.39
1.1.1.8.3	墙面、楼（地）面防水	4 795 279.74	59.17	20.30
1.1.1.9	保温、隔热及防腐工程	3 644 496.98	44.97	2.07
1.1.1.9.1	保温、隔热工程	3 644 496.98	44.97	100.00
1.1.1.10	其他项、补充项	3 907 625.42	48.22	2.22

续表

编号	项目名称	金额（元）	单位指标（元/m²）	占比指标（%）
1.1.2	装饰工程	100 366 222.36	1 238.51	24.60
1.1.2.1	门窗	16 604 215.14	204.89	16.54
1.1.2.2	楼地面装饰	10 059 557.79	124.13	10.02
1.1.2.3	墙柱面装饰	22 456 579.88	277.11	22.37
1.1.2.4	天棚装饰	4 932 900.43	60.87	4.91
1.1.2.5	油漆、涂料	5 905 646.89	72.88	5.88
1.1.2.6	幕墙	29 965 938.94	369.78	29.86
1.1.2.7	隔断	8 691 669.41	107.25	8.66
1.1.2.8	其他内装饰	1 749 713.88	21.59	1.74
1.1.3	安装工程	131 293 748.65	1 620.15	32.19
1.1.3.1	电气工程	35 525 354.50	438.38	27.06
1.1.3.1.1	变压器安装	845 911.27	10.44	2.38
1.1.3.1.2	配电装置安装	6 268 179.62	77.35	17.64
1.1.3.1.3	母线安装	1 006 654.21	12.42	2.83
1.1.3.1.4	控制设备及低压电器安装	5 465 614.47	67.45	15.39
1.1.3.1.5	电机检查接线及调试	867 776.97	10.71	2.44
1.1.3.1.6	电缆安装	7 722 687.62	95.30	21.74
1.1.3.1.7	防雷及接地装置	436 478.42	5.39	1.23
1.1.3.1.8	配管、配线	6 752 956.51	83.33	19.01
1.1.3.1.9	照明器具安装	3 703 469.58	45.70	10.42
1.1.3.1.10	附属工程	672 852.23	8.30	1.89
1.1.3.1.11	电气调整试验	1 782 773.60	22.00	5.02
1.1.3.2	建筑智能化及通信工程	5 250 906.62	64.80	4.00
1.1.3.2.1	计算机应用、网络系统工程	3 627 373.76	44.76	69.08
1.1.3.2.2	综合布线系统工程	273 115.12	3.37	5.20
1.1.3.2.3	建筑设备自动化系统工程	132 220.45	1.63	2.52

续表

编号	项目名称	金额（元）	单位指标（元/m²）	占比指标（%）
1.1.3.2.4	建筑信息综合管理系统工程	1 218 197.29	15.03	23.20
1.1.3.3	空调、通风工程	40 432 630.63	498.93	30.80
1.1.3.3.1	空调设备	13 610 355.35	167.95	33.66
1.1.3.3.2	通风设备	3 378 065.75	41.68	8.35
1.1.3.3.3	通风管道	19 217 974.35	237.15	47.53
1.1.3.3.4	通风管道部件	4 226 235.18	52.15	10.45
1.1.3.4	给排水工程	7 033 717.74	86.80	5.36
1.1.3.4.1	给排水管道	5 575 589.47	68.80	79.27
1.1.3.4.2	支架	128 285.77	1.58	1.82
1.1.3.4.3	管道附件	178 425.56	2.20	2.54
1.1.3.4.4	给排水器具、设备	1 151 416.94	14.21	16.37
1.1.3.5	消防工程	20 692 498.07	255.34	15.76
1.1.3.5.1	水灭火系统	12 665 697.39	156.29	61.21
1.1.3.5.2	气体灭火系统	1 571 736.81	19.40	7.60
1.1.3.5.3	火灾自动报警系统	6 455 063.87	79.65	31.20
1.1.3.6	采暖工程	7 628 616.55	94.14	5.81
1.1.3.6.1	供暖器具	201 113.74	2.48	2.64
1.1.3.6.2	刷漆工程	1 304 129.19	16.09	17.10
1.1.3.6.3	绝热工程	6 123 373.62	75.56	80.27
1.1.3.7	电梯工程	7 227 059.34	89.18	5.50
1.1.3.8	其他项、补充项	7 502 965.20	92.59	5.71
1.2	措施项目费	58 662 989.31	723.89	8.30
1.2.1	单价措施项目	25 119 998.17	309.98	42.82
1.2.1.1	脚手架	5 266 452.16	64.99	20.97
1.2.1.2	混凝土模板及支架（撑）	11 257 034.97	138.91	44.81
1.2.1.3	其他项	8 596 511.04	106.08	34.22

续表

编号	项目名称	金额（元）	单位指标（元/m²）	占比指标（%）
1.2.2	总价措施项目	33 542 991.14	413.92	57.18
1.3	其他项目费	167 906 834.86	2 071.95	23.77
1.3.1	暂列金额	27 522 935.78	339.63	16.39
1.3.2	专业工程暂估价	139 508 899.08	1 721.52	83.09
1.3.2.1	专业工程暂估价（装饰工程）	49 701 559.63	613.31	35.63
1.3.2.2	专业工程暂估价（电气工程）	15 596 330.28	192.46	11.18
1.3.2.3	专业工程暂估价（建筑智能化工程）	62 018 348.62	765.30	44.45
1.3.2.4	专业工程暂估价（空调、通风工程）	7 431 192.66	91.70	5.33
1.3.2.5	专业工程暂估价（燃气工程）	2 009 174.31	24.79	1.44
1.3.2.6	专业工程暂估价（采暖工程）	2 752 293.58	33.96	1.97
1.3.3	计日工费用	75 000.00	0.93	0.04
1.3.4	总承包服务费	800 000.00	9.87	0.48
1.4	规费	13 618 275.18	168.05	1.93
1.5	税金	58 330 150.27	719.79	8.26

表3 主要工程量指标表

编号	工程量名称	数量	单位	单位指标
1	建筑工程			
1.1	土石方工程	33 345.86	m³	0.41 m³/m²
1.2	桩基工程	3 206.61	m³	0.04 m³/m²
1.3	砌筑工程	7 322.63	m³	0.09 m³/m²
1.4	混凝土工程			
1.4.1	现浇混凝土	42 134.45	m³	0.52 m³/m²
1.5	钢筋工程	6 623 765	kg	81.74 kg/m²
1.6	金属结构工程	5 571 784	kg	68.76 kg/m²
1.7	屋面及防水工程	87 238.00	m²	1.08 m²/m²

续表

编号	工程量名称	数量	单位	单位指标
1.8	保温、隔热及防腐工程	36 817.55	m²	0.45 m²/m²
2	装饰工程			
2.1	门窗	10 088.00	m²	0.12 m²/m²
2.2	楼地面装饰	45 895.05	m²	0.57 m²/m²
2.3	墙柱面装饰	19 410.21	m²	0.24 m²/m²
2.4	天棚装饰	23 209.76	m²	0.29 m²/m²
2.5	油漆、涂料	89 339.13	m²	1.10 m²/m²
2.6	幕墙	37 062.22	m²	0.46 m²/m²
2.7	隔断	21 661.27	m²	0.27 m²/m²
2.8	其他内装饰	2 711.23	m²	0.03 m²/m²
3	安装工程			
3.1	电气工程			
3.1.1	变压器安装	5	套	<0.01 套/m²
3.1.2	配电装置安装	35	套	<0.01 套/m²
3.1.3	母线安装	1 022.61	m	0.01 m/m²
3.1.4	控制设备及低压电器安装	508.00	套	0.01 套/m²
3.1.5	电机检查接线及调试	322.00	台	<0.01 台/m²
3.1.6	电缆安装	54 070.90	m	0.67 m/m²
3.1.7	配管、配线	691 795.28	m	8.54 m/m²
3.1.8	照明器具安装	7 826	套	0.10 套/m²
3.2	空调、通风工程			
3.2.1	通风设备及部件制作安装	1 381	台	0.02 台/m²
3.2.2	通风管道制作安装	37 080.9	m²	0.46 m²/m²
3.2.3	通风管道部件制作安装	7 282	个	0.09 个/m²
3.3	消防工程			
3.3.1	水灭火系统	8 289	套	0.10 套/m²
3.3.2	气体灭火系统	36	套	<0.01 套/m²

续表

编号	工程量名称	数量	单位	单位指标
3.3.3	火灾自动报警系统	7 011	套	0.09 套/m²
3.4	给排水、采暖、燃气管道			
3.4.1	给排水、采暖、燃气管道	53 468.86	m	0.66 m/m²
3.4.2	支架及其他	63 707.23	kg	0.79 kg/m²
3.4.3	管道附件	11 582.00	组	0.14 组/m²
3.4.4	卫生器具	1 196.00	套	0.01 套/m²
3.4.5	供暖器具	2 375	组	0.03 组/m²
3.4.6	给排水、采暖、燃气设备	151	台	<0.01 台/m²
3.5	刷油、防腐蚀、绝热工程			
3.5.1	刷油工程	15 601.02	m²	0.19 m²/m²
3.5.2	防腐蚀涂料工程	824.49	m²	0.01 m²/m²
3.5.3	绝热工程	58 507.82	m²	0.72 m²/m²
3.6	机械设备安装工程			
3.6.1	电梯安装	20.00	部	<0.01 部/m²
4	措施项目费			
4.1	脚手架工程	81 038.00	m²	1.00 m²/m²
4.2	混凝土模板及支架（撑）	227 330.10	m²	2.81 m²/m²
4.3	垂直运输	81 038.00	m²	1.00 m²/m²
4.4	超高施工增加	81 038.00	m²	1.00 m²/m²

案例 32　北京市某办公楼

表1　工程概况及项目专业信息表

基本信息					
建设性质	新建	工程类型	办公建筑/其他	结构类型	钢结构
建设形式	装配式	抗震等级	三级	开/竣工日期	2018-12-28/2021-06-08
计价方式	清单计价	造价阶段	投标报价	总建筑面积（m²）	11 036.00
地下建筑面积（m²）	0	装修标准	精装	人防面积（m²）	—
建筑物基底面积（m²）	—	屋面面积（m²）	—	檐高或房屋高度（m）	17.80
地上最高层数（层）	3	地下层数（层）	0	首层层高（m）	5.90
标准层层高（m）	5.90	顶层层高（m）	5.90	地下一层层高（m）	—
地下二层层高（m）	—	地下三层层高（m）	—	户数（户）	—
装修类别	精装	基坑支护面积（m²）	—	建设年限（年）	—
绿建标准	绿建二星	安全文明施工标准	绿色	质量标准	合格
说明	冷热源由其他楼宇引入，本楼无冷热源机房。 办公区首层地面是细石混凝土交付，地面指标中包含办公区二层、三层地面和天棚为毛坯交付，不含精装；墙面精装到位交付，但本项目是框架结构墙体仅核心筒区域，外周是幕墙，所以墙面装修的指标偏低				
项目专业信息					
建筑工程	地基处理及土护降工程	土石方工程：挖一般土石方			
	基础工程	桩基础、独立基础、满堂基础			

续表

建筑工程	主体工程	钢筋工程：普通钢筋、高强钢筋。钢结构工程：钢柱、钢梁、钢板、屋面钢结构。混凝土主要强度：C15、C20、C25、C30、C35
	屋面工程	屋面形式：平屋面。屋面材料：混凝土
	防水工程	室内防水：涂膜防水。屋面防水：卷材防水
	保温工程	外墙保温：挤塑聚苯板。屋面保温：膨胀珍珠岩保温
装饰工程	门窗工程	门：木门、塑钢门、铝合金门。窗：铝合金窗
	地面工程	面砖
	墙面工程	涂料
	天棚工程	涂料
	外立面形式	玻璃幕墙
安装工程	电气工程	电气照明灯具：普通灯具、装饰灯具。电气动力配管：塑料管、钢管。电缆：普通电缆、矿物电缆
	电梯工程	电梯种类：合资直梯
	建筑智能化及通信工程	计算机网络系统、闭路监控系统、建筑设备监控系统、停车场管理系统、电梯五方对讲系统
	空调工程	管道：镀锌钢板风管、柔性软风管。集中/半集中式系统类型：风+水形式。局部式空调类型：VRV。设备：空调机组、热回收机组。风机盘管：两管制
	通风工程	送排风系统、防排烟系统
	给排水工程	冷水管：复合管。中水管：复合管。卫生器具：有。污废水管道：塑料管、铸铁管
	采暖工程	采暖管道：钢管、塑料管。热计量仪表：有。散热器：复合。地板辐射采暖：有
	燃气工程	—
	消防工程	水灭火系统：消火栓系统、水喷淋系统。火灾自动报警系统：有

表2 工程经济指标表

编号	项目名称	金额（元）	单位指标（元/m²）	占比指标（%）
1	单项工程（分部分项+措施项目）	71 515 114.74	6 480.17	87.72
1.1	分部分项费	66 059 785.35	5 985.84	92.37
1.1.1	建筑工程	38 026 064.43	3 445.64	57.56
1.1.1.1	土石方工程	4 145 425.49	375.63	10.90
1.1.1.2	地基处理工程	68 342.23	6.19	0.18
1.1.1.3	基础工程	2 044 019.90	185.21	5.38
1.1.1.4	砌筑工程	873 265.73	79.13	2.30
1.1.1.5	混凝土工程	2 024 810.10	183.47	5.32
1.1.1.5.1	现浇混凝土	2 024 810.10	183.47	100.00
1.1.1.6	钢筋工程	2 702 031.72	244.84	7.11
1.1.1.6.1	普通钢筋	2 678 893.64	242.74	99.14
1.1.1.6.2	其他项	23 138.08	2.10	0.86
1.1.1.7	金属结构工程	24 208 603.00	2 193.60	63.66
1.1.1.8	屋面及防水工程	1 136 287.27	102.96	2.99
1.1.1.8.1	屋面防水	1 046 708.86	94.84	92.12
1.1.1.8.2	墙面、楼（地）面防水	89 578.41	8.12	7.88
1.1.1.9	保温、隔热及防腐工程	701 632.31	63.58	1.85
1.1.1.9.1	保温、隔热工程	701 632.31	63.58	100.00
1.1.1.10	其他项、补充项	121 646.68	11.02	0.32
1.1.2	装饰工程	15 088 302.89	1 367.19	22.84
1.1.2.1	门窗	1 063 716.31	96.39	7.05
1.1.2.2	楼地面装饰	1 503 729.58	136.26	9.97
1.1.2.3	墙柱面装饰	615 678.79	55.79	4.08
1.1.2.4	天棚装饰	1 332 380.75	120.73	8.83
1.1.2.5	油漆、涂料	219 606.77	19.90	1.46

续表

编号	项目名称	金额（元）	单位指标（元/m²）	占比指标（%）
1.1.2.6	幕墙	8 777 485.28	795.35	58.17
1.1.2.7	隔断	757 114.54	68.60	5.02
1.1.2.8	其他内装饰	818 590.87	74.17	5.43
1.1.3	安装工程	12 945 418.03	1 173.02	19.60
1.1.3.1	电气工程	3 191 344.82	289.18	24.65
1.1.3.1.1	控制设备及低压电器安装	576 892.16	52.27	18.08
1.1.3.1.2	蓄电池安装	311.43	0.03	0.01
1.1.3.1.3	电机检查接线及调试	12 492.29	1.13	0.39
1.1.3.1.4	电缆安装	547 609.35	49.62	17.16
1.1.3.1.5	防雷及接地装置	161 680.06	14.65	5.07
1.1.3.1.6	配管、配线	1 507 629.23	136.61	47.24
1.1.3.1.7	照明器具安装	232 770.78	21.09	7.29
1.1.3.1.8	附属工程	131 449.91	11.91	4.12
1.1.3.1.9	电气调整试验	20 509.61	1.86	0.64
1.1.3.2	建筑智能化及通信工程	1 261 667.98	114.32	9.75
1.1.3.2.1	计算机应用、网络系统工程	341 415.80	30.94	27.06
1.1.3.2.2	综合布线系统工程	220 061.40	19.94	17.44
1.1.3.2.3	建筑设备自动化系统工程	377 611.21	34.22	29.93
1.1.3.2.4	建筑信息综合管理系统工程	70 553.73	6.39	5.59
1.1.3.2.5	安全防范系统工程	252 025.84	22.84	19.98
1.1.3.3	空调、通风工程	2 982 374.88	270.24	23.04
1.1.3.3.1	空调设备	1 145 008.15	103.75	38.39
1.1.3.3.2	通风设备	107 937.76	9.78	3.62
1.1.3.3.3	通风管道	1 304 699.89	118.22	43.75
1.1.3.3.4	通风管道部件	424 729.08	38.49	14.24
1.1.3.4	给排水工程	509 427.44	46.16	3.94

续表

编号	项目名称	金额（元）	单位指标（元/m²）	占比指标（%）
1.1.3.4.1	给排水管道	395 262.71	35.82	77.59
1.1.3.4.2	卫生器具	105 403.67	9.55	20.69
1.1.3.4.3	给排水设备	8 761.06	0.79	1.72
1.1.3.5	消防工程	1 090 120.76	98.78	8.42
1.1.3.5.1	水灭火系统	611 185.18	55.38	56.07
1.1.3.5.2	火灾自动报警系统	478 935.58	43.40	43.93
1.1.3.6	采暖工程	419 014.64	37.97	3.24
1.1.3.6.1	采暖管道	189 074.75	17.13	45.12
1.1.3.6.2	供暖器具	229 939.89	20.84	54.88
1.1.3.7	电梯工程	972 960.56	88.16	7.52
1.1.3.8	其他项	1 508 414.61	136.68	11.65
1.1.3.8.1	支架及套管（给排水、采暖、燃气管道）	156 339.50	14.17	10.36
1.1.3.8.2	管道附件（给排水、采暖、燃气管道）	357 852.64	32.43	23.72
1.1.3.8.3	刷油工程	75 743.92	6.86	5.02
1.1.3.8.4	绝热工程	900 697.53	81.61	59.71
1.1.3.8.5	自动化控制仪表	17 781.02	1.61	1.18
1.1.3.9	补充项	1 010 092.34	91.53	7.80
1.2	措施项目费	5 455 329.39	494.32	7.63
1.2.1	单价措施项目	1 822 477.19	165.14	33.41
1.2.1.1	脚手架	404 121.17	36.62	22.17
1.2.1.2	混凝土模板及支架（撑）	565 224.96	51.22	31.01
1.2.1.3	其他项	853 131.06	77.30	46.81
1.2.2	总价措施项目	3 632 852.20	329.18	66.59
2	规费	1 881 087.27	170.45	2.31
3	税金	6 605 657.79	598.56	8.10
4	设备、器具购置费	1 524 810.10	138.17	1.87

表3 主要工程量指标表

编号	工程量名称	数量	单位	单位指标
1	建筑工程			
1.1	土石方工程	56 156.66	m³	5.09 m³/m²
1.2	地基处理工程	134.63	m³	0.01 m³/m²
1.3	基础工程	2 381.71	m³	0.22 m³/m²
1.4	砌筑工程	518.83	m³	0.05 m³/m²
1.5	混凝土工程			
1.5.1	现浇混凝土	2 726.99	m³	0.25 m³/m²
1.6	钢筋工程			
1.6.1	普通钢筋	450 092.00	kg	40.78 kg/m²
1.7	金属结构工程	1 573.14	t	0.14 t/m²
1.8	屋面及防水工程			
1.8.1	防水工程	5 738.03	m²	0.52 m²/m²
1.9	保温、隔热及防腐工程			
1.9.1	保温、隔热工程	5 656.56	m²	0.51 m²/m²
2	装饰工程			
2.1	门窗	979.55	m²	0.09 m²/m²
2.2	楼地面装饰	4 732.43	m²	0.43 m²/m²
2.3	墙柱面装饰	4 797.15	m²	0.43 m²/m²
2.4	天棚装饰	2 757.18	m²	0.25 m²/m²
2.5	油漆、涂料	5 843.06	m²	0.53 m²/m²
2.6	幕墙	7 655.29	m²	0.69 m²/m²
2.7	隔断	3 103.98	m²	0.28 m²/m²
2.8	其他内装饰	14.3	m²	<0.01 m²/m²
3	安装工程			
3.1	电气工程			
3.1.1	控制设备及低压电器安装	1 091.00	套	0.10 套/m²

续表

编号	工程量名称	数量	单位	单位指标
3.1.2	电缆安装	16 197.54	m	1.47 m/m²
3.1.3	配管、配线	90 064.9	m	8.16 m/m²
3.1.4	照明器具安装	994	套	0.09 套/m²
3.2	建筑智能化及通信工程			
3.2.1	计算机应用、网络系统工程	2	套	<0.01 套/m²
3.2.2	安全防范系统工程	20	套	<0.01 套/m²
3.3	空调、通风工程			
3.3.1	通风设备及部件制作安装	171.00	台	0.02 台/m²
3.3.2	通风管道制作安装	7 084	m²	0.64 m²/m²
3.3.3	通风管道部件制作安装	943	个	0.09 个/m²
3.4	消防工程			
3.4.1	水灭火系统			
3.4.1.1	消防管道	5 012.24	m	0.45 m/m²
3.4.1.2	消防装置	4	组	<0.01 组/m²
3.4.1.3	消火栓、灭火器	212.00	套	0.02 套/m²
3.4.2	气体灭火系统	—	—	—
3.4.3	泡沫灭火系统	—	—	—
3.4.4	火灾自动报警系统	642	套	0.06 套/m²
3.5	给排水、采暖、燃气工程			
3.5.1	给排水管道	3 921.19	m	0.36 m/m²
3.5.2	采暖管道	2 271.88	m	0.21 m/m²
3.5.3	支架及其他	1 652	kg	0.15 kg/m²
3.5.4	管道附件	17	组	<0.01 组/m²
3.5.5	卫生器具	80.00	套	0.01 套/m²
3.5.6	供暖器具	12.00	组	<0.01 组/m²
3.5.7	设备	2.00	台	<0.01 台/m²
3.6	刷油、防腐蚀、绝热工程			

续表

编号	工程量名称	数量	单位	单位指标
3.6.1	刷油工程	1 332.60	m²	0.12 m²/m²
3.6.2	绝热工程	8 463.02	m²	0.77 m²/m²
3.7	机械设备安装工程			
3.7.1	电梯安装	8.00	部	<0.01 部/m²

案例 33　山东省某办公楼

表 1　工程概况及项目专业信息表

基本信息					
建设性质	新建	工程类型	办公建筑/其他	结构类型	框架剪力墙结构
建设形式	装配式	抗震等级	一级	开/竣工日期	2022-08-23/2024-04-17
计价方式	清单计价	造价阶段	投资估算	总建筑面积（m²）	21 794.88
地下建筑面积（m²）	931.26	装修标准	初装	人防面积（m²）	—
建筑物基底面积（m²）	1 152.32	屋面面积（m²）	1 821.77	檐高或房屋高度（m）	52.90
地上最高层数（层）	10	地下层数（层）	1	首层层高（m）	6.10
标准层层高（m）	5.10	顶层层高（m）	5.10	地下一层层高（m）	—
地下二层层高（m）	—	地下三层层高（m）	—	户数（户）	—
装修类别	初装	基坑支护面积（m²）	—	建设年限（年）	—
绿建标准	绿建二星	安全文明施工标准	绿色	质量标准	合格
说明	—				
项目专业信息					
建筑工程	地基处理及土护降工程	土石方工程：挖一般土石方。地基处理方式：桩处理地基。基坑支护形式：护坡桩、喷锚混凝土护坡。降水方式：明沟排水			
	基础工程	桩基础、满堂基础、桩承台			

续表

建筑工程	主体工程	钢筋工程：高强钢筋、普通钢筋、预应力钢筋。钢结构工程：钢柱、钢梁、钢板。混凝土主要强度：C15、C20、C25、C30、C35、C40、C45
	屋面工程	屋面形式：平屋面。屋面材料：混凝土
	防水工程	地下防水：卷材防水/刚性防水。室内防水：卷材防水/刚性防水。屋面防水：卷材防水/涂膜防水/刚性防水
	保温工程	外墙保温：岩棉板。屋面保温：挤塑聚苯板
装饰工程	门窗工程	门：铝合金门、普通胶合板门、装饰门、防盗门。窗：断桥铝窗、百叶窗
	地面工程	水泥砂浆/细石混凝土/面砖/石材
	墙面工程	涂料/瓷砖
	天棚工程	涂料/铝合金吊顶
	外立面形式	涂料/玻璃幕墙
安装工程	电气工程	电气照明灯具：普通灯具。电气动力配管：JDG管。母线槽：有。电缆：矿物电缆。电气设备：变压器
	电梯工程	电梯种类：进口直梯、进口货梯
	建筑智能化及通信工程	计算机网络系统、闭路监控系统、建筑设备监控系统、停车场管理系统、门禁控制系统、公共广播、信息发布系统、可视对讲系统、多媒体会议系统、智能门锁、智能房控、多媒体教学系统
	空调工程	管道：镀锌钢板风管。集中/半集中式系统类型：风+水形式。局部式空调类型：分体式空调。设备：空调机组。风机盘管：四管制
	通风工程	送排风系统、防排烟系统
	给排水工程	冷水管：塑料管。中水管：塑料管。热水管：塑料管。直饮水管：不锈钢管。卫生器具：有。给水设备：变频给水设备。污废水管道：塑料管、铸铁管。直饮水系统类型：直饮水机
	采暖工程	—
	燃气工程	—
	消防工程	水灭火系统：水喷淋系统。泡沫灭火系统：不锈钢管

表2 工程经济指标表

编号	项目名称	金额（元）	单位指标（元/m²）	占比指标（%）
1	单项工程	81 983 945.35	3 761.61	100.00
1.1	分部分项费	47 677 235.06	2 187.54	58.15
1.1.1	建筑工程	22 911 395.62	1 051.23	48.06
1.1.1.1	土石方工程	1 579 735.82	72.48	6.89
1.1.1.2	基坑与边坡支护	282 892.39	12.98	1.23
1.1.1.3	基础工程	3 151 860.57	144.61	13.76
1.1.1.4	砌筑工程	1 175 354.53	53.93	5.13
1.1.1.5	钢筋工程	12 927 839.35	593.16	56.43
1.1.1.5.1	普通钢筋	11 739 424.41	538.63	90.81
1.1.1.5.2	预应力钢筋	974 385.66	44.71	7.54
1.1.1.5.3	其他项	214 029.28	9.82	1.66
1.1.1.6	金属结构工程	114 915.94	5.27	0.50
1.1.1.7	屋面及防水工程	2 523 111.59	115.77	11.01
1.1.1.7.1	屋面防水	1 666 355.96	76.46	66.04
1.1.1.7.2	墙面、楼（地）面防水	856 755.63	39.31	33.96
1.1.1.8	保温、隔热及防腐工程	1 155 685.43	53.03	5.04
1.1.1.8.1	保温、隔热工程	1 155 685.43	53.03	100.00
1.1.2	装饰工程	14 600 324.24	669.90	30.62
1.1.2.1	门窗	2 068 584.39	94.91	14.17
1.1.2.2	楼地面装饰	2 749 313.82	126.14	18.83
1.1.2.3	墙柱面装饰	374 392.99	17.18	2.56
1.1.2.4	天棚装饰	954 579.17	43.80	6.54
1.1.2.5	油漆、涂料	4 211 850.86	193.25	28.85
1.1.2.6	幕墙	3 827 357.04	175.61	26.21
1.1.2.7	隔断	25 199.44	1.16	0.17

续表

编号	项目名称	金额（元）	单位指标（元/m²）	占比指标（%）
1.1.2.8	其他内装饰	389 046.53	17.85	2.66
1.1.3	安装工程	10 165 515.20	466.42	21.32
1.1.3.1	电气工程	3 963 866.07	181.87	38.99
1.1.3.1.1	控制设备及低压电器安装	136 716.97	6.27	3.45
1.1.3.1.2	电缆安装	916 239.44	42.04	23.11
1.1.3.1.3	防雷及接地装置	157 064.66	7.21	3.96
1.1.3.1.4	配管、配线	2 083 828.70	95.61	52.57
1.1.3.1.5	照明器具安装	493 428.82	22.64	12.45
1.1.3.1.6	附属工程	176 587.48	8.10	4.45
1.1.3.2	建筑智能化及通信工程	541 540.18	24.85	5.33
1.1.3.2.1	计算机应用、网络系统工程	8 135.00	0.37	1.50
1.1.3.2.2	综合布线系统工程	263 270.09	12.08	48.62
1.1.3.2.3	建筑设备自动化系统工程	99 229.12	4.55	18.32
1.1.3.2.4	安全防范系统工程	170 905.97	7.84	31.56
1.1.3.3	空调、通风工程	1 388 563.78	63.71	13.66
1.1.3.3.1	空调设备	21 563.11	0.99	1.55
1.1.3.3.2	通风设备	73 845.22	3.39	5.32
1.1.3.3.3	通风管道	913 666.16	41.92	65.80
1.1.3.3.4	通风管道部件	379 489.29	17.41	27.33
1.1.3.4	给排水工程	503 112.32	23.08	4.95
1.1.3.4.1	给排水管道	278 736.89	12.79	55.40
1.1.3.4.2	支架	50 988.17	2.34	10.13
1.1.3.4.3	管道附件	15 607.25	0.72	3.10
1.1.3.4.4	给排水器具、设备	157 780.01	7.24	31.36
1.1.3.5	消防工程	3 758 432.85	172.45	36.97
1.1.3.5.1	水灭火系统	772 661.80	35.45	20.56

续表

编号	项目名称	金额（元）	单位指标（元/m²）	占比指标（％）
1.1.3.5.2	气体灭火系统	2 649 719.42	121.58	70.50
1.1.3.5.3	火灾自动报警系统	336 051.63	15.42	8.94
1.1.3.6	电梯工程	10 000	0.46	0.10
1.2	措施项目费	8 815 370.81	404.47	10.75
1.2.1	单价措施项目	8 815 370.81	404.47	100.00
1.2.1.1	脚手架	1 238 177.42	56.81	14.05
1.2.1.2	混凝土模板及支架（撑）	4 353 730.76	199.76	49.39
1.2.1.3	其他项	3 223 462.63	147.90	36.57
1.3	其他项目费	11 485 290.17	526.97	14.01
1.3.1	其他项、补充项	11 485 290.17	526.97	100.00
1.4	规费	5 423 204.58	248.83	6.61
1.5	税金	8 582 844.73	393.80	10.47

表3 主要工程量指标表

编号	工程量名称	数量	单位	单位指标
1	建筑工程			
1.1	土石方工程	139 147.47	m³	6.38 m³/m²
1.2	基坑与边坡支护	2 587.88	m³	0.12 m³/m²
1.3	桩基工程	1 942.87	m³	0.09 m³/m²
1.4	砌筑工程	1 822.26	m³	0.08 m³/m²
1.5	混凝土工程			
1.5.1	现浇混凝土	9 465.13	m³	0.43 m³/m²
1.5.2	预制混凝土	1 384.56	m³	0.06 m³/m²
1.6	钢筋工程	1 785 663.00	kg	81.93 kg/m²
1.7	金属结构工程	5 194	kg	0.24 kg/m²
1.8	屋面及防水工程	10 714.52	m²	0.49 m²/m²

续表

编号	工程量名称	数量	单位	单位指标
1.9	保温、隔热及防腐工程	9 805.68	m^2	0.45 m^2/m^2
2	装饰工程			
2.1	门窗	4 921.15	m^2	0.23 m^2/m^2
2.2	楼地面装饰	22 492.91	m^2	1.03 m^2/m^2
2.3	墙柱面装饰	1 887.93	m^2	0.09 m^2/m^2
2.4	天棚装饰	4 597.56	m^2	0.21 m^2/m^2
2.5	油漆、涂料	71 258.25	m^2	3.27 m^2/m^2
2.6	幕墙	6 722.00	m^2	0.31 m^2/m^2
2.7	隔断	89.86	m^2	<0.01 m^2/m^2
2.8	其他内装饰	933.95	m^2	0.04 m^2/m^2
3	安装工程			
3.1	电气工程			
3.1.1	控制设备及低压电器安装	1 055	套	0.05 套/m^2
3.1.2	电缆安装	5 534.63	m	0.25 m/m^2
3.1.3	防雷及接地装置	5 316.00	套	0.24 套/m^2
3.1.4	配管、配线	160 770.61	m	7.38 m/m^2
3.1.5	照明器具安装	2 373	套	0.11 套/m^2
3.1.6	附属工程	16 647.00	个	0.76 个/m^2
3.2	建筑智能化及通信工程			
3.2.1	计算机应用、网络系统工程	20.00	套	<0.01 套/m^2
3.2.2	综合布线系统工程	8 207.00	套	0.38 套/m^2
3.2.3	建筑设备自动化系统工程	38	套	<0.01 套/m^2
3.2.4	安全防范系统工程	696	套	0.03 套/m^2
3.3	空调、通风工程			
3.3.1	通风设备及部件制作安装	32	台	<0.01 台/m^2
3.3.2	通风管道制作安装	4 175.33	m^2	0.19 m^2/m^2
3.3.3	通风管道部件制作安装	717	个	0.03 个/m^2

续表

编号	工程量名称	数量	单位	单位指标
3.4	消防工程			
3.4.1	水灭火系统	6 328.00	套	0.29 套/m²
3.4.2	气体灭火系统	4 644.00	套	0.21 套/m²
3.4.3	火灾自动报警系统	2 523.00	套	0.12 套/m²
3.5	给排水、采暖、燃气管道			
3.5.1	给排水、采暖、燃气管道	3 429.38	m	0.16 m/m²
3.5.2	支架及其他	7 566.16	kg	0.35 kg/m²
3.5.3	管道附件	352.00	组	0.02 组/m²
3.5.4	卫生器具	273.00	套	0.01 套/m²
3.5.5	供暖器具	3.00	组	<0.01 组/m²
3.5.6	给排水、采暖、燃气设备	18	台	<0.01 台/m²
3.6	刷油、防腐蚀、绝热工程			
3.6.1	刷油工程	10 082.38	m²	0.46 m²/m²
3.6.2	防腐蚀工程	4 998.57	m²	0.23 m²/m²
3.6.3	绝热工程	4 666.88	m²	0.21 m²/m²
3.7	机械设备安装工程			
3.7.1	电梯安装	2.00	部	<0.01 部/m²
4	措施项目费			
4.1	脚手架工程	58 067.47	m²	2.66 m²/m²
4.2	混凝土模板及支架（撑）	91 244.76	m²	4.19 m²/m²
4.3	垂直运输	21 742.33	m²	1.00 m²/m²
4.4	超高施工增加	3.00	m²	<0.01 m²/m²

商业建筑

案例 34　山东省某商业楼

表 1　工程概况及项目专业信息表

基本信息					
建设性质	新建	工程类型	商业建筑/综合商厦	结构类型	钢-混凝土组合结构
建设形式	装配式	抗震等级	四级	开/竣工日期	—
计价方式	清单计价	造价阶段	招标控制价	总建筑面积（m²）	21 033.51
地下建筑面积（m²）	0	装修标准	毛坯	人防面积（m²）	—
建筑物基底面积（m²）	—	屋面面积（m²）	2 954.05	檐高或房屋高度（m）	52.50
地上最高层数（层）	12	地下层数（层）	0	首层层高（m）	5.10
标准层层高（m）	4.20	顶层层高（m）	4.20	地下一层层高（m）	—
地下二层层高（m）	—	地下三层层高（m）	—	户数（户）	—
装修类别	毛坯	基坑支护面积（m²）	—	建设年限（年）	—
绿建标准	绿建二星	安全文明施工标准	绿色	质量标准	合格
说明	本项目为健康驿站综合楼地上主体结构工程，檐高52.5 m，室外地坪-0.3 m，1~2层层高为5.1 m，3层以上层高为4.2 m。项目包含建筑工程（地上部分），装饰工程（包含钢结构油漆、涂料，不含外幕墙及精装修），给排水工程，电气工程，消防工程（包含消防水、消防电气及防排烟），空调、通风工程（其中采暖采用VRV形式）。本项目暂不考虑弱电、地下土石方、基础等（地下部分放入地下车库中进行考虑），土石方工程中仅考虑竣工清理				

续表

项目专业信息			
建筑工程	地基处理及土护降工程	土石方工程：竣工清理	
	基础工程	—	
	主体工程	钢筋工程：普通钢筋。钢结构工程：钢柱、钢梁、钢板。混凝土主要强度：C20、C25、C30	
	屋面工程	屋面形式：平屋面。屋面材料：混凝土	
	防水工程	室内防水：涂膜防水。屋面防水：卷材防水	
	保温工程	外墙保温：100 mm 厚岩棉板。屋面保温：挤塑聚苯板	
装饰工程	门窗工程	门：钢制防火门、防火卷帘门。窗：金属百叶窗	
	地面工程	细石混凝土	
	墙面工程	涂料	
	天棚工程	涂料	
	外立面形式	玻璃幕墙	
安装工程	电气工程	电气照明灯具：普通灯具、装饰灯具。电气动力配管：钢管、JDG管。母线槽：有。电缆：普通电缆、矿物电缆	
	电梯工程	—	
	建筑智能化及通信工程	—	
	空调工程	管道：镀锌钢板风管。集中/半集中式系统类型：其他。局部式空调类型：VRV。冷热源形式：VRV。设备：VRV	
	通风工程	防排烟系统	
	给排水工程	冷水管：塑料管、复合管。热水管：塑料管、复合管。卫生器具：有。污废水管道：塑料管。直饮水系统类型：直饮水机	
	采暖工程	—	
	燃气工程	—	
	消防工程	水灭火系统：水喷淋系统	

表2 工程经济指标表

编号	项目名称	金额（元）	单位指标（元/m²）	占比指标（%）
1	单项工程（分部分项+措施项目）	75 727 962.01	3 600.35	86.41
1.1	分部分项费	70 168 731.51	3 336.04	92.66
1.1.1	建筑工程	42 655 752.17	2 027.99	60.79
1.1.1.1	土石方工程	478 928.87	22.77	1.12
1.1.1.2	砌筑工程	3 964 896.07	188.50	9.30
1.1.1.3	混凝土工程	2 454 971.44	116.72	5.76
1.1.1.3.1	现浇混凝土	2 454 971.44	116.72	100.00
1.1.1.4	钢筋工程	1 592 803.12	75.73	3.73
1.1.1.4.1	普通钢筋	1 592 803.12	75.73	100.00
1.1.1.5	金属结构工程	32 086 796.75	1 525.51	75.22
1.1.1.6	屋面及防水工程	821 832.20	39.07	1.93
1.1.1.6.1	屋面防水	808 574.34	38.44	98.39
1.1.1.6.2	墙面、楼（地）面防水	13 257.86	0.63	1.61
1.1.1.7	保温、隔热及防腐工程	895 951.86	42.60	2.10
1.1.1.7.1	保温、隔热工程	895 951.86	42.60	100.00
1.1.1.8	其他项、补充项	359 571.86	17.10	0.84
1.1.2	装饰工程	9 096 039.04	432.45	12.96
1.1.2.1	门窗	364 816.06	17.34	4.01
1.1.2.2	楼地面装饰	712 770.04	33.89	7.84
1.1.2.3	墙柱面装饰	451 911.05	21.49	4.97
1.1.2.4	油漆、涂料	7 505 404.44	356.83	82.51
1.1.2.5	其他内装饰	60 220.02	2.86	0.66
1.1.2.6	其他项、补充项	917.43	0.04	0.01
1.1.3	安装工程	18 416 940.30	875.60	26.25
1.1.3.1	电气工程	5 562 726.44	264.47	30.20

续表

编号	项目名称	金额（元）	单位指标（元/m²）	占比指标（%）
1.1.3.1.1	母线安装	272 533.58	12.96	4.90
1.1.3.1.2	控制设备及低压电器安装	1 491 759.14	70.92	26.82
1.1.3.1.3	蓄电池安装	517 381.15	24.60	9.30
1.1.3.1.4	电机检查接线及调试	51 670.63	2.46	0.93
1.1.3.1.5	电缆安装	1 401 744.12	66.64	25.20
1.1.3.1.6	防雷及接地装置	58 854.22	2.80	1.06
1.1.3.1.7	配管、配线	1 325 799.39	63.03	23.83
1.1.3.1.8	照明器具安装	346 317.06	16.47	6.23
1.1.3.1.9	附属工程	4 022.31	0.19	0.07
1.1.3.1.10	电气调整试验	92 644.84	4.40	1.67
1.1.3.2	空调、通风工程	7 018 698.70	333.69	38.11
1.1.3.2.1	空调设备	3 525 121.50	167.60	50.22
1.1.3.2.2	通风设备	288 246.12	13.70	4.11
1.1.3.2.3	通风管道	2 555 083.21	121.48	36.40
1.1.3.2.4	通风管道部件	650 247.87	30.91	9.26
1.1.3.3	给排水工程	1 337 328.31	63.58	7.26
1.1.3.3.1	给排水管道	949 413.37	45.14	70.99
1.1.3.3.2	卫生器具	32 521.95	1.55	2.43
1.1.3.3.3	给排水设备	355 392.99	16.90	26.57
1.1.3.4	消防工程	3 914 983.59	186.13	21.26
1.1.3.4.1	水灭火系统	2 423 006.97	115.20	61.89
1.1.3.4.2	气体灭火系统	189 513.83	9.01	4.84
1.1.3.4.3	火灾自动报警系统	1 302 462.79	61.92	33.27
1.1.3.5	其他项	583 203.26	27.73	3.17
1.1.3.5.1	支架及套管（给排水、采暖、燃气管道）	94 382.62	4.49	16.18
1.1.3.5.2	管道附件（给排水、采暖、燃气管道）	121 240.95	5.76	20.79

续表

编号	项目名称	金额（元）	单位指标（元/m²）	占比指标（%）
1.1.3.5.3	绝热工程	367 579.69	17.48	63.03
1.2	措施项目费	5 559 230.50	264.30	7.34
1.2.1	单价措施项目	3 002 516.46	142.75	54.01
1.2.1.1	脚手架	1 792 544.23	85.22	59.70
1.2.1.2	混凝土模板及支架（撑）	1 138 668.63	54.14	37.92
1.2.1.3	其他项	71 303.60	3.39	2.37
1.2.2	总价措施项目	2 556 714.04	121.55	45.99
2	规费	4 678 252.65	222.42	5.34
3	税金	7 236 559.32	344.05	8.26

表3 主要工程量指标表

编号	工程量名称	数量	单位	单位指标
1	建筑工程			
1.1	土石方工程	93 723.85	m³	4.46 m³/m²
1.2	砌筑工程	4 490.33	m³	0.21 m³/m²
1.3	混凝土工程			
1.3.1	现浇混凝土	3 493.38	m³	0.17 m³/m²
1.4	钢筋工程			
1.4.1	普通钢筋	187 236	kg	8.90 kg/m²
1.5	金属结构工程	2 797.72	t	0.13 t/m²
1.6	屋面及防水工程			
1.6.1	屋面工程	2 954.05	m²	0.14 m²/m²
1.6.2	防水工程	7 227.51	m²	0.34 m²/m²
1.7	保温、隔热及防腐工程			
1.7.1	保温、隔热工程	7 142.27	m²	0.34 m²/m²
2	装饰工程			

续表

编号	工程量名称	数量	单位	单位指标
2.1	门窗	668.76	m²	0.03 m²/m²
2.2	楼地面装饰	4 122.19	m²	0.20 m²/m²
2.3	墙柱面装饰	6 863.19	m²	0.33 m²/m²
2.4	油漆、涂料	46 762.80	m²	2.22 m²/m²
3	安装工程			
3.1	电气工程			
3.1.1	母线安装	69.43	m	<0.01 m/m²
3.1.2	电缆安装	7 084.55	m	0.34 m/m²
3.1.3	配管、配线	120 551.73	m	5.73 m/m²
3.1.4	照明器具安装	1 964.00	套	0.09 套/m²
3.2	建筑智能化及通信工程	—	—	—
3.3	空调、通风工程			
3.3.1	通风设备及部件制作安装	543	台	0.03 台/m²
3.3.2	通风管道制作安装	7 094.07	m²	0.34 m²/m²
3.3.3	通风管道部件制作安装	1 364	个	0.06 个/m²
3.4	消防工程			
3.4.1	水灭火系统			
3.4.1.1	消防管道	9 884	m	0.47 m/m²
3.4.1.2	消防装置	4	组	<0.01 组/m²
3.4.1.3	消火栓、灭火器	363.00	套	0.02 套/m²
3.4.2	气体灭火系统			
3.4.2.1	消防装置	9	套	<0.01 套/m²
3.4.3	泡沫灭火系统	—	—	—
3.4.4	火灾自动报警系统	1 875	套	0.09 套/m²
3.5	给排水、采暖、燃气工程			
3.5.1	给排水管道	11 050.76	m	0.53 m/m²
3.5.2	支架及其他	1 871.59	kg	0.09 kg/m²

续表

编号	工程量名称	数量	单位	单位指标
3.5.3	管道附件	11.00	组	<0.01 组/m²
3.5.4	设备	2	台	<0.01 台/m²
3.6	刷油、防腐蚀、绝热工程			
3.6.1	绝热工程	7 296.66	m²	0.35 m²/m²

文化建筑

案例 35　广东省某展览馆

表1　工程概况及项目专业信息表

基本信息					
建设性质	新建	工程类型	文化建筑/展览馆	结构类型	钢-混凝土组合结构
建设形式	全现浇	抗震等级	三级	开/竣工日期	—
计价方式	清单计价	造价阶段	招标控制价	总建筑面积（m²）	3 973.17
地下建筑面积（m²）	0	装修标准	精装	人防面积（m²）	0
建筑物基底面积（m²）	2 400.00	屋面面积（m²）	1 820.00	檐高或房屋高度（m）	23.30
地上最高层数（层）	3	地下层数（层）	0	首层层高（m）	6.00
标准层层高（m）	6.00	顶层层高（m）	11.00	地下一层层高（m）	—
地下二层层高（m）	—	地下三层层高（m）	—	户数（户）	0
装修类别	精装	基坑支护面积（m²）	0	建设年限（年）	—
绿建标准	绿建二星	安全文明施工标准	达标	质量标准	合格
说明	—				
项目专业信息					
建筑工程	地基处理及土护降工程	土石方工程：挖一般土石方。基坑支护形式：其他			

续表

建筑工程	基础工程	桩基础
	主体工程	钢筋工程：普通钢筋。钢结构工程：钢柱、钢梁、钢板、屋面钢结构。混凝土主要强度：C20、C25、C30、C35、C40
	屋面工程	屋面形式：坡屋面。屋面材料：金属
	防水工程	地下防水：涂膜防水。屋面防水：刚性防水
	保温工程	—
装饰工程	门窗工程	门：木门、塑钢门。窗：铝合金窗
	地面工程	水磨石、面砖、石材
	墙面工程	油漆、瓷砖
	天棚工程	涂料、吊顶
	外立面形式	玻璃幕墙
安装工程	电气工程	电气照明灯具：普通灯具、装饰灯具。电气动力配管：钢管、JDG管。电缆：普通电缆、矿物电缆
	电梯工程	电梯种类：进口直梯
	建筑智能化及通信工程	闭路监控系统、建筑设备监控系统、停车场管理系统、门禁控制系统、公共广播、信息发布系统、可视对讲系统
	空调工程	管道：镀锌钢板风管。集中/半集中式系统类型：风+水形式。设备：新风机组
	通风工程	防排烟系统
	给排水工程	冷水管：不锈钢管。卫生器具：有。污废水管道：塑料管。直饮水系统类型：直饮水机
	采暖工程	散热器：无
	燃气工程	—
	消防工程	水灭火系统：消火栓系统

表2 工程经济指标表

编号	项目名称	金额（元）	单位指标（元/m²）	占比指标（%）
1	单项工程（分部分项+措施项目）	45 663 046.61	11 492.85	90.48
1.1	分部分项费	43 415 397.04	10 927.14	95.08
1.1.1	建筑工程	18 751 156.63	4 719.44	43.19
1.1.1.1	土石方工程	971 923.62	244.62	5.18
1.1.1.2	基础工程	4 559 335.65	1 147.53	24.31
1.1.1.3	砌筑工程	194 436.16	48.94	1.04
1.1.1.4	混凝土工程	998 049.60	251.20	5.32
1.1.1.4.1	现浇混凝土	998 049.60	251.20	100.00
1.1.1.5	钢筋工程	917 600.56	230.95	4.89
1.1.1.5.1	普通钢筋	917 600.56	230.95	100.00
1.1.1.6	金属结构工程	10 975 948.08	2 762.52	58.53
1.1.1.7	屋面及防水工程	133 862.96	33.69	0.71
1.1.1.7.1	屋面防水	133 862.96	33.69	100.00
1.1.2	装饰工程	14 823 543.07	3 730.91	34.14
1.1.2.1	门窗	59 904.12	15.08	0.40
1.1.2.2	楼地面装饰	753 997.35	189.77	5.09
1.1.2.3	墙柱面装饰	2 255 767.11	567.75	15.22
1.1.2.4	天棚装饰	1 797 519.20	452.41	12.13
1.1.2.5	幕墙	9 773 178.22	2 459.79	65.93
1.1.2.6	其他内装饰	183 177.07	46.10	1.24
1.1.3	安装工程	9 840 697.34	2 476.79	22.67
1.1.3.1	电气工程	4 782 639.90	1 203.73	48.60
1.1.3.1.1	配电装置安装	4 190.70	1.05	0.09
1.1.3.1.2	控制设备及低压电器安装	1 374 836.85	346.03	28.75
1.1.3.1.3	电机检查接线及调试	13 834.24	3.48	0.29

续表

编号	项目名称	金额（元）	单位指标（元/m²）	占比指标（%）
1.1.3.1.4	电缆安装	1 423 635.92	358.31	29.77
1.1.3.1.5	防雷及接地装置	21 434.61	5.39	0.45
1.1.3.1.6	配管、配线	919 924.04	231.53	19.23
1.1.3.1.7	照明器具安装	961 857.07	242.09	20.11
1.1.3.1.8	附属工程	59 637.51	15.01	1.25
1.1.3.1.9	电气调整试验	3 288.96	0.83	0.07
1.1.3.2	建筑智能化及通信工程	1 813 190.85	456.36	18.43
1.1.3.2.1	计算机应用、网络系统工程	135 660.38	34.14	7.48
1.1.3.2.2	综合布线系统工程	114 772.58	28.89	6.33
1.1.3.2.3	建筑设备自动化系统工程	45 963.27	11.57	2.53
1.1.3.2.4	有线电视、卫星接收系统工程	11 375.88	2.86	0.63
1.1.3.2.5	音频、视频系统工程	200 484.06	50.46	11.06
1.1.3.2.6	安全防范系统工程	1 304 934.68	328.44	71.97
1.1.3.3	空调、通风工程	1 951 793.34	491.24	19.83
1.1.3.3.1	空调设备	868 254.07	218.53	44.48
1.1.3.3.2	通风设备	71 728.64	18.05	3.68
1.1.3.3.3	通风管道	854 712.87	215.12	43.79
1.1.3.3.4	通风管道部件	157 097.76	39.54	8.05
1.1.3.4	给排水工程	218 098.76	54.89	2.22
1.1.3.4.1	给排水管道	125 354.81	31.55	57.48
1.1.3.4.2	卫生器具	92 743.95	23.34	42.52
1.1.3.5	消防工程	288 379.95	72.58	2.93
1.1.3.5.1	水灭火系统	188 206.23	47.37	65.26
1.1.3.5.2	气体灭火系统	16 558.83	4.17	5.74
1.1.3.5.3	火灾自动报警系统	83 614.89	21.04	28.99
1.1.3.6	电梯工程	575 927.43	144.95	5.85

续表

编号	项目名称	金额（元）	单位指标（元/m²）	占比指标（%）
1.1.3.7	其他项	210 667.11	53.02	2.14
1.1.3.7.1	支架及套管（给排水、采暖、燃气管道）	140 417.91	35.34	66.65
1.1.3.7.2	管道附件（给排水、采暖、燃气管道）	58 464.73	14.71	27.75
1.1.3.7.3	刷油工程	10 802.09	2.72	5.13
1.1.3.7.4	自动化控制仪表	982.38	0.25	0.47
1.2	措施项目费	2 247 649.57	565.71	4.92
1.2.1	单价措施项目	304 072.51	76.53	13.53
1.2.1.1	脚手架	223 005.59	56.13	73.34
1.2.1.2	混凝土模板及支架（撑）	81 066.92	20.40	26.66
1.2.2	总价措施项目	1 943 577.06	489.18	86.47
2	其他项目费	636 256.82	160.14	1.26
3	税金	4 166 937.31	1 048.77	8.26

表3 主要工程量指标表

编号	工程量名称	数量	单位	单位指标
1	建筑工程			
1.1	土石方工程	99 094.48	m³	24.94 m³/m²
1.2	基础工程	2 893.50	m³	0.73 m³/m²
1.3	砌筑工程	410.93	m³	0.10 m³/m²
1.4	混凝土工程			
1.4.1	现浇混凝土	1 257.29	m³	0.32 m³/m²
1.5	钢筋工程			
1.5.1	普通钢筋	825.43	kg	0.21 kg/m²
1.6	金属结构工程	1 613.23	t	0.41 t/m²
1.7	屋面及防水工程			
1.7.1	防水工程	1 729.53	m²	0.44 m²/m²

续表

编号	工程量名称	数量	单位	单位指标
1.8	保温、隔热及防腐工程			
1.8.1	保温、隔热工程	3 659.55	m²	0.92 m²/m²
2	装饰工程			
2.1	门窗	87.22	m²	0.02 m²/m²
2.2	楼地面装饰	2 936.33	m²	0.74 m²/m²
2.3	墙柱面装饰	6 673.21	m²	1.68 m²/m²
2.4	天棚装饰	3 230.55	m²	0.81 m²/m²
2.5	油漆、涂料	18 225.96	m²	4.59 m²/m²
2.6	幕墙	13 738.02	m²	3.46 m²/m²
3	安装工程			
3.1	电气工程			
3.1.1	控制设备及低压电器安装	3	套	<0.01 套/m²
3.1.2	电缆安装	9 605.38	m	2.42 m/m²
3.1.3	配管、配线	108 550.07	m	27.32 m/m²
3.1.4	照明器具安装	3 348.00	套	0.84 套/m²
3.2	建筑智能化及通信工程			
3.2.1	建筑设备自动化系统工程	1	套	<0.01 套/m²
3.2.2	安全防范系统工程	8	套	<0.01 套/m²
3.3	空调、通风工程			
3.3.1	通风设备及部件制作安装	84	台	0.02 台/m²
3.3.2	通风管道制作安装	2 628.37	m²	0.66 m²/m²
3.3.3	通风管道部件制作安装	414	个	0.10 个/m²
3.4	消防工程			
3.4.1	水灭火系统			
3.4.1.1	消防管道	1 773.73	m	0.45 m/m²
3.4.1.2	消防装置	4	组	<0.01 组/m²
3.4.1.3	消火栓、灭火器	57	套	0.01 套/m²

续表

编号	工程量名称	数量	单位	单位指标
3.4.2	气体灭火系统	—	—	—
3.4.3	泡沫灭火系统	—	—	—
3.4.4	火灾自动报警系统	232.00	套	0.06 套/m²
3.5	给排水、采暖、燃气工程			
3.5.1	给排水管道	2 690.34	m	0.68 m/m²
3.5.2	支架及其他	12 518.71	kg	3.15 kg/m²
3.5.3	管道附件	8	组	<0.01 组/m²
3.6	刷油、防腐蚀、绝热工程			
3.6.1	刷油工程	306.85	m²	0.08 m²/m²
3.7	机械设备安装工程			
3.7.1	电梯安装	2	部	<0.01 部/m²
4	措施项目费			
4.1	脚手架工程	3 620.55	m²	0.91 m²/m²

教育建筑

案例 36　北京市某大学报告厅

表 1　工程概况及项目专业信息表

基本信息					
建设性质	新建	工程类型	教育建筑/其他	结构类型	框架结构
建设形式	全现浇	抗震等级	三级	开/竣工日期	—
计价方式	清单计价	造价阶段	招标控制价	总建筑面积（m²）	3 665.00
地下建筑面积（m²）	0	装修标准	精装	人防面积（m²）	—
建筑物基底面积（m²）	—	屋面面积（m²）	2 065.66	檐高或房屋高度（m）	18.47
地上最高层数（层）	2	地下层数（层）	0	首层层高（m）	6.00
标准层层高（m）	0	顶层层高（m）	5.75	地下一层层高（m）	—
地下二层层高（m）	—	地下三层层高（m）	—	户数（户）	—
装修类别	精装	基坑支护面积（m²）	—	建设年限（年）	—
绿建标准	绿建二星	安全文明施工标准	达标	质量标准	合格
说明	本项目类似穹顶结构，檐高 18.47 m，是建筑最高点标高。 报告厅区域仅一层，其他区域是两层，二层顶板标高是 11.75 m，标高 11.75～18.47 m 间属于屋盖层。 开工日期：2019 年 4 月 30 日				

续表

\multicolumn{2}{c}{项目专业信息}		
建筑工程	地基处理及土护降工程	土石方工程：挖一般土石方
	基础工程	独立基础、带形基础
	主体工程	钢筋工程：普通钢筋、高强钢筋。钢结构工程：钢柱、钢梁。混凝土主要强度：C15、C20、C25、C35、C40
	屋面工程	屋面形式：坡屋面。屋面材料：金属
	防水工程	室内防水：涂膜防水。屋面防水：卷材防水
	保温工程	外墙保温：80 mm 厚 ZL 增强竖丝岩棉复合板。屋面保温：150 mm 厚岩棉板
装饰工程	门窗工程	门：塑钢门。窗：铝合金窗
	地面工程	面砖
	墙面工程	石材
	天棚工程	涂料
	外立面形式	玻璃幕墙、铝板幕墙
安装工程	电气工程	电气照明灯具：普通灯具、装饰灯具。电气动力配管：钢管、塑料管、JDG 管。电缆：普通电缆、矿物电缆
	电梯工程	—
	建筑智能化及通信工程	计算机网络系统、闭路监控系统、建筑设备监控系统、门禁控制系统、多媒体会议系统、能耗监测系统、电子巡更系统
	空调工程	管道：镀锌钢板风管。集中/半集中式系统类型：风+水形式。设备：空调机组、热回收机组。风机盘管：两管制
	通风工程	送排风系统、防排烟系统
	给排水工程	冷水管：塑料管、复合管。中水管：塑料管、复合管。热水管：复合管。卫生器具：有。污废水管道：铸铁管
	采暖工程	—

续表

安装工程	燃气工程	—
	消防工程	水灭火系统：消火栓系统。火灾自动报警系统：有

表2　工程经济指标表

编号	项目名称	金额（元）	单位指标（元/m²）	占比指标（%）
1	单项工程（分部分项+措施项目）	29 904 861.20	8 159.58	85.38
1.1	分部分项费	26 948 519.81	7 352.94	90.11
1.1.1	建筑工程	9 114 607.97	2 486.93	33.82
1.1.1.1	土石方工程	350 056.99	95.51	3.84
1.1.1.2	基础工程	575 924.18	157.14	6.32
1.1.1.3	砌筑工程	1 019 263.20	278.11	11.18
1.1.1.4	钢筋工程	828 031.21	225.93	9.08
1.1.1.4.1	普通钢筋	826 217.78	225.43	99.78
1.1.1.4.2	其他项	1 813.43	0.49	0.22
1.1.1.5	金属结构工程	902 618.13	246.28	9.90
1.1.1.6	屋面及防水工程	2 920 287.88	796.80	32.04
1.1.1.6.1	屋面工程	2 635 918.24	719.21	90.26
1.1.1.6.2	屋面防水	262 702.40	71.68	9.00
1.1.1.6.3	墙面、楼（地）面防水	21 667.24	5.91	0.74
1.1.1.7	保温、隔热及防腐工程	1 109 611.44	302.76	12.17
1.1.1.7.1	保温、隔热工程	1 109 611.44	302.76	100.00
1.1.1.8	其他项、补充项	1 408 814.94	384.40	15.46
1.1.2	装饰工程	10 294 104.02	2 808.76	38.20
1.1.2.1	门窗	288 708.18	78.77	2.80
1.1.2.2	楼地面装饰	1 299 037.74	354.44	12.62
1.1.2.3	墙柱面装饰	2 728 218.47	744.40	26.50

续表

编号	项目名称	金额（元）	单位指标（元/m²）	占比指标（%）
1.1.2.4	天棚装饰	1 122 504.45	306.28	10.90
1.1.2.5	油漆、涂料	552 989.53	150.88	5.37
1.1.2.6	幕墙	3 936 453.28	1 074.07	38.24
1.1.2.7	隔断	106 722.68	29.12	1.04
1.1.2.8	其他内装饰	259 469.69	70.80	2.52
1.1.3	安装工程	7 539 807.82	2 057.25	27.98
1.1.3.1	电气工程	2 902 279.98	791.89	38.49
1.1.3.1.1	控制设备及低压电器安装	977 622.47	266.75	33.68
1.1.3.1.2	电机检查接线及调试	35 752.72	9.76	1.23
1.1.3.1.3	电缆安装	550 943.13	150.33	18.98
1.1.3.1.4	防雷及接地装置	130 956.67	35.73	4.51
1.1.3.1.5	配管、配线	688 728.92	187.92	23.73
1.1.3.1.6	照明器具安装	355 560.30	97.02	12.25
1.1.3.1.7	附属工程	133 058.53	36.31	4.58
1.1.3.1.8	电气调整试验	29 657.24	8.09	1.02
1.1.3.2	建筑智能化及通信工程	918 355.01	250.57	12.18
1.1.3.2.1	综合布线系统工程	397 079.46	108.34	43.24
1.1.3.2.2	建筑设备自动化系统工程	251 158.54	68.53	27.35
1.1.3.2.3	安全防范系统工程	270 117.01	73.70	29.41
1.1.3.3	空调、通风工程	1 885 558.69	514.48	25.01
1.1.3.3.1	空调设备	439 053.35	119.80	23.29
1.1.3.3.2	通风设备	117 125.09	31.96	6.21
1.1.3.3.3	通风管道	868 001.32	236.84	46.03
1.1.3.3.4	通风管道部件	461 378.93	125.89	24.47

续表

编号	项目名称	金额（元）	单位指标（元/m²）	占比指标（%）
1.1.3.4	给排水工程	395 245.11	107.84	5.24
1.1.3.4.1	给排水管道	245 878.38	67.09	62.21
1.1.3.4.2	卫生器具	140 018.65	38.20	35.43
1.1.3.4.3	给排水设备	9 348.08	2.55	2.37
1.1.3.5	消防工程	530 538.28	144.76	7.04
1.1.3.5.1	水灭火系统	120 868.43	32.98	22.78
1.1.3.5.2	火灾自动报警系统	409 669.85	111.78	77.22
1.1.3.6	其他项	571 620.59	155.97	7.58
1.1.3.6.1	支架及套管（给排水、采暖、燃气管道）	13 026.63	3.55	2.28
1.1.3.6.2	管道附件（给排水、采暖、燃气管道）	190 745.22	52.05	33.37
1.1.3.6.3	刷油工程	9 009.39	2.46	1.58
1.1.3.6.4	防腐工程	6 734.85	1.84	1.18
1.1.3.6.5	绝热工程	348 228.41	95.01	60.92
1.1.3.6.6	自动化控制仪表	3 876.09	1.06	0.68
1.1.3.7	补充项	336 210.16	91.74	4.46
1.2	措施项目费	2 956 341.39	806.64	9.89
1.2.1	单价措施项目	1 540 464.84	420.32	52.11
1.2.1.1	脚手架	330 002.67	90.04	21.42
1.2.1.2	混凝土模板及支架（撑）	988 494.02	269.71	64.17
1.2.1.3	其他项	221 968.15	60.56	14.41
1.2.2	总价措施项目	1 415 876.55	386.32	47.89
2	规费	984 714.30	268.68	2.81
3	税金	3 180 533.06	867.81	9.08
4	设备、器具购置费	954 010.00	260.30	2.72

表3 主要工程量指标表

编号	工程量名称	数量	单位	单位指标
1	建筑工程			
1.1	土石方工程	5 442.48	m^3	1.48 m^3/m^2
1.2	基础工程	643.30	m^3	0.18 m^3/m^2
1.3	砌筑工程	1 004.59	m^3	0.27 m^3/m^2
1.4	混凝土工程			
1.4.1	现浇混凝土	1 539.31	m^3	0.42 m^3/m^2
1.5	钢筋工程			
1.5.1	普通钢筋	359 402	kg	98.06 kg/m^2
1.6	金属结构工程	99.48	t	0.03 t/m^2
1.7	屋面及防水工程			
1.7.1	屋面工程	2 192.67	m^2	0.60 m^2/m^2
1.7.2	防水工程	2 281.67	m^2	0.62 m^2/m^2
1.8	保温、隔热及防腐工程			
1.8.1	保温、隔热工程	2 036.80	m^2	0.56 m^2/m^2
2	装饰工程			
2.1	门窗	193.36	m^2	0.05 m^2/m^2
2.2	楼地面装饰	3 421.44	m^2	0.93 m^2/m^2
2.3	墙柱面装饰	3 609.23	m^2	0.98 m^2/m^2
2.4	天棚装饰	1 855.36	m^2	0.51 m^2/m^2
2.5	油漆、涂料	7 561.60	m^2	2.06 m^2/m^2
2.6	幕墙	4 758.76	m^2	1.30 m^2/m^2
2.7	隔断	326.79	m^2	0.09 m^2/m^2
2.8	其他内装饰	10.26	m^2	<0.01 m^2/m^2
3	安装工程			
3.1	电气工程			

续表

编号	工程量名称	数量	单位	单位指标
3.1.1	控制设备及低压电器安装	790.00	套	0.22 套/m²
3.1.2	电缆安装	12 016.14	m	3.28 m/m²
3.1.3	配管、配线	81 986.95	m	22.37 m/m²
3.1.4	照明器具安装	1 243	套	0.34 套/m²
3.2	建筑智能化及通信工程			
3.2.1	计算机应用、网络系统工程	1	套	<0.01 套/m²
3.2.2	综合布线系统工程	1	套	<0.01 套/m²
3.2.3	建筑设备自动化系统工程	2	套	<0.01 套/m²
3.2.4	安全防范系统工程	25.00	套	0.01 套/m²
3.3	空调、通风工程			
3.3.1	通风设备及部件制作安装	105	台	0.03 台/m²
3.3.2	通风管道制作安装	3 283.63	m²	0.90 m²/m²
3.3.3	通风管道部件制作安装	492	个	0.13 个/m²
3.4	消防工程			
3.4.1	水灭火系统			
3.4.1.1	消防管道	375.80	m	0.10 m/m²
3.4.1.2	消火栓、灭火器	69.00	套	0.02 套/m²
3.4.2	气体灭火系统	—	—	—
3.4.3	泡沫灭火系统	—	—	—
3.4.4	火灾自动报警系统	485	套	0.13 套/m²
3.5	给排水、采暖、燃气工程			
3.5.1	给排水管道	2 270.29	m	0.62 m/m²
3.5.2	管道附件	356	组	0.10 组/m²
3.5.3	卫生器具	100	套	0.03 套/m²
3.5.4	设备	8	台	<0.01 台/m²

续表

编号	工程量名称	数量	单位	单位指标
3.6	刷油、防腐蚀、绝热工程			
3.6.1	刷油工程	550.8	m^2	0.15 m^2/m^2
3.6.2	防腐蚀工程	71.48	m^2	0.02 m^2/m^2
3.6.3	绝热工程	2 551.54	m^2	0.70 m^2/m^2

案例 37 山东省某中学教学楼

表 1 工程概况及项目专业信息表

基本信息					
建设性质	新建	工程类型	教育建筑/教学楼	结构类型	框架结构
建设形式	装配式	抗震等级	二级	开/竣工日期	2022-03-20/2023-06-30
计价方式	清单计价	造价阶段	招标控制价	总建筑面积（m^2）	15 872.00
地下建筑面积（m^2）	0	装修标准	初装	人防面积（m^2）	—
建筑物基底面积（m^2）	—	屋面面积（m^2）	—	檐高或房屋高度（m）	20.75
地上最高层数（层）	5	地下层数（层）	0	首层层高（m）	4.20
标准层层高（m）	3.90	顶层层高（m）	3.90	地下一层层高（m）	—
地下二层层高（m）	—	地下三层层高（m）	—	户数（户）	—
装修类别	初装	基坑支护面积（m^2）	—	建设年限（年）	—
绿建标准	绿建二星	安全文明施工标准	绿色	质量标准	合格
说明	本工程无电梯工程和燃气工程，且确认税率无误。 设备、器具购置费为设备费，数据无误。电气工程主要包含配电箱；建筑智能化及通信工程主要包含摄像机、交换机、控制主机；通风工程主要包含送排风系统；消防工程主要包含报警控制器、隔离器、排烟风机；空调工程主要包含空调、新风处理机组。装配式主要包含条形板内隔墙、CF 蒸压瓷粉加气混凝土墙板				
项目专业信息					
建筑工程	地基处理及土护降工程	土石方工程：挖一般土石方			

续表

建筑工程	基础工程	独立基础、满堂基础
	主体工程	钢筋工程：普通钢筋。钢结构工程：钢柱、钢梁。混凝土主要强度：C15、C20、C25、C30、C35
	屋面工程	屋面形式：平屋面。屋面材料：混凝土
	防水工程	室内防水：涂膜防水。屋面防水：卷材防水
	保温工程	外墙保温：无机轻集料保温砂浆。内墙保温：无机轻集料保温砂浆。屋面保温：挤塑聚苯板
装饰工程	门窗工程	门：木门。窗：断桥铝窗、铝合金窗
	地面工程	水泥砂浆
	墙面工程	涂料
	天棚工程	涂料
	外立面形式	涂料
安装工程	电气工程	电气照明灯具：普通灯具、装饰灯具。电气动力配管：钢管。电缆：普通电缆
	电梯工程	—
	建筑智能化及通信工程	闭路监控系统、门禁控制系统、公共广播、信息发布系统、多媒体会议系统、智能门锁、多媒体教学系统
	空调工程	管道：镀锌钢板风管。集中/半集中式系统类型：风+水形式。局部式空调类型：分体式空调。设备：空调机组。风机盘管：两管制
	通风工程	送排风系统
	给排水工程	冷水管：塑料管、复合管。中水管：塑料管。热水管：塑料管、复合管。卫生器具：有。污废水管道：塑料管、铸铁管
	采暖工程	采暖管道：钢管。热计量仪表：有。散热器：铸铁
	燃气工程	—
	消防工程	水灭火系统：水喷淋系统

表2　工程经济指标表

编号	项目名称	金额（元）	单位指标（元/m²）	占比指标（%）
1	单项工程（分部分项+措施项目）	57 587 203.51	3 628.23	84.20
1.1	分部分项费	53 297 987.56	3 357.99	92.55
1.1.1	建筑工程	25 886 041.07	1 630.92	48.57
1.1.1.1	土石方工程	297 009.59	18.71	1.15
1.1.1.2	基础工程	980 872.26	61.80	3.79
1.1.1.3	砌筑工程	3 531 736.64	222.51	13.64
1.1.1.4	混凝土工程	1 987 001.02	125.19	7.68
1.1.1.4.1	现浇混凝土	1 945 501.96	122.57	97.91
1.1.1.4.2	预制混凝土	41 499.06	2.61	2.09
1.1.1.5	钢筋工程	3 174 430.48	200.00	12.26
1.1.1.5.1	普通钢筋	2 995 863.96	188.75	94.37
1.1.1.5.2	其他项	178 566.52	11.25	5.63
1.1.1.6	金属结构工程	10 724 111.68	675.66	41.43
1.1.1.7	屋面及防水工程	3 798 957.97	239.35	14.68
1.1.1.7.1	屋面工程	2 596 619.90	163.60	68.35
1.1.1.7.2	屋面防水	1 167 405.33	73.55	30.73
1.1.1.7.3	墙面、楼（地）面防水	34 932.74	2.20	0.92
1.1.1.8	保温、隔热及防腐工程	1 391 321.43	87.66	5.37
1.1.1.8.1	保温、隔热工程	1 391 321.43	87.66	100.00
1.1.1.9	其他项、补充项	600.00	0.04	0.00
1.1.2	装饰工程	20 904 422.20	1 317.06	39.22
1.1.2.1	门窗	2 662 634.88	167.76	12.74
1.1.2.2	楼地面装饰	4 598 046.01	289.70	22.00
1.1.2.3	墙柱面装饰	5 181 212.51	326.44	24.79
1.1.2.4	天棚装饰	2 608 935.49	164.37	12.48

续表

编号	项目名称	金额（元）	单位指标（元/m²）	占比指标（%）
1.1.2.5	油漆、涂料	5 515 136.31	347.48	26.38
1.1.2.6	隔断	127 407.00	8.03	0.61
1.1.2.7	其他内装饰	211 050.00	13.30	1.01
1.1.3	安装工程	6 507 524.29	410.00	12.21
1.1.3.1	电气工程	2 317 225.85	145.99	35.61
1.1.3.1.1	控制设备及低压电器安装	91 733.90	5.78	3.96
1.1.3.1.2	电缆安装	332 992.05	20.98	14.37
1.1.3.1.3	防雷及接地装置	153 121.33	9.65	6.61
1.1.3.1.4	配管、配线	1 382 293.36	87.09	59.65
1.1.3.1.5	照明器具安装	252 694.71	15.92	10.91
1.1.3.1.6	附属工程	94 793.83	5.97	4.09
1.1.3.1.7	电气调整试验	9 596.67	0.60	0.41
1.1.3.2	建筑智能化及通信工程	311 770.82	19.64	4.79
1.1.3.2.1	计算机应用、网络系统工程	21 860.47	1.38	7.01
1.1.3.2.2	综合布线系统工程	198 122.67	12.48	63.55
1.1.3.2.3	建筑设备自动化系统工程	1 027.86	0.06	0.33
1.1.3.2.4	建筑信息综合管理系统工程	4 088.46	0.26	1.31
1.1.3.2.5	有线电视、卫星接收系统工程	392.99	0.02	0.13
1.1.3.2.6	音频、视频系统工程	9 035.70	0.57	2.90
1.1.3.2.7	安全防范系统工程	77 242.67	4.87	24.78
1.1.3.3	空调、通风工程	537 331.57	33.85	8.26
1.1.3.3.1	空调设备	67 097.65	4.23	12.49
1.1.3.3.2	通风设备	32 387.52	2.04	6.03
1.1.3.3.3	通风管道	318 402.56	20.06	59.26
1.1.3.3.4	通风管道部件	119 443.84	7.53	22.23
1.1.3.4	给排水工程	550 909.66	34.71	8.47

续表

编号	项目名称	金额（元）	单位指标（元/m²）	占比指标（%）
1.1.3.4.1	给排水管道	394 828.32	24.88	71.67
1.1.3.4.2	卫生器具	156 081.34	9.83	28.33
1.1.3.5	消防工程	846 185.31	53.31	13.00
1.1.3.5.1	水灭火系统	712 010.1	44.86	84.14
1.1.3.5.2	火灾自动报警系统	134 175.21	8.45	15.86
1.1.3.6	采暖工程	1 256 781.92	79.18	19.31
1.1.3.6.1	采暖管道	323 354.77	20.37	25.73
1.1.3.6.2	供暖器具	933 427.15	58.81	74.27
1.1.3.7	其他项	605 396.51	38.14	9.30
1.1.3.7.1	支架及套管（给排水、采暖、燃气管道）	279 266.08	17.59	46.13
1.1.3.7.2	管道附件（给排水、采暖、燃气管道）	90 117.00	5.68	14.89
1.1.3.7.3	刷油工程	22 935.45	1.45	3.79
1.1.3.7.4	绝热工程	213 077.98	13.42	35.20
1.1.3.8	补充项	81 922.65	5.16	1.26
1.2	措施项目费	4 289 215.95	270.24	7.45
1.2.1	单价措施项目	2 798 678.00	176.33	65.25
1.2.1.1	脚手架	1 222 566.65	77.03	43.68
1.2.1.2	混凝土模板及支架（撑）	1 490 158.75	93.89	53.25
1.2.1.3	其他项	85 952.60	5.42	3.07
1.2.2	总价措施项目	1 490 537.95	93.91	34.75
2	规费	3 759 477.80	236.86	5.50
3	税金	5 621 737.95	354.19	8.22
4	设备、器具购置费	1 424 028.74	89.72	2.08

表3 主要工程量指标表

编号	工程量名称	数量	单位	单位指标
1	建筑工程			
1.1	土石方工程	61 900.80	m³	3.90 m³/m²
1.2	基础工程	1 684.88	m³	0.11 m³/m²
1.3	砌筑工程	1 811.72	m³	0.11 m³/m²
1.4	混凝土工程			
1.4.1	现浇混凝土	4 799.04	m³	0.30 m³/m²
1.4.2	预制混凝土	2.4	m³	<0.01 m³/m²
1.5	钢筋工程			
1.5.1	普通钢筋	432 947.00	kg	27.28 kg/m²
1.6	金属结构工程	1 085.66	t	0.07 t/m²
1.7	屋面及防水工程			
1.7.1	屋面工程	485.75	m²	0.03 m²/m²
1.7.2	防水工程	5 586.99	m²	0.35 m²/m²
1.8	保温、隔热及防腐工程			
1.8.1	保温、隔热工程	25 180.07	m²	1.59 m²/m²
2	装饰工程			
2.1	门窗	3 358.65	m²	0.21 m²/m²
2.2	楼地面装饰	27 200.93	m²	1.71 m²/m²
2.3	墙柱面装饰	42 685.47	m²	2.69 m²/m²
2.4	天棚装饰	15 102.45	m²	0.95 m²/m²
2.5	油漆、涂料	35 782.25	m²	2.25 m²/m²
2.6	隔断	700	m²	0.04 m²/m²
2.7	其他内装饰	350	m²	0.02 m²/m²
3	安装工程			
3.1	电气工程			
3.1.1	电缆安装	3 702.00	m	0.23 m/m²

续表

编号	工程量名称	数量	单位	单位指标
3.1.2	配管、配线	98 917.92	m	6.23 m/m²
3.1.3	照明器具安装	1 786	套	0.11 套/m²
3.2	建筑智能化及通信工程			
3.2.1	计算机应用、网络系统工程	6.00	套	<0.01 套/m²
3.2.2	建筑信息综合管理系统工程	1	套	<0.01 套/m²
3.2.3	安全防范系统工程	179	套	0.01 套/m²
3.3	空调、通风工程			
3.3.1	通风设备及部件制作安装	83.00	台	0.01 台/m²
3.3.2	通风管道制作安装	1 124.77	m²	0.07 m²/m²
3.3.3	通风管道部件制作安装	128	个	0.01 个/m²
3.4	消防工程			
3.4.1	水灭火系统			
3.4.1.1	消防管道	6 284.94	m	0.40 m/m²
3.4.1.2	消防装置	7	组	<0.01 组/m²
3.4.1.3	消火栓、灭火器	274.00	套	0.02 套/m²
3.4.2	气体灭火系统	—	—	—
3.4.3	泡沫灭火系统	—	—	—
3.4.4	火灾自动报警系统	839	套	0.05 套/m²
3.5	给排水、采暖、燃气工程			
3.5.1	给排水管道	5 089.27	m	0.32 m/m²
3.5.2	采暖管道	3 293.40	m	0.21 m/m²
3.5.3	支架及其他	2 538.25	kg	0.16 kg/m²
3.5.4	供暖器具	580	组	0.04 组/m²
3.6	刷油、防腐蚀、绝热工程			
3.6.1	刷油工程	1 899.22	m²	0.12 m²/m²
3.6.2	绝热工程	86.43	m²	0.01 m²/m²

案例 38　山东省某小学教学楼

表 1　工程概况及项目专业信息表

基本信息					
建设性质	新建	工程类型	教育建筑/教学楼	结构类型	钢结构
建设形式	装配式	抗震等级	二级	开/竣工日期	2022-03-20/2023-06-30
计价方式	清单计价	造价阶段	招标控制价	总建筑面积（m^2）	13 943.00
地下建筑面积（m^2）	0	装修标准	初装	人防面积（m^2）	—
建筑物基底面积（m^2）	—	屋面面积（m^2）	—	檐高或房屋高度（m）	15.90
地上最高层数（层）	4	地下层数（层）	0	首层层高（m）	4.20
标准层层高（m）	3.90	顶层层高（m）	3.90	地下一层层高（m）	—
地下二层层高（m）	—	地下三层层高（m）	—	户数（户）	38
装修类别	初装	基坑支护面积（m^2）	—	建设年限（年）	—
绿建标准	绿建二星	安全文明施工标准	绿色	质量标准	合格
说明	本工程无电梯工程和燃气工程；电气工程主要包含配电箱；建筑智能化及通信工程主要包含摄像机、机柜；给排水工程主要包含泵房设备；通风工程主要包含轴流风机；消防工程主要包含报警控制器、电源、消防广播；空调工程主要包含空调、新风处理机组。装配式主要包含条形板内隔墙、CF蒸压瓷粉加气混凝土墙板				
项目专业信息					
建筑工程	地基处理及土护降工程	土石方工程：挖一般土石方。地基处理方式：其他。基坑支护形式：其他			

续表

建筑工程	基础工程	独立基础、满堂基础、其他
	主体工程	钢筋工程：高强钢筋、普通钢筋。钢结构工程：钢柱、钢梁。混凝土主要强度：C15、C20、C25、C30、C35
	屋面工程	屋面形式：平屋面。屋面材料：混凝土
	防水工程	室内防水：涂膜防水。屋面防水：卷材防水
	保温工程	外墙保温：无机轻集料保温砂浆。内墙保温：无机轻集料保温砂浆。屋面保温：挤塑聚苯板
装饰工程	门窗工程	门：木门。窗：断桥铝窗
	地面工程	水泥砂浆
	墙面工程	涂料
	天棚工程	涂料
	外立面形式	涂料
安装工程	电气工程	电气照明灯具：普通灯具、装饰灯具。电气动力配管：塑料管、钢管。电缆：普通电缆
	电梯工程	—
	建筑智能化及通信工程	计算机网络系统、闭路监控系统、公共广播
	空调工程	管道：镀锌钢板风管。集中/半集中式系统类型：风+水形式。局部式空调类型：分体式空调。设备：空调机组。风机盘管：两管制
	通风工程	送排风系统
	给排水工程	冷水管：塑料管、复合管。中水管：塑料管、复合管。热水管：塑料管、复合管。卫生器具：有。污废水管道：铸铁管
	采暖工程	采暖管道：钢管。热计量仪表：有。散热器：铸铁
	燃气工程	—
	消防工程	水灭火系统：水喷淋系统

表2 工程经济指标表

编号	项目名称	金额（元）	单位指标（元/m²）	占比指标（%）
1	单项工程（分部分项+措施项目）	47 522 002.85	3 408.31	84.32
1.1	分部分项费	44 093 697.58	3 162.43	92.79
1.1.1	建筑工程	24 258 067.34	1 739.80	55.01
1.1.1.1	土石方工程	340 403.37	24.41	1.40
1.1.1.2	基础工程	1 782 620.88	127.85	7.35
1.1.1.3	砌筑工程	3 109 168.56	222.99	12.82
1.1.1.4	混凝土工程	1 432 405.75	102.73	5.90
1.1.1.4.1	现浇混凝土	1 430 072.92	102.57	99.84
1.1.1.4.2	预制混凝土	2 332.83	0.17	0.16
1.1.1.5	钢筋工程	2 503 982.62	179.59	10.32
1.1.1.5.1	普通钢筋	2 394 261.38	171.72	95.62
1.1.1.5.2	其他项	109 721.24	7.87	4.38
1.1.1.6	金属结构工程	10 446 422.79	749.22	43.06
1.1.1.7	屋面及防水工程	3 621 255.36	259.72	14.93
1.1.1.7.1	屋面工程	1 575 472.91	112.99	43.51
1.1.1.7.2	屋面防水	1 973 384.59	141.53	54.49
1.1.1.7.3	墙面、楼（地）面防水	72 397.86	5.19	2.00
1.1.1.8	保温、隔热及防腐工程	1 005 328.01	72.10	4.14
1.1.1.8.1	保温、隔热工程	1 005 328.01	72.10	100.00
1.1.1.9	其他项、补充项	16 480.00	1.18	0.07
1.1.2	装饰工程	14 668 745.73	1 052.05	33.27
1.1.2.1	门窗	663 833.00	47.61	4.53
1.1.2.2	楼地面装饰	3 079 407.09	220.86	20.99
1.1.2.3	墙柱面装饰	4 581 831.14	328.61	31.24
1.1.2.4	天棚装饰	1 257 132.58	90.16	8.57

续表

编号	项目名称	金额（元）	单位指标（元/m²）	占比指标（%）
1.1.2.5	油漆、涂料	4 708 884.31	337.72	32.10
1.1.2.6	隔断	55 913.47	4.01	0.38
1.1.2.7	其他内装饰	321 744.14	23.08	2.19
1.1.3	安装工程	5 166 884.51	370.57	11.72
1.1.3.1	电气工程	2 026 408.15	145.34	39.22
1.1.3.1.1	控制设备及低压电器安装	72 328.67	5.19	3.57
1.1.3.1.2	电缆安装	501 185.61	35.95	24.73
1.1.3.1.3	防雷及接地装置	102 246.42	7.33	5.05
1.1.3.1.4	配管、配线	1 100 300.96	78.91	54.30
1.1.3.1.5	照明器具安装	179 530.82	12.88	8.86
1.1.3.1.6	附属工程	68 526.96	4.91	3.38
1.1.3.1.7	电气调整试验	2 288.71	0.16	0.11
1.1.3.2	建筑智能化及通信工程	239 890.97	17.21	4.64
1.1.3.2.1	计算机应用、网络系统工程	10 379.02	0.74	4.33
1.1.3.2.2	综合布线系统工程	203 497.62	14.59	84.83
1.1.3.2.3	安全防范系统工程	26 014.33	1.87	10.84
1.1.3.3	空调、通风工程	144 224.50	10.34	2.79
1.1.3.3.1	空调设备	24 840.80	1.78	17.22
1.1.3.3.2	通风设备	2 214.44	0.16	1.54
1.1.3.3.3	通风管道	91 579.05	6.57	63.50
1.1.3.3.4	通风管道部件	25 590.21	1.84	17.74
1.1.3.4	给排水工程	312 250.27	22.39	6.04
1.1.3.4.1	给排水管道	222 889.72	15.99	71.38
1.1.3.4.2	卫生器具	89 360.55	6.41	28.62
1.1.3.5	消防工程	728 682.11	52.26	14.10
1.1.3.5.1	水灭火系统	648 008.61	46.48	88.93

续表

编号	项目名称	金额（元）	单位指标（元/m²）	占比指标（%）
1.1.3.5.2	火灾自动报警系统	80 673.50	5.79	11.07
1.1.3.6	采暖工程	1 021 159.74	73.24	19.76
1.1.3.6.1	采暖管道	378 561	27.15	37.07
1.1.3.6.2	供暖器具	642 598.74	46.09	62.93
1.1.3.7	其他项	631 675.61	45.30	12.23
1.1.3.7.1	支架及套管（给排水、采暖、燃气管道）	236 491.63	16.96	37.44
1.1.3.7.2	管道附件（给排水、采暖、燃气管道）	95 978.28	6.88	15.19
1.1.3.7.3	刷油工程	22 284.87	1.60	3.53
1.1.3.7.4	绝热工程	276 920.83	19.86	43.84
1.1.3.8	补充项	62 593.16	4.49	1.21
1.2	措施项目费	3 428 305.27	245.88	7.21
1.2.1	单价措施项目	2 360 988.59	169.33	68.87
1.2.1.1	脚手架	705 860.21	50.62	29.90
1.2.1.2	混凝土模板及支架（撑）	1 573 303.86	112.84	66.64
1.2.1.3	其他项	81 824.52	5.87	3.47
1.2.2	总价措施项目	1 067 316.68	76.55	31.13
2	规费	2 901 529.95	208.10	5.15
3	税金	4 379 104.14	314.07	7.77
4	设备费	1 554 969.06	111.52	2.76

表3 主要工程量指标表

编号	工程量名称	数量	单位	单位指标
1	建筑工程			
1.1	土石方工程	77 957.70	m³	5.59 m³/m²
1.2	基础工程	2 883.41	m³	0.21 m³/m²
1.3	砌筑工程	1 600.38	m³	0.11 m³/m²

续表

编号	工程量名称	数量	单位	单位指标
1.4	混凝土工程			
1.4.1	现浇混凝土	4 964.86	m³	0.36 m³/m²
1.4.2	预制混凝土	0.12	m³	<0.01 m³/m²
1.5	钢筋工程			
1.5.1	普通钢筋	346 017.00	kg	24.82 kg/m²
1.6	金属结构工程	988.16	t	0.07 t/m²
1.7	屋面及防水工程			
1.7.1	屋面工程	4 164.09	m²	0.30 m²/m²
1.7.2	防水工程	9 936.92	m²	0.71 m²/m²
1.8	保温、隔热及防腐工程			
1.8.1	保温、隔热工程	21 119.79	m²	1.51 m²/m²
2	装饰工程			
2.1	门窗	885.81	m²	0.06 m²/m²
2.2	楼地面装饰	15 945.00	m²	1.14 m²/m²
2.3	墙柱面装饰	19 446.75	m²	1.39 m²/m²
2.4	天棚装饰	6 622.42	m²	0.47 m²/m²
2.5	油漆、涂料	28 088.41	m²	2.01 m²/m²
2.6	隔断	307.2	m²	0.02 m²/m²
2.7	其他内装饰	56.77	m²	<0.01 m²/m²
3	安装工程			
3.1	电气工程			
3.1.1	电缆安装	4 428.38	m	0.32 m/m²
3.1.2	配管、配线	66 161.09	m	4.75 m/m²
3.1.3	照明器具安装	1 242	套	0.09 套/m²
3.2	建筑智能化及通信工程	—	—	—
3.3	空调、通风工程			
3.3.1	通风设备及部件制作安装	50	台	<0.01 台/m²

续表

编号	工程量名称	数量	单位	单位指标
3.3.2	通风管道制作安装	346.48	m²	0.02 m²/m²
3.3.3	通风管道部件制作安装	52	个	<0.01 个/m²
3.4	消防工程			
3.4.1	水灭火系统			
3.4.1.1	消防管道	5 920.55	m	0.42 m/m²
3.4.1.2	消防装置	4	组	<0.01 组/m²
3.4.1.3	消火栓、灭火器	121	套	0.01 套/m²
3.4.2	气体灭火系统	—	—	—
3.4.3	泡沫灭火系统	—	—	—
3.4.4	火灾自动报警系统	409.00	套	0.03 套/m²
3.5	给排水、采暖、燃气工程			
3.5.1	给排水管道	2 824.8	m	0.20 m/m²
3.5.2	采暖管道	4 249.72	m	0.30 m/m²
3.5.3	支架及其他	2 179.43	kg	0.16 kg/m²
3.5.4	供暖器具	481.00	组	0.03 组/m²
3.6	刷油、防腐蚀、绝热工程			
3.6.1	刷油工程	1 843.58	m²	0.13 m²/m²
3.6.2	绝热工程	1 309.45	m²	0.09 m²/m²

案例39 山东省某幼儿园

表1 工程概况及项目专业信息表

基本信息					
建设性质	新建	工程类型	教育建筑/教学楼	结构类型	框架结构
建设形式	装配式	抗震等级	二级	开/竣工日期	2022-03-20/2023-06-30
计价方式	清单计价	造价阶段	招标控制价	总建筑面积（m²）	7 904.00
地下建筑面积（m²）	0	装修标准	初装	人防面积（m²）	—
建筑物基底面积（m²）	—	屋面面积（m²）	—	檐高或房屋高度（m）	12.50
地上最高层数（层）	3	地下层数（层）	0	首层层高（m）	3.90
标准层层高（m）	3.90	顶层层高（m）	3.90	地下一层层高（m）	—
地下二层层高（m）	—	地下三层层高（m）	—	户数（户）	18
装修类别	初装	基坑支护面积（m²）	—	建设年限（年）	—
绿建标准	绿建二星	安全文明施工标准	绿色	质量标准	合格
说明	本工程无电梯工程和燃气工程；电气工程主要包含配电箱；建筑智能化及通信工程主要包含摄像机、交换机、服务器；通风工程中主要包含轴流风机、烟道风机；消防工程中主要包含报警控制器、电源、消防广播；空调工程中主要包含空调、新风处理机组。装配式包含条形板内隔墙、CF蒸压瓷粉加气混凝土墙板、装配式混凝土板和装配式混凝土楼梯				
项目专业信息					
建筑工程	地基处理及土护降工程	土石方工程：挖一般土石方			

续表

建筑工程	基础工程	独立基础、满堂基础
	主体工程	钢筋工程：高强钢筋、普通钢筋。钢结构工程：钢柱、钢梁。混凝土主要强度：C15、C25、C30、C35、C40
	屋面工程	屋面形式：平屋面。屋面材料：混凝土
	防水工程	室内防水：涂膜防水。屋面防水：卷材防水
	保温工程	外墙保温：无机轻集料保温砂浆。内墙保温：无机轻集料保温砂浆。屋面保温：挤塑聚苯板
装饰工程	门窗工程	门：木门。窗：断桥铝窗
	地面工程	水泥砂浆
	墙面工程	涂料
	天棚工程	涂料
	外立面形式	涂料
安装工程	电气工程	电气照明灯具：普通灯具、装饰灯具。电气动力配管：钢管。电缆：普通电缆
	电梯工程	—
	建筑智能化及通信工程	计算机网络系统、闭路监控系统、公共广播
	空调工程	管道：镀锌钢板风管。集中/半集中式系统类型：风+水形式。局部式空调类型：分体式空调。设备：空调机组。风机盘管：两管制
	通风工程	送排风系统
	给排水工程	冷水管：塑料管、复合管。中水管：塑料管、复合管。热水管：塑料管、复合管。卫生器具：有。污废水管道：铸铁管
	采暖工程	采暖管道：钢管。热计量仪表：有。散热器：铸铁。地板辐射采暖：有
	燃气工程	—
	消防工程	水灭火系统：水喷淋系统

表2　工程经济指标表

编号	项目名称	金额（元）	单位指标（元/m²）	占比指标（%）
1	单项工程（分部分项+措施项目）	29 137 350.79	3 686.41	85.39
1.1	分部分项费	27 282 147.47	3 451.69	93.63
1.1.1	建筑工程	13 898 766.20	1 758.45	50.94
1.1.1.1	土石方工程	193 709.61	24.51	1.39
1.1.1.2	基础工程	883 631.90	111.80	6.36
1.1.1.3	砌筑工程	2 473 290.31	312.92	17.80
1.1.1.4	混凝土工程	1 486 989.15	188.13	10.70
1.1.1.4.1	现浇混凝土	502 411.66	63.56	33.79
1.1.1.4.2	预制混凝土	984 577.49	124.57	66.21
1.1.1.5	钢筋工程	1 602 151.75	202.70	11.53
1.1.1.5.1	普通钢筋	1 496 832.30	189.38	93.43
1.1.1.5.2	其他项	105 319.45	13.32	6.57
1.1.1.6	金属结构工程	5 580 851.42	706.08	40.15
1.1.1.7	屋面及防水工程	1 384 520.14	175.17	9.96
1.1.1.7.1	屋面工程	277 414.59	35.10	20.04
1.1.1.7.2	屋面防水	915 540.88	115.83	66.13
1.1.1.7.3	墙面、楼（地）面防水	191 564.67	24.24	13.84
1.1.1.8	保温、隔热及防腐工程	293 221.92	37.10	2.11
1.1.1.8.1	保温、隔热工程	293 221.92	37.10	100.00
1.1.1.9	其他项、补充项	400.00	0.05	0.00
1.1.2	装饰工程	10 143 945.86	1 283.39	37.18
1.1.2.1	门窗	1 072 515.00	135.69	10.57
1.1.2.2	楼地面装饰	2 239 289.90	283.31	22.08
1.1.2.3	墙柱面装饰	2 684 190.55	339.60	26.46
1.1.2.4	天棚装饰	1 259 458.14	159.34	12.42

续表

编号	项目名称	金额（元）	单位指标（元/m²）	占比指标（%）
1.1.2.5	油漆、涂料	2 656 314.96	336.07	26.19
1.1.2.6	隔断	67 707.72	8.57	0.67
1.1.2.7	其他内装饰	164 469.59	20.81	1.62
1.1.3	安装工程	3 239 435.41	409.85	11.87
1.1.3.1	电气工程	1 311 059.43	165.87	40.47
1.1.3.1.1	控制设备及低压电器安装	28 483.26	3.60	2.17
1.1.3.1.2	电缆安装	344 963.31	43.64	26.31
1.1.3.1.3	防雷及接地装置	80 039.06	10.13	6.10
1.1.3.1.4	配管、配线	665 230.01	84.16	50.74
1.1.3.1.5	照明器具安装	139 978.09	17.71	10.68
1.1.3.1.6	附属工程	50 076.93	6.34	3.82
1.1.3.1.7	电气调整试验	2 288.77	0.29	0.17
1.1.3.2	建筑智能化及通信工程	94 782.05	11.99	2.93
1.1.3.2.1	计算机应用、网络系统工程	14 519.14	1.84	15.32
1.1.3.2.2	综合布线系统工程	64 456.77	8.15	68.01
1.1.3.2.3	有线电视、卫星接收系统工程	4 553.36	0.58	4.80
1.1.3.2.4	音频、视频系统工程	320.44	0.04	0.34
1.1.3.2.5	安全防范系统工程	10 932.34	1.38	11.53
1.1.3.3	空调、通风工程	147 664.79	18.68	4.56
1.1.3.3.1	空调设备	27 892.54	3.53	18.89
1.1.3.3.2	通风设备	1 780.26	0.23	1.21
1.1.3.3.3	通风管道	75 012.77	9.49	50.80
1.1.3.3.4	通风管道部件	42 979.22	5.44	29.11
1.1.3.4	给排水工程	263 841.87	33.38	8.14
1.1.3.4.1	给排水管道	192 913.11	24.41	73.12
1.1.3.4.2	卫生器具	70 928.76	8.97	26.88

续表

编号	项目名称	金额（元）	单位指标（元/m²）	占比指标（%）
1.1.3.5	消防工程	376 049.08	47.58	11.61
1.1.3.5.1	水灭火系统	319 961.12	40.48	85.08
1.1.3.5.2	火灾自动报警系统	56 087.96	7.10	14.92
1.1.3.6	采暖工程	198 934.49	25.17	6.14
1.1.3.6.1	采暖管道	198 934.49	25.17	100.00
1.1.3.7	其他项	365 153.65	46.20	11.27
1.1.3.7.1	支架及套管（给排水、采暖、燃气管道）	144 180.33	18.24	39.48
1.1.3.7.2	管道附件（给排水、采暖、燃气管道）	42 111.08	5.33	11.53
1.1.3.7.3	刷油工程	11 113.09	1.41	3.04
1.1.3.7.4	绝热工程	167 749.15	21.22	45.94
1.1.3.8	补充项	481 950.05	60.98	14.88
1.2	措施项目费	1 855 203.32	234.72	6.37
1.2.1	单价措施项目	1 126 469.00	142.52	60.72
1.2.1.1	脚手架	401 953.59	50.85	35.68
1.2.1.2	混凝土模板及支架（撑）	654 769.36	82.84	58.13
1.2.1.3	其他项	69 746.05	8.82	6.19
1.2.2	总价措施项目	728 734.32	92.20	39.28
2	规费	1 851 170.40	234.21	5.43
3	税金	2 743 584.38	347.11	8.04
4	设备费	389 462.43	49.27	1.14

表3 主要工程量指标表

编号	工程量名称	数量	单位	单位指标
1	建筑工程			
1.1	土石方工程	40 432.62	m³	5.12 m³/m²
1.2	基础工程	1 427.84	m³	0.18 m³/m²

续表

编号	工程量名称	数量	单位	单位指标
1.3	砌筑工程	2 168.66	m³	0.27 m³/m²
1.4	混凝土工程			
1.4.1	现浇混凝土	2 686.26	m³	0.34 m³/m²
1.4.2	预制混凝土	1	m³	<0.01 m³/m²
1.5	钢筋工程			
1.5.1	普通钢筋	216 313.00	kg	27.37 kg/m²
1.6	金属结构工程	564.52	t	0.07 t/m²
1.7	屋面及防水工程			
1.7.1	屋面工程	276.00	m²	0.03 m²/m²
1.7.2	防水工程	11 367.33	m²	1.44 m²/m²
1.8	保温、隔热及防腐工程			
1.8.1	保温、隔热工程	9 023.1	m²	1.14 m²/m²
2	装饰工程			
2.1	门窗	1 380.82	m²	0.17 m²/m²
2.2	楼地面装饰	9 990.05	m²	1.26 m²/m²
2.3	墙柱面装饰	25 621.59	m²	3.24 m²/m²
2.4	天棚装饰	7 263.73	m²	0.92 m²/m²
2.5	油漆、涂料	17 715.88	m²	2.24 m²/m²
2.6	隔断	372	m²	0.05 m²/m²
2.7	其他内装饰	96.3	m²	0.01 m²/m²
3	安装工程			
3.1	电气工程			
3.1.1	电缆安装	3 003.69	m	0.38 m/m²
3.1.2	配管、配线	40 609.16	m	5.14 m/m²
3.1.3	照明器具安装	968	套	0.12 套/m²
3.2	建筑智能化及通信工程	—	—	—
3.3	空调、通风工程			

续表

编号	工程量名称	数量	单位	单位指标
3.3.1	通风设备及部件制作安装	80	台	0.01 台/m²
3.3.2	通风管道制作安装	266.4	m²	0.03 m²/m²
3.3.3	通风管道部件制作安装	58	个	0.01 个/m²
3.4	消防工程			
3.4.1	水灭火系统			
3.4.1.1	消防管道	3 046.06	m	0.39 m/m²
3.4.1.2	消防装置	4	组	<0.01 组/m²
3.4.1.3	消火栓、灭火器	77	套	0.01 套/m²
3.4.2	气体灭火系统	—	—	—
3.4.3	泡沫灭火系统	—	—	—
3.4.4	火灾自动报警系统	264.00	套	0.03 套/m²
3.5	给排水、采暖、燃气工程			
3.5.1	给排水管道	2 796.07	m	0.35 m/m²
3.5.2	采暖管道	2 238.46	m	0.28 m/m²
3.5.3	支架及其他	1 396.78	kg	0.18 kg/m²
3.6	刷油、防腐蚀、绝热工程			
3.6.1	刷油工程	916.10	m²	0.12 m²/m²
3.6.2	绝热工程	60.84	m²	0.01 m²/m²

案例 40　山东省某幼儿园

表 1　工程概况及项目专业信息表

基本信息					
建设性质	新建	工程类型	教育建筑/教学楼	结构类型	钢结构
建设形式	装配式	抗震等级	二级	开/竣工日期	2022-03-20/2023-06-30
计价方式	清单计价	造价阶段	招标控制价	总建筑面积（m²）	5 037.00
地下建筑面积（m²）	0	装修标准	初装	人防面积（m²）	—
建筑物基底面积（m²）	—	屋面面积（m²）	—	檐高或房屋高度（m）	20.90
地上最高层数（层）	3	地下层数（层）	0	首层层高（m）	3.90
标准层层高（m）	3.90	顶层层高（m）	3.78	地下一层层高（m）	—
地下二层层高（m）	—	地下三层层高（m）	—	户数（户）	—
装修类别	初装	基坑支护面积（m²）	—	建设年限（年）	—
绿建标准	绿建二星	安全文明施工标准	绿色	质量标准	合格
说明	本工程无电梯工程和燃气工程；电气工程主要包含配电箱；建筑智能化及通信工程主要包含摄像机、交换机、服务器；通风工程主要包含送排风系统；消防工程主要包含UPS、送排烟机、报警主机；空调工程主要包含空调、新风处理机组。装配式主要包含条形板内隔墙、CF蒸压瓷粉加气混凝土墙板				
项目专业信息					
建筑工程	地基处理及土护降工程	土石方工程：挖一般土石方			

续表

建筑工程	基础工程	独立基础、满堂基础
	主体工程	钢筋工程：普通钢筋。钢结构工程：钢柱、钢梁。混凝土主要强度：C15、C20、C25、C30、C35
	屋面工程	屋面形式：平屋面。屋面材料：混凝土
	防水工程	室内防水：涂膜防水。屋面防水：卷材防水
	保温工程	外墙保温：挤塑聚苯板。屋面保温：挤塑聚苯板
装饰工程	门窗工程	门：木门。窗：断桥铝窗、铝合金窗
	地面工程	水泥砂浆
	墙面工程	涂料
	天棚工程	矿棉板吊顶、铝扣板吊顶、金属集成吊顶
	外立面形式	涂料
安装工程	电气工程	电气照明灯具：普通灯具、装饰灯具。电气动力配管：钢管。电缆：普通电缆
	电梯工程	—
	建筑智能化及通信工程	计算机网络系统、闭路监控系统、公共广播
	空调工程	管道：镀锌钢板风管。集中/半集中式系统类型：风+水形式。局部式空调类型：分体式空调。设备：空调机组
	通风工程	送排风系统
	给排水工程	冷水管：塑料管、复合管。中水管：塑料管、复合管。热水管：塑料管、复合管。卫生器具：有。污废水管道：塑料管、铸铁管
	采暖工程	采暖管道：钢管。热计量仪表：有。散热器：铸铁。地板辐射采暖：有
	燃气工程	—
	消防工程	水灭火系统：水喷淋系统

表2 工程经济指标表

编号	项目名称	金额（元）	单位指标（元/m²）	占比指标（%）
1	单项工程（分部分项+措施项目）	18 686 644.15	3 709.88	85.19
1.1	分部分项费	17 462 440.28	3 466.83	93.45
1.1.1	建筑工程	8 674 808.20	1 722.22	49.68
1.1.1.1	土石方工程	167 003.57	33.16	1.93
1.1.1.2	基础工程	272 867.63	54.17	3.15
1.1.1.3	砌筑工程	1 136 062.26	225.54	13.10
1.1.1.4	混凝土工程	709 036.52	140.77	8.17
1.1.1.4.1	现浇混凝土	686 124.66	136.22	96.77
1.1.1.4.2	预制混凝土	22 911.86	4.55	3.23
1.1.1.5	钢筋工程	999 405.50	198.41	11.52
1.1.1.5.1	普通钢筋	899 252.47	178.53	89.98
1.1.1.5.2	其他项	100 153.03	19.88	10.02
1.1.1.6	金属结构工程	3 614 716.60	717.63	41.67
1.1.1.7	屋面及防水工程	901 521.37	178.98	10.39
1.1.1.7.1	屋面工程	176 788.63	35.10	19.61
1.1.1.7.2	屋面防水	621 426.41	123.37	68.93
1.1.1.7.3	墙面、楼（地）面防水	103 306.33	20.51	11.46
1.1.1.8	保温、隔热及防腐工程	873 394.75	173.40	10.07
1.1.1.8.1	保温、隔热工程	873 394.75	173.40	100.00
1.1.1.9	其他项、补充项	800.00	0.16	0.01
1.1.2	装饰工程	6 554 569.05	1 301.28	37.54
1.1.2.1	门窗	978 089.65	194.18	14.92
1.1.2.2	楼地面装饰	1 246 325.87	247.43	19.01
1.1.2.3	墙柱面装饰	1 873 819.85	372.01	28.59

续表

编号	项目名称	金额（元）	单位指标（元/m²）	占比指标（%）
1.1.2.4	天棚装饰	661 466.28	131.32	10.09
1.1.2.5	油漆、涂料	1 639 815.87	325.55	25.02
1.1.2.6	隔断	45 138.48	8.96	0.69
1.1.2.7	其他内装饰	109 913.05	21.82	1.68
1.1.3	安装工程	2 233 063.03	443.33	12.79
1.1.3.1	电气工程	810 475.91	160.90	36.29
1.1.3.1.1	控制设备及低压电器安装	25 222.80	5.01	3.11
1.1.3.1.2	电缆安装	163 635.36	32.49	20.19
1.1.3.1.3	防雷及接地装置	51 457.20	10.22	6.35
1.1.3.1.4	配管、配线	439 986.16	87.35	54.29
1.1.3.1.5	照明器具安装	89 865.37	17.84	11.09
1.1.3.1.6	附属工程	34 353.22	6.82	4.24
1.1.3.1.7	电气调整试验	5 955.80	1.18	0.73
1.1.3.2	建筑智能化及通信工程	105 265.05	20.90	4.71
1.1.3.2.1	计算机应用、网络系统工程	14 272.94	2.83	13.56
1.1.3.2.2	综合布线系统工程	71 195.91	14.13	67.63
1.1.3.2.3	建筑设备自动化系统工程	767.43	0.15	0.73
1.1.3.2.4	有线电视、卫星接收系统工程	3 433.23	0.68	3.26
1.1.3.2.5	音频、视频系统工程	62.43	0.01	0.06
1.1.3.2.6	安全防范系统工程	15 533.11	3.08	14.76
1.1.3.3	空调、通风工程	184 826.49	36.69	8.28
1.1.3.3.1	空调设备	31 308.85	6.22	16.94
1.1.3.3.2	通风设备	4 036.74	0.80	2.18
1.1.3.3.3	通风管道	101 505.04	20.15	54.92
1.1.3.3.4	通风管道部件	47 975.86	9.52	25.96
1.1.3.4	给排水工程	163 793.27	32.52	7.33

续表

编号	项目名称	金额（元）	单位指标（元/m²）	占比指标（%）
1.1.3.4.1	给排水管道	119 959.37	23.82	73.24
1.1.3.4.2	卫生器具	43 833.90	8.70	26.76
1.1.3.5	消防工程	274 594.40	54.52	12.30
1.1.3.5.1	水灭火系统	239 804.4	47.61	87.33
1.1.3.5.2	火灾自动报警系统	34 790	6.91	12.67
1.1.3.6	采暖工程	133 527.23	26.51	5.98
1.1.3.6.1	采暖管道	124 714.76	24.76	93.40
1.1.3.6.2	供暖器具	8 812.47	1.75	6.60
1.1.3.7	其他项	248 440.23	49.32	11.13
1.1.3.7.1	支架及套管（给排水、采暖、燃气管道）	100 363.30	19.93	40.40
1.1.3.7.2	管道附件（给排水、采暖、燃气管道）	39 337.36	7.81	15.83
1.1.3.7.3	刷油工程	7 117.41	1.41	2.86
1.1.3.7.4	绝热工程	101 622.16	20.18	40.90
1.1.3.8	补充项	312 140.45	61.97	13.98
1.2	措施项目费	1 224 203.87	243.04	6.55
1.2.1	单价措施项目	760 916.20	151.07	62.16
1.2.1.1	脚手架	264 322.29	52.48	34.74
1.2.1.2	混凝土模板及支架（撑）	433 324.54	86.03	56.95
1.2.1.3	其他项	63 269.37	12.56	8.31
1.2.2	总价措施项目	463 287.67	91.98	37.84
2	规费	1 165 510.53	231.39	5.31
3	税金	1 730 510.86	343.56	7.89
4	设备费	353 469.46	70.17	1.61

表3 主要工程量指标表

编号	工程量名称	数量	单位	单位指标
1	建筑工程			
1.1	土石方工程	36 765.90	m³	7.30 m³/m²
1.2	基础工程	466.42	m³	0.09 m³/m²
1.3	砌筑工程	1 064.84	m³	0.21 m³/m²
1.4	混凝土工程			
1.4.1	现浇混凝土	1 633.61	m³	0.32 m³/m²
1.4.2	预制混凝土	1.2	m³	<0.01 m³/m²
1.5	钢筋工程			
1.5.1	普通钢筋	129 680.00	kg	25.75 kg/m²
1.6	金属结构工程	360.21	t	0.07 t/m²
1.7	屋面及防水工程			
1.7.1	防水工程	6 479.14	m²	1.29 m²/m²
1.8	保温、隔热及防腐工程			
1.8.1	保温、隔热工程	10 417.68	m²	2.07 m²/m²
2	装饰工程			
2.1	门窗	1 196.67	m²	0.24 m²/m²
2.2	楼地面装饰	4 694.19	m²	0.93 m²/m²
2.3	墙柱面装饰	13 198.37	m²	2.62 m²/m²
2.4	天棚装饰	4 421.89	m²	0.88 m²/m²
2.5	油漆、涂料	8 355.82	m²	1.66 m²/m²
2.6	隔断	248	m²	0.05 m²/m²
2.7	其他内装饰	64.2	m²	0.01 m²/m²
3	安装工程			
3.1	电气工程			
3.1.1	电缆安装	1 582.90	m	0.31 m/m²
3.1.2	配管、配线	28 621.88	m	5.68 m/m²

续表

编号	工程量名称	数量	单位	单位指标
3.1.3	照明器具安装	623	套	0.12 套/m²
3.2	建筑智能化及通信工程	—	—	—
3.3	空调、通风工程			
3.3.1	通风设备及部件制作安装	61.00	台	0.01 台/m²
3.3.2	通风管道制作安装	364.75	m²	0.07 m²/m²
3.3.3	通风管道部件制作安装	74	个	0.01 个/m²
3.4	消防工程			
3.4.1	水灭火系统			
3.4.1.1	消防管道	2 115.94	m	0.42 m/m²
3.4.1.2	消防装置	3	组	<0.01 组/m²
3.4.1.3	消火栓、灭火器	61	套	0.01 套/m²
3.4.2	气体灭火系统	—	—	—
3.4.3	泡沫灭火系统	—	—	—
3.4.4	火灾自动报警系统	257	套	0.05 套/m²
3.5	给排水、采暖、燃气工程			
3.5.1	给排水管道	1 729.51	m	0.34 m/m²
3.5.2	采暖管道	1 396.14	m	0.28 m/m²
3.5.3	支架及其他	888.8	kg	0.18 kg/m²
3.5.4	供暖器具	8	组	<0.01 组/m²
3.6	刷油、防腐蚀、绝热工程			
3.6.1	刷油工程	586.07	m²	0.12 m²/m²
3.6.2	绝热工程	46.03	m²	0.01 m²/m²

案例 41　广东省某大学实验楼

表1　工程概况及项目专业信息表

基本信息					
建设性质	新建	工程类型	教育建筑	结构类型	框架结构
建设形式	全现浇	抗震等级	三级	开/竣工日期	—
计价方式	清单计价	造价阶段	招标控制价	总建筑面积（m²）	6 928.00
地下建筑面积（m²）	0	装修标准	精装	人防面积（m²）	0
建筑物基底面积（m²）	4 200.00	屋面面积（m²）	2 500.00	檐高或房屋高度（m）	24.95
地上最高层数（层）	6	地下层数（层）	0	首层层高（m）	4.50
标准层层高（m）	3.80	顶层层高（m）	3.90	地下一层层高（m）	—
地下二层层高（m）	—	地下三层层高（m）	—	户数（户）	54
装修类别	精装	基坑支护面积（m²）	0	建设年限（年）	—
绿建标准	绿建二星	安全文明施工标准	达标	质量标准	合格
说明	—				
项目专业信息					
建筑工程	地基处理及土护降工程	土石方工程：挖基坑土石方			
	基础工程	桩基础、独立基础			
	主体工程	钢筋工程：普通钢筋。混凝土主要强度：C15、C20、C25、C30、C35			

续表

建筑工程	屋面工程	屋面形式：平屋面。屋面材料：混凝土
	防水工程	屋面防水：卷材防水
	保温工程	外墙保温：挤塑聚苯板。屋面保温：挤塑聚苯板
装饰工程	门窗工程	门：木门、塑钢门。窗：铝合金窗
	地面工程	面砖
	墙面工程	涂料、瓷砖
	天棚工程	涂料、卫生间铝合金吊顶
	外立面形式	面砖
安装工程	电气工程	电气照明灯具：普通灯具、装饰灯具。电气动力配管：塑料管、钢管、JDG管。母线槽：有。电缆：普通电缆、矿物电缆
	电梯工程	电梯种类：国产电梯
	建筑智能化及通信工程	闭路监控系统、公共广播、信息发布系统、多媒体教学系统
	空调工程	管道：镀锌钢板风管。设备：空调机组
	通风工程	送排风系统
	给排水工程	冷水管：塑料管。卫生器具：有。污废水管道：塑料管
	采暖工程	散热器：无
	燃气工程	—
	消防工程	水灭火系统：消火栓系统

表2　工程经济指标表

编号	项目名称	金额（元）	单位指标（元/m²）	占比指标（%）
1	单项工程（分部分项+措施项目）	15 199 380.73	2 193.91	90.11
1.1	分部分项费	12 328 188.83	1 779.47	81.11
1.1.1	建筑工程	6 864 652.20	990.86	55.68

续表

编号	项目名称	金额（元）	单位指标（元/m²）	占比指标（%）
1.1.1.1	土石方工程	1 245 383.03	179.76	18.14
1.1.1.2	基础工程	561 041.20	80.98	8.17
1.1.1.3	砌筑工程	632 411.37	91.28	9.21
1.1.1.4	混凝土工程	1 650 630.58	238.25	24.05
1.1.1.4.1	现浇混凝土	1 650 630.58	238.25	100.00
1.1.1.5	钢筋工程	1 966 981.67	283.92	28.65
1.1.1.5.1	普通钢筋	1 903 191.22	274.71	96.76
1.1.1.5.2	其他项	63 790.45	9.21	3.24
1.1.1.6	金属结构工程	167 494.86	24.18	2.44
1.1.1.7	屋面及防水工程	405 677.71	58.56	5.91
1.1.1.7.1	屋面防水	267 229.79	38.57	65.87
1.1.1.7.2	墙面、楼（地）面防水	138 447.92	19.98	34.13
1.1.1.8	保温、隔热及防腐工程	235 031.78	33.92	3.42
1.1.1.8.1	保温、隔热工程	235 031.78	33.92	100.00
1.1.2	装饰工程	3 685 622.44	531.99	29.90
1.1.2.1	门窗	856 531.31	123.63	23.24
1.1.2.2	楼地面装饰	977 392.98	141.08	26.52
1.1.2.3	墙柱面装饰	1 390 174.05	200.66	37.72
1.1.2.4	天棚装饰	48 747.57	7.04	1.32
1.1.2.5	油漆、涂料	412 776.53	59.58	11.20
1.1.3	安装工程	1 777 914.19	256.63	14.42
1.1.3.1	电气工程	922 236.96	133.12	51.87
1.1.3.1.1	控制设备及低压电器安装	235 022.02	33.92	25.48
1.1.3.1.2	电缆安装	117 071.02	16.90	12.69
1.1.3.1.3	防雷及接地装置	59 839.25	8.64	6.49
1.1.3.1.4	配管、配线	303 408.79	43.79	32.90

续表

编号	项目名称	金额（元）	单位指标（元/m²）	占比指标（%）
1.1.3.1.5	照明器具安装	151 277.50	21.84	16.40
1.1.3.1.6	附属工程	54 044.76	7.80	5.86
1.1.3.1.7	电气调整试验	1 573.62	0.23	0.17
1.1.3.2	建筑智能化及通信工程	90 305.01	13.03	5.08
1.1.3.2.1	计算机应用、网络系统工程	13 338.45	1.93	14.77
1.1.3.2.2	综合布线系统工程	70 055.74	10.11	77.58
1.1.3.2.3	音频、视频系统工程	6 910.82	1.00	7.65
1.1.3.3	给排水工程	278 437.94	40.19	15.66
1.1.3.3.1	给排水管道	107 587.75	15.53	38.64
1.1.3.3.2	卫生器具	151 663.86	21.89	54.47
1.1.3.3.3	给排水设备	19 186.33	2.77	6.89
1.1.3.4	消防工程	131 742.89	19.02	7.41
1.1.3.4.1	水灭火系统	117 076.30	16.90	88.87
1.1.3.4.2	火灾自动报警系统	14 666.59	2.12	11.13
1.1.3.5	其他项	164 207.74	23.70	9.24
1.1.3.5.1	支架及套管（给排水、采暖、燃气管道）	88 829.93	12.82	54.10
1.1.3.5.2	管道附件（给排水、采暖、燃气管道）	74 829.58	10.80	45.57
1.1.3.5.3	自动化控制仪表	548.23	0.08	0.33
1.1.3.6	补充项	190 983.65	27.57	10.74
1.2	措施项目费	2 871 191.90	414.43	18.89
1.2.1	单价措施项目	1 768 205.89	255.23	61.58
1.2.1.1	脚手架	496 667.06	71.69	28.09
1.2.1.2	混凝土模板及支架（撑）	1 271 538.83	183.54	71.91
1.2.2	总价措施项目	1 102 986.01	159.21	38.42
2	其他项目费	276 247.9	39.87	1.64
3	税金	1 392 806.58	201.04	8.26

表3 主要工程量指标表

编号	工程量名称	数量	单位	单位指标
1	建筑工程			
1.1	土石方工程	70 993.62	m³	10.25 m³/m²
1.2	基础工程	662.13	m³	0.10 m³/m²
1.3	砌筑工程	1 081.29	m³	0.16 m³/m²
1.4	混凝土工程			
1.4.1	现浇混凝土	2 204.62	m³	0.32 m³/m²
1.4.2	预制混凝土	0.09	m³	<0.01 m³/m²
1.5	钢筋工程			
1.5.1	普通钢筋	376 954.00	kg	54.41 kg/m²
1.6	屋面及防水工程			
1.6.1	防水工程	8 291.91	m²	1.20 m²/m²
1.7	保温、隔热及防腐工程			
1.7.1	保温、隔热工程	7 187.39	m²	1.04 m²/m²
2	装饰工程			
2.1	门窗	1 795.68	m²	0.26 m²/m²
2.2	楼地面装饰	6 890.4	m²	0.99 m²/m²
2.3	墙柱面装饰	15 326.62	m²	2.21 m²/m²
2.4	天棚装饰	458.24	m²	0.07 m²/m²
2.5	油漆、涂料	14 567.20	m²	2.10 m²/m²
2.6	隔断	669.66	m²	0.10 m²/m²
2.7	其他内装饰	59.04	m²	0.01 m²/m²
3	安装工程			
3.1	电气工程			
3.1.1	电缆安装	2 949.44	m	0.43 m/m²
3.1.2	配管、配线	44 867.25	m	6.48 m/m²
3.1.3	照明器具安装	1 167.00	套	0.17 套/m²

续表

编号	工程量名称	数量	单位	单位指标
3.2	建筑智能化及通信工程			
3.2.1	计算机应用、网络系统工程	5	套	<0.01 套/m²
3.3	空调、通风工程	—	—	—
3.4	消防工程			
3.4.1	水灭火系统			
3.4.1.1	消防管道	562.58	m	0.08 m/m²
3.4.1.2	消火栓、灭火器	81	套	0.01 套/m²
3.4.2	气体灭火系统	—	—	—
3.4.3	泡沫灭火系统	—	—	—
3.4.4	火灾自动报警系统	107	套	0.02 套/m²
3.5	给排水、采暖、燃气工程			
3.5.1	给排水管道	2 058.71	m	0.30 m/m²
3.5.2	支架及其他	621.65	kg	0.09 kg/m²
3.5.3	管道附件	6	组	<0.01 组/m²
3.6	刷油、防腐蚀、绝热工程	—	—	—
3.7	机械设备安装工程	—	—	—
4	措施项目费			
4.1	脚手架工程	18 058.64	m²	2.61 m²/m²
4.2	混凝土模板及支架（撑）	21 172.71	m²	3.06 m²/m²

案例 42 广东省某大学行政楼

表 1 工程概况及项目专业信息表

基本信息					
建设性质	新建	工程类型	教育建筑/其他	结构类型	框架结构
建设形式	全现浇	抗震等级	二级	开/竣工日期	—
计价方式	清单计价	造价阶段	招标控制价	总建筑面积（m²）	7 874.98
地下建筑面积（m²）	0	装修标准	精装	人防面积（m²）	0
建筑物基底面积（m²）	1 520.00	屋面面积（m²）	1 250.00	檐高或房屋高度（m）	31.20
地上最高层数（层）	6	地下层数（层）	0	首层层高（m）	5.00
标准层层高（m）	3.50	顶层层高（m）	3.50	地下一层层高（m）	—
地下二层层高（m）	—	地下三层层高（m）	—	户数（户）	0
装修类别	精装	基坑支护面积（m²）	0	建设年限（年）	—
绿建标准	绿建二星	安全文明施工标准	达标	质量标准	合格
说明	本指标只计算地上部分				
项目专业信息					
建筑工程	地基处理及土护降工程	土石方工程：挖基坑土石方。基坑支护形式：其他			
	基础工程	桩基础、满堂基础			
	主体工程	钢筋工程：普通钢筋。混凝土主要强度：C15、C20、C25、C30、C35			

续表

建筑工程	屋面工程	屋面形式：平屋面。屋面材料：混凝土
	防水工程	室内防水：刚性防水
	保温工程	屋面保温：种植土、挤塑聚苯板、改性沥青防水卷材
装饰工程	门窗工程	门：木门、塑钢门。窗：铝合金窗
	地面工程	面砖
	墙面工程	涂料
	天棚工程	石膏板、木丝吸音板
	外立面形式	涂料、部分玻璃幕墙
安装工程	电气工程	电气照明灯具：普通灯具、装饰灯具。电气动力配管：塑料管、JDG管。母线槽：有。电缆：普通电缆
	电梯工程	电梯种类：国产直梯
	建筑智能化及通信工程	计算机网络系统、闭路监控系统、公共广播、信息发布系统
	空调工程	管道：镀锌钢板风管。集中/半集中式系统类型：风+水形式。设备：空调机组
	通风工程	送排风系统
	给排水工程	冷水管：复合管。卫生器具：有。污废水管道：塑料管
	采暖工程	—
	燃气工程	—
	消防工程	水灭火系统：水喷淋系统

表2 工程经济指标表

编号	项目名称	金额（元）	单位指标（元/m²）	占比指标（%）
1	单项工程（分部分项+措施项目）	31 262 719.64	3 969.88	88.21
1.1	分部分项费	26 902 779.07	3 416.23	86.05

续表

编号	项目名称	金额（元）	单位指标（元/m²）	占比指标（%）
1.1.1	建筑工程	10 171 383.89	1 291.61	37.81
1.1.1.1	土石方工程	116 489.55	14.79	1.15
1.1.1.2	基础工程	1 790 803.75	227.40	17.61
1.1.1.3	砌筑工程	833 820.30	105.88	8.20
1.1.1.4	混凝土工程	2 734 813.56	347.28	26.89
1.1.1.4.1	现浇混凝土	2 734 813.56	347.28	100.00
1.1.1.5	钢筋工程	3 425 683.02	435.01	33.68
1.1.1.5.1	普通钢筋	3 425 683.02	435.01	100.00
1.1.1.6	金属结构工程	174 041.59	22.10	1.71
1.1.1.7	屋面及防水工程	582 890.75	74.02	5.73
1.1.1.7.1	屋面防水	559 050.60	70.99	95.91
1.1.1.7.2	墙面、楼（地）面防水	23 840.15	3.03	4.09
1.1.1.8	保温、隔热及防腐工程	512 841.37	65.12	5.04
1.1.1.8.1	保温、隔热工程	512 841.37	65.12	100.00
1.1.2	装饰工程	10 067 395.42	1 278.40	37.42
1.1.2.1	门窗	887 557.72	112.71	8.82
1.1.2.2	楼地面装饰	1 180 323.23	149.88	11.72
1.1.2.3	墙柱面装饰	6 088 210.30	773.11	60.47
1.1.2.4	天棚装饰	742 330.93	94.26	7.37
1.1.2.5	油漆、涂料	395 232.96	50.19	3.93
1.1.2.6	幕墙	699 242.53	88.79	6.95
1.1.2.7	隔断	74 497.75	9.46	0.74
1.1.3	安装工程	6 663 999.76	846.22	24.77
1.1.3.1	电气工程	1 770 389.36	224.81	26.57
1.1.3.1.1	控制设备及低压电器安装	336 996.26	42.79	19.04
1.1.3.1.2	电缆安装	293 063.35	37.21	16.55

续表

编号	项目名称	金额（元）	单位指标（元/m²）	占比指标（%）
1.1.3.1.3	防雷及接地装置	63 958.99	8.12	3.61
1.1.3.1.4	配管、配线	862 066.69	109.47	48.69
1.1.3.1.5	照明器具安装	214 304.07	27.21	12.10
1.1.3.2	建筑智能化及通信工程	114 037.75	14.48	1.71
1.1.3.2.1	计算机应用、网络系统工程	9 135.80	1.16	8.01
1.1.3.2.2	综合布线系统工程	17 859.03	2.27	15.66
1.1.3.2.3	建筑设备自动化系统工程	52 172.39	6.63	45.75
1.1.3.2.4	建筑信息综合管理系统工程	3 095.70	0.39	2.71
1.1.3.2.5	安全防范系统工程	31 774.83	4.03	27.86
1.1.3.3	空调、通风工程	1 270 268.55	161.30	19.06
1.1.3.3.1	空调设备	247 658.86	31.45	19.50
1.1.3.3.2	通风设备	314 366.18	39.92	24.75
1.1.3.3.3	通风管道	465 791.76	59.15	36.67
1.1.3.3.4	通风管道部件	242 451.75	30.79	19.09
1.1.3.4	给排水工程	345 981.36	43.93	5.19
1.1.3.4.1	给排水管道	257 532.35	32.70	74.44
1.1.3.4.2	卫生器具	85 422.43	10.85	24.69
1.1.3.4.3	给排水设备	3 026.58	0.38	0.87
1.1.3.5	消防工程	721 623.02	91.63	10.83
1.1.3.5.1	水灭火系统	447 320.06	56.80	61.99
1.1.3.5.2	气体灭火系统	176 360.35	22.40	24.44
1.1.3.5.3	火灾自动报警系统	97 942.61	12.44	13.57
1.1.3.6	电梯工程	422 739.28	53.68	6.34
1.1.3.7	其他项	2 018 960.44	256.38	30.30
1.1.3.7.1	支架及套管（给排水、采暖、燃气管道）	326 431.56	41.45	16.17
1.1.3.7.2	管道附件（给排水、采暖、燃气管道）	148 089.14	18.81	7.33

续表

编号	项目名称	金额（元）	单位指标（元/m²）	占比指标（%）
1.1.3.7.3	绝热工程	120 933.85	15.36	5.99
1.1.3.7.4	自动化控制仪表	43 617.72	5.54	2.16
1.1.3.7.5	其他机械设备安装	1 379 888.17	175.22	68.35
1.2	措施项目费	4 359 940.57	553.64	13.95
1.2.1	单价措施项目	2 642 242.34	335.52	60.60
1.2.1.1	脚手架	766 034.79	97.27	28.99
1.2.1.2	混凝土模板及支架（撑）	1 876 207.55	238.25	71.01
1.2.2	总价措施项目	1 717 698.23	218.12	39.40
2	其他项目费	1 251 564.95	158.93	3.53
3	规费	0.00	0.00	0.00
4	税金	2 926 285.61	371.59	8.26

表3　主要工程量指标表

编号	工程量名称	数量	单位	单位指标
1	建筑工程			
1.1	土石方工程	5 980.25	m³	0.76 m³/m²
1.2	基础工程	391.05	m³	0.05 m³/m²
1.3	砌筑工程	1 433.30	m³	0.18 m³/m²
1.4	混凝土工程			
1.4.1	现浇混凝土	3 112.03	m³	0.40 m³/m²
1.5	钢筋工程			
1.5.1	普通钢筋	656 240	kg	83.33 kg/m²
1.6	金属结构工程	2.04	t	<0.01 t/m²
1.7	屋面及防水工程			
1.7.1	防水工程	2 019.96	m²	0.26 m²/m²
1.8	保温、隔热及防腐工程			

续表

编号	工程量名称	数量	单位	单位指标
1.8.1	保温、隔热工程	3 847	m²	0.49 m²/m²
2	装饰工程			
2.1	门窗	1 817.62	m²	0.23 m²/m²
2.2	楼地面装饰	8 349.09	m²	1.06 m²/m²
2.3	墙柱面装饰	20 991.79	m²	2.67 m²/m²
2.4	天棚装饰	5 411.80	m²	0.69 m²/m²
2.5	油漆、涂料	9 446.05	m²	1.20 m²/m²
2.6	幕墙	895.76	m²	0.11 m²/m²
2.7	隔断	300.12	m²	0.04 m²/m²
2.8	其他内装饰	214.38	m²	0.03 m²/m²
3	安装工程			
3.1	电气工程			
3.1.1	电缆安装	2 710.62	m	0.34 m/m²
3.1.2	配管、配线	106 061.26	m	13.47 m/m²
3.1.3	照明器具安装	1 442	套	0.18 套/m²
3.2	建筑智能化及通信工程			
3.2.1	安全防范系统工程	18	套	<0.01 套/m²
3.3	空调、通风工程			
3.3.1	通风设备及部件制作安装	116	台	0.01 台/m²
3.3.2	通风管道制作安装	3 316.38	m²	0.42 m²/m²
3.3.3	通风管道部件制作安装	507	个	0.06 个/m²
3.4	消防工程			
3.4.1	水灭火系统			
3.4.1.1	消防管道	4 037	m	0.51 m/m²
3.4.1.2	消防装置	11	组	<0.01 组/m²
3.4.1.3	消火栓、灭火器	133	套	0.02 套/m²
3.4.2	气体灭火系统			

续表

编号	工程量名称	数量	单位	单位指标
3.4.2.1	消防管道	1 317.83	m	0.17 m/m²
3.4.3	泡沫灭火系统	—	—	—
3.4.4	火灾自动报警系统	561.00	套	0.07 套/m²
3.5	给排水、采暖、燃气工程			
3.5.1	给排水管道	4 073.25	m	0.52 m/m²
3.5.2	支架及其他	8 658.47	kg	1.10 kg/m²
3.5.3	管道附件	20.00	组	<0.01 组/m²
3.5.4	设备	1.00	台	<0.01 台/m²
3.6	刷油、防腐蚀、绝热工程			
3.6.1	绝热工程	1 467.47	m²	0.19 m²/m²
3.7	机械设备安装工程			
3.7.1	电梯安装	2	部	<0.01 部/m²
4	措施项目费			
4.1	脚手架工程	17 284.51	m²	2.19 m²/m²
4.2	混凝土模板及支架（撑）	22 227.79	m²	2.82 m²/m²

案例 43　广东省某大学宿舍楼

表 1　工程概况及项目专业信息表

基本信息					
建设性质	新建	工程类型	教育建筑/其他	结构类型	剪力墙结构
建设形式	全现浇	抗震等级	二级	开/竣工日期	—
计价方式	清单计价	造价阶段	招标控制价	总建筑面积（m^2）	7 535.92
地下建筑面积（m^2）	0	装修标准	初装	人防面积（m^2）	0
建筑物基底面积（m^2）	1 011.77	屋面面积（m^2）	1 011.77	檐高或房屋高度（m）	28.60
地上最高层数（层）	7	地下层数（层）	0	首层层高（m）	4.65
标准层层高（m）	3.15	顶层层高（m）	3.10	地下一层层高（m）	—
地下二层层高（m）	—	地下三层层高（m）	—	户数（户）	—
装修类别	初装	基坑支护面积（m^2）	—	建设年限（年）	—
绿建标准	绿建二星	安全文明施工标准	达标	质量标准	合格
说明	—				
项目专业信息					
建筑工程	地基处理及土护降工程	土石方工程：挖基坑土石方。地基处理方式：其他			
	基础工程	其他、桩基础、满堂基础			
	主体工程	钢筋工程：普通钢筋。混凝土主要强度：C15、C20、C25、C30、C35、C40			

续表

建筑工程	屋面工程	屋面形式：平屋面。屋面材料：混凝土
	防水工程	地下防水：刚性防水。屋面防水：涂膜防水
	保温工程	屋面保温：挤塑聚苯板
装饰工程	门窗工程	门：塑钢门、铝合金门。窗：铝合金窗
	地面工程	面砖
	墙面工程	石材
	天棚工程	铝合金吊顶
	外立面形式	面砖
安装工程	电气工程	电气照明灯具：普通灯具、装饰灯具。电气动力配管：钢管。电缆：普通电缆、矿物电缆
	电梯工程	电梯种类：进口直梯
	建筑智能化及通信工程	计算机网络系统
	空调工程	集中/半集中式系统类型：其他、风+水形式。局部式空调类型：其他。冷热源形式：其他。设备：其他。风机盘管：两管制
	通风工程	送排风系统
	给排水工程	冷水管：塑料管。热水管：塑料管、复合管。卫生器具：有。污废水管道：塑料管。直饮水系统类型：直饮水机
	采暖工程	—
	燃气工程	—
	消防工程	水灭火系统：消火栓系统。气体灭火系统：管网灭火系统。火灾自动报警系统：有

表2 工程经济指标表

编号	项目名称	金额（元）	单位指标（元/m²）	占比指标（%）
1	单项工程（分部分项+措施项目）	21 472 845.80	2 849.40	83.47
1.1	分部分项费	15 848 369.33	2 103.04	73.81
1.1.1	建筑工程	6 233 666.68	827.19	39.33
1.1.1.1	土石方工程	117 412.67	15.58	1.88
1.1.1.2	基础工程	1 360 592.71	180.55	21.83
1.1.1.3	砌筑工程	838 932.15	111.32	13.46
1.1.1.4	钢筋工程	2 102 103.22	278.94	33.72
1.1.1.4.1	普通钢筋	2 039 063.24	270.58	97.00
1.1.1.4.2	其他项	63 039.98	8.37	3.00
1.1.1.5	金属结构工程	295 590.55	39.22	4.74
1.1.1.6	屋面及防水工程	1 006 410.08	133.55	16.14
1.1.1.6.1	屋面防水	284 558.06	37.76	28.27
1.1.1.6.2	墙面、楼（地）面防水	721 852.02	95.79	71.73
1.1.1.7	保温、隔热及防腐工程	39 840.80	5.29	0.64
1.1.1.7.1	保温、隔热工程	30 533.60	4.05	76.64
1.1.1.7.2	防腐工程	9 307.20	1.24	23.36
1.1.1.8	拆除工程	319 603.96	42.41	5.13
1.1.1.9	其他项、补充项	153 180.54	20.33	2.46
1.1.2	装饰工程	4 836 278.75	641.76	30.52
1.1.2.1	门窗	1 022 030.99	135.62	21.13
1.1.2.2	楼地面装饰	1 150 176.63	152.63	23.78
1.1.2.3	墙柱面装饰	1 653 405.54	219.40	34.19
1.1.2.4	天棚装饰	3 623.50	0.48	0.07
1.1.2.5	油漆、涂料	515 229.06	68.37	10.65
1.1.2.6	隔断	21 796.80	2.89	0.45

续表

编号	项目名称	金额（元）	单位指标（元/m²）	占比指标（%）
1.1.2.7	其他内装饰	470 016.23	62.37	9.72
1.1.3	安装工程	4 778 423.90	634.09	30.15
1.1.3.1	电气工程	1 808 986.99	240.05	37.86
1.1.3.1.1	控制设备及低压电器安装	515 413.68	68.39	28.49
1.1.3.1.2	电缆安装	159 996.03	21.23	8.84
1.1.3.1.3	防雷及接地装置	61 956.49	8.22	3.42
1.1.3.1.4	配管、配线	878 381.53	116.56	48.56
1.1.3.1.5	照明器具安装	138 023.32	18.32	7.63
1.1.3.1.6	附属工程	46 218.26	6.13	2.55
1.1.3.1.7	电气调整试验	8 997.68	1.19	0.50
1.1.3.2	建筑智能化及通信工程	74 070.63	9.83	1.55
1.1.3.2.1	综合布线系统工程	47 720.26	6.33	64.43
1.1.3.2.2	安全防范系统工程	26 350.37	3.50	35.57
1.1.3.3	空调、通风工程	430 294.44	57.10	9.00
1.1.3.3.1	空调设备	426 513.36	56.60	99.12
1.1.3.3.2	通风设备	3 781.08	0.50	0.88
1.1.3.4	给排水工程	1 154 812.22	153.24	24.17
1.1.3.4.1	给排水管道	384 933.50	51.08	33.33
1.1.3.4.2	卫生器具	300 312.18	39.85	26.01
1.1.3.4.3	给排水设备	469 566.54	62.31	40.66
1.1.3.5	消防工程	182 552.20	24.22	3.82
1.1.3.5.1	水灭火系统	91 918.05	12.20	50.35
1.1.3.5.2	火灾自动报警系统	90 634.15	12.03	49.65
1.1.3.6	电梯工程	203 661.35	27.03	4.26
1.1.3.7	其他项	875 160.33	116.13	18.31
1.1.3.7.1	支架及套管（给排水、采暖、燃气管道）	113 518.58	15.06	12.97

续表

编号	项目名称	金额（元）	单位指标（元/m²）	占比指标（%）
1.1.3.7.2	管道附件（给排水、采暖、燃气管道）	290 320.26	38.52	33.17
1.1.3.7.3	刷油工程	5 081.54	0.67	0.58
1.1.3.7.4	绝热工程	40 791.77	5.41	4.66
1.1.3.7.5	自动化控制仪表	2 522.42	0.33	0.29
1.1.3.7.6	其他机械设备安装	422 925.76	56.12	48.33
1.1.3.8	补充项	48 885.74	6.49	1.02
1.2	措施项目费	5 624 476.47	746.36	26.19
1.2.1	单价措施项目	4 034 774.94	535.41	71.74
1.2.1.1	脚手架	1 009 895.64	134.01	25.03
1.2.1.2	混凝土模板及支架（撑）	2 423 763	321.63	60.07
1.2.1.3	其他项	601 116.30	79.77	14.90
1.2.2	总价措施项目	1 589 701.53	210.95	28.26
2	其他项目费	311 605.80	41.35	1.21
3	税金	2 124 198.20	281.88	8.26
4	设备、器具购置费	1 817 750.52	241.21	7.07

表3 主要工程量指标表

编号	工程量名称	数量	单位	单位指标
1	建筑工程			
1.1	土石方工程	4 443.99	m³	0.59 m³/m²
1.2	基础工程	483.67	m³	0.06 m³/m²
1.3	砌筑工程	1 491.60	m³	0.20 m³/m²
1.4	混凝土工程			
1.4.1	现浇混凝土	2 087.74	m³	0.28 m³/m²
1.5	钢筋工程			
1.5.1	普通钢筋	346 550	kg	45.99 kg/m²

续表

编号	工程量名称	数量	单位	单位指标
1.6	金属结构工程	13.11	t	<0.01 t/m²
1.7	屋面及防水工程			
1.7.1	防水工程	10 932.75	m²	1.45 m²/m²
1.8	保温、隔热及防腐工程			
1.8.1	保温、隔热工程	1 025.65	m²	0.14 m²/m²
1.8.2	防腐工程	1 136.41	m²	0.15 m²/m²
1.9	拆除工程	1 471.6	m²	0.20 m²/m²
2	装饰工程			
2.1	门窗	1 121.64	m²	0.15 m²/m²
2.2	楼地面装饰	8 378.78	m²	1.11 m²/m²
2.3	墙柱面装饰	22 152.11	m²	2.94 m²/m²
2.4	天棚装饰	32.92	m²	<0.01 m²/m²
2.5	油漆、涂料	17 560.5	m²	2.33 m²/m²
2.6	隔断	68.64	m²	0.01 m²/m²
2.7	其他内装饰	267.85	m²	0.04 m²/m²
3	安装工程			
3.1	电气工程			
3.1.1	电缆安装	1 959.07	m	0.26 m/m²
3.1.2	配管、配线	97 509.8	m	12.94 m/m²
3.1.3	照明器具安装	1 649	套	0.22 套/m²
3.2	空调、通风工程			
3.2.1	通风设备及部件制作安装	159.00	台	0.02 台/m²
3.3	消防工程			
3.3.1	水灭火系统			
3.3.1.1	消防管道	384.97	m	0.05 m/m²
3.3.1.2	消火栓、灭火器	122.00	套	0.02 套/m²
3.3.2	火灾自动报警系统	304	套	0.04 套/m²

续表

编号	工程量名称	数量	单位	单位指标
3.4	给排水、采暖、燃气工程			
3.4.1	给排水管道	7 374.09	m	0.98 m/m²
3.4.2	支架及其他	465.24	kg	0.06 kg/m²
3.4.3	管道附件	323.00	组	0.04 组/m²
3.4.4	卫生器具	556	套	0.07 套/m²
3.4.5	设备	5.00	台	<0.01 台/m²
3.5	刷油、防腐蚀、绝热工程			
3.5.1	刷油工程	123.67	m²	0.02 m²/m²
3.6	机械设备安装工程			
3.6.1	电梯安装	1	部	<0.01 部/m²

案例44 广东省某大学教学楼

表1 工程概况及项目专业信息表

基本信息					
建设性质	新建	工程类型	教育建筑/教学楼	结构类型	框架结构
建设形式	全现浇	抗震等级	二级	开/竣工日期	—
计价方式	清单计价	造价阶段	招标控制价	总建筑面积（m²）	10 437.10
地下建筑面积（m²）	3 547.79	装修标准	初装	人防面积（m²）	0
建筑物基底面积（m²）	3 897.27	屋面面积（m²）	1 148.16	檐高或房屋高度（m）	22.50
地上最高层数（层）	6	地下层数（层）	1	首层层高（m）	4.50
标准层层高（m）	3.60	顶层层高（m）	3.60	地下一层层高（m）	4.85
地下二层层高（m）	—	地下三层层高（m）	—	户数（户）	—
装修类别	初装	基坑支护面积（m²）	3 897.27	建设年限（年）	—
绿建标准	绿建二星	安全文明施工标准	达标	质量标准	合格
说明	—				
项目专业信息					
建筑工程	地基处理及土护降工程	土石方工程：挖一般土石方。地基处理方式：其他。基坑支护形式：其他。降水方式：明沟排水			
	基础工程	其他、桩基础、满堂基础			
	主体工程	钢筋工程：普通钢筋、高强钢筋。混凝土主要强度：C15、C20、C25、C30、C35、C40			

续表

建筑工程	屋面工程	屋面形式：平屋面。屋面材料：混凝土
	防水工程	地下防水：涂膜防水。屋面防水：卷材防水
	保温工程	外墙保温：挤塑聚苯板
装饰工程	门窗工程	门：木门、塑钢门、铝合金门。窗：铝合金窗
	地面工程	面砖
	墙面工程	石材
	天棚工程	涂料
	外立面形式	面砖
安装工程	电气工程	电气照明灯具：普通灯具、装饰灯具、防爆灯具。电气动力配管：钢管、JDG 管。电缆：普通电缆、矿物电缆
	电梯工程	电梯种类：进口直梯
	建筑智能化及通信工程	闭路监控系统
	空调工程	管道：普通钢板风管。集中/半集中式系统类型：其他、风+水形式。局部式空调类型：其他。冷热源形式：其他。设备：其他。风机盘管：两管制
	通风工程	送排风系统
	给排水工程	冷水管：塑料管。卫生器具：有。污废水管道：塑料管。直饮水系统类型：直饮水机
	采暖工程	—
	燃气工程	—
	消防工程	水灭火系统：水喷淋系统。气体灭火系统：管网灭火系统。火灾自动报警系统：有

表2 工程经济指标表

编号	项目名称	金额（元）	单位指标（元/m²）	占比指标（%）
1	单项工程（分部分项+措施项目）	42 122 688.52	4 035.86	90.44
1.1	分部分项费	33 413 247.29	3 201.39	79.32
1.1.1	建筑工程	22 255 841.83	2 132.38	66.61
1.1.1.1	土石方工程	869 804.24	83.34	3.91
1.1.1.2	地基处理工程	1 465 311.56	140.39	6.58
1.1.1.3	基坑与边坡支护	328 748.59	31.50	1.48
1.1.1.4	基础工程	5 738 451.73	549.81	25.78
1.1.1.5	砌筑工程	896 007.44	85.85	4.03
1.1.1.6	混凝土工程	3 202 849.54	306.87	14.39
1.1.1.6.1	现浇混凝土	3 145 516.22	301.38	98.21
1.1.1.6.2	预制混凝土	57 333.32	5.49	1.79
1.1.1.7	钢筋工程	6 452 752.30	618.25	28.99
1.1.1.7.1	普通钢筋	5 722 891.76	548.32	88.69
1.1.1.7.2	预应力钢筋	578 222.39	55.40	8.96
1.1.1.7.3	其他项	151 638.15	14.53	2.35
1.1.1.8	金属结构工程	266 541.25	25.54	1.20
1.1.1.9	屋面及防水工程	2 506 047.78	240.11	11.26
1.1.1.9.1	屋面防水	861 145.32	82.51	34.36
1.1.1.9.2	墙面、楼（地）面防水	1 644 902.46	157.60	65.64
1.1.1.10	保温、隔热及防腐工程	310 215.51	29.72	1.39
1.1.1.10.1	保温、隔热工程	310 215.51	29.72	100.00
1.1.1.11	拆除工程	108 545.48	10.40	0.49
1.1.1.12	其他项、补充项	110 566.41	10.59	0.50
1.1.2	装饰工程	7 373 786.15	706.50	22.07
1.1.2.1	门窗	1 343 219.39	128.70	18.22

续表

编号	项目名称	金额（元）	单位指标（元/m²）	占比指标（%）
1.1.2.2	楼地面装饰	1 357 129.69	130.03	18.40
1.1.2.3	墙柱面装饰	3 099 133.50	296.93	42.03
1.1.2.4	天棚装饰	443 798.91	42.52	6.02
1.1.2.5	油漆、涂料	503 947.85	48.28	6.83
1.1.2.6	其他内装饰	626 556.81	60.03	8.50
1.1.3	安装工程	3 783 619.31	362.52	11.32
1.1.3.1	电气工程	1 369 027.34	131.17	36.18
1.1.3.1.1	控制设备及低压电器安装	369 324.32	35.39	26.98
1.1.3.1.2	电缆安装	276 465.46	26.49	20.19
1.1.3.1.3	防雷及接地装置	41 244.24	3.95	3.01
1.1.3.1.4	配管、配线	496 684.31	47.59	36.28
1.1.3.1.5	照明器具安装	137 244.66	13.15	10.02
1.1.3.1.6	附属工程	42 694.65	4.09	3.12
1.1.3.1.7	电气调整试验	5 369.70	0.51	0.39
1.1.3.2	建筑智能化及通信工程	193 878.24	18.58	5.12
1.1.3.2.1	计算机应用、网络系统工程	3 948.75	0.38	2.04
1.1.3.2.2	综合布线系统工程	130 860.12	12.54	67.50
1.1.3.2.3	建筑设备自动化系统工程	6 879.64	0.66	3.55
1.1.3.2.4	有线电视、卫星接收系统工程	52 189.73	5.00	26.92
1.1.3.3	空调、通风工程	633 680.06	60.71	16.75
1.1.3.3.1	通风设备	281 614.00	26.98	44.44
1.1.3.3.2	通风管道	170 868.62	16.37	26.96
1.1.3.3.3	通风管道部件	181 197.44	17.36	28.59
1.1.3.4	给排水工程	464 893.88	44.54	12.29
1.1.3.4.1	给排水管道	183 083.73	17.54	39.38
1.1.3.4.2	卫生器具	73 803.34	7.07	15.88

续表

编号	项目名称	金额（元）	单位指标（元/m²）	占比指标（%）
1.1.3.4.3	给排水设备	208 006.81	19.93	44.74
1.1.3.5	消防工程	493 458.70	47.28	13.04
1.1.3.5.1	水灭火系统	405 298.75	38.83	82.13
1.1.3.5.2	气体灭火系统	1 241.9	0.12	0.25
1.1.3.5.3	火灾自动报警系统	86 918.05	8.33	17.61
1.1.3.6	电梯工程	283 190.71	27.13	7.48
1.1.3.7	其他项	273 151.55	26.17	7.22
1.1.3.7.1	支架及套管（给排水、采暖、燃气管道）	101 376.44	9.71	37.11
1.1.3.7.2	管道附件（给排水、采暖、燃气管道）	132 251.62	12.67	48.42
1.1.3.7.3	刷油工程	33 310.18	3.19	12.19
1.1.3.7.4	自动化控制仪表	6 213.31	0.60	2.27
1.1.3.8	补充项	72 338.83	6.93	1.91
1.2	措施项目费	8 709 441.23	834.47	20.68
1.2.1	单价措施项目	6 637 018.48	635.91	76.20
1.2.1.1	脚手架	1 278 216.56	122.47	19.26
1.2.1.2	混凝土模板及支架（撑）	4 303 006.22	412.28	64.83
1.2.1.3	其他项	1 055 795.70	101.16	15.91
1.2.2	总价措施项目	2 072 422.75	198.56	23.80
2	其他项目费	606 465.67	58.11	1.30
3	税金	3 845 623.87	368.46	8.26

表3 主要工程量指标表

编号	工程量名称	数量	单位	单位指标
1	建筑工程			
1.1	土石方工程	44 423.86	m³	4.26 m³/m²
1.2	基坑与边坡支护	356.01	m³	0.03 m³/m²

续表

编号	工程量名称	数量	单位	单位指标
1.3	基础工程	3 715.66	m³	0.36 m³/m²
1.4	砌筑工程	1 395.82	m³	0.13 m³/m²
1.5	混凝土工程			
1.5.1	现浇混凝土	4 376.35	m³	0.42 m³/m²
1.5.2	预制混凝土	40.41	m³	<0.01 m³/m²
1.6	钢筋工程			
1.6.1	普通钢筋	1 074 310	kg	102.93 kg/m²
1.6.2	预应力钢筋	101 930	kg	9.77 kg/m²
1.7	金属结构工程	11.47	t	<0.01 t/m²
1.8	屋面及防水工程			
1.8.1	防水工程	27 860.85	m²	2.67 m²/m²
1.9	保温、隔热及防腐工程			
1.9.1	保温、隔热工程	4 963.94	m²	0.48 m²/m²
2	装饰工程			
2.1	门窗	1 660.19	m²	0.16 m²/m²
2.2	楼地面装饰	11 463.94	m²	1.10 m²/m²
2.3	墙柱面装饰	22 303.67	m²	2.14 m²/m²
2.4	天棚装饰	11 179.92	m²	1.07 m²/m²
2.5	油漆、涂料	13 969.12	m²	1.34 m²/m²
2.6	其他内装饰	19.89	m²	<0.01 m²/m²
3	安装工程			
3.1	电气工程			
3.1.1	电缆安装	4 573.24	m	0.44 m/m²
3.1.2	配管、配线	56 794.19	m	5.44 m/m²
3.1.3	照明器具安装	1 260	套	0.12 套/m²
3.2	空调、通风工程			
3.2.1	通风设备及部件制作安装	15.00	台	<0.01 台/m²

续表

编号	工程量名称	数量	单位	单位指标
3.2.2	通风管道制作安装	967.68	m²	0.09 m²/m²
3.2.3	通风管道部件制作安装	139	个	0.01 个/m²
3.3	消防工程			
3.3.1	水灭火系统			
3.3.1.1	消防管道	2 440.69	m	0.23 m/m²
3.3.1.2	消防装置	3	组	<0.01 组/m²
3.3.1.3	消火栓、灭火器	229	套	0.02 套/m²
3.3.2	气体灭火系统			
3.3.2.1	消防装置	1	套	<0.01 套/m²
3.3.3	火灾自动报警系统	480	套	0.05 套/m²
3.4	给排水、采暖、燃气工程			
3.4.1	给排水管道	2 675.16	m	0.26 m/m²
3.4.2	支架及其他	1 371.67	kg	0.13 kg/m²
3.4.3	管道附件	14	组	<0.01 组/m²
3.4.4	设备	4	台	<0.01 台/m²
3.5	刷油、防腐蚀、绝热工程			
3.5.1	刷油工程	1 317.28	m²	0.13 m²/m²
3.6	机械设备安装工程			
3.6.1	电梯安装	1	部	<0.01 部/m²

案例 45　广东省某中学教学楼

表 1　工程概况及项目专业信息表

基本信息					
建设性质	新建	工程类型	教育建筑/教学楼	结构类型	框架结构
建设形式	装配式	抗震等级	三级	开/竣工日期	—
计价方式	清单计价	造价阶段	招标控制价	总建筑面积（m²）	21 811.74
地下建筑面积（m²）	0	装修标准	精装	人防面积（m²）	0
建筑物基底面积（m²）	4 200.00	屋面面积（m²）	2 500.00	檐高或房屋高度（m）	24.95
地上最高层数（层）	6	地下层数（层）	0	首层层高（m）	4.50
标准层层高（m）	3.80	顶层层高（m）	3.90	地下一层层高（m）	—
地下二层层高（m）	—	地下三层层高（m）	—	户数（户）	54
装修类别	精装	基坑支护面积（m²）	0	建设年限（年）	—
绿建标准	绿建二星	安全文明施工标准	绿色	质量标准	合格
说明	—				
项目专业信息					
建筑工程	地基处理及土护降工程	土石方工程：挖基坑土石方			
	基础工程	桩基础、满堂基础			
	主体工程	钢筋工程：普通钢筋。混凝土主要强度：C15、C20、C25、C30、C35			

续表

建筑工程	屋面工程	屋面形式：平屋面。屋面材料：混凝土
	防水工程	屋面防水：卷材防水
	保温工程	外墙保温：挤塑聚苯板。屋面保温：膨胀玻化微珠保温砂浆
装饰工程	门窗工程	门：木门、塑钢门。窗：铝合金窗
	地面工程	面砖
	墙面工程	瓷砖
	天棚工程	铝方通吊顶、水泥纤维板
	外立面形式	面砖
安装工程	电气工程	电气照明灯具：普通灯具、装饰灯具。电气动力配管：塑料管、钢管、JDG管。母线槽：有。电缆：普通电缆、矿物电缆
	电梯工程	电梯种类：国产直梯
	建筑智能化及通信工程	计算机网络系统、闭路监控系统、建筑设备监控系统、门禁控制系统、公共广播、信息发布系统、可视对讲系统、多媒体会议系统、多媒体教学系统
	空调工程	管道：镀锌钢板风管。集中/半集中式系统类型：风+水形式。设备：空调机组
	通风工程	送排风系统
	给排水工程	冷水管：不锈钢管。卫生器具：有。污废水管道：塑料管、铸铁管
	采暖工程	散热器：无
	燃气工程	—
	消防工程	水灭火系统：水喷淋系统

表2 工程经济指标表

编号	项目名称	金额（元）	单位指标（元/m²）	占比指标（%）
1	单项工程（分部分项+措施项目）	75 208 773.92	3 448.09	88.15
1.1	分部分项费	64 762 168.96	2 969.14	86.11
1.1.1	建筑工程	29 933 362.97	1 372.35	46.22
1.1.1.1	土石方工程	261 931.88	12.01	0.88
1.1.1.2	基础工程	4 052 133.62	185.78	13.54
1.1.1.3	砌筑工程	605 316.21	27.75	2.02
1.1.1.4	混凝土工程	15 527 821.94	711.90	51.87
1.1.1.4.1	现浇混凝土	6 438 412.94	295.18	41.46
1.1.1.4.2	预制混凝土	9 089 409.00	416.72	58.54
1.1.1.5	钢筋工程	7 401 316.95	339.33	24.73
1.1.1.5.1	普通钢筋	7 401 316.95	339.33	100.00
1.1.1.6	金属结构工程	68 498.66	3.14	0.23
1.1.1.7	屋面及防水工程	1 422 379.32	65.21	4.75
1.1.1.7.1	屋面工程	1 237 987.86	56.76	87.04
1.1.1.7.2	屋面防水	98 931.46	4.54	6.96
1.1.1.7.3	墙面、楼（地）面防水	85 460.00	3.92	6.01
1.1.1.8	保温、隔热及防腐工程	593 964.39	27.23	1.98
1.1.1.8.1	保温、隔热工程	593 964.39	27.23	100.00
1.1.2	装饰工程	22 841 228.95	1 047.20	35.27
1.1.2.1	门窗	2 682 211.49	122.97	11.74
1.1.2.2	楼地面装饰	5 878 110.60	269.49	25.73
1.1.2.3	墙柱面装饰	10 045 256.24	460.54	43.98
1.1.2.4	天棚装饰	527 338.97	24.18	2.31
1.1.2.5	油漆、涂料	2 531 798.52	116.08	11.08
1.1.2.6	隔断	347 913.30	15.95	1.52

续表

编号	项目名称	金额（元）	单位指标（元/m²）	占比指标（%）
1.1.2.7	其他内装饰	828 599.83	37.99	3.63
1.1.3	安装工程	11 987 577.04	549.59	18.51
1.1.3.1	电气工程	5 765 997.48	264.35	48.10
1.1.3.1.1	母线安装	972 044.93	44.57	16.86
1.1.3.1.2	控制设备及低压电器安装	640 969.01	29.39	11.12
1.1.3.1.3	电缆安装	951 315.62	43.61	16.50
1.1.3.1.4	防雷及接地装置	174 214.89	7.99	3.02
1.1.3.1.5	配管、配线	1 672 317.42	76.67	29.00
1.1.3.1.6	照明器具安装	1 055 028.29	48.37	18.30
1.1.3.1.7	附属工程	297 533.98	13.64	5.16
1.1.3.1.8	电气调整试验	2 573.34	0.12	0.04
1.1.3.2	建筑智能化及通信工程	739 319.71	33.90	6.17
1.1.3.2.1	计算机应用、网络系统工程	52 465.07	2.41	7.10
1.1.3.2.2	综合布线系统工程	686 290.94	31.46	92.83
1.1.3.2.3	音频、视频系统工程	563.70	0.03	0.08
1.1.3.3	空调、通风工程	1 696 545.14	77.78	14.15
1.1.3.3.1	空调设备	1 089 044.68	49.93	64.19
1.1.3.3.2	通风设备	193 142.86	8.85	11.38
1.1.3.3.3	通风管道	289 992.31	13.30	17.09
1.1.3.3.4	通风管道部件	124 365.29	5.70	7.33
1.1.3.4	给排水工程	945 996.28	43.37	7.89
1.1.3.4.1	给排水管道	356 948.30	16.36	37.73
1.1.3.4.2	卫生器具	559 520.30	25.65	59.15
1.1.3.4.3	给排水设备	29 527.68	1.35	3.12
1.1.3.5	消防工程	1 373 538.92	62.97	11.46
1.1.3.5.1	水灭火系统	1 274 596.45	58.44	92.80

续表

编号	项目名称	金额（元）	单位指标（元/m²）	占比指标（%）
1.1.3.5.2	火灾自动报警系统	98 942.47	4.54	7.20
1.1.3.6	电梯工程	513 067.65	23.52	4.28
1.1.3.7	其他项	953 111.86	43.70	7.95
1.1.3.7.1	支架及套管（给排水、采暖、燃气管道）	852 981.34	39.11	89.49
1.1.3.7.2	管道附件（给排水、采暖、燃气管道）	99 240.78	4.55	10.41
1.1.3.7.3	自动化控制仪表	889.74	0.04	0.09
1.2	措施项目费	10 446 604.96	478.94	13.89
1.2.1	单价措施项目	6 802 370.40	311.87	65.12
1.2.1.1	脚手架	2 564 764.23	117.59	37.70
1.2.1.2	混凝土模板及支架（撑）	4 237 606.17	194.28	62.30
1.2.2	总价措施项目	3 644 234.56	167.08	34.88
2	其他项目费	3 061 831.62	140.38	3.59
3	税金	7 044 354.52	322.96	8.26

表3　主要工程量指标表

编号	工程量名称	数量	单位	单位指标
1	建筑工程			
1.1	土石方工程	13 585.90	m³	0.62 m³/m²
1.2	基础工程	2 918.32	m³	0.13 m³/m²
1.3	砌筑工程	1 033.49	m³	0.05 m³/m²
1.4	混凝土工程			
1.4.1	现浇混凝土	7 043.25	m³	0.32 m³/m²
1.4.2	预制混凝土	2 878.81	m³	0.13 m³/m²
1.5	钢筋工程			
1.5.1	普通钢筋	1 248 078.00	kg	57.22 kg/m²
1.6	金属结构工程	1.35	t	<0.01 t/m²

续表

编号	工程量名称	数量	单位	单位指标
1.7	屋面及防水工程	—	—	—
1.8	保温、隔热及防腐工程			
1.8.1	保温、隔热工程	8 701.5	m²	0.40 m²/m²
2	装饰工程			
2.1	门窗	4 413.79	m²	0.20 m²/m²
2.2	楼地面装饰	26 685.4	m²	1.22 m²/m²
2.3	墙柱面装饰	61 169.20	m²	2.80 m²/m²
2.4	天棚装饰	4 662.76	m²	0.21 m²/m²
2.5	油漆、涂料	54 140.67	m²	2.48 m²/m²
2.6	隔断	1 393.44	m²	0.06 m²/m²
2.7	其他内装饰	224.26	m²	0.01 m²/m²
3	安装工程			
3.1	电气工程			
3.1.1	母线安装	337.32	m	0.02 m/m²
3.1.2	电缆安装	17 119.54	m	0.78 m/m²
3.1.3	配管、配线	188 579.59	m	8.65 m/m²
3.1.4	照明器具安装	3 355	套	0.15 套/m²
3.2	建筑智能化及通信工程	—	—	—
3.3	空调、通风工程			
3.3.1	通风设备及部件制作安装	56.00	台	<0.01 台/m²
3.3.2	通风管道制作安装	1 883.76	m²	0.09 m²/m²
3.3.3	通风管道部件制作安装	543	个	0.02 个/m²
3.4	消防工程			
3.4.1	水灭火系统			
3.4.1.1	消防管道	12 204.96	m	0.56 m/m²
3.4.1.2	消防装置	2	组	<0.01 组/m²
3.4.1.3	消火栓、灭火器	186	套	0.01 套/m²

续表

编号	工程量名称	数量	单位	单位指标
3.4.2	气体灭火系统	—	—	—
3.4.3	泡沫灭火系统	—	—	—
3.4.4	火灾自动报警系统	692	套	0.03 套/m²
3.5	给排水、采暖、燃气工程			
3.5.1	给排水管道	5 755.83	m	0.26 m/m²
3.5.2	支架及其他	8 924.23	kg	0.41 kg/m²
3.6	机械设备安装工程			
3.6.1	电梯安装	3	部	<0.01 部/m²

案例 46 广东省某中学宿舍楼

表1 工程概况及项目专业信息表

基本信息					
建设性质	新建	工程类型	教育建筑/其他	结构类型	框架结构
建设形式	装配式	抗震等级	三级	开/竣工日期	—
计价方式	清单计价	造价阶段	招标控制价	总建筑面积（m²）	40 194.94
地下建筑面积（m²）	7 390.06	装修标准	精装	人防面积（m²）	0
建筑物基底面积（m²）	8 500.00	屋面面积（m²）	7 200.00	檐高或房屋高度（m）	39.00
地上最高层数（层）	10	地下层数（层）	1	首层层高（m）	4.80
标准层层高（m）	3.60	顶层层高（m）	3.60	地下一层层高（m）	3.35
地下二层层高（m）	—	地下三层层高（m）	—	户数（户）	0
装修类别	精装	基坑支护面积（m²）	0	建设年限（年）	—
绿建标准	绿建二星	安全文明施工标准	绿色	质量标准	合格
说明	—				
项目专业信息					
建筑工程	地基处理及土护降工程	土石方工程：挖基坑土石方。地基处理方式：桩基处理。基坑支护形式：喷锚混凝土护坡、钢筋混凝土支撑、搅拌桩。降水方式：井点降水			
	基础工程	独立基础、满堂基础			
	主体工程	钢筋工程：普通钢筋。混凝土主要强度：C15、C20、C25、C30、C35、C40、C45、C50			

续表

建筑工程	屋面工程	屋面形式：平屋面。屋面材料：混凝土
	防水工程	地下防水：卷材防水。室内防水：卷材防水。屋面防水：卷材防水
	保温工程	外墙保温：膨胀玻化微珠保温砂浆（分两遍成活）
装饰工程	门窗工程	门：木门、塑钢门。窗：铝合金窗
	地面工程	地上室：自流平。地上宿舍地面：面砖
	墙面工程	涂料、瓷砖
	天棚工程	多种吊顶方式或涂料
	外立面形式	涂料
安装工程	电气工程	电气照明灯具：普通灯具、装饰灯具。电气动力配管：钢管、JDG管。电缆：普通电缆、矿物电缆
	电梯工程	电梯种类：国产货梯
	建筑智能化及通信工程	计算机网络系统、闭路监控系统、建筑设备监控系统、停车场管理系统
	空调工程	管道：镀锌钢板风管。集中/半集中式系统类型：风+水形式。局部式空调类型：分体式空调。设备：空调机组
	通风工程	送排风系统
	给排水工程	冷水管：不锈钢管。卫生器具：有。污废水管道：塑料管
	采暖工程	散热器：无
	燃气工程	燃气管道：无缝钢管
	消防工程	水灭火系统：水喷淋系统

表2 工程经济指标表

编号	项目名称	金额（元）	单位指标（元/m²）	占比指标（%）
1	单项工程（分部分项+措施项目）	158 134 832.43	3 934.20	88.08
1.1	分部分项费	134 681 500.20	3 350.71	85.17

续表

编号	项目名称	金额（元）	单位指标（元/m²）	占比指标（%）
1.1.1	建筑工程	60 109 748.42	1 495.46	44.63
1.1.1.1	土石方工程	306 787.38	7.63	0.51
1.1.1.2	地基处理工程	2 217 687.49	55.17	3.69
1.1.1.3	基坑与边坡支护	1 353 150.27	33.66	2.25
1.1.1.4	基础工程	7 617 414.33	189.51	12.67
1.1.1.5	砌筑工程	1 649 565.39	41.04	2.74
1.1.1.6	混凝土工程	28 333 948.90	704.91	47.14
1.1.1.6.1	现浇混凝土	13 691 761.22	340.63	48.32
1.1.1.6.2	预制混凝土	14 642 187.68	364.28	51.68
1.1.1.7	钢筋工程	14 839 520.08	369.19	24.69
1.1.1.7.1	普通钢筋	14 839 520.08	369.19	100.00
1.1.1.8	金属结构工程	84 044.00	2.09	0.14
1.1.1.9	屋面及防水工程	2 415 178.63	60.09	4.02
1.1.1.9.1	屋面防水	914 110.76	22.74	37.85
1.1.1.9.2	墙面、楼（地）面防水	1 501 067.87	37.34	62.15
1.1.1.10	保温、隔热及防腐工程	1 292 451.95	32.15	2.15
1.1.1.10.1	保温、隔热工程	1 292 451.95	32.15	100.00
1.1.2	装饰工程	45 991 605.16	1 144.21	34.15
1.1.2.1	门窗	5 591 209.46	139.10	12.16
1.1.2.2	楼地面装饰	13 240 339.20	329.40	28.79
1.1.2.3	墙柱面装饰	17 440 801.32	433.91	37.92
1.1.2.4	天棚装饰	751 646.02	18.70	1.63
1.1.2.5	油漆、涂料	6 323 658.83	157.32	13.75
1.1.2.6	隔断	135 577.91	3.37	0.29
1.1.2.7	其他内装饰	2 508 372.42	62.41	5.45
1.1.3	安装工程	28 580 146.62	711.04	21.22

续表

编号	项目名称	金额（元）	单位指标（元/m²）	占比指标（%）
1.1.3.1	电气工程	14 063 891.12	349.89	49.21
1.1.3.1.1	变压器安装	595 503.51	14.82	4.23
1.1.3.1.2	配电装置安装	195 983.80	4.88	1.39
1.1.3.1.3	母线安装	422 434.49	10.51	3.00
1.1.3.1.4	控制设备及低压电器安装	3 785 067.33	94.17	26.91
1.1.3.1.5	电缆安装	2 887 872.39	71.85	20.53
1.1.3.1.6	防雷及接地装置	256 021.68	6.37	1.82
1.1.3.1.7	配管、配线	4 431 200.11	110.24	31.51
1.1.3.1.8	照明器具安装	704 737.09	17.53	5.01
1.1.3.1.9	附属工程	760 690.38	18.93	5.41
1.1.3.1.10	电气调整试验	24 380.34	0.61	0.17
1.1.3.2	建筑智能化及通信工程	668 961.24	16.64	2.34
1.1.3.2.1	计算机应用、网络系统工程	109 630.27	2.73	16.39
1.1.3.2.2	综合布线系统工程	547 690.77	13.63	81.87
1.1.3.2.3	建筑设备自动化系统工程	2 623.11	0.07	0.39
1.1.3.2.4	音频、视频系统工程	3 472.53	0.09	0.52
1.1.3.2.5	安全防范系统工程	5 544.56	0.14	0.83
1.1.3.3	空调、通风工程	2 458 163.31	61.16	8.60
1.1.3.3.1	空调设备	1 358 952.93	33.81	55.28
1.1.3.3.2	通风设备	306 767.30	7.63	12.48
1.1.3.3.3	通风管道	613 594.71	15.27	24.96
1.1.3.3.4	通风管道部件	178 848.37	4.45	7.28
1.1.3.4	给排水工程	4 051 909.99	100.81	14.18
1.1.3.4.1	给排水管道	2 426 811.00	60.38	59.89
1.1.3.4.2	卫生器具	658 153.88	16.37	16.24
1.1.3.4.3	给排水设备	966 945.11	24.06	23.86

续表

编号	项目名称	金额（元）	单位指标（元/m²）	占比指标（%）
1.1.3.5	消防工程	2 387 960.54	59.41	8.36
1.1.3.5.1	水灭火系统	1 741 950.05	43.34	72.95
1.1.3.5.2	气体灭火系统	202 485.27	5.04	8.48
1.1.3.5.3	泡沫灭火系统	29 767.38	0.74	1.25
1.1.3.5.4	火灾自动报警系统	413 757.84	10.29	17.33
1.1.3.6	采暖工程	257 885.28	6.42	0.90
1.1.3.6.1	采暖设备	257 885.28	6.42	100.00
1.1.3.7	燃气工程	65 513.44	1.63	0.23
1.1.3.7.1	燃气管道	32 851.40	0.82	50.14
1.1.3.7.2	燃气器具	32 662.04	0.81	49.86
1.1.3.8	电梯工程	1 848 606.44	45.99	6.47
1.1.3.9	其他项	2 777 255.26	69.09	9.72
1.1.3.9.1	支架及套管（给排水、采暖、燃气管道）	1 394 241.11	34.69	50.20
1.1.3.9.2	管道附件（给排水、采暖、燃气管道）	1 042 123.78	25.93	37.52
1.1.3.9.3	防腐工程	1 308.77	0.03	0.05
1.1.3.9.4	自动化控制仪表	10 086.84	0.25	0.36
1.1.3.9.5	其他机械设备安装	329 494.76	8.20	11.86
1.2	措施项目费	23 453 332.23	583.49	14.83
1.2.1	单价措施项目	13 631 011.24	339.12	58.12
1.2.1.1	脚手架	6 412 326.23	159.53	47.04
1.2.1.2	混凝土模板及支架（撑）	7 218 685.01	179.59	52.96
1.2.2	总价措施项目	9 822 320.99	244.37	41.88
2	其他项目费	6 579 034.05	163.68	3.66
3	税金	14 824 247.99	368.81	8.26

表3 主要工程量指标表

编号	工程量名称	数量	单位	单位指标
1	建筑工程			
1.1	土石方工程	8 862.10	m³	0.22 m³/m²
1.2	基坑与边坡支护	180.28	m³	<0.01 m³/m²
1.3	基础工程	9 858.83	m³	0.25 m³/m²
1.4	砌筑工程	2 721.68	m³	0.07 m³/m²
1.5	混凝土工程			
1.5.1	现浇混凝土	21 697.71	m³	0.54 m³/m²
1.5.2	预制混凝土	34 464	m³	0.86 m³/m²
1.6	钢筋工程			
1.6.1	普通钢筋	2 576 964	kg	64.11 kg/m²
1.7	金属结构工程	0.9	t	<0.01 t/m²
1.8	屋面及防水工程			
1.8.1	防水工程	18 435.17	m²	0.46 m²/m²
1.9	保温、隔热及防腐工程			
1.9.1	保温、隔热工程	19 007.5	m²	0.47 m²/m²
2	装饰工程			
2.1	门窗	9 847.71	m²	0.24 m²/m²
2.2	楼地面装饰	45 813.79	m²	1.14 m²/m²
2.3	墙柱面装饰	113 209.87	m²	2.82 m²/m²
2.4	天棚装饰	4 456.93	m²	0.11 m²/m²
2.5	油漆、涂料	109 995.86	m²	2.74 m²/m²
2.6	隔断	528.43	m²	0.01 m²/m²
2.7	其他内装饰	1 417.68	m²	0.04 m²/m²
3	安装工程			
3.1	电气工程			
3.1.1	母线安装	265.58	m	0.01 m/m²

续表

编号	工程量名称	数量	单位	单位指标
3.1.2	电缆安装	18 108.67	m	0.45 m/m²
3.1.3	配管、配线	613 938.01	m	15.27 m/m²
3.1.4	照明器具安装	2 055	套	0.05 套/m²
3.2	建筑智能化及通信工程			
3.2.1	计算机应用、网络系统工程	2	套	<0.01 套/m²
3.2.2	安全防范系统工程	7	套	<0.01 套/m²
3.3	空调、通风工程			
3.3.1	通风设备及部件制作安装	141.00	台	<0.01 台/m²
3.3.2	通风管道制作安装	3 868.43	m²	0.10 m²/m²
3.3.3	通风管道部件制作安装	301	个	0.01 个/m²
3.4	消防工程			
3.4.1	水灭火系统			
3.4.1.1	消防管道	15 050.51	m	0.37 m/m²
3.4.1.2	消防装置	6	组	<0.01 组/m²
3.4.1.3	消火栓、灭火器	314.00	套	0.01 套/m²
3.4.2	气体灭火系统	—	—	—
3.4.3	泡沫灭火系统	—	—	—
3.4.4	火灾自动报警系统	2 524	套	0.06 套/m²
3.5	给排水、采暖、燃气工程			
3.5.1	给排水管道	33 188.36	m	0.83 m/m²
3.5.2	燃气管道	190.00	m	<0.01 m/m²
3.5.3	支架及其他	23 533.9	kg	0.59 kg/m²
3.5.4	管道附件	1 075	组	0.03 组/m²
3.5.5	卫生器具	607	套	0.02 套/m²
3.5.6	设备	10	台	<0.01 台/m²
3.6	刷油、防腐蚀、绝热工程			
3.6.1	防腐蚀工程	3.63	m²	<0.01 m²/m²

续表

编号	工程量名称	数量	单位	单位指标
3.7	机械设备安装工程			
3.7.1	电梯安装	8	部	<0.01 部/m²
4	措施项目费			
4.1	脚手架工程	39 943.17	m²	0.99 m²/m²
4.2	混凝土模板及支架（撑）	85 980.94	m²	2.14 m²/m²

案例 47　海南省某大学宿舍楼

表1　工程概况及项目专业信息表

基本信息					
建设性质	新建	工程类型	教育建筑/其他	结构类型	框架剪力墙结构
建设形式	装配式	抗震等级	四级	开/竣工日期	—
计价方式	清单计价	造价阶段	招标控制价	总建筑面积（m²）	14 481.01
地下建筑面积（m²）	—	装修标准	精装	人防面积（m²）	—
建筑物基底面积（m²）	910.26	屋面面积（m²）	830.02	檐高或房屋高度（m）	52.45
地上最高层数（层）	16	地下层数（层）	0	首层层高（m）	5.90
标准层层高（m）	3.00	顶层层高（m）	3.00	地下一层层高（m）	—
地下二层层高（m）	—	地下三层层高（m）	—	户数（户）	—
装修类别	精装	基坑支护面积（m²）	—	建设年限（年）	—
绿建标准	绿建二星	安全文明施工标准	绿色	质量标准	合格
说明	—				
项目专业信息					
建筑工程	地基处理及土护降工程	—			
	基础工程	—			
	主体工程	钢筋工程：高强钢筋、普通钢筋。混凝土主要强度：C20、C25、C30、C40、C50			

续表

建筑工程	屋面工程	屋面形式：平屋面。屋面材料：混凝土
	防水工程	地下防水：卷材防水。室内防水：涂膜防水。屋面防水：卷材防水
	保温工程	外墙保温：挤塑聚苯板。内墙保温：挤塑聚苯板。屋面保温：挤塑聚苯板
装饰工程	门窗工程	门：木门、塑钢门。窗：铝合金窗
	地面工程	细石混凝土
	墙面工程	涂料
	天棚工程	涂料
	外立面形式	涂料
安装工程	电气工程	电气照明灯具：普通灯具、障碍照明。电气动力配管：塑料管、钢管、JDG管。母线槽：有。电缆：普通电缆、矿物电缆
	电梯工程	—
	建筑智能化及通信工程	计算机网络系统、闭路监控系统、建筑设备监控系统、门禁控制系统、公共广播、信息发布系统
	空调工程	管道：普通钢板风管、镀锌钢板风管。局部式空调类型：分体式空调
	通风工程	防排烟系统
	给排水工程	冷水管：复合管。中水管：塑料管、复合管。热水管：不锈钢管、复合管。卫生器具：有。给水设备：变频给水设备。污废水管道：塑料管。直饮水系统类型：直饮水机
	采暖工程	—
	燃气工程	—
	消防工程	水灭火系统：水喷淋系统。气体灭火系统：管网灭火系统。火灾自动报警系统：有

表2 工程经济指标表

编号	项目名称	金额（元）	单位指标（元/m²）	占比指标（%）
1	单项工程（分部分项+措施项目）	45 799 856.83	3 162.75	89.08
1.1	分部分项费	39 084 765.16	2 699.04	85.34
1.1.1	建筑工程	10 805 658.57	746.20	27.65
1.1.1.1	土石方工程	2 255.04	0.16	0.02
1.1.1.2	基础工程	4 748.56	0.33	0.04
1.1.1.3	砌筑工程	264 135.25	18.24	2.44
1.1.1.4	混凝土工程	5 798 206.52	400.40	53.66
1.1.1.4.1	现浇混凝土	2 822 693.27	194.92	48.68
1.1.1.4.2	预制混凝土	2 975 513.25	205.48	51.32
1.1.1.5	钢筋工程	3 959 897.79	273.45	36.65
1.1.1.5.1	普通钢筋	3 899 202.14	269.26	98.47
1.1.1.5.2	其他项	60 695.65	4.19	1.53
1.1.1.6	金属结构工程	17 081.21	1.18	0.16
1.1.1.7	屋面及防水工程	333 724.83	23.05	3.09
1.1.1.7.1	屋面防水	205 069.97	14.16	61.45
1.1.1.7.2	墙面、楼（地）面防水	128 654.86	8.88	38.55
1.1.1.8	保温、隔热及防腐工程	425 295.81	29.37	3.94
1.1.1.8.1	保温、隔热工程	420 182.92	29.02	98.80
1.1.1.8.2	防腐工程	5 112.89	0.35	1.20
1.1.1.9	其他项、补充项	313.56	0.02	0.00
1.1.2	装饰工程	10 807 715.11	746.34	27.65
1.1.2.1	门窗	1 960 731.82	135.40	18.14
1.1.2.2	楼地面装饰	2 221 553.34	153.41	20.56
1.1.2.3	墙柱面装饰	152 381.51	10.52	1.41
1.1.2.4	天棚装饰	264 123.03	18.24	2.44

续表

编号	项目名称	金额（元）	单位指标（元/m²）	占比指标（%）
1.1.2.5	油漆、涂料	2 418 604.49	167.02	22.38
1.1.2.6	幕墙	2 613 696.87	180.49	24.18
1.1.2.7	隔断	2 389.88	0.17	0.02
1.1.2.8	其他内装饰	1 174 234.17	81.09	10.86
1.1.3	安装工程	17 471 391.48	1 206.50	44.70
1.1.3.1	电气工程	4 167 605.85	287.80	23.85
1.1.3.1.1	配电装置安装	28 530.76	1.97	0.68
1.1.3.1.2	母线安装	207 986.10	14.36	4.99
1.1.3.1.3	控制设备及低压电器安装	925 327.79	63.90	22.20
1.1.3.1.4	电缆安装	485 075.02	33.50	11.64
1.1.3.1.5	防雷及接地装置	84 698.66	5.85	2.03
1.1.3.1.6	配管、配线	1 983 687.02	136.99	47.60
1.1.3.1.7	照明器具安装	258 797.11	17.87	6.21
1.1.3.1.8	附属工程	193 503.39	13.36	4.64
1.1.3.2	建筑智能化及通信工程	1 278 792.39	88.31	7.32
1.1.3.2.1	计算机应用、网络系统工程	72 586.86	5.01	5.68
1.1.3.2.2	综合布线系统工程	777 943.10	53.72	60.83
1.1.3.2.3	建筑信息综合管理系统工程	14 123.93	0.98	1.10
1.1.3.2.4	有线电视、卫星接收系统工程	323 904.42	22.37	25.33
1.1.3.2.5	安全防范系统工程	90 234.08	6.23	7.06
1.1.3.3	空调、通风工程	1 780 711.17	122.97	10.19
1.1.3.3.1	空调设备	1 176 148.51	81.22	66.05
1.1.3.3.2	通风设备	46 219.01	3.19	2.60
1.1.3.3.3	通风管道	253 218.70	17.49	14.22

续表

编号	项目名称	金额（元）	单位指标（元/m²）	占比指标（%）
1.1.3.3.4	通风管道部件	305 124.95	21.07	17.14
1.1.3.4	给排水工程	5 836 688.73	403.06	33.41
1.1.3.4.1	给排水管道	544 027.23	37.57	9.32
1.1.3.4.2	卫生器具	5 149 447.04	355.60	88.23
1.1.3.4.3	给排水设备	143 214.46	9.89	2.45
1.1.3.5	消防工程	1 344 110.76	92.82	7.69
1.1.3.5.1	水灭火系统	974 086.76	67.27	72.47
1.1.3.5.2	火灾自动报警系统	370 024.00	25.55	27.53
1.1.3.6	其他项	1 318 697.67	91.06	7.55
1.1.3.6.1	支架及套管（给排水、采暖、燃气管道）	670 046.51	46.27	50.81
1.1.3.6.2	管道附件（给排水、采暖、燃气管道）	561 126.81	38.75	42.55
1.1.3.6.3	刷油工程	1 117.8	0.08	0.08
1.1.3.6.4	绝热工程	18 471.80	1.28	1.40
1.1.3.6.5	自动化控制仪表	67 934.75	4.69	5.15
1.1.3.7	补充项	1 744 784.91	120.49	9.99
1.2	措施项目费	6 715 091.67	463.72	14.66
1.2.1	单价措施项目	4 461 483.72	308.09	66.44
1.2.1.1	脚手架	1 294 372.68	89.38	29.01
1.2.1.2	混凝土模板及支架（撑）	1 936 369.50	133.72	43.40
1.2.1.3	其他项	1 230 741.54	84.99	27.59
1.2.2	总价措施项目	2 253 607.95	155.63	33.56
2	规费	1 370 810.69	94.66	2.67
3	税金	4 245 360.08	293.17	8.26

表3 主要工程量指标表

编号	工程量名称	数量	单位	单位指标
1	建筑工程			
1.1	土石方工程	83.52	m^3	0.01 m^3/m^2
1.2	基础工程	8.00	m^3	<0.01 m^3/m^2
1.3	砌筑工程	405.72	m^3	0.03 m^3/m^2
1.4	混凝土工程			
1.4.1	现浇混凝土	4 231.91	m^3	0.29 m^3/m^2
1.4.2	预制混凝土	651.92	m^3	0.05 m^3/m^2
1.5	钢筋工程			
1.5.1	普通钢筋	690 098.00	kg	47.66 kg/m^2
1.6	屋面及防水工程			
1.6.1	防水工程	5 990.76	m^2	0.41 m^2/m^2
1.7	保温、隔热及防腐工程			
1.7.1	保温、隔热工程	7 955.01	m^2	0.55 m^2/m^2
1.7.2	防腐工程	843.71	m^2	0.06 m^2/m^2
2	装饰工程			
2.1	门窗	2 819.82	m^2	0.19 m^2/m^2
2.2	楼地面装饰	24 177.15	m^2	1.67 m^2/m^2
2.3	墙柱面装饰	2 815.06	m^2	0.19 m^2/m^2
2.4	天棚装饰	2 107.71	m^2	0.15 m^2/m^2
2.5	油漆、涂料	67 024.93	m^2	4.63 m^2/m^2
2.6	幕墙	9 695.47	m^2	0.67 m^2/m^2
2.7	隔断	8.88	m^2	<0.01 m^2/m^2
3	安装工程			
3.1	电气工程			
3.1.1	母线安装	99.00	m	0.01 m/m^2
3.1.2	电缆安装	2 751.73	m	0.19 m/m^2

续表

编号	工程量名称	数量	单位	单位指标
3.1.3	配管、配线	262 933.27	m	18.16 m/m²
3.1.4	照明器具安装	2 623	套	0.18 套/m²
3.2	建筑智能化及通信工程			
3.2.1	计算机应用、网络系统工程	8.00	套	<0.01 套/m²
3.2.2	有线电视、卫星接收系统工程	476	套	0.03 套/m²
3.2.3	安全防范系统工程	6	套	<0.01 套/m²
3.3	空调、通风工程			
3.3.1	通风设备及部件制作安装	459.00	台	0.03 台/m²
3.3.2	通风管道制作安装	1 452.16	m²	0.10 m²/m²
3.3.3	通风管道部件制作安装	659	个	0.05 个/m²
3.4	消防工程			
3.4.1	水灭火系统			
3.4.1.1	消防管道	8 129.05	m	0.56 m/m²
3.4.1.2	消防装置	2	组	<0.01 组/m²
3.4.1.3	消火栓、灭火器	346.00	套	0.02 套/m²
3.4.2	火灾自动报警系统	1 498.00	套	0.10 套/m²
3.5	给排水、采暖、燃气工程			
3.5.1	给排水管道	10 811.21	m	0.75 m/m²
3.5.2	支架及其他	13 235.17	kg	0.91 kg/m²
3.5.3	管道附件	897.00	组	0.06 组/m²
3.5.4	卫生器具	457.00	套	0.03 套/m²
3.5.5	设备	17	台	<0.01 台/m²

案例 48　重庆市某中学教学楼

表 1　工程概况及项目专业信息表

基本信息					
建设性质	新建	工程类型	教育建筑/教学楼	结构类型	钢-混凝土组合结构
建设形式	装配式	抗震等级	一级	开/竣工日期	—
计价方式	清单计价	造价阶段	招标控制价	总建筑面积（m²）	20 136.72
地下建筑面积（m²）	0	装修标准	精装	人防面积（m²）	—
建筑物基底面积（m²）	10 254.90	屋面面积（m²）	9 274.34	檐高或房屋高度（m）	16.00
地上最高层数（层）	5	地下层数（层）	0	首层层高（m）	3.00
标准层层高（m）	3.00	顶层层高（m）	4.00	地下一层层高（m）	—
地下二层层高（m）	—	地下三层层高（m）	—	户数（户）	48
装修类别	精装	基坑支护面积（m²）	2 480.00	建设年限（年）	2
绿建标准	绿建二星	安全文明施工标准	绿色	质量标准	合格
说明	—				
项目专业信息					
建筑工程	地基处理及土护降工程	土石方工程：挖沟槽土石方			
	基础工程	桩基础、独立基础、带形基础、满堂基础			
	主体工程	钢筋工程：普通钢筋。混凝土主要强度：C15、C20、C25、C30、C35			

续表

建筑工程	屋面工程	屋面形式：平屋面。屋面材料：混凝土
	防水工程	地面防水：卷材防水。屋面防水：刚性防水
	保温工程	外墙保温：外墙面40mm厚玻化微珠真空绝热芯材复合无机板。屋面保温：挤塑聚苯板
装饰工程	门窗工程	门：铝合金门。窗：断桥铝窗
	地面工程	面砖
	墙面工程	涂料
	天棚工程	涂料
	外立面形式	金属幕墙
安装工程	电气工程	电气照明灯具：普通灯具、装饰灯具。电气动力配管：钢管、JDG管。电缆：普通电缆、矿物电缆
	电梯工程	—
	建筑智能化及通信工程	—
	空调工程	管道：普通钢板风管。集中/半集中式系统类型：风+水形式、其他。局部式空调类型：其他。冷热源形式：其他。设备：其他。风机盘管：两管制
	通风工程	防排烟系统
	给排水工程	冷水管：塑料管。卫生器具：有。污废水管道：塑料管。直饮水系统类型：直饮水机
	采暖工程	—
	燃气工程	—
	消防工程	水灭火系统：水喷淋系统。气体灭火系统：管网灭火系统。火灾自动报警系统：有

表2　工程经济指标表

编号	项目名称	金额（元）	单位指标（元/m²）	占比指标（%）
1	单项工程（分部分项+措施项目）	69 667 003.53	3 459.70	89.07
1.1	分部分项费	63 236 771.50	3 140.37	90.77
1.1.1	建筑工程	28 538 318.55	1 417.23	45.13
1.1.1.1	土石方工程	268 080.68	13.31	0.94
1.1.1.2	基础工程	3 419 189.21	169.80	11.98
1.1.1.3	砌筑工程	2 350 648.74	116.73	8.24
1.1.1.4	混凝土工程	8 379 907.23	416.15	29.36
1.1.1.4.1	现浇混凝土	6 615 367.09	328.52	78.94
1.1.1.4.2	预制混凝土	1 764 540.14	87.63	21.06
1.1.1.5	钢筋工程	8 426 710.82	418.47	29.53
1.1.1.5.1	普通钢筋	7 823 117.97	388.50	92.84
1.1.1.5.2	预应力钢筋	297 284.48	14.76	3.53
1.1.1.5.3	其他项	306 308.37	15.21	3.63
1.1.1.6	金属结构工程	591 199.34	29.36	2.07
1.1.1.7	屋面及防水工程	2 383 909.27	118.39	8.35
1.1.1.7.1	屋面防水	1 071 005.08	53.19	44.93
1.1.1.7.2	墙面、楼（地）面防水	1 312 904.19	65.20	55.07
1.1.1.8	保温、隔热及防腐工程	2 332 099.14	115.81	8.17
1.1.1.8.1	保温、隔热工程	2 332 099.14	115.81	100.00
1.1.1.9	其他项、补充项	386 574.12	19.20	1.35
1.1.2	装饰工程	29 748 305.89	1 477.32	47.04
1.1.2.1	门窗	3 777 282.50	187.58	12.70
1.1.2.2	楼地面装饰	5 336 582.40	265.02	17.94
1.1.2.3	墙柱面装饰	13 261 398.47	658.57	44.58
1.1.2.4	天棚装饰	3 683 398.59	182.92	12.38

续表

编号	项目名称	金额（元）	单位指标（元/m²）	占比指标（%）
1.1.2.5	油漆、涂料	1 751 241.32	86.97	5.89
1.1.2.6	幕墙	1 293 940.22	64.26	4.35
1.1.2.7	隔断	113 400.00	5.63	0.38
1.1.2.8	其他内装饰	531 062.39	26.37	1.79
1.1.3	安装工程	4 950 147.06	245.83	7.83
1.1.3.1	电气工程	2 788 207.70	138.46	56.33
1.1.3.1.1	控制设备及低压电器安装	826 244.40	41.03	29.63
1.1.3.1.2	电缆安装	250 882.70	12.46	9.00
1.1.3.1.3	防雷及接地装置	109 988.76	5.46	3.94
1.1.3.1.4	配管、配线	764 073.23	37.94	27.40
1.1.3.1.5	照明器具安装	697 716.77	34.65	25.02
1.1.3.1.6	附属工程	24 250.42	1.20	0.87
1.1.3.1.7	电气调整试验	115 051.42	5.71	4.13
1.1.3.2	建筑智能化及通信工程	554.78	0.03	0.01
1.1.3.2.1	综合布线系统工程	554.78	0.03	100.00
1.1.3.3	空调、通风工程	1 000 266.99	49.67	20.21
1.1.3.3.1	空调设备	620 954.84	30.84	62.08
1.1.3.3.2	通风设备	187 639.12	9.32	18.76
1.1.3.3.3	通风管道	128 970.99	6.40	12.89
1.1.3.3.4	通风管道部件	62 702.04	3.11	6.27
1.1.3.4	给排水工程	601 097.91	29.85	12.14
1.1.3.4.1	给排水管道	227 743.44	11.31	37.89
1.1.3.4.2	卫生器具	373 354.47	18.54	62.11
1.1.3.5	消防工程	187 370.49	9.30	3.79
1.1.3.5.1	水灭火系统	157 856.85	7.84	84.25
1.1.3.5.2	火灾自动报警系统	29 513.64	1.47	15.75

续表

编号	项目名称	金额（元）	单位指标（元/m²）	占比指标（%）
1.1.3.6	其他项	199 196.18	9.89	4.02
1.1.3.6.1	支架及套管（给排水、采暖、燃气管道）	82 697.75	4.11	41.52
1.1.3.6.2	管道附件（给排水、采暖、燃气管道）	74 713.77	3.71	37.51
1.1.3.6.3	刷油工程	6 086.34	0.30	3.06
1.1.3.6.4	绝热工程	35 698.32	1.77	17.92
1.1.3.7	补充项	173 453.01	8.61	3.50
1.2	措施项目费	6 430 232.03	319.33	9.23
1.2.1	单价措施项目	2 862 998.07	142.18	44.52
1.2.1.1	脚手架	1 458 741.05	72.44	50.95
1.2.1.2	其他项	1 404 257.02	69.74	49.05
1.2.2	总价措施项目	3 567 233.96	177.15	55.48
2	规费	1 921 530.27	95.42	2.46
3	税金	6 626 928.38	329.10	8.47

表3　主要工程量指标表

编号	工程量名称	数量	单位	单位指标
1	建筑工程			
1.1	土石方工程	10 712.02	m³	0.53 m³/m²
1.2	基础工程	6 807.02	m³	0.34 m³/m²
1.3	砌筑工程	3 530.95	m³	0.18 m³/m²
1.4	混凝土工程			
1.4.1	现浇混凝土	7 395.67	m³	0.37 m³/m²
1.4.2	预制混凝土	1 104.10	m³	0.05 m³/m²
1.5	钢筋工程			
1.5.1	普通钢筋	1 596 695.00	kg	79.29 kg/m²
1.5.2	预应力钢筋	58 866.00	kg	2.92 kg/m²

续表

编号	工程量名称	数量	单位	单位指标
1.6	金属结构工程	29.52	t	<0.01 t/m²
1.7	屋面及防水工程			
1.7.1	防水工程	38 620.62	m²	1.92 m²/m²
1.8	保温、隔热及防腐工程			
1.8.1	保温、隔热工程	21 757.53	m²	1.08 m²/m²
2	装饰工程			
2.1	门窗	4 841.92	m²	0.24 m²/m²
2.2	楼地面装饰	62 063.86	m²	3.08 m²/m²
2.3	墙柱面装饰	77 219.56	m²	3.83 m²/m²
2.4	天棚装饰	21 821.29	m²	1.08 m²/m²
2.5	油漆、涂料	34 083.87	m²	1.69 m²/m²
2.6	幕墙	2 700.66	m²	0.13 m²/m²
2.7	隔断	810	m²	0.04 m²/m²
2.8	其他内装饰	563.05	m²	0.03 m²/m²
3	安装工程			
3.1	电气工程			
3.1.1	电缆安装	4 216.39	m	0.21 m/m²
3.1.2	配管、配线	97 273.45	m	4.83 m/m²
3.1.3	照明器具安装	4 166	套	0.21 套/m²
3.2	空调、通风工程			
3.2.1	通风设备及部件制作安装	4	台	<0.01 台/m²
3.2.2	通风管道制作安装	954.36	m²	0.05 m²/m²
3.2.3	通风管道部件制作安装	118	个	0.01 个/m²
3.3	消防工程			
3.3.1	水灭火系统			
3.3.1.1	消防管道	713.89	m	0.04 m/m²
3.3.1.2	消火栓、灭火器	76	套	<0.01 套/m²

续表

编号	工程量名称	数量	单位	单位指标
3.3.2	火灾自动报警系统	122	套	0.01 套/m²
3.4	给排水、采暖、燃气工程			
3.4.1	给排水管道	6 207.52	m	0.31 m/m²
3.4.2	支架及其他	667.02	kg	0.03 kg/m²
3.5	刷油、防腐蚀、绝热工程			
3.5.1	刷油工程	261.11	m²	0.01 m²/m²

案例 49　重庆市某中学行政楼

表 1　工程概况及项目专业信息表

基本信息					
建设性质	新建	工程类型	教育建筑/其他	结构类型	钢-混凝土组合结构
建设形式	装配式	抗震等级	一级	开/竣工日期	—
计价方式	清单计价	造价阶段	招标控制价	总建筑面积（m^2）	3 665.01
地下建筑面积（m^2）	0	装修标准	精装	人防面积（m^2）	—
建筑物基底面积（m^2）	—	屋面面积（m^2）	—	檐高或房屋高度（m）	12.00
地上最高层数（层）	3	地下层数（层）	0	首层层高（m）	5.00
标准层层高（m）	3.00	顶层层高（m）	3.00	地下一层层高（m）	—
地下二层层高（m）	—	地下三层层高（m）	—	户数（户）	—
装修类别	精装	基坑支护面积（m^2）	—	建设年限（年）	—
绿建标准	绿建二星	安全文明施工标准	绿色	质量标准	合格
说明	—				
项目专业信息					
建筑工程	地基处理及土护降工程	土石方工程：挖沟槽土石方			
	基础工程	独立基础、带形基础			
	主体工程	钢筋工程：普通钢筋。混凝土主要强度：C15、C20、C25、C30、C35			

续表

建筑工程	屋面工程	屋面形式：平屋面。屋面材料：其他
	防水工程	地面防水：涂膜防水。屋面防水：刚性防水
	保温工程	外墙保温：挤塑聚苯板。屋面保温：挤塑聚苯板
装饰工程	门窗工程	—
	地面工程	面砖
	墙面工程	木制装饰板墙面
	天棚工程	涂料
	外立面形式	涂料
安装工程	电气工程	电气照明灯具：普通灯具、装饰灯具。电气动力配管：钢管、JDG管。电缆：普通电缆、矿物电缆
	电梯工程	—
	建筑智能化及通信工程	—
	空调工程	管道：普通钢板风管。集中/半集中式系统类型：其他、风+水形式。局部式空调类型：其他。冷热源形式：其他。设备：其他。风机盘管：两管制
	通风工程	防排烟系统
	给排水工程	冷水管：塑料管。卫生器具：有。污废水管道：塑料管。直饮水系统类型：直饮水机
	采暖工程	—
	燃气工程	—
	消防工程	水灭火系统：水喷淋系统。气体灭火系统：管网灭火系统。火灾自动报警系统：有

表2　工程经济指标表

编号	项目名称	金额（元）	单位指标（元/m²）	占比指标（%）
1	单项工程（分部分项+措施项目）	14 116 037.59	3 851.57	89.04
1.1	分部分项费	12 976 178.96	3 540.56	91.93
1.1.1	建筑工程	6 027 657.29	1 644.65	46.45
1.1.1.1	土石方工程	118 769.72	32.41	1.97
1.1.1.2	基础工程	167 013.85	45.57	2.77
1.1.1.3	砌筑工程	841 615.80	229.64	13.96
1.1.1.4	混凝土工程	1 831 847.38	499.82	30.39
1.1.1.4.1	现浇混凝土	1 592 405.94	434.49	86.93
1.1.1.4.2	预制混凝土	239 441.44	65.33	13.07
1.1.1.5	钢筋工程	1 306 746.21	356.55	21.68
1.1.1.5.1	普通钢筋	1 247 210.22	340.30	95.44
1.1.1.5.2	其他项	59 535.99	16.24	4.56
1.1.1.6	金属结构工程	942 634.05	257.20	15.64
1.1.1.7	屋面及防水工程	470 790.33	128.46	7.81
1.1.1.7.1	屋面防水	252 136.79	68.80	53.56
1.1.1.7.2	墙面、楼（地）面防水	218 653.54	59.66	46.44
1.1.1.8	保温、隔热及防腐工程	224 893.51	61.36	3.73
1.1.1.8.1	保温、隔热工程	224 893.51	61.36	100.00
1.1.1.9	其他项、补充项	123 346.44	33.66	2.05
1.1.2	装饰工程	4 818 581.88	1 314.75	37.13
1.1.2.1	门窗	874 864.33	238.71	18.16
1.1.2.2	楼地面装饰	763 976.06	208.45	15.85
1.1.2.3	墙柱面装饰	2 278 742.64	621.76	47.29
1.1.2.4	天棚装饰	114 265.54	31.18	2.37
1.1.2.5	油漆、涂料	469 873.26	128.21	9.75

续表

编号	项目名称	金额（元）	单位指标（元/m²）	占比指标（%）
1.1.2.6	幕墙	209 672.49	57.21	4.35
1.1.2.7	隔断	29 250.00	7.98	0.61
1.1.2.8	其他内装饰	77 937.56	21.27	1.62
1.1.3	安装工程	2 129 939.79	581.16	16.41
1.1.3.1	电气工程	786 449.08	214.58	36.92
1.1.3.1.1	控制设备及低压电器安装	133 993.81	36.56	17.04
1.1.3.1.2	电缆安装	187 047.98	51.04	23.78
1.1.3.1.3	防雷及接地装置	28 911.79	7.89	3.68
1.1.3.1.4	配管、配线	272 770.82	74.43	34.68
1.1.3.1.5	照明器具安装	105 598.01	28.81	13.43
1.1.3.1.6	附属工程	11 374.63	3.10	1.45
1.1.3.1.7	电气调整试验	46 752.04	12.76	5.94
1.1.3.2	建筑智能化及通信工程	2 239.85	0.61	0.11
1.1.3.2.1	综合布线系统工程	2 239.85	0.61	100.00
1.1.3.3	空调、通风工程	807 968.84	220.45	37.93
1.1.3.3.1	空调设备	342 229.63	93.38	42.36
1.1.3.3.2	通风设备	218 894.44	59.73	27.09
1.1.3.3.3	通风管道	180 618.05	49.28	22.35
1.1.3.3.4	通风管道部件	66 226.72	18.07	8.20
1.1.3.4	给排水工程	173 048.88	47.22	8.12
1.1.3.4.1	给排水管道	50 544.79	13.79	29.21
1.1.3.4.2	卫生器具	72 385.79	19.75	41.83
1.1.3.4.3	给排水设备	50 118.30	13.67	28.96
1.1.3.5	消防工程	162 012.21	44.21	7.61
1.1.3.5.1	水灭火系统	80 400.83	21.94	49.63
1.1.3.5.2	火灾自动报警系统	81 611.38	22.27	50.37

续表

编号	项目名称	金额（元）	单位指标（元/m²）	占比指标（%）
1.1.3.6	其他项	99 627.18	27.18	4.68
1.1.3.6.1	支架及套管（给排水、采暖、燃气管道）	22 618.45	6.17	22.70
1.1.3.6.2	管道附件（给排水、采暖、燃气管道）	34 182.47	9.33	34.31
1.1.3.6.3	刷油工程	3 284.54	0.90	3.30
1.1.3.6.4	绝热工程	39 448.04	10.76	39.60
1.1.3.6.5	自动化控制仪表	93.68	0.03	0.09
1.1.3.7	补充项	98 593.75	26.90	4.63
1.2	措施项目费	1 139 858.63	311.01	8.07
1.2.1	单价措施项目	414 179.93	113.01	36.34
1.2.1.1	脚手架	197 142.57	53.79	47.60
1.2.1.2	其他项	217 037.36	59.22	52.40
1.2.2	总价措施项目	725 678.70	198.00	63.66
2	规费	379 690.13	103.60	2.40
3	税金	1 357 074.84	370.28	8.56

表3 主要工程量指标表

编号	工程量名称	数量	单位	单位指标
1	建筑工程			
1.1	土石方工程	3 383.95	m³	0.92 m³/m²
1.2	基础工程	262.86	m³	0.07 m³/m²
1.3	砌筑工程	914.35	m³	0.25 m³/m²
1.4	混凝土工程			
1.4.1	现浇混凝土	1 641.62	m³	0.45 m³/m²
1.4.2	预制混凝土	149.32	m³	0.04 m³/m²
1.5	钢筋工程			
1.5.1	普通钢筋	243 310.00	kg	66.39 kg/m²

续表

编号	工程量名称	数量	单位	单位指标
1.6	金属结构工程	85.58	t	0.02 t/m²
1.7	屋面及防水工程			
1.7.1	防水工程	7 191.18	m²	1.96 m²/m²
1.8	保温、隔热及防腐工程			
1.8.1	保温、隔热工程	3 166.19	m²	0.86 m²/m²
2	装饰工程			
2.1	门窗	1 116.41	m²	0.30 m²/m²
2.2	楼地面装饰	7 139.05	m²	1.95 m²/m²
2.3	墙柱面装饰	17 156.41	m²	4.68 m²/m²
2.4	天棚装饰	668.17	m²	0.18 m²/m²
2.5	油漆、涂料	9 268.96	m²	2.53 m²/m²
2.6	幕墙	437.62	m²	0.12 m²/m²
2.7	隔断	225	m²	0.06 m²/m²
2.8	其他内装饰	65.54	m²	0.02 m²/m²
3	安装工程			
3.1	电气工程			
3.1.1	电缆安装	3 125.59	m	0.85 m/m²
3.1.2	配管、配线	38 714.06	m	10.56 m/m²
3.1.3	照明器具安装	1 141	套	0.31 套/m²
3.2	空调、通风工程			
3.2.1	通风设备及部件制作安装	3.00	台	<0.01 台/m²
3.2.2	通风管道制作安装	1 188.33	m²	0.32 m²/m²
3.2.3	通风管道部件制作安装	116	个	0.03 个/m²
3.3	消防工程			
3.3.1	水灭火系统			
3.3.1.1	消防管道	536.64	m	0.15 m/m²
3.3.1.2	消火栓、灭火器	31	套	0.01 套/m²

续表

编号	工程量名称	数量	单位	单位指标
3.3.2	火灾自动报警系统	349	套	0.10 套/m^2
3.4	给排水、采暖、燃气工程			
3.4.1	给排水管道	1 265.15	m	0.35 m/m^2
3.4.2	支架及其他	401.52	kg	0.11 kg/m^2
3.4.3	设备	1.00	台	<0.01 台/m^2
3.5	刷油、防腐蚀、绝热工程			
3.5.1	刷油工程	170.43	m^2	0.05 m^2/m^2

案例 50 宁夏回族自治区某大学行政楼

表 1 工程概况及项目专业信息表

基本信息					
建设性质	新建	工程类型	教育建筑/其他	结构类型	框架结构
建设形式	全现浇	抗震等级	二级	开/竣工日期	2021-11-04/2023-12-30
计价方式	清单计价	造价阶段	招标控制价	总建筑面积（m²）	11 693.88
地下建筑面积（m²）	0	装修标准	初装	人防面积（m²）	0
建筑物基底面积（m²）	4 413.00	屋面面积（m²）	3 063.00	檐高或房屋高度（m）	25.10
地上最高层数（层）	6	地下层数（层）	0	首层层高（m）	4.10
标准层层高（m）	4.20	顶层层高（m）	4.20	地下一层层高（m）	—
地下二层层高（m）	—	地下三层层高（m）	—	户数（户）	0
装修类别	初装	基坑支护面积（m²）	0	建设年限（年）	—
绿建标准	绿建二星	安全文明施工标准	达标	质量标准	合格
说明	—					
项目专业信息					
建筑工程	地基处理及土护降工程	土石方工程：挖一般土石方。地基处理方式：换填地基、其他			
	基础工程	独立基础			
	主体工程	钢筋工程：高强钢筋、普通钢筋。混凝土主要强度：C15、C20、C25、C30、C35、C40、C45			

续表

建筑工程	屋面工程	屋面形式：平屋面。屋面材料：混凝土
	防水工程	室内防水：卷材防水。屋面防水：卷材防水
	保温工程	外墙保温：挤塑聚苯板。内墙保温：挤塑聚苯板。屋面保温：挤塑聚苯板
装饰工程	门窗工程	门：木门、塑钢门、铝合金门。窗：断桥铝窗、铝合金窗
	地面工程	细石混凝土
	墙面工程	石材
	天棚工程	铝合金吊顶
	外立面形式	涂料
安装工程	电气工程	电气照明灯具：普通灯具、装饰灯具。电气动力配管：塑料管、钢管、JDG管、金属软管。电缆：普通电缆
	电梯工程	电梯种类：进口电梯
	建筑智能化及通信工程	计算机网络系统、闭路监控系统
	空调工程	管道：镀锌钢板风管。集中/半集中式系统类型：全空气形式。局部式空调类型：分体式空调。冷热源形式：风冷冷水机组。设备：空调机组。风机盘管：两管制
	通风工程	防排烟系统
	给排水工程	冷水管：塑料管、复合管。卫生器具：有。污废水管道：塑料管
	采暖工程	采暖管道：复合管。热计量仪表：有。散热器：钢制。地板辐射采暖：有
	燃气工程	—
	消防工程	水灭火系统：消火栓系统、水喷淋系统。火灾自动报警系统：有

表2 工程经济指标表

编号	项目名称	金额（元）	单位指标（元/m²）	占比指标（%）
1	单项工程（分部分项+措施项目）	39 228 639.58	3 354.63	84.11
1.1	分部分项费	33 660 714.12	2 878.49	85.81
1.1.1	建筑工程	14 913 574.81	1 275.33	44.31
1.1.1.1	土石方工程	229 711.90	19.64	1.54
1.1.1.2	地基处理工程	308 992.37	26.42	2.07
1.1.1.3	基础工程	523 637.11	44.78	3.51
1.1.1.4	砌筑工程	2 025 364.68	173.20	13.58
1.1.1.5	混凝土工程	2 863 449.22	244.87	19.20
1.1.1.5.1	现浇混凝土	2 843 544.55	243.17	99.30
1.1.1.5.2	预制混凝土	19 904.67	1.70	0.70
1.1.1.6	钢筋工程	7 224 357.76	617.79	48.44
1.1.1.6.1	普通钢筋	6 814 489.73	582.74	94.33
1.1.1.6.2	其他项	409 868.03	35.05	5.67
1.1.1.7	金属结构工程	162 692.85	13.91	1.09
1.1.1.8	屋面及防水工程	761 425.93	65.11	5.11
1.1.1.8.1	屋面工程	116 495.20	9.96	15.30
1.1.1.8.2	屋面防水	312 300.61	26.71	41.02
1.1.1.8.3	墙面、楼（地）面防水	332 630.12	28.44	43.69
1.1.1.9	保温、隔热及防腐工程	812 821.85	69.51	5.45
1.1.1.9.1	保温、隔热工程	812 821.85	69.51	100.00
1.1.1.10	其他项、补充项	1 121.14	0.10	0.01
1.1.2	装饰工程	8 325 180.92	711.93	24.73
1.1.2.1	门窗	2 495 746.11	213.42	29.98
1.1.2.2	楼地面装饰	2 237 993.83	191.38	26.88
1.1.2.3	墙柱面装饰	1 321 331.07	112.99	15.87

续表

编号	项目名称	金额（元）	单位指标（元/m²）	占比指标（%）
1.1.2.4	天棚装饰	1 011 231.08	86.48	12.15
1.1.2.5	油漆、涂料	540 283.62	46.20	6.49
1.1.2.6	幕墙	520 545.68	44.51	6.25
1.1.2.7	隔断	84 000.00	7.18	1.01
1.1.2.8	其他内装饰	114 049.53	9.75	1.37
1.1.3	安装工程	10 421 958.39	891.23	30.96
1.1.3.1	电气工程	3 783 804.48	323.57	36.31
1.1.3.1.1	控制设备及低压电器安装	492 988.71	42.16	13.03
1.1.3.1.2	电缆安装	1 501 150.84	128.37	39.67
1.1.3.1.3	防雷及接地装置	103 083.43	8.82	2.72
1.1.3.1.4	配管、配线	1 348 620.48	115.33	35.64
1.1.3.1.5	照明器具安装	321 066.02	27.46	8.49
1.1.3.1.6	电气调整试验	16 895.00	1.44	0.45
1.1.3.2	建筑智能化及通信工程	574 782.86	49.15	5.52
1.1.3.2.1	计算机应用、网络系统工程	50 608.44	4.33	8.80
1.1.3.2.2	综合布线系统工程	347 990.54	29.76	60.54
1.1.3.2.3	建筑设备自动化系统工程	11 363.28	0.97	1.98
1.1.3.2.4	安全防范系统工程	164 820.60	14.09	28.68
1.1.3.3	空调、通风工程	2 140 251.05	183.02	20.54
1.1.3.3.1	空调设备	1 382 610.49	118.23	64.60
1.1.3.3.2	通风设备	54 510.18	4.66	2.55
1.1.3.3.3	通风管道	481 554.48	41.18	22.50
1.1.3.3.4	通风管道部件	221 575.90	18.95	10.35
1.1.3.4	给排水工程	497 591.19	42.55	4.77

续表

编号	项目名称	金额（元）	单位指标（元/m²）	占比指标（%）
1.1.3.4.1	给排水管道	269 629.79	23.06	54.19
1.1.3.4.2	卫生器具	170 439.28	14.58	34.25
1.1.3.4.3	给排水设备	57 522.12	4.92	11.56
1.1.3.5	消防工程	970 431.86	82.99	9.31
1.1.3.5.1	水灭火系统	742 509.95	63.50	76.51
1.1.3.5.2	火灾自动报警系统	227 921.91	19.49	23.49
1.1.3.6	采暖工程	445 355.62	38.08	4.27
1.1.3.6.1	供暖器具	445 355.62	38.08	100.00
1.1.3.7	其他项	528 756.81	45.22	5.07
1.1.3.7.1	支架及套管（给排水、采暖、燃气管道）	218 039.15	18.65	41.24
1.1.3.7.2	管道附件（给排水、采暖、燃气管道）	130 906.14	11.19	24.76
1.1.3.7.3	刷油工程	21 858.8	1.87	4.13
1.1.3.7.4	绝热工程	157 952.72	13.51	29.87
1.1.3.8	补充项	1 480 984.52	126.65	14.21
1.2	措施项目费	5 567 925.46	476.14	14.19
1.2.1	单价措施项目	4 011 365.11	343.03	72.04
1.2.1.1	脚手架	884 823.47	75.67	22.06
1.2.1.2	混凝土模板及支架（撑）	2 386 097.40	204.05	59.48
1.2.1.3	其他项	740 444.24	63.32	18.46
1.2.2	总价措施项目	1 556 560.35	133.11	27.96
2	其他项目费	3 559 000.00	304.35	7.63
2.1	暂列金额	2 125 000.00	181.72	59.71
2.2	专业工程暂估价	1 434 000.00	122.63	40.29
3	税金	3 850 887.57	329.31	8.26

表3 主要工程量指标表

编号	工程量名称	数量	单位	单位指标
1	建筑工程			
1.1	土石方工程	21 932.20	m^3	1.88 m^3/m^2
1.2	地基处理工程	3 365.93	m^3	0.29 m^3/m^2
1.3	基础工程	1 128.08	m^3	0.10 m^3/m^2
1.4	砌筑工程	3 118.27	m^3	0.27 m^3/m^2
1.5	混凝土工程			
1.5.1	现浇混凝土	4 964.28	m^3	0.42 m^3/m^2
1.5.2	预制混凝土	14.86	m^3	<0.01 m^3/m^2
1.6	钢筋工程			
1.6.1	普通钢筋	1 021 379	kg	87.34 kg/m^2
1.7	金属结构工程	0.09	t	<0.01 t/m^2
1.8	屋面及防水工程			
1.8.1	屋面工程	813.23	m^2	0.07 m^2/m^2
1.8.2	防水工程	14 567.13	m^2	1.25 m^2/m^2
1.9	保温、隔热及防腐工程			
1.9.1	保温、隔热工程	14 188.68	m^2	1.21 m^2/m^2
2	装饰工程			
2.1	门窗	4 206.24	m^2	0.36 m^2/m^2
2.2	楼地面装饰	33 533.64	m^2	2.87 m^2/m^2
2.3	墙柱面装饰	28 159.20	m^2	2.41 m^2/m^2
2.4	天棚装饰	9 681.66	m^2	0.83 m^2/m^2
2.5	油漆、涂料	23 343.67	m^2	2.00 m^2/m^2
2.6	幕墙	561.74	m^2	0.05 m^2/m^2
2.7	其他内装饰	80.58	m^2	0.01 m^2/m^2
3	安装工程			
3.1	电气工程			

续表

编号	工程量名称	数量	单位	单位指标
3.1.1	电缆安装	9 577.81	m	0.82 m/m²
3.1.2	配管、配线	124 537.53	m	10.65 m/m²
3.1.3	照明器具安装	1 443	套	0.12 套/m²
3.2	建筑智能化及通信工程	—	—	—
3.3	空调、通风工程			
3.3.1	通风设备及部件制作安装	240	台	0.02 台/m²
3.3.2	通风管道制作安装	2 390.12	m²	0.20 m²/m²
3.3.3	通风管道部件制作安装	641.00	个	0.05 个/m²
3.4	消防工程			
3.4.1	水灭火系统			
3.4.1.1	消防管道	5 666.78	m	0.48 m/m²
3.4.1.2	消防装置	9	组	<0.01 组/m²
3.4.1.3	消火栓、灭火器	75.00	套	0.01 套/m²
3.4.2	火灾自动报警系统	708.00	套	0.06 套/m²
3.5	给排水、采暖、燃气工程			
3.5.1	给排水管道	3 802.89	m	0.33 m/m²
3.5.2	支架及其他	3 668.92	kg	0.31 kg/m²
3.5.3	管道附件	2.00	组	<0.01 组/m²
3.5.4	卫生器具	230.00	套	0.02 套/m²
3.5.5	供暖器具	396	组	0.03 组/m²
3.5.6	设备	6	台	<0.01 台/m²
3.6	刷油、防腐蚀、绝热工程			
3.6.1	绝热工程	1 001.42	m²	0.09 m²/m²

体育建筑

案例 51　广东省某体育馆

表 1　工程概况及项目专业信息表

基本信息					
建设性质	新建	工程类型	体育建筑/体育馆	结构类型	钢-混凝土组合结构
建设形式	全现浇	抗震等级	一级	开/竣工日期	2019-10-16/2020-09-02
计价方式	清单计价	造价阶段	招标控制价	总建筑面积（m²）	23 700.00
地下建筑面积（m²）	2 168.00	装修标准	精装	人防面积（m²）	0
建筑物基底面积（m²）	9 936.00	屋面面积（m²）	8 616.00	檐高或房屋高度（m）	23.95
地上最高层数（层）	3	地下层数（层）	1	首层层高（m）	6.55
标准层层高（m）	8.30	顶层层高（m）	8.65	地下一层层高（m）	4.50
地下二层层高（m）	—	地下三层层高（m）	—	户数（户）	0
装修类别	精装	基坑支护面积（m²）	0	建设年限（年）	4
绿建标准	绿建二星	安全文明施工标准	达标	质量标准	合格
说明	—				
项目专业信息					
建筑工程	地基处理及土护降工程	土石方工程：挖一般土石方。地基处理方式：其他。基坑支护形式：其他			

续表

建筑工程	基础工程	其他
	主体工程	钢筋工程：高强钢筋、普通钢筋。混凝土主要强度：C20、C25、C35、C40、C45
	屋面工程	屋面形式：平屋面。屋面材料：其他
	防水工程	室内防水：涂膜防水
	保温工程	—
装饰工程	门窗工程	门：木门、塑钢门、铝合金门
	地面工程	水泥砂浆
	墙面工程	石材
	天棚工程	涂料
	外立面形式	—
安装工程	电气工程	电气照明灯具：装饰灯具。电气动力配管：钢管。电缆：矿物电缆
	电梯工程	—
	建筑智能化及通信工程	建筑设备监控系统
	空调工程	集中/半集中式系统类型：风+水形式。局部式空调类型：分体式空调
	通风工程	—
	给排水工程	污废水管道：铸铁管
	采暖工程	采暖管道：钢管
	燃气工程	—
	消防工程	水灭火系统：气体灭火系统、火灾自动报警系统

表2　工程经济指标表

编号	项目名称	金额（元）	单位指标（元/m²）	占比指标（%）
1	单项工程（分部分项+措施项目）	175 572 437.00	7 408.12	75.84
1.1	分部分项费	148 492 002.48	6 265.49	84.58
1.1.1	建筑工程	70 782 951.13	2 986.62	47.67
1.1.1.1	土石方工程	859 857.53	36.28	1.21
1.1.1.2	基础工程	4 196 213.30	177.06	5.93
1.1.1.3	砌筑工程	3 109 461.85	131.20	4.39
1.1.1.4	混凝土工程	5 475 517.11	231.03	7.74
1.1.1.4.1	现浇混凝土	5 475 517.11	231.03	100.00
1.1.1.5	钢筋工程	9 829 818.02	414.76	13.89
1.1.1.5.1	普通钢筋	8 841 723.67	373.07	89.95
1.1.1.5.2	其他项	988 094.35	41.69	10.05
1.1.1.6	金属结构工程	37 207 159.51	1 569.92	52.57
1.1.1.7	屋面及防水工程	7 894 874.14	333.12	11.15
1.1.1.7.1	屋面工程	3 536 805.55	149.23	44.80
1.1.1.7.2	屋面防水	1 427 437.39	60.23	18.08
1.1.1.7.3	墙面、楼（地）面防水	2 930 631.20	123.66	37.12
1.1.1.8	保温、隔热及防腐工程	976 196.49	41.19	1.38
1.1.1.8.1	保温、隔热工程	952 327.94	40.18	97.55
1.1.1.8.2	防腐工程	23 868.55	1.01	2.45
1.1.1.9	其他项、补充项	1 233 853.18	52.06	1.74
1.1.2	装饰工程	38 454 846.63	1 622.57	25.90
1.1.2.1	门窗	1 749 613.07	73.82	4.55
1.1.2.2	楼地面装饰	5 075 993.34	214.18	13.20
1.1.2.3	墙柱面装饰	3 079 052.13	129.92	8.01
1.1.2.4	天棚装饰	1 630 569.57	68.80	4.24

续表

编号	项目名称	金额（元）	单位指标（元/m²）	占比指标（%）
1.1.2.5	油漆、涂料	7 430 577.93	313.53	19.32
1.1.2.6	幕墙	17 816 439.42	751.75	46.33
1.1.2.7	隔断	939 552.65	39.64	2.44
1.1.2.8	其他内装饰	733 048.52	30.93	1.91
1.1.3	安装工程	39 254 204.72	1 656.30	26.44
1.1.3.1	电气工程	10 187 685.59	429.86	25.95
1.1.3.1.1	母线安装	1 099 866.35	46.41	10.80
1.1.3.1.2	控制设备及低压电器安装	1 465 704.01	61.84	14.39
1.1.3.1.3	电机检查接线及调试	3 129.72	0.13	0.03
1.1.3.1.4	电缆安装	3 243 593.43	136.86	31.84
1.1.3.1.5	防雷及接地装置	391 304.52	16.51	3.84
1.1.3.1.6	配管、配线	2 593 455.64	109.43	25.46
1.1.3.1.7	照明器具安装	748 036.68	31.56	7.34
1.1.3.1.8	附属工程	567 757.21	23.96	5.57
1.1.3.1.9	电气调整试验	74 838.03	3.16	0.73
1.1.3.2	建筑智能化及通信工程	1 853 769.60	78.22	4.72
1.1.3.2.1	计算机应用、网络系统工程	812 239.18	34.27	43.82
1.1.3.2.2	综合布线系统工程	548 596.69	23.15	29.59
1.1.3.2.3	建筑设备自动化系统工程	58 554.56	2.47	3.16
1.1.3.2.4	有线电视、卫星接收系统工程	23 051.07	0.97	1.24
1.1.3.2.5	安全防范系统工程	411 328.10	17.36	22.19
1.1.3.3	空调、通风工程	4 919 906.05	207.59	12.53
1.1.3.3.1	空调设备	609 235.88	25.71	12.38
1.1.3.3.2	通风设备	1 536 661.25	64.84	31.23
1.1.3.3.3	通风管道	2 078 868.24	87.72	42.25
1.1.3.3.4	通风管道部件	695 140.68	29.33	14.13

续表

编号	项目名称	金额（元）	单位指标（元/m²）	占比指标（%）
1.1.3.4	给排水工程	4 996 070.08	210.80	12.73
1.1.3.4.1	给排水管道	1 861 056.32	78.53	37.25
1.1.3.4.2	卫生器具	306 688.28	12.94	6.14
1.1.3.4.3	给排水设备	2 828 325.48	119.34	56.61
1.1.3.5	消防工程	2 781 243.47	117.35	7.09
1.1.3.5.1	水灭火系统	1 887 947.58	79.66	67.88
1.1.3.5.2	气体灭火系统	358 050.50	15.11	12.87
1.1.3.5.3	火灾自动报警系统	535 245.39	22.58	19.24
1.1.3.6	采暖工程	281 886.66	11.89	0.72
1.1.3.6.1	采暖设备	281 886.66	11.89	100.00
1.1.3.7	燃气工程	567 571.76	23.95	1.45
1.1.3.7.1	燃气器具	567 571.76	23.95	100.00
1.1.3.8	其他项	12 211 115.61	515.24	31.11
1.1.3.8.1	支架及套管（给排水、采暖、燃气管道）	2 584 256.81	109.04	21.16
1.1.3.8.2	管道附件（给排水、采暖、燃气管道）	1 384 275.89	58.41	11.34
1.1.3.8.3	刷油工程	423 368.69	17.86	3.47
1.1.3.8.4	防腐工程	1 623 591.75	68.51	13.30
1.1.3.8.5	绝热工程	1 676 040.28	70.72	13.73
1.1.3.8.6	自动化控制仪表	32 714.59	1.38	0.27
1.1.3.8.7	其他机械设备安装	4 486 867.60	189.32	36.74
1.1.3.9	补充项	1 454 955.90	61.39	3.71
1.2	措施项目费	27 080 434.52	1 142.63	15.42
1.2.1	单价措施项目	18 377 054.58	775.40	67.86
1.2.1.1	脚手架	5 154 103.40	217.47	28.05
1.2.1.2	混凝土模板及支架（撑）	10 065 877.85	424.72	54.77
1.2.1.3	其他项	3 157 073.33	133.21	17.18

续表

编号	项目名称	金额（元）	单位指标（元/m²）	占比指标（%）
1.2.2	总价措施项目	8 703 379.94	367.23	32.14
2	其他项目费	36 816 538.65	1 553.44	15.90
2.1	暂列金额	33 110 965.84	1 397.09	89.94
2.2	专业工程暂估价	1 086 723.26	45.85	2.95
2.3	其他项	2 618 849.55	110.5	7.11
3	税金	19 115 007.83	806.54	8.26

表3　主要工程量指标表

编号	工程量名称	数量	单位	单位指标
1	建筑工程			
1.1	土石方工程	15 655.62	m³	0.66 m³/m²
1.2	基础工程	3 333.24	m³	0.14 m³/m²
1.3	砌筑工程	4 517.62	m³	0.19 m³/m²
1.4	混凝土工程			
1.4.1	现浇混凝土	6 817.23	m³	0.29 m³/m²
1.5	钢筋工程			
1.5.1	普通钢筋	1 758 098.00	kg	74.18 kg/m²
1.6	金属结构工程	2 329.24	t	0.10 t/m²
1.7	屋面及防水工程			
1.7.1	屋面工程	8 132.27	m²	0.34 m²/m²
1.7.2	防水工程	74 978.34	m²	3.16 m²/m²
1.8	保温、隔热及防腐工程			
1.8.1	保温、隔热工程	41 307.35	m²	1.74 m²/m²
1.8.2	防腐工程	1 549.00	m²	0.07 m²/m²
2	装饰工程			
2.1	门窗	3 938.07	m²	0.17 m²/m²

续表

编号	工程量名称	数量	单位	单位指标
2.2	楼地面装饰	52 366.93	m²	2.21 m²/m²
2.3	墙柱面装饰	53 922.55	m²	2.28 m²/m²
2.4	天棚装饰	7 522.14	m²	0.32 m²/m²
2.5	油漆、涂料	114 681.53	m²	4.84 m²/m²
2.6	幕墙	27 381.86	m²	1.16 m²/m²
2.7	隔断	2 857.51	m²	0.12 m²/m²
2.8	其他内装饰	138.81	m²	0.01 m²/m²
3	安装工程			
3.1	电气工程			
3.1.1	母线安装	370.69	m	0.02 m/m²
3.1.2	电缆安装	17 070.94	m	0.72 m/m²
3.1.3	配管、配线	235 486.97	m	9.94 m/m²
3.1.4	照明器具安装	3 654.00	套	0.15 套/m²
3.2	建筑智能化及通信工程			
3.2.1	建筑设备自动化系统工程	1	套	<0.01 套/m²
3.2.2	有线电视、卫星接收系统工程	1	套	<0.01 套/m²
3.2.3	安全防范系统工程	102	套	<0.01 套/m²
3.3	空调、通风工程			
3.3.1	通风设备及部件制作安装	187	台	0.01 台/m²
3.3.2	通风管道制作安装	14 815.23	m²	0.63 m²/m²
3.3.3	通风管道部件制作安装	1 232.00	个	0.05 个/m²
3.4	消防工程			
3.4.1	水灭火系统			
3.4.1.1	消防管道	14 960.45	m	0.63 m/m²
3.4.1.2	消防装置	10	组	<0.01 组/m²
3.4.1.3	消火栓、灭火器	388	套	0.02 套/m²
3.4.2	火灾自动报警系统	2 057.00	套	0.09 套/m²

续表

编号	工程量名称	数量	单位	单位指标
3.5	给排水、采暖、燃气工程			
3.5.1	给排水管道	17 761.88	m	0.75 m/m²
3.5.2	支架及其他	41 548.75	kg	1.75 kg/m²
3.5.3	管道附件	127	组	0.01 组/m²
3.5.4	卫生器具	77	套	<0.01 套/m²
3.5.5	设备	46	台	<0.01 台/m²
3.6	刷油、防腐蚀、绝热工程			
3.6.1	刷油工程	6 923.87	m²	0.29 m²/m²
3.6.2	绝热工程	11 102.77	m²	0.47 m²/m²

卫生建筑

案例52　北京市某医院医技楼

表1　工程概况及项目专业信息表

基本信息					
建设性质	新建	工程类型	卫生建筑/医技楼	结构类型	框架剪力墙结构
建设形式	全现浇	抗震等级	一级	开/竣工日期	—
计价方式	清单计价	造价阶段	招标控制价	总建筑面积（m²）	97 406.00
地下建筑面积（m²）	39 606.00	装修标准	初装	人防面积（m²）	6 865.45
建筑物基底面积（m²）	—	屋面面积（m²）	—	檐高或房屋高度（m）	42.70
地上最高层数（层）	8	地下层数（层）	3	首层层高（m）	6.00
标准层层高（m）	4.80	顶层层高（m）	4.50	地下一层层高（m）	6.80
地下二层层高（m）	6.00	地下三层层高（m）	4.50	户数（户）	500
装修类别	初装	基坑支护面积（m²）	—	建设年限（年）	—
绿建标准	绿建二星	安全文明施工标准	达标	质量标准	合格
说明	全费用综合单价				
项目专业信息					
建筑工程	地基处理及土护降工程	土石方工程：挖一般土石方。地基处理方式：其他。基坑支护形式：其他			

续表

建筑工程	基础工程	其他
	主体工程	钢筋工程：高强钢筋、普通钢筋。混凝土主要强度：C15、C20、C25、C30、C35、C40、C50、C55、C60
	屋面工程	屋面形式：平屋面。屋面材料：其他
	防水工程	地下防水：涂膜防水。室内防水：涂膜防水。屋面防水：卷材防水
	保温工程	外墙保温：挤塑聚苯板。内墙保温：挤塑聚苯板。屋面保温：挤塑聚苯板
装饰工程	门窗工程	门：木门。窗：铝合金窗
	地面工程	水泥砂浆
	墙面工程	涂料
	天棚工程	涂料
	外立面形式	玻璃幕墙
安装工程	电气工程	电气照明灯具：普通灯具、装饰灯具、防爆灯具。电气动力配管：钢管、JDG管。母线槽：有。电缆：普通电缆、矿物电缆。电气设备：应急发电
	电梯工程	电梯种类：合资直梯
	建筑智能化及通信工程	综合布线系统
	空调工程	管道：镀锌钢板风管、复合型风管。集中/半集中式系统类型：风+水形式。局部式空调类型：分体式空调。冷热源形式：水冷冷水机组、换热站集中供热、锅炉自采暖。设备：空调机组、新风机组、热回收机组
	通风工程	送排风系统、防排烟系统、人防系统
	给排水工程	冷水管：不锈钢管。热水管：不锈钢管。给水设备：无负压给水设备。污废水管道：铸铁管、钢管
	采暖工程	采暖管道：钢管。散热器：钢制
	燃气工程	燃气管道：钢管
	消防工程	水灭火系统：水喷淋系统

表2 工程经济指标表

编号	项目名称	金额（元）	单位指标（元/m²）	占比指标（%）
1	单项工程（分部分项+措施项目）	544 410 374.74	5 589.08	89.46
1.1	分部分项费	477 191 614.96	4 899.00	87.65
1.1.1	建筑工程	217 940 474.13	2 237.44	45.67
1.1.1.1	土石方工程	11 277 542.85	115.78	5.17
1.1.1.2	地基处理工程	7 797 613.82	80.05	3.58
1.1.1.3	基坑与边坡支护	249 062.64	2.56	0.11
1.1.1.4	基础工程	19 791 243.95	203.18	9.08
1.1.1.5	砌筑工程	20 323 321.37	208.65	9.33
1.1.1.6	混凝土工程	44 369 066.48	455.51	20.36
1.1.1.6.1	现浇混凝土	43 050 552.14	441.97	97.03
1.1.1.6.2	预制混凝土	1 318 514.34	13.54	2.97
1.1.1.7	钢筋工程	76 340 479.37	783.73	35.03
1.1.1.7.1	普通钢筋	71 216 609.13	731.13	93.29
1.1.1.7.2	预应力钢筋	1 832 877.68	18.82	2.40
1.1.1.7.3	其他项	3 290 992.56	33.79	4.31
1.1.1.8	金属结构工程	643 609.49	6.61	0.30
1.1.1.9	屋面及防水工程	21 652 107.33	222.29	9.93
1.1.1.9.1	屋面工程	1 931 346.11	19.83	8.92
1.1.1.9.2	屋面防水	4 976 444.51	51.09	22.98
1.1.1.9.3	墙面、楼（地）面防水	14 744 316.71	151.37	68.10
1.1.1.10	保温、隔热及防腐工程	10 525 733.87	108.06	4.83
1.1.1.10.1	保温、隔热工程	10 525 209.20	108.06	100.00
1.1.1.10.2	防腐工程	524.67	0.01	0.00
1.1.1.11	拆除工程	5 529.16	0.06	0.00
1.1.1.12	其他项、补充项	4 965 163.80	50.97	2.28

续表

编号	项目名称	金额（元）	单位指标（元/m²）	占比指标（%）
1.1.2	装饰工程	89 196 780.60	915.72	18.69
1.1.2.1	门窗	8 935 140.79	91.73	10.02
1.1.2.2	楼地面装饰	9 230 308.50	94.76	10.35
1.1.2.3	墙柱面装饰	18 525 982.93	190.19	20.77
1.1.2.4	天棚装饰	2 665 746.34	27.37	2.99
1.1.2.5	油漆、涂料	3 403 886.27	34.95	3.82
1.1.2.6	幕墙	31 261 433.53	320.94	35.05
1.1.2.7	隔断	43 929.73	0.45	0.05
1.1.2.8	其他内装饰	1 239 562.38	12.73	1.39
1.1.2.9	其他项、补充项	13 890 790.13	142.61	15.57
1.1.3	安装工程	170 054 360.23	1 745.83	35.64
1.1.3.1	电气工程	70 197 092.57	720.66	41.28
1.1.3.1.1	变压器安装	1 542 428.72	15.84	2.20
1.1.3.1.2	配电装置安装	791 077.20	8.12	1.13
1.1.3.1.3	母线安装	3 585 440.18	36.81	5.11
1.1.3.1.4	控制设备及低压电器安装	13 629 014.54	139.92	19.42
1.1.3.1.5	电机检查接线及调试	406 081.16	4.17	0.58
1.1.3.1.6	电缆安装	26 748 722.09	274.61	38.11
1.1.3.1.7	防雷及接地装置	726 820.99	7.46	1.04
1.1.3.1.8	配管、配线	12 745 614.37	130.85	18.16
1.1.3.1.9	照明器具安装	2 127 087.09	21.84	3.03
1.1.3.1.10	附属工程	7 127 809.47	73.18	10.15
1.1.3.1.11	电气调整试验	766 996.76	7.87	1.09
1.1.3.2	建筑智能化及通信工程	963 506.25	9.89	0.57
1.1.3.2.1	计算机应用、网络系统工程	16 981.36	0.17	1.76
1.1.3.2.2	综合布线系统工程	73 115.62	0.75	7.59

续表

编号	项目名称	金额（元）	单位指标（元/m²）	占比指标（%）
1.1.3.2.3	建筑设备自动化系统工程	873 409.27	8.97	90.65
1.1.3.3	空调、通风工程	23 174 873.46	237.92	13.63
1.1.3.3.1	空调设备	2 297 333.13	23.59	9.91
1.1.3.3.2	通风设备	2 928 621.84	30.07	12.64
1.1.3.3.3	通风管道	13 661 826.23	140.26	58.95
1.1.3.3.4	通风管道部件	4 287 092.26	44.01	18.50
1.1.3.4	给排水工程	11 213 382.70	115.12	6.59
1.1.3.4.1	给排水管道	7 914 110.58	81.25	70.58
1.1.3.4.2	卫生器具	102 269.14	1.05	0.91
1.1.3.4.3	给排水设备	3 197 002.98	32.82	28.51
1.1.3.5	消防工程	7 210 571.84	74.03	4.24
1.1.3.5.1	水灭火系统	1 453 135.81	14.92	20.15
1.1.3.5.2	气体灭火系统	1 005 215.03	10.32	13.94
1.1.3.5.3	火灾自动报警系统	4 752 221.00	48.79	65.91
1.1.3.6	采暖工程	472 056.09	4.85	0.28
1.1.3.6.1	供暖器具	240 523.99	2.47	50.95
1.1.3.6.2	采暖设备	231 532.10	2.38	49.05
1.1.3.7	燃气工程	121 081.86	1.24	0.07
1.1.3.7.1	燃气器具	121 081.86	1.24	100.00
1.1.3.8	电梯工程	16 605 842.85	170.48	9.77
1.1.3.9	其他项	16 990 480.69	174.43	9.99
1.1.3.9.1	支架及套管（给排水、采暖、燃气管道）	4 154 403.08	42.65	24.45
1.1.3.9.2	管道附件（给排水、采暖、燃气管道）	3 675 595.89	37.73	21.63
1.1.3.9.3	刷油工程	339 596.14	3.49	2.00
1.1.3.9.4	防腐工程	153 303.43	1.57	0.90
1.1.3.9.5	绝热工程	4 821 649.14	49.50	28.38

续表

编号	项目名称	金额（元）	单位指标（元/m²）	占比指标（%）
1.1.3.9.6	自动化控制仪表	284 525.79	2.92	1.67
1.1.3.9.7	其他机械设备安装	3 561 407.22	36.56	20.96
1.1.3.10	补充项	23 105 471.92	237.21	13.59
1.2	措施项目费	67 218 759.78	690.09	12.35
1.2.1	单价措施项目	59 623 521.01	612.11	88.70
1.2.1.1	脚手架	5 752 899.68	59.06	9.65
1.2.1.2	混凝土模板及支架（撑）	36 065 907.74	370.26	60.49
1.2.1.3	其他项	17 804 713.59	182.79	29.86
1.2.2	总价措施项目	7 595 238.77	77.98	11.30
2	规费	18 002 766.02	184.82	2.96
3	税金	46 122 550.28	473.51	7.58

表3　主要工程量指标表

编号	工程量名称	数量	单位	单位指标
1	建筑工程			
1.1	土石方工程	115 820.19	m³	1.19 m³/m²
1.2	地基处理工程	12 371.60	m³	0.13 m³/m²
1.3	基础工程	27 012.05	m³	0.28 m³/m²
1.4	砌筑工程	23 559.25	m³	0.24 m³/m²
1.5	混凝土工程			
1.5.1	现浇混凝土	56 885.09	m³	0.58 m³/m²
1.5.2	预制混凝土	37.12	m³	<0.01 m³/m²
1.6	钢筋工程			
1.6.1	普通钢筋	11 803 941.00	kg	121.18 kg/m²
1.6.2	预应力钢筋	298 153.00	kg	3.06 kg/m²
1.7	金属结构工程	47.98	t	<0.01 t/m²

续表

编号	工程量名称	数量	单位	单位指标
1.8	屋面及防水工程			
1.8.1	屋面工程	9 251.36	m²	0.09 m²/m²
1.8.2	防水工程	151 862.99	m²	1.56 m²/m²
1.9	保温、隔热及防腐工程			
1.9.1	保温、隔热工程	73 500.43	m²	0.75 m²/m²
1.9.2	防腐工程	10.63	m²	<0.01 m²/m²
1.10	拆除工程	206	m²	<0.01 m²/m²
2	装饰工程			
2.1	门窗	8 077.48	m²	0.08 m²/m²
2.2	楼地面装饰	32 249.64	m²	0.33 m²/m²
2.3	墙柱面装饰	198 873.67	m²	2.04 m²/m²
2.4	天棚装饰	42 599.74	m²	0.44 m²/m²
2.5	油漆、涂料	89 094.21	m²	0.91 m²/m²
2.6	幕墙	32 577.42	m²	0.33 m²/m²
2.7	隔断	269.05	m²	<0.01 m²/m²
3	安装工程			
3.1	电气工程			
3.1.1	母线安装	1 087.49	m	0.01 m/m²
3.1.2	控制设备及低压电器安装	2	套	<0.01 套/m²
3.1.3	电缆安装	85 038.95	m	0.87 m/m²
3.1.4	配管、配线	657 047.76	m	6.75 m/m²
3.1.5	照明器具安装	10 202.00	套	0.10 套/m²
3.2	建筑智能化及通信工程			
3.2.1	计算机应用、网络系统工程	1	套	<0.01 套/m²
3.3	空调、通风工程			
3.3.1	通风设备及部件制作安装	115	台	<0.01 台/m²
3.3.2	通风管道制作安装	42 123.92	m²	0.43 m²/m²

续表

编号	工程量名称	数量	单位	单位指标
3.3.3	通风管道部件制作安装	3 419.00	个	0.04 个/m²
3.4	消防工程			
3.4.1	水灭火系统			
3.4.1.1	消防装置	69	组	<0.01 组/m²
3.4.1.2	消火栓、灭火器	2 088.00	套	0.02 套/m²
3.4.2	气体灭火系统			
3.4.2.1	消防管道	421.46	m	<0.01 m/m²
3.4.2.2	消防装置	23	套	<0.01 套/m²
3.4.3	火灾自动报警系统	9 408.00	套	0.10 套/m²
3.5	给排水、采暖、燃气工程			
3.5.1	给排水管道	37 217.79	m	0.38 m/m²
3.5.2	支架及其他	53 797.11	kg	0.55 kg/m²
3.5.3	管道附件	222	组	<0.01 组/m²
3.5.4	卫生器具	1	套	<0.01 套/m²
3.5.5	供暖器具	79	组	<0.01 组/m²
3.5.6	设备	31	台	<0.01 台/m²
3.6	刷油、防腐蚀、绝热工程			
3.6.1	刷油工程	5 563.03	m²	0.06 m²/m²
3.6.2	绝热工程	34 280.17	m²	0.35 m²/m²
3.7	机械设备安装工程			
3.7.1	电梯安装	30	部	<0.01 部/m²
4	措施项目费			
4.1	混凝土模板及支架（撑）	44.2	m²	<0.01 m²/m²

厂房

案例 53　黑龙江省某厂房

表 1　工程概况及项目专业信息表

基本信息					
建设性质	新建	工程类型	工业建筑/厂房	结构类型	钢-混凝土组合结构
建设形式	全现浇	抗震等级	三级	开/竣工日期	—
计价方式	清单计价	造价阶段	招标控制价	总建筑面积（m²）	8 490.91
地下建筑面积（m²）	0	装修标准	精装	人防面积（m²）	0
建筑物基底面积（m²）	8 490.91	屋面面积（m²）	8 490.91	檐高或房屋高度（m）	12.60
地上最高层数（层）	1	地下层数（层）	0	首层层高（m）	10.20
标准层层高（m）	0	顶层层高（m）	—	地下一层层高（m）	—
地下二层层高（m）	—	地下三层层高（m）	—	户数（户）	—
装修类别	精装	基坑支护面积（m²）	0	建设年限（年）	—
绿建标准	绿建一星	安全文明施工标准	达标	质量标准	合格
说明	钢结构总量：669.38 t，建筑面积：8 490.91 m²，每平米用量指标：78.835 kg/m²				
项目专业信息					
建筑工程	地基处理及土护降工程	土石方工程：挖一般土石方。地基处理方式：其他。基坑支护形式：其他			

续表

建筑工程	基础工程	桩基础、满堂基础
	主体工程	钢筋工程：高强钢筋、普通钢筋。钢结构工程：钢柱、钢梁、屋面钢结构。混凝土主要强度：C15、C20、C25、C30、C35、C40
	屋面工程	屋面形式：坡屋面。屋面材料：金属
	防水工程	室内防水：涂膜防水
	保温工程	外墙保温：挤塑聚苯板
装饰工程	门窗工程	门：塑钢门、铝合金门、钢制门
	地面工程	细石混凝土
	墙面工程	涂料
	天棚工程	铝合金吊顶
	外立面形式	涂料
安装工程	电气工程	电气照明灯具：普通灯具、装饰灯具。电气动力配管：钢管。电缆：普通电缆
	电梯工程	—
	建筑智能化及通信工程	建筑设备监控系统、门禁控制系统、公共广播
	空调工程	管道：镀锌钢板风管
	通风工程	防排烟系统
	给排水工程	冷水管：复合管。卫生器具：有。污废水管道：塑料管。直饮水系统类型：直饮水机
	采暖工程	采暖管道：钢管。散热器：钢制
	燃气工程	—
	消防工程	水灭火系统：水喷淋系统。气体灭火系统：无管网灭火系统。火灾自动报警系统：有

表2 工程经济指标表

编号	项目名称	金额（元）	单位指标（元/m²）	占比指标（%）
1	单项工程（分部分项+措施项目）	28 330 735.84	3 336.60	86.86
1.1	分部分项费	26 397 135.00	3 108.87	93.17
1.1.1	建筑工程	15 879 901.42	1 870.22	60.16
1.1.1.1	土石方工程	569 943.80	67.12	3.59
1.1.1.2	基础工程	896 530.72	105.59	5.65
1.1.1.3	砌筑工程	163 267.15	19.23	1.03
1.1.1.4	混凝土工程	1 195 606.88	140.81	7.53
1.1.1.4.1	现浇混凝土	1 178 730.91	138.82	98.59
1.1.1.4.2	预制混凝土	16 875.97	1.99	1.41
1.1.1.5	钢筋工程	2 001 134.13	235.68	12.60
1.1.1.5.1	普通钢筋	1 975 884.50	232.71	98.74
1.1.1.5.2	其他项	25 249.63	2.97	1.26
1.1.1.6	金属结构工程	7 744 982.19	912.15	48.77
1.1.1.7	屋面及防水工程	2 405 012.63	283.25	15.15
1.1.1.7.1	屋面工程	2 322 373.03	273.51	96.56
1.1.1.7.2	屋面防水	49 694.30	5.85	2.07
1.1.1.7.3	墙面、楼（地）面防水	32 945.30	3.88	1.37
1.1.1.8	保温、隔热及防腐工程	883 979.40	104.11	5.57
1.1.1.8.1	保温、隔热工程	883 979.40	104.11	100.00
1.1.1.9	其他项、补充项	19 444.52	2.29	0.12
1.1.2	装饰工程	3 588 306.84	422.61	13.59
1.1.2.1	门窗	796 619.50	93.82	22.20
1.1.2.2	楼地面装饰	2 137 668.39	251.76	59.57
1.1.2.3	墙柱面装饰	191 582.68	22.56	5.34
1.1.2.4	天棚装饰	18 135.72	2.14	0.51

续表

编号	项目名称	金额（元）	单位指标（元/m²）	占比指标（%）
1.1.2.5	油漆、涂料	162 467.47	19.13	4.53
1.1.2.6	隔断	238 995.54	28.15	6.66
1.1.2.7	其他内装饰	42 837.54	5.05	1.19
1.1.3	安装工程	6 928 926.74	816.04	26.25
1.1.3.1	电气工程	2 249 449.07	264.92	32.46
1.1.3.1.1	控制设备及低压电器安装	356 694.51	42.01	15.86
1.1.3.1.2	电机检查接线及调试	18 121.10	2.13	0.81
1.1.3.1.3	电缆安装	924 418.55	108.87	41.10
1.1.3.1.4	防雷及接地装置	13 506.20	1.59	0.60
1.1.3.1.5	配管、配线	852 463.47	100.40	37.90
1.1.3.1.6	照明器具安装	82 803.19	9.75	3.68
1.1.3.1.7	电气调整试验	1 442.05	0.17	0.06
1.1.3.2	建筑智能化及通信工程	117 656.57	13.86	1.70
1.1.3.2.1	计算机应用、网络系统工程	34 096.14	4.02	28.98
1.1.3.2.2	综合布线系统工程	67 421.87	7.94	57.30
1.1.3.2.3	音频、视频系统工程	2 757.68	0.32	2.34
1.1.3.2.4	安全防范系统工程	13 380.88	1.58	11.37
1.1.3.3	空调、通风工程	565 124.07	66.56	8.16
1.1.3.3.1	通风设备	96 186.72	11.33	17.02
1.1.3.3.2	通风管道	334 133.11	39.35	59.13
1.1.3.3.3	通风管道部件	134 804.24	15.88	23.85
1.1.3.4	给排水工程	126 175.05	14.86	1.82
1.1.3.4.1	给排水管道	118 530.20	13.96	93.94
1.1.3.4.2	卫生器具	7 644.85	0.90	6.06
1.1.3.5	消防工程	1 138 005.77	134.03	16.42
1.1.3.5.1	水灭火系统	1 010 677.63	119.03	88.81

续表

编号	项目名称	金额（元）	单位指标（元/m²）	占比指标（%）
1.1.3.5.2	泡沫灭火系统	60 899.39	7.17	5.35
1.1.3.5.3	火灾自动报警系统	66 428.75	7.82	5.84
1.1.3.6	采暖工程	513 758.15	60.51	7.41
1.1.3.6.1	供暖器具	513 758.15	60.51	100.00
1.1.3.7	其他项	1 816 253.34	213.91	26.21
1.1.3.7.1	支架及套管（给排水、采暖、燃气管道）	1 133 842.45	133.54	62.43
1.1.3.7.2	管道附件（给排水、采暖、燃气管道）	122 336.21	14.41	6.74
1.1.3.7.3	刷油工程	56 623.25	6.67	3.12
1.1.3.7.4	自动化控制仪表	92.04	0.01	0.01
1.1.3.7.5	其他机械设备安装	503 359.39	59.28	27.71
1.1.3.8	补充项	402 504.72	47.40	5.81
1.2	措施项目费	1 933 600.84	227.73	6.83
1.2.1	单价措施项目	1 062 009.09	125.08	54.92
1.2.1.1	脚手架	157 365.56	18.53	14.82
1.2.1.2	混凝土模板及支架（撑）	752 683.85	88.65	70.87
1.2.1.3	其他项	151 959.68	17.90	14.31
1.2.2	总价措施项目	871 591.75	102.65	45.08
2	规费	1 593 308.06	187.65	4.88
3	税金	2 693 163.95	317.18	8.26

表3 主要工程量指标表

编号	工程量名称	数量	单位	单位指标
1	建筑工程			
1.1	土石方工程	23 669.83	m³	2.79 m³/m²
1.2	基础工程	705.63	m³	0.08 m³/m²
1.3	砌筑工程	309.05	m³	0.04 m³/m²

续表

编号	工程量名称	数量	单位	单位指标
1.4	混凝土工程			
1.4.1	现浇混凝土	2 179.26	m³	0.26 m³/m²
1.4.2	预制混凝土	20.18	m³	<0.01 m³/m²
1.5	钢筋工程			
1.5.1	普通钢筋	388 430.00	kg	45.75 kg/m²
1.6	金属结构工程	669.9	t	0.08 t/m²
1.7	屋面及防水工程			
1.7.1	屋面工程	8 111.96	m²	0.96 m²/m²
1.7.2	防水工程	499.46	m²	0.06 m²/m²
1.8	保温、隔热及防腐工程			
1.8.1	保温、隔热工程	11 069.75	m²	1.30 m²/m²
2	装饰工程			
2.1	门窗	1 172.35	m²	0.14 m²/m²
2.2	楼地面装饰	10 373.40	m²	1.22 m²/m²
2.3	墙柱面装饰	6 761.26	m²	0.80 m²/m²
2.4	天棚装饰	585.3	m²	0.07 m²/m²
2.5	油漆、涂料	7 246.95	m²	0.85 m²/m²
2.6	隔断	1 767.98	m²	0.21 m²/m²
2.7	其他内装饰	1.92	m²	<0.01 m²/m²
3	安装工程			
3.1	电气工程			
3.1.1	控制设备及低压电器安装	35	套	<0.01 套/m²
3.1.2	电缆安装	5 533.38	m	0.65 m/m²
3.1.3	配管、配线	79 633.89	m	9.38 m/m²
3.1.4	照明器具安装	554	套	0.07 套/m²
3.2	空调、通风工程			
3.2.1	通风管道制作安装	2 182.20	m²	0.26 m²/m²

续表

编号	工程量名称	数量	单位	单位指标
3.2.2	通风管道部件制作安装	149	个	0.02 个/m²
3.3	消防工程			
3.3.1	水灭火系统			
3.3.1.1	消防管道	5 934.80	m	0.70 m/m²
3.3.1.2	消防装置	6	组	<0.01 组/m²
3.3.1.3	消火栓、灭火器	105	套	0.01 套/m²
3.3.2	气体灭火系统			
3.3.2.1	消防装置	13	套	<0.01 套/m²
3.3.3	火灾自动报警系统	254	套	0.03 套/m²
3.4	给排水、采暖、燃气工程			
3.4.1	给排水管道	590.95	m	0.07 m/m²
3.4.2	支架及其他	6 176.13	kg	0.73 kg/m²
3.4.3	管道附件	3	组	<0.01 组/m²
3.4.4	供暖器具	262	组	0.03 组/m²
3.5	刷油、防腐蚀、绝热工程			
3.5.1	刷油工程	1 145.70	m²	0.13 m²/m²

案例 54　浙江省某厂房

表 1　工程概况及项目专业信息表

基本信息					
建设性质	新建	工程类型	工业建筑/厂房	结构类型	框架结构
建设形式	装配式	抗震等级	三级	开/竣工日期	—
计价方式	清单计价	造价阶段	招标控制价	总建筑面积（m²）	37 587.69
地下建筑面积（m²）	0	装修标准	毛坯	人防面积（m²）	—
建筑物基底面积（m²）	—	屋面面积（m²）	4 873.75	檐高或房屋高度（m）	41.45
地上最高层数（层）	10	地下层数（层）	0	首层层高（m）	4.80
标准层层高（m）	3.80	顶层层高（m）		地下一层层高（m）	—
地下二层层高（m）	—	地下三层层高（m）	—	户数（户）	
装修类别	毛坯	基坑支护面积（m²）	—	建设年限（年）	—
绿建标准	绿建二星	安全文明施工标准	绿色	质量标准	合格
说明	—				
项目专业信息					
建筑工程	地基处理及土护降工程	土石方工程：挖一般土石方。地基处理方式：其他。基坑支护形式：其他			
	基础工程	其他			
	主体工程	钢筋工程：高强钢筋、普通钢筋。混凝土主要强度：C25、C30、C35、C40、C45			
	屋面工程	屋面形式：平屋面。屋面材料：其他			

续表

建筑工程	防水工程	—
	保温工程	屋面保温：挤塑聚苯板
装饰工程	门窗工程	门：塑钢门
	地面工程	水泥砂浆
	墙面工程	—
	天棚工程	涂料
	外立面形式	玻璃幕墙
安装工程	电气工程	电气照明灯具：装饰灯具。电气动力配管：JDG 管。电缆：矿物电缆
	电梯工程	电梯种类：进口直梯
	建筑智能化及通信工程	停车场管理系统
	空调工程	集中/半集中式系统类型：风+水形式
	通风工程	—
	给排水工程	污废水管道：铸铁管
	采暖工程	—
	燃气工程	—
	消防工程	水灭火系统、火灾自动报警系统

表2 工程经济指标表

编号	项目名称	金额（元）	单位指标（元/m²）	占比指标（%）
1	单项工程（分部分项+措施项目）	70 156 265.27	1 866.47	89.99
1.1	分部分项费	54 981 800.71	1 462.76	78.37
1.1.1	建筑工程	23 423 503.95	623.17	42.60
1.1.1.1	土石方工程	193 424.74	5.15	0.83

续表

编号	项目名称	金额（元）	单位指标（元/m²）	占比指标（%）
1.1.1.2	砌筑工程	1 089 433.68	28.98	4.65
1.1.1.3	混凝土工程	5 330 837.29	141.82	22.76
1.1.1.3.1	现浇混凝土	5 330 837.29	141.82	100.00
1.1.1.4	钢筋工程	8 059 695.90	214.42	34.41
1.1.1.4.1	普通钢筋	7 782 958.82	207.06	96.57
1.1.1.4.2	其他项	276 737.08	7.36	3.43
1.1.1.5	金属结构工程	1 203 051.72	32.01	5.14
1.1.1.6	屋面及防水工程	1 187 509.16	31.59	5.07
1.1.1.6.1	屋面防水	889 883.51	23.67	74.94
1.1.1.6.2	墙面、楼（地）面防水	297 625.65	7.92	25.06
1.1.1.7	保温、隔热及防腐工程	216 735.66	5.77	0.93
1.1.1.7.1	保温、隔热工程	216 735.66	5.77	100.00
1.1.1.8	其他项、补充项	6 142 815.80	163.43	26.23
1.1.2	装饰工程	22 621 529.02	601.83	41.14
1.1.2.1	门窗	449 449.92	11.96	1.99
1.1.2.2	楼地面装饰	1 485 870.70	39.53	6.57
1.1.2.3	墙柱面装饰	1 457 864.63	38.79	6.44
1.1.2.4	油漆、涂料	209 517.87	5.57	0.93
1.1.2.5	幕墙	17 869 830.70	475.42	78.99
1.1.2.6	其他内装饰	1 148 995.20	30.57	5.08
1.1.3	安装工程	8 936 767.74	237.76	16.25
1.1.3.1	电气工程	2 490 887.74	66.27	27.87
1.1.3.1.1	控制设备及低压电器安装	571 830.98	15.21	22.96
1.1.3.1.2	电缆安装	533 978.35	14.21	21.44
1.1.3.1.3	防雷及接地装置	65 688.54	1.75	2.64
1.1.3.1.4	配管、配线	935 655.11	24.89	37.56

续表

编号	项目名称	金额（元）	单位指标（元/m²）	占比指标（%）
1.1.3.1.5	照明器具安装	298 864.92	7.95	12.00
1.1.3.1.6	附属工程	4 972.47	0.13	0.20
1.1.3.1.7	电气调整试验	79 897.37	2.13	3.21
1.1.3.2	建筑智能化及通信工程	786 503.95	20.92	8.80
1.1.3.2.1	计算机应用、网络系统工程	500 736.14	13.32	63.67
1.1.3.2.2	综合布线系统工程	66 630.84	1.77	8.47
1.1.3.2.3	建筑设备自动化系统工程	7 260.75	0.19	0.92
1.1.3.2.4	有线电视、卫星接收系统工程	9 090.61	0.24	1.16
1.1.3.2.5	音频、视频系统工程	36 623.27	0.97	4.66
1.1.3.2.6	安全防范系统工程	166 162.34	4.42	21.13
1.1.3.3	空调、通风工程	664 643.76	17.68	7.44
1.1.3.3.1	通风设备	66 907.81	1.78	10.07
1.1.3.3.2	通风管道	532 235.51	14.16	80.08
1.1.3.3.3	通风管道部件	65 500.44	1.74	9.85
1.1.3.4	给排水工程	246 130.91	6.55	2.75
1.1.3.4.1	给排水管道	216 307.51	5.75	87.88
1.1.3.4.2	卫生器具	29 823.40	0.79	12.12
1.1.3.5	消防工程	1 782 790.99	47.43	19.95
1.1.3.5.1	水灭火系统	1 444 532.48	38.43	81.03
1.1.3.5.2	火灾自动报警系统	338 258.51	9.00	18.97
1.1.3.6	电梯工程	2 264 700.00	60.25	25.34
1.1.3.7	其他项	458 953.41	12.21	5.14
1.1.3.7.1	支架及套管（给排水、采暖、燃气管道）	343 152.11	9.13	74.77
1.1.3.7.2	管道附件（给排水、采暖、燃气管道）	65 052.52	1.73	14.17
1.1.3.7.3	刷油工程	48 967.71	1.30	10.67
1.1.3.7.4	防腐工程	1 781.07	0.05	0.39

续表

编号	项目名称	金额（元）	单位指标（元/m²）	占比指标（%）
1.1.3.8	补充项	242 156.98	6.44	2.71
1.2	措施项目费	15 174 464.56	403.71	21.63
1.2.1	单价措施项目	10 533 969.79	280.25	69.42
1.2.1.1	脚手架	2 179 304.51	57.98	20.69
1.2.1.2	混凝土模板及支架（撑）	5 946 478.24	158.20	56.45
1.2.1.3	其他项	2 408 187.04	64.07	22.86
1.2.2	总价措施项目	4 640 494.77	123.46	30.58
2	规费	1 366 359.25	36.35	1.75
3	税金	6 437 036.20	171.25	8.26

表3　主要工程量指标表

编号	工程量名称	数量	单位	单位指标
1	建筑工程			
1.1	土石方工程	401.98	m³	0.01 m³/m²
1.2	砌筑工程	2 007.44	m³	0.05 m³/m²
1.3	混凝土工程			
1.3.1	现浇混凝土	11 585.46	m³	0.31 m³/m²
1.4	钢筋工程			
1.4.1	普通钢筋	2 381 972.00	kg	63.37 kg/m²
1.5	金属结构工程	168.17	t	<0.01 t/m²
1.6	屋面及防水工程			
1.6.1	防水工程	22 235.22	m²	0.59 m²/m²
1.7	保温、隔热及防腐工程			
1.7.1	保温、隔热工程	4 873.75	m²	0.13 m²/m²
2	装饰工程			
2.1	门窗	1 120.50	m²	0.03 m²/m²

续表

编号	工程量名称	数量	单位	单位指标
2.2	楼地面装饰	33 435.24	m²	0.89 m²/m²
2.3	墙柱面装饰	79 816.25	m²	2.12 m²/m²
2.4	油漆、涂料	47 011.88	m²	1.25 m²/m²
2.5	幕墙	29 320.98	m²	0.78 m²/m²
3	安装工程			
3.1	电气工程			
3.1.1	电缆安装	3 639.52	m	0.10 m/m²
3.1.2	配管、配线	129 778.53	m	3.45 m/m²
3.1.3	照明器具安装	3 058.00	套	0.08 套/m²
3.2	建筑智能化及通信工程			
3.2.1	计算机应用、网络系统工程	1	套	<0.01 套/m²
3.2.2	有线电视、卫星接收系统工程	1	套	<0.01 套/m²
3.3	空调、通风工程			
3.3.1	通风管道制作安装	2 914.70	m²	0.08 m²/m²
3.3.2	通风管道部件制作安装	80	个	<0.01 个/m²
3.4	消防工程			
3.4.1	水灭火系统			
3.4.1.1	消防管道	18 373.18	m	0.49 m/m²
3.4.1.2	消防装置	20	组	<0.01 组/m²
3.4.1.3	消火栓、灭火器	111	套	<0.01 套/m²
3.4.2	气体灭火系统	—	—	—
3.4.3	泡沫灭火系统	—	—	—
3.4.4	火灾自动报警系统	1 901.00	套	0.05 套/m²
3.5	给排水、采暖、燃气工程			
3.5.1	给排水管道	4 263.12	m	0.11 m/m²
3.5.2	支架及其他	14 205.66	kg	0.38 kg/m²
3.6	刷油、防腐蚀、绝热工程			

续表

编号	工程量名称	数量	单位	单位指标
3.6.1	刷油工程	2 569.66	m^2	0.07 m^2/m^2
3.6.2	防腐蚀工程	53.76	m^2	<0.01 m^2/m^2
3.7	机械设备安装工程			
3.7.1	电梯安装	8	部	<0.01 部/m^2

案例55　广东省某厂房

表1　工程概况及项目专业信息表

基本信息					
建设性质	新建	工程类型	工业建筑/厂房	结构类型	钢-混凝土组合结构
建设形式	全现浇	抗震等级	四级	开/竣工日期	—
计价方式	清单计价	造价阶段	投标报价	总建筑面积（m²）	9 714.32
地下建筑面积（m²）	0	装修标准	精装	人防面积（m²）	0
建筑物基底面积（m²）	—	屋面面积（m²）	9 700.00	檐高或房屋高度（m）	53.00
地上最高层数（层）	1	地下层数（层）	0	首层层高（m）	53.00
标准层层高（m）	53.00	顶层层高（m）	53.00	地下一层层高（m）	—
地下二层层高（m）	—	地下三层层高（m）	—	户数（户）	0
装修类别	精装	基坑支护面积（m²）	0	建设年限（年）	—
绿建标准	绿建二星	安全文明施工标准	达标	质量标准	合格
说明	—				
项目专业信息					
建筑工程	地基处理及土护降工程	土石方工程：挖一般土石方			
	基础工程	桩基础			
	主体工程	钢筋工程：普通钢筋。钢结构工程：钢柱、钢梁、钢板、屋面钢结构。混凝土主要强度：C15、C20、C25、C30、C35、C40			
	屋面工程	屋面形式：坡屋面。屋面材料：金属			

续表

建筑工程	防水工程	地面防水：涂膜防水。屋面防水：刚性防水
	保温工程	外墙保温：—。屋面保温：—
装饰工程	门窗工程	门：木门、塑钢门、铝合金门。窗：铝合金窗
	地面工程	面砖、金刚玉楼地面
	墙面工程	涂料
	天棚工程	铝合金吊顶、石膏板吊顶
	外立面形式	玻璃幕墙
安装工程	电气工程	电气照明灯具：普通灯具、装饰灯具。电气动力配管：钢管、JDG管。母线槽：有。电缆：普通电缆、矿物电缆
	电梯工程	电梯种类：国产直梯
	建筑智能化及通信工程	计算机网络系统、闭路监控系统、建筑设备监控系统、公共广播、信息发布系统、可视对讲系统
	空调工程	管道：镀锌钢板风管。集中/半集中式系统类型：风+水形式。设备：新风机组
	通风工程	防排烟系统
	给排水工程	冷水管：不锈钢管。卫生器具：有。污废水管道：塑料管
	采暖工程	散热器：无
	燃气工程	—
	消防工程	水灭火系统：水喷淋系统

表2 工程经济指标表

编号	项目名称	金额（元）	单位指标（元/m²）	占比指标（%）
1	单项工程（分部分项+措施项目）	177 737 305.16	18 296.42	90.55
1.1	分部分项费	169 115 786.81	17 408.92	95.15
1.1.1	建筑工程	104 008 227.73	10 706.69	61.50

续表

编号	项目名称	金额（元）	单位指标（元/m²）	占比指标（%）
1.1.1.1	土石方工程	2 542 406.76	261.72	2.44
1.1.1.2	基础工程	9 135 327.06	940.40	8.78
1.1.1.3	砌筑工程	1 075 588.33	110.72	1.03
1.1.1.4	混凝土工程	6 158 225.06	633.93	5.92
1.1.1.4.1	现浇混凝土	6 158 225.06	633.93	100.00
1.1.1.5	钢筋工程	5 593 839.51	575.83	5.38
1.1.1.5.1	普通钢筋	5 593 839.51	575.83	100.00
1.1.1.6	金属结构工程	70 662 888.90	7 274.10	67.94
1.1.1.7	屋面及防水工程	1 770 857.16	182.29	1.70
1.1.1.7.1	屋面防水	1 770 857.16	182.29	100.00
1.1.1.8	保温、隔热及防腐工程	7 069 094.95	727.70	6.80
1.1.1.8.1	防腐工程	7 069 094.95	727.70	100.00
1.1.2	装饰工程	45 782 697.55	4 712.91	27.07
1.1.2.1	门窗	560 788.23	57.73	1.22
1.1.2.2	楼地面装饰	2 956 990.83	304.40	6.46
1.1.2.3	墙柱面装饰	736 802.26	75.85	1.61
1.1.2.4	天棚装饰	1 699 751.91	174.97	3.71
1.1.2.5	幕墙	39 828 364.32	4 099.96	86.99
1.1.3	安装工程	19 324 861.53	1 989.32	11.43
1.1.3.1	电气工程	11 681 666.19	1 202.52	60.45
1.1.3.1.1	变压器安装	340 050.45	35.01	2.91
1.1.3.1.2	配电装置安装	640 514.38	65.94	5.48
1.1.3.1.3	母线安装	646 616.74	66.56	5.54
1.1.3.1.4	控制设备及低压电器安装	2 540 001.93	261.47	21.74
1.1.3.1.5	电缆安装	3 963 082.90	407.96	33.93
1.1.3.1.6	防雷及接地装置	75 133.95	7.73	0.64

续表

编号	项目名称	金额（元）	单位指标（元/m²）	占比指标（%）
1.1.3.1.7	配管、配线	1 687 867.59	173.75	14.45
1.1.3.1.8	照明器具安装	1 360 833.22	140.09	11.65
1.1.3.1.9	附属工程	286 560.29	29.50	2.45
1.1.3.1.10	电气调整试验	141 004.74	14.52	1.21
1.1.3.2	建筑智能化及通信工程	579 071.24	59.61	3.00
1.1.3.2.1	计算机应用、网络系统工程	148 810.43	15.32	25.70
1.1.3.2.2	综合布线系统工程	214 664.23	22.10	37.07
1.1.3.2.3	建筑设备自动化系统工程	12 794.80	1.32	2.21
1.1.3.2.4	有线电视、卫星接收系统工程	290.58	0.03	0.05
1.1.3.2.5	安全防范系统工程	202 511.20	20.85	34.97
1.1.3.3	空调、通风工程	2 975 608.95	306.31	15.40
1.1.3.3.1	空调设备	1 162 450.99	119.66	39.07
1.1.3.3.2	通风设备	215 851.87	22.22	7.25
1.1.3.3.3	通风管道	1 296 238.77	133.44	43.56
1.1.3.3.4	通风管道部件	301 067.32	30.99	10.12
1.1.3.4	给排水工程	519 640.79	53.49	2.69
1.1.3.4.1	给排水管道	354 993.63	36.54	68.32
1.1.3.4.2	卫生器具	125 055.51	12.87	24.07
1.1.3.4.3	给排水设备	39 591.65	4.08	7.62
1.1.3.5	消防工程	1 146 048.45	117.98	5.93
1.1.3.5.1	水灭火系统	266 801.07	27.46	23.28
1.1.3.5.2	气体灭火系统	567 029.20	58.37	49.48
1.1.3.5.3	火灾自动报警系统	312 218.18	32.14	27.24
1.1.3.6	电梯工程	1 356 316.85	139.62	7.02
1.1.3.7	其他项	1 066 509.06	109.79	5.52
1.1.3.7.1	支架及套管（给排水、采暖、燃气管道）	951 406.78	97.94	89.21

续表

编号	项目名称	金额（元）	单位指标（元/m²）	占比指标（%）
1.1.3.7.2	管道附件（给排水、采暖、燃气管道）	91 901.32	9.46	8.62
1.1.3.7.3	刷油工程	20 232.34	2.08	1.90
1.1.3.7.4	自动化控制仪表	2 968.62	0.31	0.28
1.2	措施项目费	8 621 518.35	887.51	4.85
1.2.1	单价措施项目	1 550 628.20	159.62	17.99
1.2.1.1	脚手架	670 835.73	69.06	43.26
1.2.1.2	混凝土模板及支架（撑）	879 792.47	90.57	56.74
1.2.2	总价措施项目	7 070 890.15	727.88	82.01
2	其他项目费	2 346 288.50	241.53	1.20
3	税金	16 207 523.42	1 668.42	8.26

表3　主要工程量指标表

编号	工程量名称	数量	单位	单位指标
1	建筑工程			
1.1	土石方工程	208 457.04	m³	21.46 m³/m²
1.2	基础工程	5 612.86	m³	0.58 m³/m²
1.3	砌筑工程	2 107.67	m³	0.22 m³/m²
1.4	混凝土工程			
1.4.1	现浇混凝土	8 037.18	m³	0.83 m³/m²
1.5	钢筋工程			
1.5.1	普通钢筋	18 801.67	kg	1.94 kg/m²
1.6	金属结构工程	8 313.28	t	0.86 t/m²
1.7	屋面及防水工程			
1.7.1	防水工程	8 695.57	m²	0.90 m²/m²
2	装饰工程			
2.1	门窗	972.64	m²	0.10 m²/m²

续表

编号	工程量名称	数量	单位	单位指标
2.2	楼地面装饰	7 830.45	m²	0.81 m²/m²
2.3	墙柱面装饰	14 926.87	m²	1.54 m²/m²
2.4	天棚装饰	1 618.31	m²	0.17 m²/m²
2.5	油漆、涂料	125 569.06	m²	12.93 m²/m²
2.6	幕墙	70 652.69	m²	7.27 m²/m²
3	安装工程			
3.1	电气工程			
3.1.1	母线安装	120.99	m	0.01 m/m²
3.1.2	控制设备及低压电器安装	6	套	<0.01 套/m²
3.1.3	电缆安装	26 048.67	m	2.68 m/m²
3.1.4	配管、配线	134 541.96	m	13.85 m/m²
3.1.5	照明器具安装	3 144.00	套	0.32 套/m²
3.2	建筑智能化及通信工程			
3.2.1	安全防范系统工程	45	套	<0.01 套/m²
3.3	空调、通风工程			
3.3.1	通风设备及部件制作安装	105	台	0.01 台/m²
3.3.2	通风管道制作安装	4 913.35	m²	0.51 m²/m²
3.3.3	通风管道部件制作安装	625	个	0.06 个/m²
3.4	消防工程			
3.4.1	水灭火系统			
3.4.1.1	消防管道	1 303.34	m	0.13 m/m²
3.4.1.2	消火栓、灭火器	227	套	0.02 套/m²
3.4.2	气体灭火系统			
3.4.2.1	消防管道	585	m	0.06 m/m²
3.4.2.2	消防装置	40	套	<0.01 套/m²
3.4.3	泡沫灭火系统	—	—	—
3.4.4	火灾自动报警系统	733	套	0.08 套/m²

续表

编号	工程量名称	数量	单位	单位指标
3.5	给排水、采暖、燃气工程			
3.5.1	给排水管道	3 934.53	m	0.41 m/m²
3.5.2	支架及其他	58 233.77	kg	5.99 kg/m²
3.5.3	管道附件	6	组	<0.01 组/m²
3.6	刷油、防腐蚀、绝热工程			
3.6.1	刷油工程	432.04	m²	0.04 m²/m²
3.7	机械设备安装工程			
3.7.1	电梯安装	5	部	<0.01 部/m²
4	措施项目费			
4.1	脚手架工程	13 387.18	m²	1.38 m²/m²
4.2	混凝土模板及支架（撑）	11 652.54	m²	1.20 m²/m²

其他

居住建筑

案例 56　山东省某公寓楼

表 1　工程概况及项目专业信息表

基本信息					
建设性质	新建	工程类型	居住建筑/公寓/商务公寓	结构类型	框架结构
建设形式	全现浇	抗震等级	三级	开/竣工日期	—
计价方式	清单计价	造价阶段	投标报价	总建筑面积（m²）	19 355.16
地下建筑面积（m²）	2 928.96	装修标准	初装	人防面积（m²）	—
建筑物基底面积（m²）	—	屋面面积（m²）	—	檐高或房屋高度（m）	52.35
地上最高层数（层）	15	地下层数（层）	2	首层层高（m）	4.50
标准层层高（m）	3.30	顶层层高（m）	3.80	地下一层层高（m）	5.50
地下二层层高（m）	3.80	地下三层层高（m）	—	户数（户）	—
装修类别	初装	基坑支护面积（m²）	—	建设年限（年）	—
绿建标准	—	安全文明施工标准	达标	质量标准	合格
说明	（1）本项目不包含电梯、建筑智能化及通信、空调、采暖、燃气工程。（2）楼座的地下工程部分工程量包含在楼座主体内，建筑、装饰、安装工程都是正常计算的，工程指标没问题。（3）设备、器具购置费是设备费，电气包括配电箱，消防包括探测器、报警控制箱、报警按钮，通风包括通风机、传感器、油烟净化器				

续表

项目专业信息		
建筑工程	地基处理及土护降工程	土石方工程：挖一般土石方。地基处理方式：其他。基坑支护形式：其他
	基础工程	满堂基础、其他
	主体工程	钢筋工程：高强钢筋、普通钢筋。混凝土主要强度：C20、C25、C30、C35、C40、C45、C50
	屋面工程	屋面形式：平屋面。屋面材料：其他
	防水工程	地下防水：涂膜防水。屋面防水：卷材防水
	保温工程	外墙保温：挤塑聚苯板。内墙保温：挤塑聚苯板。屋面保温：挤塑聚苯板
装饰工程	门窗工程	门：木门、塑钢门。窗：塑钢窗
	地面工程	细石混凝土
	墙面工程	涂料
	天棚工程	涂料
	外立面形式	涂料
安装工程	电气工程	电气照明灯具：普通灯具、装饰灯具、障碍照明。电气动力配管：钢管、JDG管。母线槽：有。电缆：普通电缆
	电梯工程	—
	建筑智能化及通信工程	—
	空调工程	—
	通风工程	防排烟系统
	给排水工程	冷水管：塑料管。中水管：塑料管、复合管。污废水管道：塑料管、铸铁管、钢管
	采暖工程	—
	燃气工程	—
	消防工程	水灭火系统：水喷淋系统

表2 工程经济指标表

编号	项目名称	金额（元）	单位指标（元/m²）	占比指标（%）
1	单项工程（分部分项+措施项目）	41 472 730.81	2 142.72	85.18
1.1	分部分项费	34 697 157.27	1 792.66	83.66
1.1.1	建筑工程	21 678 235.78	1 120.02	62.48
1.1.1.1	土石方工程	266 564.89	13.77	1.23
1.1.1.2	基础工程	3 755 464.20	194.03	17.32
1.1.1.3	砌筑工程	1 711 300.77	88.42	7.89
1.1.1.4	混凝土工程	5 015 459.86	259.13	23.14
1.1.1.4.1	现浇混凝土	5 014 083.99	259.06	99.97
1.1.1.4.2	预制混凝土	1 375.87	0.07	0.03
1.1.1.5	钢筋工程	9 497 554.67	490.70	43.81
1.1.1.5.1	普通钢筋	8 480 899.99	438.17	89.30
1.1.1.5.2	预应力钢筋	755 136.77	39.01	7.95
1.1.1.5.3	其他项	261 517.91	13.51	2.75
1.1.1.6	金属结构工程	229 645.20	11.86	1.06
1.1.1.7	屋面及防水工程	773 669.84	39.97	3.57
1.1.1.7.1	屋面防水	177 281.51	9.16	22.91
1.1.1.7.2	墙面、楼（地）面防水	596 388.33	30.81	77.09
1.1.1.8	保温、隔热及防腐工程	428 576.35	22.14	1.98
1.1.1.8.1	保温、隔热工程	404 350.18	20.89	94.35
1.1.1.8.2	防腐工程	24 226.17	1.25	5.65
1.1.2	装饰工程	4 035 245.45	208.48	11.63
1.1.2.1	门窗	266 435.33	13.77	6.60
1.1.2.2	楼地面装饰	1 157 531.13	59.80	28.69
1.1.2.3	墙柱面装饰	1 487 450.47	76.85	36.86
1.1.2.4	天棚装饰	119 576.98	6.18	2.96

续表

编号	项目名称	金额（元）	单位指标（元/m²）	占比指标（%）
1.1.2.5	油漆、涂料	688 240.67	35.56	17.06
1.1.2.6	其他内装饰	316 010.87	16.33	7.83
1.1.3	安装工程	8 983 676.04	464.15	25.89
1.1.3.1	电气工程	5 416 805.76	279.86	60.30
1.1.3.1.1	母线安装	319 896.96	16.53	5.91
1.1.3.1.2	控制设备及低压电器安装	162 916.27	8.42	3.01
1.1.3.1.3	电缆安装	1 289 172.28	66.61	23.80
1.1.3.1.4	防雷及接地装置	2 517 305.32	130.06	46.47
1.1.3.1.5	配管、配线	851 709.89	44.00	15.72
1.1.3.1.6	照明器具安装	119 999.83	6.20	2.22
1.1.3.1.7	附属工程	154 459.52	7.98	2.85
1.1.3.1.8	电气调整试验	1 345.69	0.07	0.02
1.1.3.2	建筑智能化及通信工程	25 773.20	1.33	0.29
1.1.3.2.1	建筑设备自动化系统工程	3 397.20	0.18	13.18
1.1.3.2.2	安全防范系统工程	22 376.00	1.16	86.82
1.1.3.3	空调、通风工程	537 608.56	27.78	5.98
1.1.3.3.1	通风设备	21 706.35	1.12	4.04
1.1.3.3.2	通风管道	446 096.36	23.05	82.98
1.1.3.3.3	通风管道部件	69 805.85	3.61	12.98
1.1.3.4	给排水工程	675 703.76	34.91	7.52
1.1.3.4.1	给排水管道	646 049.87	33.38	95.61
1.1.3.4.2	卫生器具	29 653.89	1.53	4.39
1.1.3.5	消防工程	896 198.45	46.30	9.98
1.1.3.5.1	水灭火系统	800 700.59	41.37	89.34
1.1.3.5.2	火灾自动报警系统	95 497.86	4.93	10.66
1.1.3.6	其他项	509 804.69	26.34	5.67

续表

编号	项目名称	金额（元）	单位指标（元/m²）	占比指标（%）
1.1.3.6.1	支架及套管（给排水、采暖、燃气管道）	224 162.56	11.58	43.97
1.1.3.6.2	管道附件（给排水、采暖、燃气管道）	94 603.34	4.89	18.56
1.1.3.6.3	刷油工程	19 753.35	1.02	3.87
1.1.3.6.4	绝热工程	171 179.05	8.84	33.58
1.1.3.6.5	自动化控制仪表	106.39	0.01	0.02
1.1.3.7	补充项	921 781.62	47.62	10.26
1.2	措施项目费	6 775 573.54	350.07	16.34
1.2.1	单价措施项目	6 187 510.63	319.68	91.32
1.2.1.1	脚手架	1 010 842.90	52.23	16.34
1.2.1.2	混凝土模板及支架（撑）	3 667 030.60	189.46	59.27
1.2.1.3	其他项	1 509 637.13	78.00	24.40
1.2.2	总价措施项目	588 062.91	30.38	8.68
2	规费	2 760 336.80	142.62	5.67
3	税金	4 020 122.60	207.70	8.26
4	设备、器具购置费	434 961.21	22.47	0.89

表3　主要工程量指标表

编号	工程量名称	数量	单位	单位指标
1	建筑工程			
1.1	土石方工程	72 436.11	m³	3.74 m³/m²
1.2	基础工程	4 126.54	m³	0.21 m³/m²
1.3	砌筑工程	3 039.64	m³	0.16 m³/m²
1.4	混凝土工程			
1.4.1	现浇混凝土	11 378.18	m³	0.59 m³/m²
1.4.2	预制混凝土	1.93	m³	<0.01 m³/m²
1.5	钢筋工程			

续表

编号	工程量名称	数量	单位	单位指标
1.5.1	普通钢筋	1 668 867.00	kg	86.22 kg/m²
1.5.2	预应力钢筋	128 759.00	kg	6.65 kg/m²
1.6	金属结构工程	4.56	t	<0.01 t/m²
1.7	屋面及防水工程			
1.7.1	防水工程	8 650.43	m²	0.45 m²/m²
1.8	保温、隔热及防腐工程			
1.8.1	保温、隔热工程	5 486.27	m²	0.28 m²/m²
1.8.2	防腐工程	494.21	m²	0.03 m²/m²
2	装饰工程			
2.1	门窗	496.41	m²	0.03 m²/m²
2.2	楼地面装饰	15 819.28	m²	0.82 m²/m²
2.3	墙柱面装饰	46 038.90	m²	2.38 m²/m²
2.4	天棚装饰	13 572.87	m²	0.70 m²/m²
2.5	油漆、涂料	49 784.92	m²	2.57 m²/m²
3	安装工程			
3.1	电气工程			
3.1.1	母线安装	155.2	m	0.01 m/m²
3.1.2	电缆安装	12 476.34	m	0.64 m/m²
3.1.3	配管、配线	56 092.90	m	2.90 m/m²
3.1.4	照明器具安装	958	套	0.05 套/m²
3.2	建筑智能化及通信工程			
3.2.1	安全防范系统工程	32	套	<0.01 套/m²
3.3	空调、通风工程			
3.3.1	通风管道制作安装	2 298.73	m²	0.12 m²/m²
3.3.2	通风管道部件制作安装	137	个	0.01 个/m²
3.4	消防工程			
3.4.1	水灭火系统			

续表

编号	工程量名称	数量	单位	单位指标
3.4.1.1	消防管道	6 460.40	m	0.33 m/m²
3.4.1.2	消防装置	3	组	<0.01 组/m²
3.4.1.3	消火栓、灭火器	610	套	0.03 套/m²
3.4.2	气体灭火系统	—	—	—
3.4.3	泡沫灭火系统	—	—	—
3.4.4	火灾自动报警系统	1 077.00	套	0.06 套/m²
3.5	给排水、采暖、燃气工程			
3.5.1	给排水管道	14 197.44	m	0.73 m/m²
3.5.2	支架及其他	8 349.95	kg	0.43 kg/m²
3.5.3	管道附件	274	组	0.01 组/m²
3.6	刷油、防腐蚀、绝热工程			
3.6.1	刷油工程	1 564.48	m²	0.08 m²/m²
3.6.2	绝热工程	3 316.70	m²	0.17 m²/m²

案例 57 山东省某地下车库

表 1 工程概况及项目专业信息表

基本信息					
建设性质	新建	工程类型	居住建筑/普通住宅/保障性住房	结构类型	框架结构
建设形式	全现浇	抗震等级	三级	开/竣工日期	—
计价方式	清单计价	造价阶段	招标控制价	总建筑面积（m²）	28 217.14
地下建筑面积（m²）	27 915.20	装修标准	初装	人防面积（m²）	—
建筑物基底面积（m²）	—	屋面面积（m²）	—	檐高或房屋高度（m）	0
地上最高层数（层）	0	地下层数（层）	1	首层层高（m）	0
标准层层高（m）	0	顶层层高（m）	0	地下一层层高（m）	3.60
地下二层层高（m）	—	地下三层层高（m）	—	户数（户）	—
装修类别	初装	基坑支护面积（m²）	—	建设年限（年）	—
绿建标准	绿建二星	安全文明施工标准	达标	质量标准	合格
说明	（1）本项目建筑工程的地基处理及土护降工程包含在建筑工程里，安装工程不包含燃气、空调、通风、电梯工程。(2) 表 2 中的建筑工程费中不包含门窗费但包含支护降水工程和地基处理工程、基坑与边坡支护工程费用，装饰工程包含门窗费。(3) 电气包括配电箱、应急照明电源，消防包括探测器、通风机、预警铃，给排水包括排污泵。(4) 地基处理工程 3 767.96 m³ 为换填垫层工程量；天棚装饰费用只包含了采光天棚，天棚涂料放入了油漆、涂料费用里；除了人防通风、消防防排烟之外，车库没有送排风系统，招标范围不包含				

续表

项目专业信息		
建筑工程	地基处理及土护降工程	土石方工程：挖一般土石方。地基处理方式：换填地基、其他。基坑支护形式：喷锚混凝土护坡、其他。降水方式：井点降水
	基础工程	独立基础、满堂基础、其他
	主体工程	钢筋工程：高强钢筋、普通钢筋。混凝土主要强度：C15、C20、C25、C30、C35、C40、C45
	屋面工程	屋面形式：平屋面。屋面材料：其他
	防水工程	地下防水：刚性防水。屋面防水：卷材防水
	保温工程	—
装饰工程	门窗工程	门：木门、塑钢门。窗：金属百叶窗
	地面工程	自流平
	墙面工程	石材
	天棚工程	涂料
安装工程	电气工程	电气照明灯具：普通灯具、装饰灯具、防爆灯具。电气动力配管：钢管、JDG管。电缆：普通电缆
	电梯工程	—
	建筑智能化及通信工程	安全防范系统工程、可视监控系统
	空调工程	—
	通风工程	—
	给排水工程	中水管：复合管。污废水管道：塑料管
	采暖工程	散热器：无
	燃气工程	—
	消防工程	水灭火系统：水喷淋系统

表2 工程经济指标表

编号	项目名称	金额（元）	单位指标（元/m²）	占比指标（%）
1	单项工程（分部分项+措施项目）	98 029 850.07	3 474.12	77.97
1.1	分部分项费	89 369 550.76	3 167.21	91.17
1.1.1	建筑工程	71 477 957.41	2 533.14	79.98
1.1.1.1	土石方工程	11 064 914.41	392.13	15.48
1.1.1.2	地基处理工程	2 191 294.82	77.66	3.07
1.1.1.3	基坑与边坡支护	2 178 738.39	77.21	3.05
1.1.1.4	基础工程	10 606 823.57	375.90	14.84
1.1.1.5	砌筑工程	895 574.73	31.74	1.25
1.1.1.6	混凝土工程	9 292 922.11	329.34	13.00
1.1.1.6.1	现浇混凝土	9 287 191.54	329.13	99.94
1.1.1.6.2	预制混凝土	5 730.57	0.20	0.06
1.1.1.7	钢筋工程	21 633 813.18	766.69	30.27
1.1.1.7.1	普通钢筋	20 369 910.56	721.90	94.16
1.1.1.7.2	其他项	1 263 902.62	44.79	5.84
1.1.1.8	金属结构工程	27 628.60	0.98	0.04
1.1.1.9	屋面及防水工程	9 918 219.50	351.50	13.88
1.1.1.9.1	屋面防水	8 689 198.90	307.94	87.61
1.1.1.9.2	墙面、楼（地）面防水	1 229 020.60	43.56	12.39
1.1.1.10	其他项、补充项	3 668 028.10	129.99	5.13
1.1.2	装饰工程	6 193 462.65	219.49	6.93
1.1.2.1	门窗	1 165 615.08	41.31	18.82
1.1.2.2	楼地面装饰	2 245 702.65	79.59	36.26
1.1.2.3	墙柱面装饰	696 486.83	24.68	11.25
1.1.2.4	天棚装饰	546 004.01	19.35	8.82
1.1.2.5	油漆、涂料	1 510 842.28	53.54	24.39

续表

编号	项目名称	金额（元）	单位指标（元/m²）	占比指标（%）
1.1.2.6	其他内装饰	28 811.80	1.02	0.47
1.1.3	安装工程	11 698 130.70	414.58	13.09
1.1.3.1	电气工程	4 912 179.98	174.08	41.99
1.1.3.1.1	控制设备及低压电器安装	109 927.44	3.90	2.24
1.1.3.1.2	电缆安装	1 477 030.77	52.35	30.07
1.1.3.1.3	防雷及接地装置	32 723.16	1.16	0.67
1.1.3.1.4	配管、配线	3 025 414.50	107.22	61.59
1.1.3.1.5	照明器具安装	113 012.49	4.01	2.30
1.1.3.1.6	附属工程	151 787.45	5.38	3.09
1.1.3.1.7	电气调整试验	2 284.17	0.08	0.05
1.1.3.2	建筑智能化及通信工程	119 744.09	4.24	1.02
1.1.3.2.1	综合布线系统工程	53 326.08	1.89	44.53
1.1.3.2.2	建筑设备自动化系统工程	64 010.24	2.27	53.46
1.1.3.2.3	安全防范系统工程	2 407.77	0.09	2.01
1.1.3.3	空调、通风工程	1 416 405.39	50.20	12.11
1.1.3.3.1	通风设备	161 984.94	5.74	11.44
1.1.3.3.2	通风管道	848 204.70	30.06	59.88
1.1.3.3.3	通风管道部件	406 215.75	14.40	28.68
1.1.3.4	给排水工程	937 481.02	33.22	8.01
1.1.3.4.1	给排水管道	206 641.51	7.32	22.04
1.1.3.4.2	卫生器具	7 984.65	0.28	0.85
1.1.3.4.3	给排水设备	722 854.86	25.62	77.11
1.1.3.5	消防工程	2 506 065.00	88.81	21.42
1.1.3.5.1	水灭火系统	2 332 889.36	82.68	93.09
1.1.3.5.2	火灾自动报警系统	173 175.64	6.14	6.91
1.1.3.6	其他项	1 234 168.02	43.74	10.55

续表

编号	项目名称	金额（元）	单位指标（元/m²）	占比指标（%）
1.1.3.6.1	支架及套管（给排水、采暖、燃气管道）	694 409.71	24.61	56.27
1.1.3.6.2	管道附件（给排水、采暖、燃气管道）	153 258.95	5.43	12.42
1.1.3.6.3	刷油工程	1 982.22	0.07	0.16
1.1.3.6.4	绝热工程	263 312.68	9.33	21.34
1.1.3.6.5	自动化控制仪表	107 010.98	3.79	8.67
1.1.3.6.6	其他机械设备安装	14 193.48	0.50	1.15
1.1.3.7	补充项	572 087.20	20.27	4.89
1.2	措施项目费	8 660 299.31	306.92	8.83
1.2.1	单价措施项目	5 874 627.30	208.19	67.83
1.2.1.1	脚手架	531 275.60	18.83	9.04
1.2.1.2	混凝土模板及支架（撑）	4 126 167.78	146.23	70.24
1.2.1.3	其他项	1 217 183.92	43.14	20.72
1.2.2	总价措施项目	2 785 672.01	98.72	32.17
2	其他项目费	8 936 955.08	316.72	7.11
2.1	暂列金额	8 936 955.08	316.72	100.00
3	规费	7 086 319.50	251.14	5.64
4	税金	10 380 706.22	367.89	8.26
5	设备、器具购置费	1 288 055.54	45.65	1.02

表3 主要工程量指标表

编号	工程量名称	数量	单位	单位指标
1	建筑工程			
1.1	土石方工程	395 484.97	m³	14.02 m³/m²
1.2	地基处理工程	3 767.96	m³	0.13 m³/m²
1.3	基础工程	16 863.03	m³	0.60 m³/m²
1.4	砌筑工程	1 243.66	m³	0.04 m³/m²

续表

编号	工程量名称	数量	单位	单位指标
1.5	混凝土工程			
1.5.1	现浇混凝土	12 724.98	m³	0.45 m³/m²
1.5.2	预制混凝土	5.21	m³	<0.01 m³/m²
1.6	钢筋工程			
1.6.1	普通钢筋	2 823 847.00	kg	100.08 kg/m²
1.7	金属结构工程	0.22	t	<0.01 t/m²
1.8	屋面及防水工程			
1.8.1	防水工程	90 364.49	m²	3.2 m²/m²
1.9	保温、隔热及防腐工程			
2	装饰工程			
2.1	门窗	464.52	m²	0.02 m²/m²
2.2	楼地面装饰	26 887.07	m²	0.95 m²/m²
2.3	墙柱面装饰	19 318.46	m²	0.68 m²/m²
2.4	天棚装饰	731.85	m²	0.03 m²/m²
2.5	油漆、涂料	53 490.25	m²	1.90 m²/m²
3	安装工程			
3.1	电气工程			
3.1.1	电缆安装	32 737.44	m	1.16 m/m²
3.1.2	配管、配线	282 709.90	m	10.02 m/m²
3.1.3	照明器具安装	1 519.00	套	0.05 套/m²
3.2	建筑智能化及通信工程	—	—	—
3.3	空调、通风工程			
3.3.1	通风设备及部件制作安装	43	台	<0.01 台/m²
3.3.2	通风管道制作安装	4 517.12	m²	0.16 m²/m²
3.3.3	通风管道部件制作安装	757	个	0.03 个/m²
3.4	消防工程			
3.4.1	水灭火系统			

续表

编号	工程量名称	数量	单位	单位指标
3.4.1.1	消防管道	15 353.00	m	0.54 m/m²
3.4.1.2	消防装置	15	组	<0.01 组/m²
3.4.1.3	消火栓、灭火器	293	套	0.01 套/m²
3.4.2	气体灭火系统	—	—	—
3.4.3	泡沫灭火系统	—	—	—
3.4.4	火灾自动报警系统	1 527.00	套	0.05 套/m²
3.5	给排水、采暖、燃气工程			
3.5.1	给排水管道	2 031.70	m	0.07 m/m²
3.5.2	支架及其他	17 159.91	kg	0.61 kg/m²
3.5.3	设备	34	台	<0.01 台/m²
3.6	刷油、防腐蚀、绝热工程			
3.6.1	刷油工程	168.27	m²	0.01 m²/m²
3.6.2	绝热工程	4 279.11	m²	0.15 m²/m²

案例 58　河南省某保障房

表 1　工程概况及项目专业信息表

基本信息					
建设性质	新建	工程类型	居住建筑/普通住宅/保障性住房	结构类型	剪力墙结构
建设形式	全现浇	抗震等级	四级	开/竣工日期	—
计价方式	清单计价	造价阶段	招标控制价	总建筑面积（m^2）	12 735.14
地下建筑面积（m^2）	611.23	装修标准	初装	人防面积（m^2）	—
建筑物基底面积（m^2）	—	屋面面积（m^2）	—	檐高或房屋高度（m）	53.95
地上最高层数（层）	18	地下层数（层）	1	首层层高（m）	2.90
标准层层高（m）	2.90	顶层层高（m）	2.90	地下一层层高（m）	5.70
地下二层层高（m）	—	地下三层层高（m）	—	户数（户）	108
装修类别	初装	基坑支护面积（m^2）	—	建设年限（年）	—
绿建标准	—	安全文明施工标准	达标	质量标准	合格
说明	电气工程入户管线到位，室内灯具、开关、插座未安装；有线电视、网络通信等传输导线施工至多媒体箱，室内配管内穿引线，无导线				
项目专业信息					
建筑工程	地基处理及土护降工程	土石方工程：挖一般土石方。地基处理方式：其他。基坑支护形式：其他			
	基础工程	满堂基础			
	主体工程	钢筋工程：高强钢筋、普通钢筋。混凝土主要强度：C15、C20、C25、C30、C35、C40			

建筑工程	屋面工程	屋面形式：平屋面。屋面材料：混凝土
	防水工程	屋面防水：卷材防水
	保温工程	外墙保温：挤塑聚苯板。内墙保温：挤塑聚苯板。屋面保温：挤塑聚苯板
装饰工程	门窗工程	门：木门。窗：塑钢窗
	地面工程	水泥砂浆
	墙面工程	涂料
	天棚工程	涂料
	外立面形式	涂料
安装工程	电气工程	电气照明灯具：普通灯具、装饰灯具、障碍照明。电气动力配管：JDG管。电缆：普通电缆
	电梯工程	—
	建筑智能化及通信工程	计算机网络系统、闭路监控系统、可视对讲系统
	空调工程	管道：镀锌钢板风管。集中/半集中式系统类型：风+水形式
	通风工程	送排风系统、防排烟系统
	给排水工程	冷水管：复合管。污废水管道：塑料管、钢管
	采暖工程	散热器：无
	燃气工程	—
	消防工程	水灭火系统：消火栓系统、水喷淋系统。火灾自动报警系统：有

表2 工程经济指标表

编号	项目名称	金额（元）	单位指标（元/m²）	占比指标（%）
1	单项工程（分部分项+措施项目）	28 139 749.10	2 209.61	88.93
1.1	分部分项费	20 825 709.91	1 635.29	74.01

续表

编号	项目名称	金额（元）	单位指标（元/m²）	占比指标（%）
1.1.1	建筑工程	11 290 168.16	886.54	54.21
1.1.1.1	土石方工程	1 058.68	0.08	0.01
1.1.1.2	基础工程	721 963.82	56.69	6.39
1.1.1.3	砌筑工程	905 974.84	71.14	8.02
1.1.1.4	混凝土工程	3 304 038.63	259.44	29.26
1.1.1.4.1	现浇混凝土	3 221 599.31	252.97	97.50
1.1.1.4.2	预制混凝土	82 439.32	6.47	2.50
1.1.1.5	钢筋工程	4 719 425.44	370.58	41.80
1.1.1.5.1	普通钢筋	4 448 129.29	349.28	94.25
1.1.1.5.2	其他项	271 296.15	21.30	5.75
1.1.1.6	金属结构工程	169 348.12	13.30	1.50
1.1.1.7	屋面及防水工程	565 810.40	44.43	5.01
1.1.1.7.1	屋面防水	216 618.88	17.01	38.28
1.1.1.7.2	墙面、楼（地）面防水	349 191.52	27.42	61.72
1.1.1.8	保温、隔热及防腐工程	901 824.23	70.81	7.99
1.1.1.8.1	保温、隔热工程	901 824.23	70.81	100.00
1.1.1.9	其他项、补充项	724	0.06	0.01
1.1.2	装饰工程	6 492 116.69	509.78	31.17
1.1.2.1	门窗	1 626 797.40	127.74	25.06
1.1.2.2	楼地面装饰	322 334.74	25.31	4.97
1.1.2.3	墙柱面装饰	2 308 815.41	181.29	35.56
1.1.2.4	天棚装饰	172 127.95	13.52	2.65
1.1.2.5	油漆、涂料	1 660 513.20	130.39	25.58
1.1.2.6	其他内装饰	401 527.99	31.53	6.18
1.1.3	安装工程	3 043 425.06	238.98	14.61
1.1.3.1	电气工程	1 589 226.43	124.79	52.22

续表

编号	项目名称	金额（元）	单位指标（元/m²）	占比指标（%）
1.1.3.1.1	母线安装	143 425.16	11.26	9.02
1.1.3.1.2	控制设备及低压电器安装	376 774.68	29.59	23.71
1.1.3.1.3	电缆安装	191 956.52	15.07	12.08
1.1.3.1.4	防雷及接地装置	52 747.12	4.14	3.32
1.1.3.1.5	配管、配线	643 191.77	50.51	40.47
1.1.3.1.6	照明器具安装	107 843.36	8.47	6.79
1.1.3.1.7	附属工程	69 669.83	5.47	4.38
1.1.3.1.8	电气调整试验	3 617.99	0.28	0.23
1.1.3.2	建筑智能化及通信工程	370 696.17	29.11	12.18
1.1.3.2.1	计算机应用、网络系统工程	5 180.08	0.41	1.40
1.1.3.2.2	综合布线系统工程	205 352.55	16.12	55.40
1.1.3.2.3	有线电视、卫星接收系统工程	42 789.76	3.36	11.54
1.1.3.2.4	安全防范系统工程	117 373.78	9.22	31.66
1.1.3.3	空调、通风工程	82 383.99	6.47	2.71
1.1.3.3.1	通风设备	27 034.76	2.12	32.82
1.1.3.3.2	通风管道	20 424.85	1.60	24.79
1.1.3.3.3	通风管道部件	34 924.38	2.74	42.39
1.1.3.4	给排水工程	410 828.96	32.26	13.50
1.1.3.4.1	给排水管道	374 316.21	29.39	91.11
1.1.3.4.2	卫生器具	12 111.83	0.95	2.95
1.1.3.4.3	给排水设备	24 400.92	1.92	5.94
1.1.3.5	消防工程	405 724.98	31.86	13.33
1.1.3.5.1	水灭火系统	169 809.45	13.33	41.85
1.1.3.5.2	火灾自动报警系统	235 915.53	18.52	58.15
1.1.3.6	其他项	137 572.17	10.80	4.52
1.1.3.6.1	支架及套管（给排水、采暖、燃气管道）	81 748.88	6.42	59.42

续表

编号	项目名称	金额（元）	单位指标（元/m²）	占比指标（%）
1.1.3.6.2	管道附件（给排水、采暖、燃气管道）	52 669.57	4.14	38.29
1.1.3.6.3	刷油工程	1 689.66	0.13	1.23
1.1.3.6.4	绝热工程	567.42	0.04	0.41
1.1.3.6.5	自动化控制仪表	896.64	0.07	0.65
1.1.3.7	补充项	46 992.36	3.69	1.54
1.2	措施项目费	7 314 039.19	574.32	25.99
1.2.1	单价措施项目	6 142 654.67	482.34	83.98
1.2.1.1	脚手架	1 366 856.39	107.33	22.25
1.2.1.2	混凝土模板及支架（撑）	3 529 004.91	277.11	57.45
1.2.1.3	其他项	1 246 793.37	97.90	20.30
1.2.2	总价措施项目	1 171 384.52	91.98	16.02
2	规费	889 624.78	69.86	2.81
3	税金	2 612 643.64	205.15	8.26

表3 主要工程量指标表

编号	工程量名称	数量	单位	单位指标
1	建筑工程			
1.1	基础工程	1 192.08	m³	0.09 m³/m²
1.2	砌筑工程	1 866.37	m³	0.15 m³/m²
1.3	混凝土工程			
1.3.1	现浇混凝土	4 675.55	m³	0.37 m³/m²
1.4	钢筋工程			
1.4.1	普通钢筋	684 520.00	kg	53.75 kg/m²
1.5	金属结构工程	2.14	t	<0.01 t/m²
1.6	屋面及防水工程			
1.6.1	防水工程	8 846.53	m²	0.69 m²/m²

续表

编号	工程量名称	数量	单位	单位指标
1.7	保温、隔热及防腐工程			
1.7.1	保温、隔热工程	13 892.94	m²	1.09 m²/m²
2	装饰工程			
2.1	门窗	4 492.39	m²	0.35 m²/m²
2.2	楼地面装饰	11 640.89	m²	0.91 m²/m²
2.3	墙柱面装饰	46 109.27	m²	3.62 m²/m²
2.4	天棚装饰	10 579.63	m²	0.83 m²/m²
2.5	油漆、涂料	21 263.41	m²	1.67 m²/m²
3	安装工程			
3.1	电气工程			
3.1.1	母线安装	105.4	m	0.01 m/m²
3.1.2	电缆安装	2 414.21	m	0.19 m/m²
3.1.3	配管、配线	65 915.90	m	5.18 m/m²
3.1.4	照明器具安装	666	套	0.05 套/m²
3.2	空调、通风工程			
3.2.1	通风管道制作安装	135.63	m²	0.01 m²/m²
3.2.2	通风管道部件制作安装	48	个	<0.01 个/m²
3.3	消防工程			
3.3.1	水灭火系统			
3.3.1.1	消防管道	708.7	m	0.06 m/m²
3.3.1.2	消防装置	1	组	<0.01 组/m²
3.3.1.3	消火栓、灭火器	245	套	0.02 套/m²
3.3.2	火灾自动报警系统	1 049.00	套	0.08 套/m²
3.4	给排水、采暖、燃气工程			
3.4.1	给排水管道	5 866.96	m	0.46 m/m²
3.4.2	支架及其他	607.5	kg	0.05 kg/m²

续表

编号	工程量名称	数量	单位	单位指标
3.4.3	管道附件	8	组	<0.01 组/m^2
3.5	刷油、防腐蚀、绝热工程			
3.5.1	刷油工程	2.48	m^2	<0.01 m^2/m^2
3.5.2	绝热工程	18.18	m^2	<0.01 m^2/m^2

案例59　河南省某保障房

表1　工程概况及项目专业信息表

基本信息					
建设性质	新建	工程类型	居住建筑/普通住宅/保障性住房	结构类型	剪力墙结构
建设形式	全现浇	抗震等级	一级	开/竣工日期	—
计价方式	清单计价	造价阶段	招标控制价	总建筑面积（m²）	25 670.17
地下建筑面积（m²）	1 925.01	装修标准	毛坯	人防面积（m²）	0
建筑物基底面积（m²）	997.85	屋面面积（m²）	908.22	檐高或房屋高度（m）	79.60
地上最高层数（层）	26	地下层数（层）	2	首层层高（m）	2.90
标准层层高（m）	2.90	顶层层高（m）	2.90	地下一层层高（m）	3.00
地下二层层高（m）	2.80	地下三层层高（m）	—	户数（户）	208
装修类别	毛坯	基坑支护面积（m²）	—	建设年限（年）	2
绿建标准	其他	安全文明施工标准	达标	质量标准	合格
说明	—				
项目专业信息					
建筑工程	地基处理及土护降工程	土石方工程：挖一般土石方。地基处理方式：桩处理地基。基坑支护形式：护坡桩。降水方式：井点降水			
	基础工程	桩基础			
	主体工程	钢筋工程：高强钢筋、普通钢筋。混凝土主要强度：C15、C20、C25、C30、C35、C40、C45			

		续表
建筑工程	屋面工程	屋面形式：平屋面。屋面材料：混凝土
	防水工程	地下防水：卷材防水。室内防水：涂膜防水。屋面防水：卷材防水
	保温工程	外墙保温：挤塑聚苯板。屋面保温：挤塑聚苯板
装饰工程	门窗工程	门：铝合金门。窗：断桥铝窗、铝合金窗
	地面工程	水泥砂浆
	墙面工程	涂料
	天棚工程	涂料
	外立面形式	涂料
安装工程	电气工程	电气照明灯具：普通灯具、装饰灯具。电气动力配管：塑料管、JDG管。电缆：普通电缆、矿物电缆
	电梯工程	—
	建筑智能化及通信工程	—
	空调工程	管道：镀锌钢板风管
	通风工程	送排风系统、防排烟系统
	给排水工程	冷水管：塑料管、复合管。给水设备：变频给水设备。污废水管道：塑料管、铸铁管、复合管
	采暖工程	采暖管道：钢管、复合管。热计量仪表：有。散热器：无。地板辐射采暖：有
	燃气工程	—
	消防工程	水灭火系统：水喷淋系统

表2 工程经济指标表

编号	项目名称	金额（元）	单位指标（元/m²）	占比指标（%）
1	单项工程（分部分项+措施项目）	51 551 094.80	2 008.21	88.26
1.1	分部分项费	37 915 149.59	1 477.01	73.55

续表

编号	项目名称	金额（元）	单位指标（元/m²）	占比指标（%）
1.1.1	建筑工程	18 366 580.81	715.48	48.44
1.1.1.1	土石方工程	423 030.78	16.48	2.3
1.1.1.2	基础工程	2 340 267.14	91.17	12.74
1.1.1.3	砌筑工程	2 210 560.00	86.11	12.04
1.1.1.4	混凝土工程	4 969 149.31	193.58	27.06
1.1.1.4.1	现浇混凝土	4 819 420.67	187.74	96.99
1.1.1.4.2	预制混凝土	149 728.64	5.83	3.01
1.1.1.5	钢筋工程	7 235 101.70	281.85	39.39
1.1.1.5.1	普通钢筋	7 010 358.27	273.09	96.89
1.1.1.5.2	其他项	224 743.43	8.76	3.11
1.1.1.6	金属结构工程	327 977.99	12.78	1.79
1.1.1.7	屋面及防水工程	507 336.69	19.76	2.76
1.1.1.7.1	屋面防水	170 361.53	6.64	33.58
1.1.1.7.2	墙面、楼（地）面防水	336 975.16	13.13	66.42
1.1.1.8	保温、隔热及防腐工程	119 657.14	4.66	0.65
1.1.1.8.1	保温、隔热工程	119 657.14	4.66	100.00
1.1.1.9	其他项、补充项	233 500.06	9.1	1.27
1.1.2	装饰工程	11 910 853.48	464	31.41
1.1.2.1	门窗	3 103 182.76	120.89	26.05
1.1.2.2	楼地面装饰	1 471 524.53	57.32	12.35
1.1.2.3	墙柱面装饰	3 966 185.65	154.51	33.3
1.1.2.4	天棚装饰	84 269.89	3.28	0.71
1.1.2.5	油漆、涂料	2 689 043.58	104.75	22.58
1.1.2.6	其他内装饰	596 647.07	23.24	5.01
1.1.3	安装工程	7 637 715.30	297.53	20.14
1.1.3.1	电气工程	3 917 706.76	152.62	51.29

续表

编号	项目名称	金额（元）	单位指标（元/m²）	占比指标（%）
1.1.3.1.1	控制设备及低压电器安装	1 035 571.18	40.34	26.43
1.1.3.1.2	电缆安装	681 713.78	26.56	17.4
1.1.3.1.3	防雷及接地装置	131 390.38	5.12	3.35
1.1.3.1.4	配管、配线	1 714 509.90	66.79	43.76
1.1.3.1.5	照明器具安装	164 237.48	6.4	4.19
1.1.3.1.6	附属工程	185 701.01	7.23	4.74
1.1.3.1.7	电气调整试验	4 583.03	0.18	0.12
1.1.3.2	建筑智能化及通信工程	421 115.72	16.4	5.51
1.1.3.2.1	计算机应用、网络系统工程	837.02	0.03	0.2
1.1.3.2.2	综合布线系统工程	219 848.96	8.56	52.21
1.1.3.2.3	有线电视、卫星接收系统工程	11 259.06	0.44	2.67
1.1.3.2.4	安全防范系统工程	189 170.68	7.37	44.92
1.1.3.3	空调、通风工程	217 152.82	8.46	2.84
1.1.3.3.1	通风设备	48 481.11	1.89	22.33
1.1.3.3.2	通风管道	103 090.86	4.02	47.47
1.1.3.3.3	通风管道部件	65 580.85	2.55	30.2
1.1.3.4	给排水工程	889 732.67	34.66	11.65
1.1.3.4.1	给排水管道	823 784.67	32.09	92.59
1.1.3.4.2	卫生器具	27 981.12	1.09	3.14
1.1.3.4.3	给排水设备	37 966.88	1.48	4.27
1.1.3.5	消防工程	922 533.07	35.94	12.08
1.1.3.5.1	水灭火系统	429 663.73	16.74	46.57
1.1.3.5.2	火灾自动报警系统	492 869.34	19.2	53.43
1.1.3.6	其他项	872 316.93	33.98	11.42
1.1.3.6.1	支架及套管（给排水、采暖、燃气管道）	469 308.19	18.28	53.8
1.1.3.6.2	管道附件（给排水、采暖、燃气管道）	346 981.87	13.52	39.78

续表

编号	项目名称	金额（元）	单位指标（元/m²）	占比指标（%）
1.1.3.6.3	刷油工程	25 292.39	0.99	2.9
1.1.3.6.4	绝热工程	29 318.60	1.14	3.36
1.1.3.6.5	自动化控制仪表	1 415.88	0.06	0.16
1.1.3.7	补充项	397 157.33	15.47	5.2
1.2	措施项目费	13 635 945.21	531.2	26.45
1.2.1	单价措施项目	11 224 559.84	437.26	82.32
1.2.1.1	脚手架	2 179 200.47	84.89	19.41
1.2.1.2	混凝土模板及支架（撑）	6 029 806.20	234.9	53.72
1.2.1.3	其他项	3 015 553.17	117.47	26.87
1.2.2	总价措施项目	2 411 385.37	93.94	17.68
2	其他项目费	380 000.00	14.8	0.65
2.1	专业工程暂估价	380 000.00	14.8	100.00
3	规费	1 652 464.80	64.37	2.83
4	税金	4 822 520.35	187.86	8.26

表3 主要工程量指标表

编号	工程量名称	数量	单位	单位指标
1	建筑工程			
1.1	土石方工程	22 639.43	m³	0.88 m³/m²
1.2	基础工程	1 890.40	m³	0.07 m³/m²
1.3	砌筑工程	3 933.10	m³	0.15 m³/m²
1.4	混凝土工程			
1.4.1	现浇混凝土	9 546.01	m³	0.37 m³/m²
1.4.2	预制混凝土	0.93	m³	<0.01 m³/m²
1.5	钢筋工程			

续表

编号	工程量名称	数量	单位	单位指标
1.5.1	普通钢筋	1 278 630.00	kg	49.81 kg/m²
1.6	屋面及防水工程			
1.6.1	防水工程	3 413.68	m²	0.13 m²/m²
1.7	保温、隔热及防腐工程			
1.7.1	保温、隔热工程	2 497.19	m²	0.10 m²/m²
2	装饰工程			
2.1	门窗	6 169.54	m²	0.24 m²/m²
2.2	楼地面装饰	10 172.89	m²	0.40 m²/m²
2.3	墙柱面装饰	86 578.38	m²	3.37 m²/m²
2.4	天棚装饰	1 852.90	m²	0.07 m²/m²
2.5	油漆、涂料	55 439.58	m²	2.16 m²/m²
3	安装工程			
3.1	电气工程			
3.1.1	电缆安装	5 477.14	m	0.21 m/m²
3.1.2	配管、配线	241 353.49	m	9.40 m/m²
3.1.3	照明器具安装	3 298.00	套	0.13 套/m²
3.2	空调、通风工程			
3.2.1	通风管道制作安装	649.46	m²	0.03 m²/m²
3.2.2	通风管道部件制作安装	92	个	<0.01 个/m²
3.3	消防工程			
3.3.1	水灭火系统			
3.3.1.1	消防管道	1 537.08	m	0.06 m/m²
3.3.1.2	消火栓、灭火器	616	套	0.02 套/m²
3.3.2	火灾自动报警系统	3 044.00	套	0.12 套/m²
3.4	给排水、采暖、燃气工程			
3.4.1	给排水管道	15 733.96	m	0.61 m/m²

续表

编号	工程量名称	数量	单位	单位指标
3.4.2	支架及其他	2 882.85	kg	0.11 kg/m²
3.4.3	管道附件	20	组	<0.01 组/m²
3.5	刷油、防腐蚀、绝热工程			
3.5.1	刷油工程	697.72	m²	0.03 m²/m²

案例 60　海南省某保障房地下室

表 1　工程概况及项目专业信息表

基本信息					
建设性质	新建	工程类型	居住建筑/普通住宅/保障性住房	结构类型	剪力墙结构
建设形式	全现浇	抗震等级	二级	开/竣工日期	—
计价方式	清单计价	造价阶段	招标控制价	总建筑面积（m²）	82 266.00
地下建筑面积（m²）	82 266.00	装修标准	初装	人防面积（m²）	17 835.80
建筑物基底面积（m²）	82 266.00	屋面面积（m²）	55 474.80	檐高或房屋高度（m）	49.50
地上最高层数（层）	16	地下层数（层）	1	首层层高（m）	3.00
标准层层高（m）	3.00	顶层层高（m）	3.00	地下一层层高（m）	3.90
地下二层层高（m）	—	地下三层层高（m）	—	户数（户）	—
装修类别	初装	基坑支护面积（m²）	83 928.00	建设年限（年）	—
绿建标准	—	安全文明施工标准	达标	质量标准	合格
说明	—				
项目专业信息					
建筑工程	地基处理及土护降工程	土石方工程：挖一般土石方。地基处理方式：桩处理地基。基坑支护形式：喷锚混凝土护坡。降水方式：明沟排水			
	基础工程	满堂基础			
	主体工程	钢筋工程：高强钢筋、普通钢筋。混凝土主要强度：C20、C25、C30、C35、C40			

续表

建筑工程	屋面工程	屋面形式：平屋面
	防水工程	地下防水：卷材防水。室内防水：卷材防水。屋面防水：卷材防水
	保温工程	—
装饰工程	门窗工程	门：钢质门、人防门。窗：铝合金窗
	地面工程	细石混凝土、金刚砂、面砖
	墙面工程	涂料、瓷砖
	天棚工程	涂料、石膏板吊顶
	外立面形式	—
安装工程	电气工程	电气照明灯具：普通灯具、装饰灯具、防爆灯具。电气动力配管：塑料管、钢管、JDG管。母线槽：有。电缆：普通电缆、矿物电缆。电气设备：变压器、应急发电
	电梯工程	—
	建筑智能化及通信工程	安全防范系统工程等
	空调工程	—
	通风工程	送排风系统、防排烟系统、人防系统
	给排水工程	冷水管：复合管。给水设备：变频给水设备。污废水管道：塑料管、钢管、复合管
	采暖工程	—
	燃气工程	—
	消防工程	水灭火系统：消火栓系统、水喷淋系统。气体灭火系统：无管网灭火系统。火灾自动报警系统：有

表2 工程经济指标表

编号	项目名称	金额（元）	单位指标（元/m²）	占比指标（%）
1	单项工程（分部分项+措施项目）	483 231 741.55	5 874.02	87.63
1.1	分部分项费	434 569 742.88	5 282.50	89.93
1.1.1	建筑工程	287 739 731.43	3 497.67	66.21
1.1.1.1	土石方工程	13 685 592.36	166.36	4.76
1.1.1.2	地基处理工程	5 528 226.51	67.20	1.92
1.1.1.3	基坑与边坡支护	2 561 775.73	31.14	0.89
1.1.1.4	基础工程	105 374 364.67	1 280.90	36.62
1.1.1.5	砌筑工程	6 343 730.12	77.11	2.20
1.1.1.6	混凝土工程	30 368 316.20	369.15	10.55
1.1.1.6.1	现浇混凝土	30 368 316.20	369.15	100.00
1.1.1.7	钢筋工程	92 336 148.59	1 122.41	32.09
1.1.1.7.1	普通钢筋	87 640 531.43	1 065.33	94.91
1.1.1.7.2	预应力钢筋	2 856 024.65	34.72	3.09
1.1.1.7.3	其他项	1 839 592.51	22.36	1.99
1.1.1.8	金属结构工程	873 415.89	10.62	0.30
1.1.1.9	屋面及防水工程	26 890 001.94	326.87	9.35
1.1.1.9.1	屋面防水	13 941 103.23	169.46	51.84
1.1.1.9.2	墙面、楼（地）面防水	12 948 898.71	157.40	48.16
1.1.1.10	保温、隔热及防腐工程	640 805.92	7.79	0.22
1.1.1.10.1	保温、隔热工程	298 709.58	3.63	46.61
1.1.1.10.2	防腐工程	342 096.34	4.16	53.39
1.1.1.11	其他项、补充项	3 137 353.50	38.14	1.09
1.1.2	装饰工程	41 139 577.14	500.08	9.47
1.1.2.1	门窗	6 162 135.46	74.91	14.98
1.1.2.2	楼地面装饰	19 231 673.44	233.77	46.75

续表

编号	项目名称	金额（元）	单位指标（元/m²）	占比指标（%）
1.1.2.3	墙柱面装饰	5 882 875.28	71.51	14.30
1.1.2.4	天棚装饰	5 105 342.12	62.06	12.41
1.1.2.5	油漆、涂料	3 908 755.86	47.51	9.50
1.1.2.6	其他内装饰	848 794.98	10.32	2.06
1.1.3	安装工程	105 690 434.31	1 284.74	24.32
1.1.3.1	电气工程	70 251 450.34	853.95	66.47
1.1.3.1.1	变压器安装	3 336 806.03	40.56	4.75
1.1.3.1.2	配电装置安装	2 389 123.47	29.04	3.40
1.1.3.1.3	母线安装	1 762 946.32	21.43	2.51
1.1.3.1.4	控制设备及低压电器安装	6 433 556.94	78.20	9.16
1.1.3.1.5	电缆安装	43 230 801.95	525.50	61.54
1.1.3.1.6	防雷及接地装置	327 819.90	3.98	0.47
1.1.3.1.7	配管、配线	10 190 889.06	123.88	14.51
1.1.3.1.8	照明器具安装	1 619 310.56	19.68	2.31
1.1.3.1.9	附属工程	553 074.53	6.72	0.79
1.1.3.1.10	电气调整试验	407 121.58	4.95	0.58
1.1.3.2	建筑智能化及通信工程	1 217 408.55	14.80	1.15
1.1.3.2.1	综合布线系统工程	532 931.80	6.48	43.78
1.1.3.2.2	有线电视、卫星接收系统工程	124 489.62	1.51	10.23
1.1.3.2.3	音频、视频系统工程	49 603.30	0.60	4.07
1.1.3.2.4	安全防范系统工程	510 383.83	6.20	41.92
1.1.3.3	空调、通风工程	10 875 677.63	132.20	10.29
1.1.3.3.1	通风设备	2 240 107.42	27.23	20.60
1.1.3.3.2	通风管道	6 981 005.19	84.86	64.19
1.1.3.3.3	通风管道部件	1 654 565.02	20.11	15.21
1.1.3.4	给排水工程	7 143 971.51	86.84	6.76

续表

编号	项目名称	金额（元）	单位指标（元/m²）	占比指标（%）
1.1.3.4.1	给排水管道	3 309 786.06	40.23	46.33
1.1.3.4.2	卫生器具	91 278.22	1.11	1.28
1.1.3.4.3	给排水设备	3 742 907.23	45.50	52.39
1.1.3.5	消防工程	9 491 037.69	115.37	8.98
1.1.3.5.1	水灭火系统	5 227 372.56	63.54	55.08
1.1.3.5.2	泡沫灭火系统	557 219.93	6.77	5.87
1.1.3.5.3	火灾自动报警系统	3 706 445.20	45.05	39.05
1.1.3.6	其他项	4 103 129.90	49.88	3.88
1.1.3.6.1	支架及套管（给排水、采暖、燃气管道）	741 129.62	9.01	18.06
1.1.3.6.2	管道附件（给排水、采暖、燃气管道）	1 746 968.21	21.24	42.58
1.1.3.6.3	刷油工程	318 773.49	3.87	7.77
1.1.3.6.4	自动化控制仪表	6 221.04	0.08	0.15
1.1.3.6.5	其他机械设备安装	1 290 037.54	15.68	31.44
1.1.3.7	补充项	2 607 758.69	31.70	2.47
1.2	措施项目费	48 661 998.67	591.52	10.07
1.2.1	单价措施项目	29 643 810.25	360.34	60.92
1.2.1.1	脚手架	7 428 248.80	90.30	25.06
1.2.1.2	混凝土模板及支架（撑）	17 990 238.01	218.68	60.69
1.2.1.3	其他项	4 225 323.44	51.36	14.25
1.2.2	总价措施项目	19 018 188.42	231.18	39.08
2	其他项目费	10 055 327.20	122.23	1.82
2.1	专业工程暂估价	10 055 327.20	122.23	100.00
3	规费	12 620 684.40	153.41	2.29
4	税金	45 531 697.79	553.47	8.26

表3 主要工程量指标表

编号	工程量名称	数量	单位	单位指标
1	建筑工程			
1.1	土石方工程	894 175.66	m^3	10.87 m^3/m^2
1.2	基础工程	62 225.00	m^3	0.76 m^3/m^2
1.3	砌筑工程	5 204.17	m^3	0.06 m^3/m^2
1.4	混凝土工程			
1.4.1	现浇混凝土	41 751.47	m^3	0.51 m^3/m^2
1.5	钢筋工程			
1.5.1	普通钢筋	14 019 029.00	kg	170.41 kg/m^2
1.5.2	预应力钢筋	447 013.00	kg	5.43 kg/m^2
1.6	金属结构工程	89.83	t	<0.01 t/m^2
1.7	屋面及防水工程			
1.7.1	防水工程	413 827.52	m^2	5.03 m^2/m^2
1.8	保温、隔热及防腐工程			
1.8.1	保温、隔热工程	5 168.88	m^2	0.06 m^2/m^2
1.8.2	防腐工程	52 956.09	m^2	0.64 m^2/m^2
2	装饰工程			
2.1	门窗	2 897.89	m^2	0.04 m^2/m^2
2.2	楼地面装饰	163 426.87	m^2	1.99 m^2/m^2
2.3	墙柱面装饰	150 286.32	m^2	1.83 m^2/m^2
2.4	天棚装饰	181 583.59	m^2	2.21 m^2/m^2
2.5	油漆、涂料	124 113.60	m^2	1.51 m^2/m^2
3	安装工程			
3.1	电气工程			
3.1.1	母线安装	1 436.74	m	0.02 m/m^2
3.1.2	电缆安装	128 627.43	m	1.56 m/m^2
3.1.3	配管、配线	680 151.39	m	8.27 m/m^2

续表

编号	工程量名称	数量	单位	单位指标
3.1.4	照明器具安装	9 968.00	套	0.12 套/m²
3.2	空调、通风工程			
3.2.1	通风设备及部件制作安装	80	台	<0.01 台/m²
3.2.2	通风管道制作安装	37 326.38	m²	0.45 m²/m²
3.2.3	通风管道部件制作安装	2 894.00	个	0.04 个/m²
3.3	消防工程			
3.3.1	水灭火系统			
3.3.1.1	消防管道	41 931.15	m	0.51 m/m²
3.3.1.2	消防装置	32	组	<0.01 组/m²
3.3.1.3	消火栓、灭火器	1 955.00	套	0.02 套/m²
3.3.2	气体灭火系统			
3.3.2.1	消防装置	59	套	<0.01 套/m²
3.3.3	火灾自动报警系统	9 919.00	套	0.12 套/m²
3.4	给排水、采暖、燃气工程			
3.4.1	给排水管道	20 248.37	m	0.25 m/m²
3.4.2	支架及其他	18 849.79	kg	0.23 kg/m²
3.4.3	管道附件	43	组	<0.01 组/m²
3.4.4	卫生器具	6	套	<0.01 套/m²
3.4.5	设备	38	台	<0.01 台/m²
3.5	刷油、防腐蚀、绝热工程			
3.5.1	刷油工程	12 637.92	m²	0.15 m²/m²
4	措施项目费			
4.1	混凝土模板及支架（撑）	1 625.39	m²	0.02 m²/m²

办公建筑

案例 61 山东省某办公楼

表 1 工程概况及项目专业信息表

基本信息					
建设性质	新建	工程类型	办公建筑/写字楼	结构类型	框架结构
建设形式	全现浇	抗震等级	三级	开/竣工日期	—
计价方式	清单计价	造价阶段	投标报价	总建筑面积（m²）	8 838.74
地下建筑面积（m²）	2 429.82	装修标准	初装	人防面积（m²）	—
建筑物基底面积（m²）	—	屋面面积（m²）	—	檐高或房屋高度（m）	22.65
地上最高层数（层）	5	地下层数（层）	2	首层层高（m）	4.50
标准层层高（m）	4.50	顶层层高（m）	4.50	地下一层层高（m）	5.55
地下二层层高（m）	3.80	地下三层层高（m）	—	户数（户）	—
装修类别	初装	基坑支护面积（m²）	—	建设年限（年）	—
绿建标准	—	安全文明施工标准	达标	质量标准	合格
说明	（1）本项目不包含电梯、建筑智能化及通信、空调、采暖、燃气工程。（2）楼座的地下工程部分工程量包含在楼座主体内，建筑、装饰、安装工程都是正常计算的，工程指标没问题。（3）设备、器具购置费是设备费，电气包括配电箱，消防包括探测器、监控机、报警控制箱，通风包括油烟净化器、通风机、传感器				

续表

项目专业信息		
建筑工程	地基处理及土护降工程	土石方工程：挖一般土石方。地基处理方式：其他。基坑支护形式：其他
	基础工程	满堂基础、其他
	主体工程	钢筋工程：高强钢筋、普通钢筋。混凝土主要强度：C20、C25、C30、C35、C40、C45
	屋面工程	屋面形式：平屋面。屋面材料：其他
	防水工程	地下防水：卷材防水。屋面防水：卷材防水
	保温工程	外墙保温：挤塑聚苯板。内墙保温：挤塑聚苯板。屋面保温：挤塑聚苯板
装饰工程	门窗工程	门：木门、塑钢门。窗：塑钢窗、金属百叶窗
	地面工程	细石混凝土
	墙面工程	涂料
	天棚工程	涂料
	外立面形式	涂料
安装工程	电气工程	电气照明灯具：普通灯具、装饰灯具、障碍照明。电气动力配管：钢管、JDG管。电缆：普通电缆
	电梯工程	—
	建筑智能化及通信工程	—
	空调工程	—
	通风工程	防排烟系统
	给排水工程	冷水管：塑料管、复合管。中水管：塑料管、复合管。污废水管道：塑料管、铸铁管
	采暖工程	—
	燃气工程	—
	消防工程	水灭火系统：水喷淋系统

表2 工程经济指标表

编号	项目名称	金额（元）	单位指标（元/m²）	占比指标（%）
1	单项工程（分部分项+措施项目）	19 449 687.95	2 200.50	84.92
1.1	分部分项费	16 054 383.58	1 816.37	82.54
1.1.1	建筑工程	11 213 204.61	1 268.64	69.85
1.1.1.1	土石方工程	138 995.76	15.73	1.24
1.1.1.2	基础工程	2 457 120.91	277.99	21.91
1.1.1.3	砌筑工程	496 715.37	56.20	4.43
1.1.1.4	混凝土工程	2 218 336.19	250.98	19.78
1.1.1.4.1	现浇混凝土	2 216 884.94	250.81	99.93
1.1.1.4.2	预制混凝土	1 451.25	0.16	0.07
1.1.1.5	钢筋工程	4 848 833.85	548.59	43.24
1.1.1.5.1	普通钢筋	3 390 811.07	383.63	69.93
1.1.1.5.2	预应力钢筋	1 270 974.96	143.80	26.21
1.1.1.5.3	其他项	187 047.82	21.16	3.86
1.1.1.6	金属结构工程	68 902.78	7.80	0.61
1.1.1.7	屋面及防水工程	506 826.09	57.34	4.52
1.1.1.7.1	屋面防水	162 932.91	18.43	32.15
1.1.1.7.2	墙面、楼（地）面防水	343 893.18	38.91	67.85
1.1.1.8	保温、隔热及防腐工程	477 473.66	54.02	4.26
1.1.1.8.1	保温、隔热工程	351 448.16	39.76	73.61
1.1.1.8.2	防腐工程	126 025.50	14.26	26.39
1.1.2	装饰工程	2 186 672.61	247.40	13.62
1.1.2.1	门窗	511 372.59	57.86	23.39
1.1.2.2	楼地面装饰	749 753.77	84.83	34.29
1.1.2.3	墙柱面装饰	433 565.24	49.05	19.83
1.1.2.4	天棚装饰	58 851.68	6.66	2.69

续表

编号	项目名称	金额（元）	单位指标（元/m²）	占比指标（%）
1.1.2.5	油漆、涂料	396 439.17	44.85	18.13
1.1.2.6	其他内装饰	36 690.16	4.15	1.68
1.1.3	安装工程	2 654 506.36	300.33	16.53
1.1.3.1	电气工程	1 216 991.37	137.69	45.85
1.1.3.1.1	控制设备及低压电器安装	26 456.10	2.99	2.17
1.1.3.1.2	电机检查接线及调试	2 708.74	0.31	0.22
1.1.3.1.3	电缆安装	746 067.90	84.41	61.30
1.1.3.1.4	防雷及接地装置	32 491.04	3.68	2.67
1.1.3.1.5	配管、配线	337 386.07	38.17	27.72
1.1.3.1.6	照明器具安装	39 683.50	4.49	3.26
1.1.3.1.7	附属工程	29 449.52	3.33	2.42
1.1.3.1.8	电气调整试验	2 748.50	0.31	0.23
1.1.3.2	建筑智能化及通信工程	28 403.15	3.21	1.07
1.1.3.2.1	建筑设备自动化系统工程	1 132.40	0.13	3.99
1.1.3.2.2	安全防范系统工程	27 270.75	3.09	96.01
1.1.3.3	空调、通风工程	432 769.47	48.96	16.30
1.1.3.3.1	通风设备	10 364.50	1.17	2.39
1.1.3.3.2	通风管道	297 817.67	33.69	68.82
1.1.3.3.3	通风管道部件	124 587.30	14.10	28.79
1.1.3.4	给排水工程	73 146.21	8.28	2.76
1.1.3.4.1	给排水管道	71 277.61	8.06	97.45
1.1.3.4.2	卫生器具	1 868.60	0.21	2.55
1.1.3.5	消防工程	303 226.68	34.31	11.42
1.1.3.5.1	水灭火系统	256 054.14	28.97	84.44
1.1.3.5.2	火灾自动报警系统	47 172.54	5.34	15.56
1.1.3.6	其他项	367 904.82	41.62	13.86

续表

编号	项目名称	金额（元）	单位指标（元/m²）	占比指标（%）
1.1.3.6.1	支架及套管（给排水、采暖、燃气管道）	103 455.68	11.70	28.12
1.1.3.6.2	管道附件（给排水、采暖、燃气管道）	33 551.34	3.80	9.12
1.1.3.6.3	刷油工程	14 059.05	1.59	3.82
1.1.3.6.4	绝热工程	216 732.36	24.52	58.91
1.1.3.6.5	自动化控制仪表	106.39	0.01	0.03
1.1.3.7	补充项	232 064.66	26.26	8.74
1.2	措施项目费	3 395 304.37	384.14	17.46
1.2.1	单价措施项目	3 138 071.90	355.04	92.42
1.2.1.1	脚手架	353 000.07	39.94	11.25
1.2.1.2	混凝土模板及支架（撑）	2 103 956.39	238.04	67.05
1.2.1.3	其他项	681 115.44	77.06	21.70
1.2.2	总价措施项目	257 232.47	29.10	7.58
2	规费	1 286 759.78	145.58	5.62
3	税金	1 891 122.35	213.96	8.26
4	设备、器具购置费	276 022.84	31.23	1.21

表3 主要工程量指标表

编号	工程量名称	数量	单位	单位指标
1	建筑工程			
1.1	土石方工程	41 245.03	m³	4.67 m³/m²
1.2	基础工程	2 769.27	m³	0.31 m³/m²
1.3	砌筑工程	879.88	m³	0.10 m³/m²
1.4	混凝土工程			
1.4.1	现浇混凝土	6 156.48	m³	0.70 m³/m²
1.4.2	预制混凝土	2.03	m³	<0.01 m³/m²
1.5	钢筋工程			

续表

编号	工程量名称	数量	单位	单位指标
1.5.1	普通钢筋	682 867.00	kg	77.26 kg/m²
1.5.2	预应力钢筋	216 715.00	kg	24.52 kg/m²
1.6	金属结构工程	0.29	t	<0.01 t/m²
1.7	屋面及防水工程			
1.7.1	防水工程	4 116.43	m²	0.47 m²/m²
1.8	保温、隔热及防腐工程			
1.8.1	保温、隔热工程	4 734.21	m²	0.54 m²/m²
1.8.2	防腐工程	2 159.82	m²	0.24 m²/m²
2	装饰工程			
2.1	门窗	162.07	m²	0.02 m²/m²
2.2	楼地面装饰	9 575.66	m²	1.08 m²/m²
2.3	墙柱面装饰	13 163.27	m²	1.49 m²/m²
2.4	天棚装饰	6 680.10	m²	0.76 m²/m²
2.5	油漆、涂料	22 250.66	m²	2.52 m²/m²
3	安装工程			
3.1	电气工程			
3.1.1	电缆安装	3 624.08	m	0.41 m/m²
3.1.2	配管、配线	24 576.80	m	2.78 m/m²
3.1.3	照明器具安装	311	套	0.04 套/m²
3.2	建筑智能化及通信工程			
3.2.1	安全防范系统工程	39	套	<0.01 套/m²
3.3	空调、通风工程			
3.3.1	通风设备及部件制作安装	4	台	<0.01 台/m²
3.3.2	通风管道制作安装	1 568.30	m²	0.18 m²/m²
3.3.3	通风管道部件制作安装	168	个	0.02 个/m²
3.4	消防工程			
3.4.1	水灭火系统			

续表

编号	工程量名称	数量	单位	单位指标
3.4.1.1	消防管道	2 569.90	m	0.29 m/m²
3.4.1.2	消防装置	5	组	<0.01 组/m²
3.4.1.3	消火栓、灭火器	82	套	0.01 套/m²
3.4.2	气体灭火系统	—	—	—
3.4.3	泡沫灭火系统	—	—	—
3.4.4	火灾自动报警系统	478	套	0.05 套/m²
3.5	给排水、采暖、燃气工程			
3.5.1	给排水管道	1 109.87	m	0.13 m/m²
3.5.2	支架及其他	3 486.03	kg	0.39 kg/m²
3.5.3	管道附件	5	组	<0.01 组/m²
3.6	刷油、防腐蚀、绝热工程			
3.6.1	刷油工程	1 090.50	m²	0.12 m²/m²
3.6.2	绝热工程	3 050.40	m²	0.35 m²/m²

案例 62 山东省某办公楼

表 1 工程概况及项目专业信息表

基本信息					
建设性质	新建	工程类型	办公建筑/写字楼	结构类型	框架结构
建设形式	全现浇	抗震等级	二级	开/竣工日期	—
计价方式	清单计价	造价阶段	投标报价	总建筑面积（m²）	22 577.46
地下建筑面积（m²）	5 114.88	装修标准	初装	人防面积（m²）	—
建筑物基底面积（m²）	—	屋面面积（m²）	—	檐高或房屋高度（m）	45.35
地上最高层数（层）	10	地下层数（层）	2	首层层高（m）	4.50
标准层层高（m）	4.50	顶层层高（m）	4.50	地下一层层高（m）	5.50
地下二层层高（m）	3.80	地下三层层高（m）	—	户数（户）	—
装修类别	初装	基坑支护面积（m²）	—	建设年限（年）	—
绿建标准	—	安全文明施工标准	达标	质量标准	合格
说明	（1）本项目不包含电梯、建筑智能化及通信、空调、采暖、燃气工程。（2）楼座的地下工程部分工程量包含在楼座主体内，建筑、装饰、安装工程都是正常计算的，工程指标没问题。（3）设备、器具购置费是设备费，电气包括配电箱，消防包括探测器、监控机，通风包括传感器、通风机、排气扇				
项目专业信息					
建筑工程	地基处理及土护降工程	土石方工程：挖一般土石方。地基处理方式：其他。基坑支护形式：其他			
	基础工程	满堂基础、其他			

续表

建筑工程	主体工程	钢筋工程：高强钢筋、普通钢筋。混凝土主要强度：C20、C25、C30、C35、C40、C45、C50
	屋面工程	屋面形式：平屋面。屋面材料：其他
	防水工程	地下防水：卷材防水。屋面防水：卷材防水
	保温工程	外墙保温：挤塑聚苯板。屋面保温：挤塑聚苯板
装饰工程	门窗工程	门：木门、塑钢门。窗：塑钢窗、其他
	地面工程	细石混凝土
	墙面工程	涂料
	天棚工程	涂料
	外立面形式	—
安装工程	电气工程	电气照明灯具：普通灯具、装饰灯具、障碍照明。电气动力配管：钢管、JDG管。母线槽：有。电缆：普通电缆
	电梯工程	—
	建筑智能化及通信工程	—
	空调工程	—
	通风工程	防排烟系统
	给排水工程	冷水管：塑料管、复合管。中水管：塑料管、复合管。污废水管道：塑料管、铸铁管
	采暖工程	—
	燃气工程	—
	消防工程	水灭火系统：水喷淋系统

表2 工程经济指标表

编号	项目名称	金额（元）	单位指标（元/m²）	占比指标（%）
1	单项工程（分部分项+措施项目）	45 370 715.09	2 009.56	84.51
1.1	分部分项费	36 671 371.10	1 624.25	80.83
1.1.1	建筑工程	25 505 409.57	1 129.68	69.55
1.1.1.1	土石方工程	311 984.94	13.82	1.22
1.1.1.2	基础工程	4 992 026.41	221.11	19.57
1.1.1.3	砌筑工程	1 716 833.72	76.04	6.73
1.1.1.4	混凝土工程	5 425 720.88	240.32	21.27
1.1.1.4.1	现浇混凝土	5 425 720.88	240.32	100.00
1.1.1.5	钢筋工程	11 230 541.92	497.42	44.03
1.1.1.5.1	普通钢筋	8 873 220.06	393.01	79.01
1.1.1.5.2	预应力钢筋	1 997 390.11	88.47	17.79
1.1.1.5.3	其他项	359 931.75	15.94	3.20
1.1.1.6	金属结构工程	213 896.99	9.47	0.84
1.1.1.7	屋面及防水工程	987 414.12	43.73	3.87
1.1.1.7.1	屋面防水	317 039.89	14.04	32.11
1.1.1.7.2	墙面、楼（地）面防水	670 374.23	29.69	67.89
1.1.1.8	保温、隔热及防腐工程	626 990.59	27.77	2.46
1.1.1.8.1	保温、隔热工程	429 199.17	19.01	68.45
1.1.1.8.2	防腐工程	197 791.42	8.76	31.55
1.1.2	装饰工程	3 216 854.23	142.48	8.77
1.1.2.1	门窗	365 463.55	16.19	11.36
1.1.2.2	楼地面装饰	1 092 719.26	48.40	33.97
1.1.2.3	墙柱面装饰	753 231.42	33.36	23.42
1.1.2.4	天棚装饰	56 047.58	2.48	1.74
1.1.2.5	油漆、涂料	523 737.89	23.20	16.28

续表

编号	项目名称	金额（元）	单位指标（元/m²）	占比指标（%）
1.1.2.6	其他内装饰	425 654.53	18.85	13.23
1.1.3	安装工程	7 949 107.30	352.08	21.68
1.1.3.1	电气工程	4 217 541.32	186.80	53.06
1.1.3.1.1	母线安装	439 742.87	19.48	10.43
1.1.3.1.2	控制设备及低压电器安装	86 162.48	3.82	2.04
1.1.3.1.3	电缆安装	2 303 354.93	102.02	54.61
1.1.3.1.4	防雷及接地装置	170 256.74	7.54	4.04
1.1.3.1.5	配管、配线	923 913.50	40.92	21.91
1.1.3.1.6	照明器具安装	98 795.39	4.38	2.34
1.1.3.1.7	附属工程	193 949.65	8.59	4.60
1.1.3.1.8	电气调整试验	1 365.76	0.06	0.03
1.1.3.2	建筑智能化及通信工程	114 785.68	5.08	1.44
1.1.3.2.1	建筑设备自动化系统工程	7 488.64	0.33	6.52
1.1.3.2.2	安全防范系统工程	107 297.04	4.75	93.48
1.1.3.3	空调、通风工程	1 219 500.79	54.01	15.34
1.1.3.3.1	通风设备	22 188.84	0.98	1.82
1.1.3.3.2	通风管道	971 775.34	43.04	79.69
1.1.3.3.3	通风管道部件	225 536.61	9.99	18.49
1.1.3.4	给排水工程	240 307.81	10.64	3.02
1.1.3.4.1	给排水管道	234 109.70	10.37	97.42
1.1.3.4.2	卫生器具	6 198.11	0.27	2.58
1.1.3.5	消防工程	996 914.31	44.16	12.54
1.1.3.5.1	水灭火系统	902 127.91	39.96	90.49
1.1.3.5.2	火灾自动报警系统	94 786.40	4.20	9.51
1.1.3.6	其他项	765 446.63	33.90	9.63
1.1.3.6.1	支架及套管（给排水、采暖、燃气管道）	349 926.24	15.50	45.72

续表

编号	项目名称	金额（元）	单位指标（元/m²）	占比指标（%）
1.1.3.6.2	管道附件（给排水、采暖、燃气管道）	68 844.75	3.05	8.99
1.1.3.6.3	刷油工程	16 107.65	0.71	2.10
1.1.3.6.4	绝热工程	329 818.85	14.61	43.09
1.1.3.6.5	自动化控制仪表	749.14	0.03	0.10
1.1.3.7	补充项	394 610.76	17.48	4.96
1.2	措施项目费	8 699 343.99	385.31	19.17
1.2.1	单价措施项目	7 995 541.19	354.14	91.91
1.2.1.1	脚手架	1 006 933.17	44.60	12.59
1.2.1.2	混凝土模板及支架（撑）	5 610 075.80	248.48	70.17
1.2.1.3	其他项	1 378 532.22	61.06	17.24
1.2.2	总价措施项目	703 802.80	31.17	8.09
2	规费	3 014 315.62	133.51	5.61
3	税金	4 432 779.73	196.34	8.26
4	设备、器具购置费	868 020.57	38.45	1.62

表3 主要工程量指标表

编号	工程量名称	数量	单位	单位指标
1	建筑工程			
1.1	土石方工程	78 388.18	m³	3.47 m³/m²
1.2	基础工程	6 076.04	m³	0.27 m³/m²
1.3	砌筑工程	3 077.67	m³	0.14 m³/m²
1.4	混凝土工程			
1.4.1	现浇混凝土	8 400.35	m³	0.37 m³/m²
1.5	钢筋工程			
1.5.1	普通钢筋	1 800 002.00	kg	79.73 kg/m²
1.6	金属结构工程	0.38	t	<0.01 t/m²

续表

编号	工程量名称	数量	单位	单位指标
1.7	屋面及防水工程			
1.7.1	防水工程	8 071.57	m²	0.36 m²/m²
1.8	保温、隔热及防腐工程			
1.8.1	保温、隔热工程	6 286.86	m²	0.28 m²/m²
1.8.2	防腐工程	4 369.15	m²	0.19 m²/m²
2	装饰工程			
2.1	门窗	601.17	m²	0.03 m²/m²
2.2	楼地面装饰	16 697.73	m²	0.74 m²/m²
2.3	墙柱面装饰	23 641.29	m²	1.05 m²/m²
2.4	天棚装饰	5 690.11	m²	0.25 m²/m²
2.5	油漆、涂料	40 671.47	m²	1.80 m²/m²
3	安装工程			
3.1	电气工程			
3.1.1	母线安装	339.3	m	0.02 m/m²
3.1.2	电缆安装	8 511.08	m	0.38 m/m²
3.1.3	配管、配线	55 928.50	m	2.48 m/m²
3.1.4	照明器具安装	796	套	0.04 套/m²
3.2	建筑智能化及通信工程			
3.2.1	安全防范系统工程	148	套	0.01 套/m²
3.3	空调、通风工程			
3.3.1	通风管道制作安装	5 247.56	m²	0.23 m²/m²
3.3.2	通风管道部件制作安装	313	个	0.01 个/m²
3.4	消防工程			
3.4.1	水灭火系统			
3.4.1.1	消防管道	9 737.29	m	0.43 m/m²
3.4.1.2	消防装置	6	组	<0.01 组/m²
3.4.1.3	消火栓、灭火器	201	套	0.01 套/m²

续表

编号	工程量名称	数量	单位	单位指标
3.4.2	气体灭火系统	—	—	—
3.4.3	泡沫灭火系统	—	—	—
3.4.4	火灾自动报警系统	1 056.00	套	0.05 套/m²
3.5	给排水、采暖、燃气工程			
3.5.1	给排水管道	3 558.38	m	0.16 m/m²
3.5.2	支架及其他	12 497.09	kg	0.55 kg/m²
3.5.3	管道附件	25	组	<0.01 组/m²
3.6	刷油、防腐蚀、绝热工程			
3.6.1	刷油工程	2 381.13	m²	0.11 m²/m²
3.6.2	绝热工程	642.4	m²	0.03 m²/m²

案例 63　山东省某办公楼

表 1　工程概况及项目专业信息表

基本信息					
建设性质	新建	工程类型	办公建筑/其他	结构类型	框架结构
建设形式	全现浇	抗震等级	三级	开/竣工日期	—
计价方式	清单计价	造价阶段	投标报价	总建筑面积（m²）	4 097.81
地下建筑面积（m²）	1 826.42	装修标准	初装	人防面积（m²）	—
建筑物基底面积（m²）	—	屋面面积（m²）	—	檐高或房屋高度（m）	17.75
地上最高层数（层）	3	地下层数（层）	2	首层层高（m）	6.50
标准层层高（m）	6.20	顶层层高（m）	4.50	地下一层层高（m）	5.60
地下二层层高（m）	3.80	地下三层层高（m）	—	户数（户）	—
装修类别	初装	基坑支护面积（m²）	—	建设年限（年）	—
绿建标准	—	安全文明施工标准	达标	质量标准	合格
说明	（1）本项目不包含电梯、建筑智能化及通信、空调、采暖、燃气工程。（2）楼座的地下工程部分工程量包含在楼座主体内，建筑、装饰、安装工程都是正常计算的，工程指标没问题。（3）设备、器具购置费是设备费，电气包括配电箱，消防包括探测器、监控机，通风包括油烟净化机、通风机、排气扇				
项目专业信息					
建筑工程	地基处理及土护降工程	土石方工程：挖一般土石方。地基处理方式：其他。基坑支护形式：其他			
	基础工程	满堂基础、其他			

续表

建筑工程	主体工程	钢筋工程：高强钢筋、普通钢筋。混凝土主要强度：C15、C20、C25、C30、C35、C40、C50
	屋面工程	屋面形式：平屋面。屋面材料：其他
	防水工程	地下防水：卷材防水。屋面防水：涂膜防水
	保温工程	外墙保温：挤塑聚苯板。屋面保温：挤塑聚苯板
装饰工程	门窗工程	门：木门、塑钢门。窗：金属百叶窗
	地面工程	细石混凝土
	墙面工程	涂料
	天棚工程	涂料
	外立面形式	涂料
安装工程	电气工程	电气照明灯具：普通灯具、装饰灯具。电气动力配管：钢管、JDG管。电缆：普通电缆
	电梯工程	—
	建筑智能化及通信工程	—
	空调工程	—
	通风工程	防排烟系统
	给排水工程	冷水管：塑料管、复合管。中水管：塑料管、复合管。污废水管道：塑料管、铸铁管
	采暖工程	—
	燃气工程	—
	消防工程	水灭火系统：水喷淋系统

表2 工程经济指标表

编号	项目名称	金额（元）	单位指标（元/m²）	占比指标（%）
1	单项工程（分部分项+措施项目）	12 213 348.56	2 980.46	85.07
1.1	分部分项费	10 126 652.00	2 471.24	82.91
1.1.1	建筑工程	7 571 006.32	1 847.57	74.76
1.1.1.1	土石方工程	50 908.88	12.42	0.67
1.1.1.2	基础工程	1 942 910.90	474.13	25.66
1.1.1.3	砌筑工程	526 677.41	128.53	6.96
1.1.1.4	混凝土工程	1 091 160.72	266.28	14.41
1.1.1.4.1	现浇混凝土	1 081 406.48	263.90	99.11
1.1.1.4.2	预制混凝土	9 754.24	2.38	0.89
1.1.1.5	钢筋工程	3 450 116.22	841.94	45.57
1.1.1.5.1	普通钢筋	2 325 001.61	567.38	67.39
1.1.1.5.2	预应力钢筋	1 011 175.50	246.76	29.31
1.1.1.5.3	其他项	113 939.11	27.80	3.30
1.1.1.6	金属结构工程	111 535.78	27.22	1.47
1.1.1.7	屋面及防水工程	254 959.54	62.22	3.37
1.1.1.7.1	屋面防水	512.17	0.12	0.20
1.1.1.7.2	墙面、楼（地）面防水	254 447.37	62.09	99.80
1.1.1.8	保温、隔热及防腐工程	142 736.87	34.83	1.89
1.1.1.8.1	保温、隔热工程	142 736.87	34.83	100.00
1.1.2	装饰工程	1 048 249.62	255.81	10.35
1.1.2.1	门窗	245 008.10	59.79	23.37
1.1.2.2	楼地面装饰	309 545.18	75.54	29.53
1.1.2.3	墙柱面装饰	236 147.46	57.63	22.53
1.1.2.4	天棚装饰	6 504.55	1.59	0.62
1.1.2.5	油漆、涂料	155 620.69	37.98	14.85

续表

编号	项目名称	金额（元）	单位指标（元/m²）	占比指标（%）
1.1.2.6	其他内装饰	95 423.64	23.29	9.10
1.1.3	安装工程	1 507 396.06	367.85	14.89
1.1.3.1	电气工程	860 661.96	210.03	57.10
1.1.3.1.1	控制设备及低压电器安装	11 859.82	2.89	1.38
1.1.3.1.2	电缆安装	582 328.25	142.11	67.66
1.1.3.1.3	防雷及接地装置	9 082.11	2.22	1.06
1.1.3.1.4	配管、配线	213 054.55	51.99	24.75
1.1.3.1.5	照明器具安装	18 723.25	4.57	2.18
1.1.3.1.6	附属工程	24 248.22	5.92	2.82
1.1.3.1.7	电气调整试验	1 365.76	0.33	0.16
1.1.3.2	建筑智能化及通信工程	7 249.80	1.77	0.48
1.1.3.2.1	安全防范系统工程	7 249.80	1.77	100.00
1.1.3.3	空调、通风工程	252 740.00	61.68	16.77
1.1.3.3.1	通风设备	3 660.80	0.89	1.45
1.1.3.3.2	通风管道	213 413.64	52.08	84.44
1.1.3.3.3	通风管道部件	35 665.56	8.70	14.11
1.1.3.4	给排水工程	44 600.22	10.88	2.96
1.1.3.4.1	给排水管道	43 620.37	10.64	97.80
1.1.3.4.2	卫生器具	979.85	0.24	2.20
1.1.3.5	消防工程	125 526.22	30.63	8.33
1.1.3.5.1	水灭火系统	111 786.81	27.28	89.05
1.1.3.5.2	火灾自动报警系统	13 739.41	3.35	10.95
1.1.3.6	其他项	124 322.81	30.34	8.25
1.1.3.6.1	支架及套管（给排水、采暖、燃气管道）	52 078.92	12.71	41.89
1.1.3.6.2	管道附件（给排水、采暖、燃气管道）	20 373.28	4.97	16.39
1.1.3.6.3	刷油工程	1 540.82	0.38	1.24

续表

编号	项目名称	金额（元）	单位指标（元/m²）	占比指标（%）
1.1.3.6.4	绝热工程	50 222.77	12.26	40.40
1.1.3.6.5	自动化控制仪表	107.02	0.03	0.09
1.1.3.7	补充项	92 295.05	22.52	6.12
1.2	措施项目费	2 086 696.56	509.22	17.09
1.2.1	单价措施项目	1 904 212.86	464.69	91.25
1.2.1.1	脚手架	214 571.57	52.36	11.27
1.2.1.2	混凝土模板及支架（撑）	1 381 377.59	337.10	72.54
1.2.1.3	其他项	308 263.70	75.23	16.19
1.2.2	总价措施项目	182 483.70	44.53	8.75
2	规费	807 981.00	197.17	5.63
3	税金	1 185 495.31	289.30	8.26
4	设备、器具购置费	150 840.50	36.81	1.05

表3 主要工程量指标表

编号	工程量名称	数量	单位	单位指标
1	建筑工程			
1.1	土石方工程	13 648.49	m³	3.33 m³/m²
1.2	基础工程	2 325.03	m³	0.57 m³/m²
1.3	砌筑工程	943.44	m³	0.23 m³/m²
1.4	混凝土工程			
1.4.1	现浇混凝土	1 706.93	m³	0.42 m³/m²
1.4.2	预制混凝土	0.06	m³	<0.01 m³/m²
1.5	钢筋工程			
1.5.1	普通钢筋	464 928.00	kg	113.46 kg/m²
1.6	金属结构工程	4.37	t	<0.01 t/m²
1.7	屋面及防水工程			

续表

编号	工程量名称	数量	单位	单位指标
1.7.1	防水工程	2 008.00	m²	0.49 m²/m²
1.8	保温、隔热及防腐工程			
1.8.1	保温、隔热工程	1 868.80	m²	0.46 m²/m²
2	装饰工程			
2.1	门窗	195.29	m²	0.05 m²/m²
2.2	楼地面装饰	4 032.41	m²	0.98 m²/m²
2.3	墙柱面装饰	7 571.12	m²	1.85 m²/m²
2.4	天棚装饰	660.36	m²	0.16 m²/m²
2.5	油漆、涂料	8 871.45	m²	2.16 m²/m²
3	安装工程			
3.1	电气工程			
3.1.1	电缆安装	3 589.28	m	0.88 m/m²
3.1.2	配管、配线	12 323.27	m	3.01 m/m²
3.1.3	照明器具安装	160	套	0.04 套/m²
3.2	建筑智能化及通信工程			
3.2.1	安全防范系统工程	10	套	<0.01 套/m²
3.3	空调、通风工程			
3.3.1	通风管道制作安装	1 066.73	m²	0.26 m²/m²
3.3.2	通风管道部件制作安装	32	个	0.01 个/m²
3.4	消防工程			
3.4.1	水灭火系统			
3.4.1.1	消防管道	1 092.00	m	0.27 m/m²
3.4.1.2	消防装置	2	组	<0.01 组/m²
3.4.1.3	消火栓、灭火器	16	套	<0.01 套/m²
3.4.2	气体灭火系统	—	—	—
3.4.3	泡沫灭火系统	—	—	—
3.4.4	火灾自动报警系统	138	套	0.03 套/m²

续表

编号	工程量名称	数量	单位	单位指标
3.5	给排水、采暖、燃气工程			
3.5.1	给排水管道	837.81	m	0.20 m/m²
3.5.2	支架及其他	2 022.83	kg	0.49 kg/m²
3.5.3	管道附件	9	组	<0.01 组/m²
3.6	刷油、防腐蚀、绝热工程			
3.6.1	刷油工程	175.91	m²	0.04 m²/m²
3.6.2	绝热工程	539.42	m²	0.13 m²/m²

案例 64　山东省某地下车库

表 1　工程概况及项目专业信息表

基本信息					
建设性质	新建	工程类型	办公建筑/其他	结构类型	框架结构
建设形式	全现浇	抗震等级	三级	开/竣工日期	—
计价方式	清单计价	造价阶段	投标报价	总建筑面积（m²）	41 604.04
地下建筑面积（m²）	41 604.00	装修标准	初装	人防面积（m²）	—
建筑物基底面积（m²）	—	屋面面积（m²）	—	檐高或房屋高度（m）	0
地上最高层数（层）	0	地下层数（层）	2	首层层高（m）	0
标准层层高（m）	0	顶层层高（m）	0	地下一层层高（m）	5.70
地下二层层高（m）	3.80	地下三层层高（m）	—	户数（户）	—
装修类别	初装	基坑支护面积（m²）	—	建设年限（年）	—
绿建标准	—	安全文明施工标准	达标	质量标准	合格
说明	(1) 本项目不包含电梯、建筑智能化及通信、空调、采暖、燃气工程。(2) 措施项目费是正常计取的。(3) 设备、器具购置费是设备费，给排水包括污水泵，电气包括配电箱，消防包括消防泵、喷淋泵、探测器、控制器，通风包括过滤器、通风机				
项目专业信息					
建筑工程	地基处理及土护降工程	土石方工程：挖一般土石方。地基处理方式：桩处理地基、其他。基坑支护形式：喷锚混凝土护坡、其他。降水方式：井点降水			
	基础工程	桩基础、满堂基础、其他			

续表

建筑工程	主体工程	钢筋工程：高强钢筋、普通钢筋。混凝土主要强度：C20、C25、C30、C35、C40、C45
	屋面工程	屋面形式：平屋面。屋面材料：其他
	防水工程	地下防水：卷材防水。屋面防水：卷材防水
	保温工程	外墙保温：挤塑聚苯板。内墙保温：挤塑聚苯板
装饰工程	门窗工程	门：塑钢门。窗：塑钢窗、其他
	地面工程	细石混凝土
	墙面工程	涂料
	天棚工程	涂料
安装工程	电气工程	电气照明灯具：普通灯具。电气动力配管：钢管、JDG管。母线槽：有。电缆：普通电缆
	电梯工程	—
	建筑智能化及通信工程	—
	空调工程	—
	通风工程	防排烟系统
	给排水工程	冷水管：塑料管、复合管。中水管：塑料管、复合管。卫生器具：有。污废水管道：塑料管、铸铁管、钢管
	采暖工程	—
	燃气工程	—
	消防工程	水灭火系统：水喷淋系统

表2 工程经济指标表

编号	项目名称	金额（元）	单位指标（元/m²）	占比指标（%）
1	单项工程（分部分项+措施项目）	114 678 674.82	2 756.43	84.95
1.1	分部分项费	105 354 341.13	2 532.31	91.87
1.1.1	建筑工程	81 432 908.79	1 957.33	77.29
1.1.1.1	土石方工程	10 358 900.09	248.99	12.72
1.1.1.2	地基处理工程	6 753 841.21	162.34	8.29
1.1.1.3	基坑与边坡支护	4 343 370.00	104.40	5.33
1.1.1.4	基础工程	22 430 022.28	539.13	27.54
1.1.1.5	砌筑工程	982 564.90	23.62	1.21
1.1.1.6	混凝土工程	7 277 723.46	174.93	8.94
1.1.1.6.1	现浇混凝土	7 261 370.55	174.54	99.78
1.1.1.6.2	预制混凝土	16 352.91	0.39	0.22
1.1.1.7	钢筋工程	19 454 239.20	467.60	23.89
1.1.1.7.1	普通钢筋	12 054 318.19	289.74	61.96
1.1.1.7.2	预应力钢筋	6 905 404.61	165.98	35.50
1.1.1.7.3	其他项	494 516.40	11.89	2.54
1.1.1.8	金属结构工程	57 451.96	1.38	0.07
1.1.1.9	屋面及防水工程	4 182 706.39	100.54	5.14
1.1.1.9.1	屋面防水	1 291 211.03	31.04	30.87
1.1.1.9.2	墙面、楼（地）面防水	2 891 495.36	69.50	69.13
1.1.1.10	保温、隔热及防腐工程	337 368.14	8.11	0.41
1.1.1.10.1	保温、隔热工程	228 399.26	5.49	67.70
1.1.1.10.2	防腐工程	108 968.88	2.62	32.30
1.1.1.11	其他项、补充项	5 254 721.16	126.30	6.45
1.1.2	装饰工程	6 367 220.44	153.04	6.04
1.1.2.1	门窗	412 995.19	9.93	6.49

续表

编号	项目名称	金额（元）	单位指标（元/m²）	占比指标（%）
1.1.2.2	楼地面装饰	4 405 996.83	105.90	69.20
1.1.2.3	墙柱面装饰	313 333.55	7.53	4.92
1.1.2.4	油漆、涂料	1 164 334.10	27.99	18.29
1.1.2.5	其他内装饰	70 560.77	1.70	1.11
1.1.3	安装工程	17 554 211.90	421.94	16.66
1.1.3.1	电气工程	7 314 309.50	175.81	41.67
1.1.3.1.1	母线安装	768 493.64	18.47	10.51
1.1.3.1.2	控制设备及低压电器安装	73 962.21	1.78	1.01
1.1.3.1.3	电机检查接线及调试	54 752.72	1.32	0.75
1.1.3.1.4	电缆安装	2 727 965.66	65.57	37.30
1.1.3.1.5	防雷及接地装置	118 773.08	2.85	1.62
1.1.3.1.6	配管、配线	2 963 765.76	71.24	40.52
1.1.3.1.7	照明器具安装	232 576.94	5.59	3.18
1.1.3.1.8	附属工程	374 019.49	8.99	5.11
1.1.3.2	空调、通风工程	3 087 679.13	74.22	17.59
1.1.3.2.1	通风设备	45 456.47	1.09	1.47
1.1.3.2.2	通风管道	2 382 850.52	57.27	77.17
1.1.3.2.3	通风管道部件	659 372.14	15.85	21.35
1.1.3.3	给排水工程	687 635.62	16.53	3.92
1.1.3.3.1	给排水管道	561 434.53	13.49	81.65
1.1.3.3.2	卫生器具	24 790.63	0.60	3.61
1.1.3.3.3	给排水设备	101 410.46	2.44	14.75
1.1.3.4	消防工程	3 656 134.16	87.88	20.83
1.1.3.4.1	水灭火系统	3 401 902.08	81.77	93.05
1.1.3.4.2	火灾自动报警系统	254 232.08	6.11	6.95
1.1.3.5	其他项	2 190 609.54	52.65	12.48

续表

编号	项目名称	金额（元）	单位指标（元/m²）	占比指标（%）
1.1.3.5.1	支架及套管（给排水、采暖、燃气管道）	1 029 410.63	24.74	46.99
1.1.3.5.2	管道附件（给排水、采暖、燃气管道）	327 717.85	7.88	14.96
1.1.3.5.3	刷油工程	91 876.94	2.21	4.19
1.1.3.5.4	绝热工程	707 266.80	17.00	32.29
1.1.3.5.5	自动化控制仪表	34 337.32	0.83	1.57
1.1.3.6	补充项	617 843.95	14.85	3.52
1.2	措施项目费	9 324 333.69	224.12	8.13
1.2.1	单价措施项目	7 322 047.25	175.99	78.53
1.2.1.1	脚手架	443 449.67	10.66	6.06
1.2.1.2	混凝土模板及支架（撑）	5 085 291.89	122.23	69.45
1.2.1.3	其他项	1 793 305.69	43.10	24.49
1.2.2	总价措施项目	2 002 286.44	48.13	21.47
2	规费	7 610 053.07	182.92	5.64
3	税金	11 145 816.11	267.90	8.26
4	设备、器具购置费	1 553 673.35	37.34	1.15

表3　主要工程量指标表

编号	工程量名称	数量	单位	单位指标
1	建筑工程			
1.1	土石方工程	399 671.45	m³	9.61 m³/m²
1.2	基础工程	20 430.12	m³	0.49 m³/m²
1.3	砌筑工程	1 395.31	m³	0.03 m³/m²
1.4	混凝土工程			
1.4.1	现浇混凝土	11 324.69	m³	0.27 m³/m²
1.4.2	预制混凝土	0.22	m³	<0.01 m³/m²
1.5	钢筋工程			

续表

编号	工程量名称	数量	单位	单位指标
1.5.1	普通钢筋	2 493 085.00	kg	59.92 kg/m²
1.5.2	预应力钢筋	1 197 890.00	kg	28.79 kg/m²
1.6	金属结构工程	2.32	t	<0.01 t/m²
1.7	屋面及防水工程			
1.7.1	防水工程	32 759.48	m²	0.79 m²/m²
1.8	保温、隔热及防腐工程			
1.8.1	保温、隔热工程	7 046.07	m²	0.17 m²/m²
1.8.2	防腐工程	2 030.35	m²	0.05 m²/m²
2	装饰工程			
2.1	门窗	383.45	m²	0.01 m²/m²
2.2	楼地面装饰	35 105.93	m²	0.84 m²/m²
2.3	墙柱面装饰	10 498.10	m²	0.25 m²/m²
2.4	油漆、涂料	47 980.35	m²	1.15 m²/m²
3	安装工程			
3.1	电气工程			
3.1.1	母线安装	654.31	m	0.02 m/m²
3.1.2	电缆安装	15 258.36	m	0.37 m/m²
3.1.3	配管、配线	172 979.37	m	4.16 m/m²
3.1.4	照明器具安装	2 290.00	套	0.06 套/m²
3.2	建筑智能化及通信工程	—	—	—
3.3	空调、通风工程			
3.3.1	通风设备及部件制作安装	6	台	<0.01 台/m²
3.3.2	通风管道制作安装	11 543.09	m²	0.28 m²/m²
3.3.3	通风管道部件制作安装	828	个	0.02 个/m²
3.4	消防工程			
3.4.1	水灭火系统			
3.4.1.1	消防管道	26 516.45	m	0.64 m/m²

续表

编号	工程量名称	数量	单位	单位指标
3.4.1.2	消防装置	56	组	<0.01 组/m²
3.4.1.3	消火栓、灭火器	245	套	0.01 套/m²
3.4.2	气体灭火系统	—	—	—
3.4.3	泡沫灭火系统	—	—	—
3.4.4	火灾自动报警系统	2 439.00	套	0.06 套/m²
3.5	给排水、采暖、燃气工程			
3.5.1	给排水管道	4 877.08	m	0.12 m/m²
3.5.2	支架及其他	51 131.17	kg	1.23 kg/m²
3.5.3	管道附件	26	组	<0.01 组/m²
3.5.4	设备	3	台	<0.01 台/m²
3.6	刷油、防腐蚀、绝热工程			
3.6.1	刷油工程	6 808.77	m²	0.16 m²/m²
3.6.2	绝热工程	7 098.40	m²	0.17 m²/m²

案例 65 山东省某地下车库

表1 工程概况及项目专业信息表

基本信息					
建设性质	新建	工程类型	办公建筑/其他	结构类型	框架结构
建设形式	全现浇	抗震等级	三级	开/竣工日期	—
计价方式	清单计价	造价阶段	投标报价	总建筑面积（m²）	18 472.30
地下建筑面积（m²）	18 472.30	装修标准	初装	人防面积（m²）	—
建筑物基底面积（m²）	—	屋面面积（m²）	—	檐高或房屋高度（m）	0
地上最高层数（层）	0	地下层数（层）	2	首层层高（m）	0
标准层层高（m）	0	顶层层高（m）	0	地下一层层高（m）	5.80
地下二层层高（m）	3.80	地下三层层高（m）	—	户数（户）	—
装修类别	初装	基坑支护面积（m²）	—	建设年限（年）	—
绿建标准	—	安全文明施工标准	达标	质量标准	合格
说明	(1) 本项目不包含电梯、建筑智能化及通信、空调、采暖、燃气工程。(2) 设备、器具购置费是设备费，给排水包括水箱、加压泵、污水泵，电气包括配电箱，消防包括探测器、控制器，通风包括通风机				
项目专业信息					
建筑工程	地基处理及土护降工程	土石方工程：挖一般土石方。地基处理方式：桩处理地基、其他。基坑支护形式：喷锚混凝土护坡、其他。降水方式：井点降水			
	基础工程	桩基础、满堂基础			

续表

建筑工程	主体工程	钢筋工程：高强钢筋、普通钢筋。混凝土主要强度：C15、C20、C25、C30、C35、C40、C45
	屋面工程	屋面形式：平屋面。屋面材料：其他
	防水工程	地下防水：卷材防水。屋面防水：卷材防水
	保温工程	外墙保温：挤塑聚苯板。内墙保温：挤塑聚苯板
装饰工程	门窗工程	门：塑钢门、钢筋混凝土单扇防护密闭门（人防门）。窗：金属百叶窗
	地面工程	细石混凝土
	墙面工程	涂料
	天棚工程	涂料
安装工程	电气工程	电气照明灯具：普通灯具。电气动力配管：钢管、JDG管。电缆：普通电缆
	电梯工程	—
	建筑智能化及通信工程	—
	空调工程	—
	通风工程	防排烟系统
	给排水工程	冷水管：钢管、复合管。中水管：塑料管、复合管。污废水管道：铸铁管、钢管
	采暖工程	—
	燃气工程	—
	消防工程	水灭火系统：水喷淋系统

表2 工程经济指标表

编号	项目名称	金额（元）	单位指标（元/m²）	占比指标（%）
1	单项工程（分部分项+措施项目）	85 300 210.28	4 617.74	84.01
1.1	分部分项费	78 674 761.71	4 259.07	92.23
1.1.1	建筑工程	61 535 950.61	3 331.26	78.22
1.1.1.1	土石方工程	8 342 740.71	451.64	13.56
1.1.1.2	地基处理工程	4 217 369.01	228.31	6.85
1.1.1.3	基坑与边坡支护	2 874 602.79	155.62	4.67
1.1.1.4	基础工程	16 407 591.54	888.23	26.66
1.1.1.5	砌筑工程	707 723.98	38.31	1.15
1.1.1.6	混凝土工程	6 174 736.04	334.27	10.03
1.1.1.6.1	现浇混凝土	6 153 603.12	333.13	99.66
1.1.1.6.2	预制混凝土	21 132.92	1.14	0.34
1.1.1.7	钢筋工程	15 276 723.38	827.01	24.83
1.1.1.7.1	普通钢筋	9 354 988.65	506.43	61.24
1.1.1.7.2	预应力钢筋	5 457 750.68	295.46	35.73
1.1.1.7.3	其他项	463 984.05	25.12	3.04
1.1.1.8	金属结构工程	19 096.35	1.03	0.03
1.1.1.9	屋面及防水工程	3 434 721.06	185.94	5.58
1.1.1.9.1	屋面防水	1 312 345.89	71.04	38.21
1.1.1.9.2	墙面、楼（地）面防水	2 122 375.17	114.90	61.79
1.1.1.10	保温、隔热及防腐工程	307 121.31	16.63	0.50
1.1.1.10.1	保温、隔热工程	120 309.73	6.51	39.17
1.1.1.10.2	防腐工程	186 811.58	10.11	60.83
1.1.1.11	其他项、补充项	3 773 524.44	204.28	6.13
1.1.2	装饰工程	7 527 051.06	407.48	9.57
1.1.2.1	门窗	1 197 635.90	64.83	15.91

续表

编号	项目名称	金额（元）	单位指标（元/m²）	占比指标（%）
1.1.2.2	楼地面装饰	4 886 236.71	264.52	64.92
1.1.2.3	墙柱面装饰	520 100.21	28.16	6.91
1.1.2.4	油漆、涂料	885 495.24	47.94	11.76
1.1.2.5	其他内装饰	37 583.00	2.03	0.50
1.1.3	安装工程	9 611 760.04	520.33	12.22
1.1.3.1	电气工程	2 742 347.42	148.46	28.53
1.1.3.1.1	母线安装	15 872.81	0.86	0.58
1.1.3.1.2	控制设备及低压电器安装	73 208.75	3.96	2.67
1.1.3.1.3	电机检查接线及调试	12 382.26	0.67	0.45
1.1.3.1.4	电缆安装	562 726.01	30.46	20.52
1.1.3.1.5	防雷及接地装置	49 860.15	2.70	1.82
1.1.3.1.6	配管、配线	1 553 098.76	84.08	56.63
1.1.3.1.7	照明器具安装	206 717.41	11.19	7.54
1.1.3.1.8	附属工程	268 481.27	14.53	9.79
1.1.3.2	空调、通风工程	1 986 118.32	107.52	20.66
1.1.3.2.1	通风设备	52 645.86	2.85	2.65
1.1.3.2.2	通风管道	1 470 272.73	79.59	74.03
1.1.3.2.3	通风管道部件	463 199.73	25.08	23.32
1.1.3.3	给排水工程	401 893.73	21.76	4.18
1.1.3.3.1	给排水管道	241 858.27	13.09	60.18
1.1.3.3.2	给排水设备	160 035.46	8.66	39.82
1.1.3.4	消防工程	2 808 804.65	152.05	29.22
1.1.3.4.1	水灭火系统	2 592 886.46	140.37	92.31
1.1.3.4.2	火灾自动报警系统	215 918.19	11.69	7.69
1.1.3.5	其他项	1 406 861.26	76.16	14.64
1.1.3.5.1	支架及套管（给排水、采暖、燃气管道）	692 779.77	37.50	49.24

续表

编号	项目名称	金额（元）	单位指标（元/m²）	占比指标（%）
1.1.3.5.2	管道附件（给排水、采暖、燃气管道）	192 977.98	10.45	13.72
1.1.3.5.3	刷油工程	70 523.30	3.82	5.01
1.1.3.5.4	绝热工程	448 776.61	24.29	31.90
1.1.3.5.5	自动化控制仪表	1 803.60	0.10	0.13
1.1.3.6	补充项	265 734.66	14.39	2.76
1.2	措施项目费	6 625 448.57	358.67	7.77
1.2.1	单价措施项目	5 173 034.48	280.04	78.08
1.2.1.1	脚手架	317 357.06	17.18	6.13
1.2.1.2	混凝土模板及支架（撑）	3 614 094.52	195.65	69.86
1.2.1.3	其他项	1 241 582.90	67.21	24.00
1.2.2	总价措施项目	1 452 414.09	78.63	21.92
2	其他项目费	655 478.88	35.48	0.65
2.1	暂列金额	655 478.88	35.48	100.00
3	规费	5 636 901.51	305.15	5.55
4	税金	8 383 721.80	453.85	8.26
5	设备、器具购置费	1 559 873.69	84.44	1.54

表3 主要工程量指标表

编号	工程量名称	数量	单位	单位指标
1	建筑工程			
1.1	土石方工程	244 304.39	m³	13.23 m³/m²
1.2	基础工程	14 706.15	m³	0.80 m³/m²
1.3	砌筑工程	951.95	m³	0.05 m³/m²
1.4	混凝土工程			
1.4.1	现浇混凝土	24 985.10	m³	1.35 m³/m²
1.4.2	预制混凝土	0.46	m³	<0.01 m³/m²

续表

编号	工程量名称	数量	单位	单位指标
1.5	钢筋工程			
1.5.1	普通钢筋	2 293 101.91	kg	124.14 kg/m²
1.5.2	预应力钢筋	891 903.00	kg	48.28 kg/m²
1.6	金属结构工程	0.15	t	<0.01 t/m²
1.7	屋面及防水工程			
1.7.1	防水工程	29 028.57	m²	1.57 m²/m²
1.8	保温、隔热及防腐工程			
1.8.1	保温、隔热工程	4 900.60	m²	0.27 m²/m²
1.8.2	防腐工程	3 683.92	m²	0.20 m²/m²
2	装饰工程			
2.1	门窗	137.42	m²	0.01 m²/m²
2.2	楼地面装饰	32 064.70	m²	1.74 m²/m²
2.3	墙柱面装饰	16 027.73	m²	0.87 m²/m²
2.4	油漆、涂料	37 088.60	m²	2.01 m²/m²
3	安装工程			
3.1	电气工程			
3.1.1	电缆安装	5 274.25	m	0.29 m/m²
3.1.2	配管、配线	107 638.29	m	5.83 m/m²
3.1.3	照明器具安装	1 996.00	套	0.11 套/m²
3.2	建筑智能化及通信工程	—	—	—
3.3	空调、通风工程			
3.3.1	通风管道制作安装	7 532.86	m²	0.41 m²/m²
3.3.2	通风管道部件制作安装	668	个	0.04 个/m²
3.4	消防工程			
3.4.1	水灭火系统			
3.4.1.1	消防管道	19 884.31	m	1.08 m/m²
3.4.1.2	消防装置	32	组	<0.01 组/m²

续表

编号	工程量名称	数量	单位	单位指标
3.4.1.3	消火栓、灭火器	648	套	0.04 套/m²
3.4.2	气体灭火系统	—	—	—
3.4.3	泡沫灭火系统	—	—	—
3.4.4	火灾自动报警系统	2 171.00	套	0.12 套/m²
3.5	给排水、采暖、燃气工程			
3.5.1	给排水管道	2 586.00	m	0.14 m/m²
3.5.2	支架及其他	33 031.73	kg	1.79 kg/m²
3.5.3	设备	9	台	<0.01 台/m²
3.6	刷油、防腐蚀、绝热工程			
3.6.1	刷油工程	5 277.56	m²	0.29 m²/m²
3.6.2	绝热工程	7 088.80	m²	0.38 m²/m²

案例 66　重庆市某办公楼

表1　工程概况及项目专业信息表

基本信息					
建设性质	新建	工程类型	办公建筑/行政办公楼	结构类型	框架剪力墙结构
建设形式	全现浇	抗震等级	三级	开/竣工日期	—
计价方式	清单计价	造价阶段	招标控制价	总建筑面积（m²）	34 533.46
地下建筑面积（m²）	9 798.32	装修标准	初装	人防面积（m²）	—
建筑物基底面积（m²）	4 937.36	屋面面积（m²）	1 612.86	檐高或房屋高度（m）	55.80
地上最高层数（层）	14	地下层数（层）	2	首层层高（m）	4.50
标准层层高（m）	3.90	顶层层高（m）	3.90	地下一层层高（m）	5.70
地下二层层高（m）	3.90	地下三层层高（m）	—	户数（户）	—
装修类别	初装	基坑支护面积（m²）	2 056.83	建设年限（年）	—
绿建标准	其他	安全文明施工标准	达标	质量标准	合格
说明	本项目无电梯				
项目专业信息					
建筑工程	地基处理及土护降工程	土石方工程：挖基坑土石方。地基处理方式：其他。基坑支护形式：喷锚混凝土护坡、其他			
	基础工程	桩基础、满堂基础、其他			
	主体工程	钢筋工程：普通钢筋。混凝土主要强度：C15、C20、C25、C30、C35、C40、C45			

续表

建筑工程	屋面工程	屋面形式：平屋面。屋面材料：混凝土
	防水工程	地下防水：涂膜防水。屋面防水：卷材防水
	保温工程	外墙保温：改性发泡保温板。屋面保温：挤塑聚苯板
装饰工程	门窗工程	门：钢制防火门、防火卷帘门、防盗门
	地面工程	车库：40 mm 厚 C20 细石混凝土，内配 $\phi6@150$ 钢筋网片。办公区：30 mm 厚 C20 细石混凝土
	墙面工程	水泥砂浆抹灰
	天棚工程	楼梯间天棚抹灰，其余天棚无做法
	外立面形式	—
安装工程	电气工程	电气照明灯具：普通灯具、装饰灯具。电气动力配管：钢管、塑料管、钢管、JDG 管。母线槽：有。电缆：普通电缆、矿物电缆。电气设备：应急发电
	电梯工程	—
	建筑智能化及通信工程	—
	空调工程	管道：普通钢板风管、柔性软风管。集中/半集中式系统类型：其他、风+水形式。局部式空调类型：分体式空调。冷热源形式：其他。设备：其他。风机盘管：四管制
	通风工程	防排烟系统
	给排水工程	给水设备：稳压给水设备。污废水管道：塑料管、铸铁管、钢管。直饮水系统类型：直饮水机
	采暖工程	—
	燃气工程	—
	消防工程	水灭火系统：水喷淋系统。气体灭火系统：无管网灭火系统。火灾自动报警系统：有

表2 工程经济指标表

编号	项目名称	金额（元）	单位指标（元/m²）	占比指标（%）
1	单项工程（分部分项+措施项目）	86 857 142.31	2 515.16	87.57
1.1	分部分项费	72 318 129.95	2 094.15	83.26
1.1.1	建筑工程	56 153 199.32	1 626.05	77.65
1.1.1.1	土石方工程	10 726 663.17	310.62	19.10
1.1.1.2	基坑与边坡支护	2 545 056.81	73.70	4.53
1.1.1.3	基础工程	9 073 268.17	262.74	16.16
1.1.1.4	砌筑工程	2 423 348.17	70.17	4.32
1.1.1.5	混凝土工程	7 269 817.86	210.52	12.95
1.1.1.5.1	现浇混凝土	7 240 748.55	209.67	99.60
1.1.1.5.2	预制混凝土	29 069.31	0.84	0.40
1.1.1.6	钢筋工程	17 747 620.50	513.93	31.61
1.1.1.6.1	普通钢筋	13 515 766.92	391.38	76.16
1.1.1.6.2	预应力钢筋	2 905 421.91	84.13	16.37
1.1.1.6.3	其他项	1 326 431.67	38.41	7.47
1.1.1.7	金属结构工程	263 058.40	7.62	0.47
1.1.1.8	屋面及防水工程	1 371 502.64	39.72	2.44
1.1.1.8.1	屋面防水	1 123 407.22	32.53	81.91
1.1.1.8.2	墙面、楼（地）面防水	248 095.42	7.18	18.09
1.1.1.9	保温、隔热及防腐工程	1 390 117.27	40.25	2.48
1.1.1.9.1	保温、隔热工程	1 351 868.67	39.15	97.25
1.1.1.9.2	防腐工程	38 248.60	1.11	2.75
1.1.1.10	其他项、补充项	3 342 746.33	96.80	5.95
1.1.2	装饰工程	3 757 626.30	108.81	5.20
1.1.2.1	门窗	446 305.44	12.92	11.88
1.1.2.2	楼地面装饰	1 013 591.35	29.35	26.97

续表

编号	项目名称	金额（元）	单位指标（元/m²）	占比指标（%）
1.1.2.3	墙柱面装饰	1 922 918.70	55.68	51.17
1.1.2.4	天棚装饰	17 683.36	0.51	0.47
1.1.2.5	其他内装饰	357 127.45	10.34	9.50
1.1.3	安装工程	12 407 304.33	359.28	17.16
1.1.3.1	电气工程	4 174 542.98	120.88	33.65
1.1.3.1.1	母线安装	1 006 379.64	29.14	24.11
1.1.3.1.2	控制设备及低压电器安装	845 469.39	24.48	20.25
1.1.3.1.3	电机检查接线及调试	22 221.26	0.64	0.53
1.1.3.1.4	电缆安装	833 987.80	24.15	19.98
1.1.3.1.5	防雷及接地装置	105 842.70	3.06	2.54
1.1.3.1.6	配管、配线	1 019 917.15	29.53	24.43
1.1.3.1.7	照明器具安装	187 466.61	5.43	4.49
1.1.3.1.8	附属工程	125 731.41	3.64	3.01
1.1.3.1.9	电气调整试验	27 527.02	0.80	0.66
1.1.3.2	建筑智能化及通信工程	44 498.60	1.29	0.36
1.1.3.2.1	综合布线系统工程	4 270.00	0.12	9.60
1.1.3.2.2	建筑设备自动化系统工程	31 801.06	0.92	71.47
1.1.3.2.3	安全防范系统工程	8 427.54	0.24	18.94
1.1.3.3	空调、通风工程	1 053 360.21	30.50	8.49
1.1.3.3.1	空调设备	6 175.08	0.18	0.59
1.1.3.3.2	通风设备	197 655.63	5.72	18.76
1.1.3.3.3	通风管道	652 741.08	18.90	61.97
1.1.3.3.4	通风管道部件	196 788.42	5.70	18.68
1.1.3.4	给排水工程	1 389 020.47	40.22	11.20
1.1.3.4.1	给排水管道	277 158.99	8.03	19.95
1.1.3.4.2	卫生器具	4 062.94	0.12	0.29

续表

编号	项目名称	金额（元）	单位指标（元/m²）	占比指标（%）
1.1.3.4.3	给排水设备	1 107 798.54	32.08	79.75
1.1.3.5	消防工程	3 737 025.56	108.21	30.12
1.1.3.5.1	水灭火系统	3 251 485.04	94.15	87.01
1.1.3.5.2	泡沫灭火系统	93 123.15	2.70	2.49
1.1.3.5.3	火灾自动报警系统	392 417.37	11.36	10.50
1.1.3.6	其他项	1 582 433.17	45.82	12.75
1.1.3.6.1	支架及套管（给排水、采暖、燃气管道）	328 072.37	9.50	20.73
1.1.3.6.2	管道附件（给排水、采暖、燃气管道）	744 737.29	21.57	47.06
1.1.3.6.3	刷油工程	82 582.69	2.39	5.22
1.1.3.6.4	绝热工程	162 430.86	4.70	10.26
1.1.3.6.5	自动化控制仪表	7 619.05	0.22	0.48
1.1.3.6.6	其他机械设备安装	256 990.91	7.44	16.24
1.1.3.7	补充项	426 423.34	12.35	3.44
1.2	措施项目费	14 539 012.36	421.01	16.74
1.2.1	单价措施项目	9 969 784.92	288.70	68.57
1.2.1.1	脚手架	1 824 500.61	52.83	18.30
1.2.1.2	混凝土模板及支架（撑）	5 779 624.37	167.36	57.97
1.2.1.3	其他项	2 365 659.94	68.50	23.73
1.2.2	总价措施项目	4 569 227.44	132.31	31.43
2	其他项目费	700 000.00	20.27	0.71
2.1	暂列金额	700 000.00	20.27	100.00
3	规费	2 549 937.75	73.84	2.57
4	税金	9 082 793.70	263.01	9.16

表3 主要工程量指标表

编号	工程量名称	数量	单位	单位指标
1	建筑工程			
1.1	土石方工程	1 344 731.09	m³	38.94 m³/m²
1.2	基础工程	11 384.75	m³	0.33 m³/m²
1.3	砌筑工程	4 519.72	m³	0.13 m³/m²
1.4	混凝土工程			
1.4.1	现浇混凝土	12 881.48	m³	0.37 m³/m²
1.4.2	预制混凝土	33.38	m³	<0.01 m³/m²
1.5	钢筋工程			
1.5.1	普通钢筋	2 503 016.00	kg	72.48 kg/m²
1.5.2	预应力钢筋	540 224.00	kg	15.64 kg/m²
1.6	金属结构工程	0.65	t	<0.01 t/m²
1.7	屋面及防水工程			
1.7.1	防水工程	23 862.99	m²	0.69 m²/m²
1.8	保温、隔热及防腐工程			
1.8.1	保温、隔热工程	21 845.19	m²	0.63 m²/m²
1.8.2	防腐工程	3 355.14	m²	0.10 m²/m²
2	装饰工程			
2.1	门窗	809.16	m²	0.02 m²/m²
2.2	楼地面装饰	40 848.33	m²	1.18 m²/m²
2.3	墙柱面装饰	61 555.24	m²	1.78 m²/m²
2.4	天棚装饰	850.98	m²	0.02 m²/m²
3	安装工程			
3.1	电气工程			
3.1.1	母线安装	283.05	m	0.01 m/m²
3.1.2	电缆安装	8 332.90	m	0.24 m/m²
3.1.3	配管、配线	86 942.97	m	2.52 m/m²

续表

编号	工程量名称	数量	单位	单位指标
3.1.4	照明器具安装	1 847.00	套	0.05 套/m²
3.2	建筑智能化及通信工程			
3.2.1	安全防范系统工程	73	套	<0.01 套/m²
3.3	空调、通风工程			
3.3.1	通风设备及部件制作安装	1	台	<0.01 台/m²
3.3.2	通风管道制作安装	3 561.05	m²	0.10 m²/m²
3.3.3	通风管道部件制作安装	441	个	0.01 个/m²
3.4	消防工程			
3.4.1	水灭火系统			
3.4.1.1	消防管道	21 609.58	m	0.63 m/m²
3.4.1.2	消防装置	11	组	<0.01 组/m²
3.4.1.3	消火栓、灭火器	581	套	0.02 套/m²
3.4.2	气体灭火系统			
3.4.2.1	消防装置	6	套	<0.01 套/m²
3.4.3	火灾自动报警系统	2 024.00	套	0.06 套/m²
3.5	给排水、采暖、燃气工程			
3.5.1	给排水管道	2 973.47	m	0.09 m/m²
3.5.2	支架及其他	728.89	kg	0.02 kg/m²
3.5.3	管道附件	37	组	<0.01 组/m²
3.5.4	设备	2	台	<0.01 台/m²
3.6	刷油、防腐蚀、绝热工程			
3.6.1	刷油工程	3 613.86	m²	0.10 m²/m²
3.6.2	绝热工程	76.69	m²	<0.01 m²/m²

教育建筑

案例 67　浙江省某中学教学楼

表 1　工程概况及项目专业信息表

基本信息					
建设性质	新建	工程类型	教育建筑/教学楼	结构类型	框架结构
建设形式	全现浇	抗震等级	三级	开/竣工日期	—
计价方式	清单计价	造价阶段	投资估算	总建筑面积（m²）	10 891.46
地下建筑面积（m²）	2 897.46	装修标准	初装	人防面积（m²）	1 864.52
建筑物基底面积（m²）	—	屋面面积（m²）	—	檐高或房屋高度（m）	15.30
地上最高层数（层）	4	地下层数（层）	1	首层层高（m）	4.50
标准层层高（m）	3.90	顶层层高（m）	3.00	地下一层层高（m）	4.00
地下二层层高（m）	—	地下三层层高（m）	—	户数（户）	—
装修类别	初装	基坑支护面积（m²）	—	建设年限（年）	—
绿建标准	—	安全文明施工标准	达标	质量标准	合格
说明	—				
项目专业信息					
建筑工程	地基处理及土护降工程	土石方工程：挖一般土石方、挖沟槽土石方、挖基坑土石方。地基处理方式：其他			

续表

建筑工程	基础工程	桩基础、其他
	主体工程	钢筋工程：普通钢筋、高强钢筋
	屋面工程	屋面形式：平屋面。屋面材料：混凝土
	防水工程	地下防水：卷材防水、涂膜防水、刚性防水。室内防水：涂膜防水。屋面防水：卷材防水、涂膜防水、刚性防水
	保温工程	外墙保温：无机轻集料保温板。屋面保温：挤塑聚苯板
装饰工程	门窗工程	门：木门、塑钢门、铝合金门。窗：塑钢窗、断桥铝窗
	地面工程	水泥砂浆、细石混凝土、石材
	墙面工程	涂料
	天棚工程	涂料
	外立面形式	真石漆
安装工程	电气工程	电气照明灯具：普通灯具、装饰灯具。电气动力配管：钢管。母线槽：有。电缆：普通电缆、矿物电缆。电气设备：其他
	电梯工程	电梯种类：进口货梯
	建筑智能化及通信工程	地上地下弱电预埋管及桥架
	空调工程	管道：镀锌钢板风管、复合型风管、柔性软风管。局部式空调类型：分体式空调。设备：空调机组、新风机组、热回收机组
	通风工程	—
	给排水工程	冷水管：塑料管。热水管：复合管。卫生器具：有。给水设备：变频给水设备、稳压给水设备。污废水管道：塑料管、钢管、复合管
	采暖工程	—
	燃气工程	—
	消防工程	水灭火系统：水喷淋系统

表2 工程经济指标表

编号	项目名称	金额（元）	单位指标（元/m²）	占比指标（%）
1	单项工程	45 267 887.43	4 156.27	100.00
1.1	分部分项费	33 281 131.07	3 055.71	73.52
1.1.1	建筑工程	22 703 904.66	2 084.56	68.22
1.1.1.1	土石方工程	2 078 936.16	190.88	9.16
1.1.1.2	地基处理工程	1 075 222.11	98.72	4.74
1.1.1.3	基坑与边坡支护	1 044 547.01	95.91	4.60
1.1.1.4	基础工程	8 418 065.90	772.91	37.08
1.1.1.5	砌筑工程	864 618.14	79.38	3.81
1.1.1.6	钢筋工程	6 938 919.81	637.10	30.56
1.1.1.6.1	普通钢筋	5 253 662.41	482.37	75.71
1.1.1.6.2	预应力钢筋	1 604 763.68	147.34	23.13
1.1.1.6.3	其他项	80 493.72	7.39	1.16
1.1.1.7	金属结构工程	22 172.78	2.04	0.10
1.1.1.8	屋面及防水工程	1 629 310.84	149.60	7.18
1.1.1.8.1	屋面防水	1 044 159.01	95.87	64.09
1.1.1.8.2	墙面、楼（地）面防水	585 151.83	53.73	35.91
1.1.1.9	保温、隔热及防腐工程	632 111.91	58.04	2.78
1.1.1.9.1	保温、隔热工程	632 111.91	58.04	100.00
1.1.2	装饰工程	5 433 403.36	498.87	16.33
1.1.2.1	门窗	1 700 888.37	156.17	31.30
1.1.2.2	楼地面装饰	1 141 857.87	104.84	21.02
1.1.2.3	墙柱面装饰	866 635.71	79.57	15.95
1.1.2.4	天棚装饰	159 573.65	14.65	2.94
1.1.2.5	油漆、涂料	729 922.48	67.02	13.43
1.1.2.6	其他内装饰	834 525.28	76.62	15.36

续表

编号	项目名称	金额（元）	单位指标（元/m²）	占比指标（%）
1.1.3	安装工程	5 143 823.05	472.28	15.46
1.1.3.1	电气工程	2 075 004.67	190.52	40.34
1.1.3.1.1	控制设备及低压电器安装	274 204.21	25.18	13.21
1.1.3.1.2	电缆安装	574 722.13	52.77	27.70
1.1.3.1.3	防雷及接地装置	51 854.05	4.76	2.50
1.1.3.1.4	配管、配线	850 198.04	78.06	40.97
1.1.3.1.5	照明器具安装	295 193.80	27.10	14.23
1.1.3.1.6	附属工程	19 582.08	1.80	0.94
1.1.3.1.7	电气调整试验	9 250.36	0.85	0.45
1.1.3.2	建筑智能化及通信工程	140 489.71	12.90	2.73
1.1.3.2.1	综合布线系统工程	9 159.26	0.84	6.52
1.1.3.2.2	建筑设备自动化系统工程	131 330.45	12.06	93.48
1.1.3.3	空调、通风工程	1 029 874.56	94.56	20.02
1.1.3.3.1	空调设备	485 108.82	44.54	47.10
1.1.3.3.2	通风设备	38 806.27	3.56	3.77
1.1.3.3.3	通风管道	320 960.70	29.47	31.17
1.1.3.3.4	通风管道部件	184 998.77	16.99	17.96
1.1.3.4	给排水工程	1 113 522.48	102.24	21.65
1.1.3.4.1	给排水管道	693 608.77	63.68	62.29
1.1.3.4.2	支架	132 979.88	12.21	11.94
1.1.3.4.3	管道附件	2 172.56	0.20	0.20
1.1.3.4.4	给排水器具、设备	284 761.27	26.15	25.57
1.1.3.5	消防工程	634 931.63	58.30	12.34
1.1.3.5.1	水灭火系统	407 565.11	37.42	64.19
1.1.3.5.2	火灾自动报警系统	227 366.52	20.88	35.81
1.1.3.6	电梯工程	150 000.00	13.77	2.92

续表

编号	项目名称	金额（元）	单位指标（元/m²）	占比指标（%）
1.2	措施项目费	4 309 586.01	395.68	9.52
1.2.1	单价措施项目	3 185 371.57	292.47	73.91
1.2.1.1	脚手架	412 384.10	37.86	12.95
1.2.1.2	混凝土模板及支架（撑）	1 964 070.30	180.33	61.66
1.2.1.3	其他项	808 917.17	74.27	25.39
1.2.2	总价措施项目	1 124 214.44	103.22	26.09
1.3	其他项目费	238 071.04	21.86	0.53
1.3.1	其他项、补充项	238 071.04	21.86	100.00
1.4	规费	2 785 498.87	255.75	6.15
1.5	税金	4 653 600.44	427.27	10.28

表3 主要工程量指标表

编号	工程量名称	数量	单位	单位指标
1	建筑工程			
1.1	土石方工程	65 558.19	m³	6.02 m³/m²
1.2	地基处理工程、基坑与边坡支护	8 208.46	m³	0.75 m³/m²
1.3	桩基工程	9 097.65	m³	0.84 m³/m²
1.4	砌筑工程	2 036.38	m³	0.19 m³/m²
1.5	混凝土工程			
1.5.1	现浇混凝土	5 371.13	m³	0.49 m³/m²
1.6	钢筋工程	1 457 656.00	kg	133.83 kg/m²
1.7	金属结构工程	30	kg	<0.01 kg/m²
1.8	屋面及防水工程	35 162.97	m²	3.23 m²/m²
1.9	保温、隔热及防腐工程	13 240.17	m²	1.22 m²/m²
2	装饰工程			
2.1	门窗	3 182.53	m²	0.29 m²/m²

续表

编号	工程量名称	数量	单位	单位指标
2.2	楼地面装饰	11 257.16	m²	1.03 m²/m²
2.3	墙柱面装饰	22 123.82	m²	2.03 m²/m²
2.4	天棚装饰	4 000.68	m²	0.37 m²/m²
2.5	油漆、涂料	21 694.21	m²	1.99 m²/m²
2.6	其他内装饰	1 725.38	m²	0.16 m²/m²
3	安装工程			
3.1	电气工程			
3.1.1	控制设备及低压电器安装	349	套	0.03 套/m²
3.1.2	电缆安装	9 913.00	m	0.91 m/m²
3.1.3	防雷及接地装置	3 704.00	套	0.34 套/m²
3.1.4	配管、配线	62 736.70	m	5.76 m/m²
3.1.5	照明器具安装	1 578.00	套	0.14 套/m²
3.1.6	附属工程	1 128.00	个	0.10 个/m²
3.2	建筑智能化及通信工程			
3.2.1	综合布线系统工程	2 029.20	套	0.19 套/m²
3.2.2	建筑设备自动化系统工程	367	套	0.03 套/m²
3.3	空调、通风工程			
3.3.1	通风设备及部件制作安装	165	台	0.02 台/m²
3.3.2	通风管道制作安装	2 020.53	m²	0.19 m²/m²
3.3.3	通风管道部件制作安装	452.61	个	0.04 个/m²
3.4	消防工程			
3.4.1	水灭火系统	5 107.00	套	0.47 套/m²
3.4.2	火灾自动报警系统	883	套	0.08 套/m²
3.5	给排水、采暖、燃气管道			
3.5.1	给排水、采暖、燃气管道	9 141.95	m	0.84 m/m²
3.5.2	支架及其他	4 929.54	kg	0.45 kg/m²
3.5.3	管道附件	480	组	0.04 组/m²

续表

编号	工程量名称	数量	单位	单位指标
3.5.4	卫生器具	56	套	0.01 套/m²
3.5.5	给排水、采暖、燃气设备	23	台	<0.01 台/m²
3.6	刷油、防腐蚀、绝热工程			
3.6.1	刷油工程	8 109.62	m²	0.74 m²/m²
3.6.2	绝热工程	716.33	m²	0.07 m²/m²
3.7	机械设备安装工程			
3.7.1	电梯安装	1	部	<0.01 部/m²
4	措施项目费			
4.1	脚手架工程	21 478.20	m²	1.97 m²/m²
4.2	混凝土模板及支架（撑）	33 170.59	m²	3.05 m²/m²
4.3	垂直运输	10 889.46	m²	1.00 m²/m²

案例 68 河南省某大学实验楼

表 1 工程概况及项目专业信息表

基本信息					
建设性质	新建	工程类型	教育建筑/其他	结构类型	框架剪力墙结构
建设形式	全现浇	抗震等级	一级	开/竣工日期	—
计价方式	清单计价	造价阶段	招标控制价	总建筑面积（m²）	38 349.25
地下建筑面积（m²）	3 147.36	装修标准	精装	人防面积（m²）	—
建筑物基底面积（m²）	—	屋面面积（m²）	—	檐高或房屋高度（m）	50.40
地上最高层数（层）	11	地下层数（层）	1	首层层高（m）	6.60
标准层层高（m）	3.60	顶层层高（m）	3.60	地下一层层高（m）	5.10
地下二层层高（m）	—	地下三层层高（m）	—	户数（户）	—
装修类别	精装	基坑支护面积（m²）	—	建设年限（年）	—
绿建标准	—	安全文明施工标准	达标	质量标准	合格
说明	外立面为玻璃幕墙和石材，内装为精装；由于地基处理没有方案，按暂估价计入；基础为独立基础				
项目专业信息					
建筑工程	地基处理及土护降工程	土石方工程：挖一般土石方。地基处理方式：其他。基坑支护形式：其他			
	基础工程	其他			
	主体工程	钢筋工程：高强钢筋、普通钢筋。混凝土主要强度：C15、C20、C25、C30、C35、C40			

建筑工程	屋面工程	屋面形式：平屋面。屋面材料：混凝土
	防水工程	屋面防水：卷材防水
	保温工程	外墙保温：挤塑聚苯板。内墙保温：挤塑聚苯板。屋面保温：挤塑聚苯板
装饰工程	门窗工程	门：塑钢门、铝合金门。窗：断桥铝窗、铝合金窗
	地面工程	水泥砂浆
	墙面工程	石材
	天棚工程	铝合金吊顶
	外立面形式	玻璃幕墙
安装工程	电气工程	电气照明灯具：装饰灯具、障碍照明。电气动力配管：钢管。电缆：矿物电缆
	电梯工程	—
	建筑智能化及通信工程	计算机网络系统、闭路监控系统、可视对讲系统
	空调工程	集中/半集中式系统类型：风+水形式、全空气形式
	通风工程	—
	给排水工程	冷水管：钢管。热水管：复合管。污废水管道：铸铁管
	采暖工程	—
	燃气工程	—
	消防工程	—

表2　工程经济指标表

编号	项目名称	金额（元）	单位指标（元/m²）	占比指标（%）
1	单项工程（分部分项+措施项目）	78 405 985.20	2 044.52	87.61
1.1	分部分项费	71 189 394.91	1 856.34	90.80

续表

编号	项目名称	金额（元）	单位指标（元/m²）	占比指标（%）
1.1.1	建筑工程	37 636 607.56	981.42	52.87
1.1.1.1	土石方工程	1 077 692.94	28.10	2.86
1.1.1.2	地基处理工程	140 105.53	3.65	0.37
1.1.1.3	基础工程	2 520 147.09	65.72	6.70
1.1.1.4	砌筑工程	1 910 506.89	49.82	5.08
1.1.1.5	混凝土工程	12 534 670.65	326.86	33.30
1.1.1.5.1	现浇混凝土	12 532 423.26	326.80	99.98
1.1.1.5.2	预制混凝土	2 247.39	0.06	0.02
1.1.1.6	钢筋工程	13 822 825.61	360.45	36.73
1.1.1.6.1	普通钢筋	13 402 473.14	349.48	96.96
1.1.1.6.2	其他项	420 352.47	10.96	3.04
1.1.1.7	金属结构工程	126 831.91	3.31	0.34
1.1.1.8	屋面及防水工程	2 536 467.68	66.14	6.74
1.1.1.8.1	屋面防水	1 481 158.65	38.62	58.39
1.1.1.8.2	墙面、楼（地）面防水	1 055 309.03	27.52	41.61
1.1.1.9	保温、隔热及防腐工程	2 783 059.26	72.57	7.39
1.1.1.9.1	保温、隔热工程	2 783 059.26	72.57	100.00
1.1.1.10	其他项、补充项	184 300.00	4.81	0.49
1.1.2	装饰工程	19 077 714.08	497.47	26.80
1.1.2.1	门窗	3 461 305.05	90.26	18.14
1.1.2.2	楼地面装饰	3 697 523.30	96.42	19.38
1.1.2.3	墙柱面装饰	7 517 921.71	196.04	39.41
1.1.2.4	天棚装饰	1 118 722.61	29.17	5.86
1.1.2.5	油漆、涂料	1 175 774.18	30.66	6.16
1.1.2.6	幕墙	1 710 862.17	44.61	8.97
1.1.2.7	隔断	92 238.93	2.41	0.48

续表

编号	项目名称	金额（元）	单位指标（元/m²）	占比指标（%）
1.1.2.8	其他内装饰	303 366.13	7.91	1.59
1.1.3	安装工程	14 475 073.27	377.45	20.33
1.1.3.1	电气工程	5 352 700.14	139.58	36.98
1.1.3.1.1	配电装置安装	9 872.99	0.26	0.18
1.1.3.1.2	母线安装	44 948.17	1.17	0.84
1.1.3.1.3	控制设备及低压电器安装	903 571.92	23.56	16.88
1.1.3.1.4	蓄电池安装	1 248.90	0.03	0.02
1.1.3.1.5	电缆安装	1 356 613.68	35.38	25.34
1.1.3.1.6	防雷及接地装置	99 828.87	2.60	1.87
1.1.3.1.7	配管、配线	2 407 100.15	62.77	44.97
1.1.3.1.8	照明器具安装	429 536.80	11.20	8.02
1.1.3.1.9	附属工程	97 938.17	2.55	1.83
1.1.3.1.10	电气调整试验	2 040.49	0.05	0.04
1.1.3.2	建筑智能化及通信工程	3 863.70	0.10	0.03
1.1.3.2.1	安全防范系统工程	3 863.70	0.10	100.00
1.1.3.3	空调、通风工程	3 062 280.87	79.85	21.16
1.1.3.3.1	空调设备	955 100.92	24.91	31.19
1.1.3.3.2	通风设备	412 191.66	10.75	13.46
1.1.3.3.3	通风管道	873 678.58	22.78	28.53
1.1.3.3.4	通风管道部件	821 309.71	21.42	26.82
1.1.3.4	给排水工程	1 036 956.95	27.04	7.16
1.1.3.4.1	给排水管道	589 492.43	15.37	56.85
1.1.3.4.2	卫生器具	161 354.47	4.21	15.56
1.1.3.4.3	给排水设备	286 110.05	7.46	27.59
1.1.3.5	消防工程	2 990 946.01	77.99	20.66
1.1.3.5.1	水灭火系统	1 565 790.25	40.83	52.35

续表

编号	项目名称	金额（元）	单位指标（元/m²）	占比指标（%）
1.1.3.5.2	气体灭火系统	478 127.78	12.47	15.99
1.1.3.5.3	泡沫灭火系统	62 756.00	1.64	2.10
1.1.3.5.4	火灾自动报警系统	884 271.98	23.06	29.56
1.1.3.6	其他项	1 356 986.94	35.38	9.37
1.1.3.6.1	支架及套管（给排水、采暖、燃气管道）	387 376.38	10.10	28.55
1.1.3.6.2	管道附件（给排水、采暖、燃气管道）	573 585.42	14.96	42.27
1.1.3.6.3	刷油工程	87 683.95	2.29	6.46
1.1.3.6.4	绝热工程	292 246.08	7.62	21.54
1.1.3.6.5	自动化控制仪表	9 053.83	0.24	0.67
1.1.3.6.6	其他机械设备安装	7 041.28	0.18	0.52
1.1.3.7	补充项	671 338.66	17.51	4.64
1.2	措施项目费	7 216 590.29	188.18	9.20
1.2.1	单价措施项目	4 483 264.35	116.91	62.12
1.2.1.1	脚手架	2 362 874.48	61.61	52.70
1.2.1.2	其他项	2 120 389.87	55.29	47.30
1.2.2	总价措施项目	2 733 325.94	71.27	37.88
2	其他项目费	1 605 504.59	41.87	1.79
2.1	暂列金额	917 431.19	23.92	57.14
2.2	暂估价材料或设备	688 073.40	17.95	42.86
2.2.1	专业工程暂估价（建筑工程）	688 073.40	17.95	42.86
3	规费	2 089 643.62	54.49	2.34
4	税金	7 389 102.00	192.68	8.26

表3 主要工程量指标表

编号	工程量名称	数量	单位	单位指标
1	建筑工程			
1.1	土石方工程	50 841.02	m^3	1.33 m^3/m^2
1.2	地基处理工程	467.72	m^3	0.01 m^3/m^2
1.3	基础工程	4 116.81	m^3	0.11 m^3/m^2
1.4	砌筑工程	4 290.75	m^3	0.11 m^3/m^2
1.5	混凝土工程			
1.5.1	现浇混凝土	11 564.88	m^3	0.30 m^3/m^2
1.6	钢筋工程			
1.6.1	普通钢筋	2 298 511.00	kg	59.94 kg/m^2
1.7	金属结构工程	0.04	t	<0.01 t/m^2
1.8	屋面及防水工程			
1.8.1	防水工程	24 821.86	m^2	0.65 m^2/m^2
1.9	保温、隔热及防腐工程			
1.9.1	保温、隔热工程	20 260.95	m^2	0.53 m^2/m^2
2	装饰工程			
2.1	门窗	5 598.04	m^2	0.15 m^2/m^2
2.2	楼地面装饰	23 523.45	m^2	0.61 m^2/m^2
2.3	墙柱面装饰	59 839.00	m^2	1.56 m^2/m^2
2.4	天棚装饰	19 773.55	m^2	0.52 m^2/m^2
2.5	油漆、涂料	46 059.18	m^2	1.20 m^2/m^2
2.6	幕墙	1 916.46	m^2	0.05 m^2/m^2
2.7	隔断	514.64	m^2	0.01 m^2/m^2
2.8	其他内装饰	154.99	m^2	<0.01 m^2/m^2
3	安装工程			
3.1	电气工程			
3.1.1	母线安装	50	m	<0.01 m/m^2

续表

编号	工程量名称	数量	单位	单位指标
3.1.2	电缆安装	14 560.70	m	0.38 m/m²
3.1.3	配管、配线	287 219.29	m	7.49 m/m²
3.1.4	照明器具安装	3 153.00	套	0.08 套/m²
3.2	建筑智能化及通信工程			
3.2.1	安全防范系统工程	81	套	<0.01 套/m²
3.3	空调、通风工程			
3.3.1	通风设备及部件制作安装	593	台	0.02 台/m²
3.3.2	通风管道制作安装	10 212.84	m²	0.27 m²/m²
3.3.3	通风管道部件制作安装	1 780.00	个	0.05 个/m²
3.4	消防工程			
3.4.1	水灭火系统			
3.4.1.1	消防管道	14 532.98	m	0.38 m/m²
3.4.1.2	消防装置	9	组	<0.01 组/m²
3.4.1.3	消火栓、灭火器	189	套	<0.01 套/m²
3.4.2	气体灭火系统			
3.4.2.1	消防管道	2 252.78	m	0.06 m/m²
3.4.2.2	消防装置	7	套	<0.01 套/m²
3.4.3	泡沫灭火系统			
3.4.4	火灾自动报警系统	1 945.00	套	0.05 套/m²
3.5	给排水、采暖、燃气工程			
3.5.1	给排水管道	6 050.47	m	0.16 m/m²
3.5.2	支架及其他	9 865.69	kg	0.26 kg/m²
3.5.3	管道附件	7	组	<0.01 组/m²
3.5.4	设备	9	台	<0.01 台/m²
3.6	刷油、防腐蚀、绝热工程			
3.6.1	刷油工程	4 929.43	m²	0.13 m²/m²

案例 69　河南省某大学图书馆

表 1　工程概况及项目专业信息表

基本信息					
建设性质	新建	工程类型	教育建筑/图书馆	结构类型	框架结构
建设形式	全现浇	抗震等级	二级	开/竣工日期	—
计价方式	清单计价	造价阶段	招标控制价	总建筑面积（m²）	10 978.30
地下建筑面积（m²）	0	装修标准	精装	人防面积（m²）	0
建筑物基底面积（m²）	3 355.05	屋面面积（m²）	2 128.16	檐高或房屋高度（m）	23.07
地上最高层数（层）	5	地下层数（层）	0	首层层高（m）	3.90
标准层层高（m）	3.90	顶层层高（m）	3.95	地下一层层高（m）	—
地下二层层高（m）	—	地下三层层高（m）	—	户数（户）	—
装修类别	精装	基坑支护面积（m²）	—	建设年限（年）	—
绿建标准	—	安全文明施工标准	达标	质量标准	合格
说明	本工程为框架结构，抗震等级二级，抗震设防烈度为 7 度。建筑高度：23.07 m（计算到坡屋面檐口与屋脊的平均高度）。首层层高为 3.90 m，二层层高为 3.90 m，三层层高为 3.90 m，四层层高为 3.90 m，五层层高为 3.95 m，阁顶层为人字形坡屋面，层高为 3.575 m（计算到坡屋面檐口与屋脊的平均高度）。装修标准：精装				
项目专业信息					
建筑工程	地基处理及土护降工程	土石方工程：挖一般土石方。地基处理方式：桩处理地基、其他			
	基础工程	满堂基础			

续表

建筑工程	主体工程	钢筋工程：高强钢筋、普通钢筋。混凝土主要强度：C15、C20、C25、C30、C35、C40
	屋面工程	屋面形式：坡屋面。屋面材料：瓦屋面
	防水工程	地下防水：卷材防水。室内防水：涂膜防水。屋面防水：卷材防水
	保温工程	外墙保温：挤塑聚苯板。内墙保温：挤塑聚苯板。屋面保温：挤塑聚苯板
装饰工程	门窗工程	门：木门、塑钢门、铝合金门。窗：断桥铝窗
	地面工程	面砖、水泥砂浆、石材、防静电地板
	墙面工程	瓷砖、涂料
	天棚工程	涂料、铝合金吊顶、纸面石膏板
	外立面形式	涂料、石材、铝单板
安装工程	电气工程	电气照明灯具：普通灯具、装饰灯具。电气动力配管：塑料管、钢管。电缆：普通电缆、矿物电缆
	电梯工程	电梯种类：垂直升降电梯
	建筑智能化及通信工程	计算机网络系统、闭路监控系统、建筑设备监控系统、门禁控制系统、紧急求助系统
	空调工程	管道：镀锌钢板风管。集中/半集中式系统类型：风+水形式、VAVbox形式。局部式空调类型：VRV。冷热源形式：换热站集中供热。设备：新风机组、热回收机组。风机盘管：两管制
	通风工程	送排风系统、防排烟系统
	给排水工程	冷水管：复合管。卫生器具：有。污废水管道：塑料管
	采暖工程	—
	燃气工程	—
	消防工程	水灭火系统：水喷淋系统

表2 工程经济指标表

编号	项目名称	金额（元）	单位指标（元/m²）	占比指标（%）
1	单项工程（分部分项+措施项目）	40 928 142.48	3 728.09	72.32
1.1	分部分项费	35 883 148.78	3 268.55	87.67
1.1.1	建筑工程	16 760 949.40	1 526.73	46.71
1.1.1.1	土石方工程	238 833.36	21.76	1.42
1.1.1.2	基础工程	3 258 134.23	296.78	19.44
1.1.1.3	砌筑工程	788 978.19	71.87	4.71
1.1.1.4	混凝土工程	2 504 556.09	228.14	14.94
1.1.1.4.1	现浇混凝土	2 504 556.09	228.14	100.00
1.1.1.5	钢筋工程	5 141 573.78	468.34	30.68
1.1.1.5.1	普通钢筋	4 300 718.97	391.75	83.65
1.1.1.5.2	预应力钢筋	616 071.03	56.12	11.98
1.1.1.5.3	其他项	224 783.78	20.48	4.37
1.1.1.6	金属结构工程	97 769.99	8.91	0.58
1.1.1.7	屋面及防水工程	2 270 323.45	206.80	13.55
1.1.1.7.1	屋面工程	358 488.55	32.65	15.79
1.1.1.7.2	屋面防水	1 166 867.27	106.29	51.40
1.1.1.7.3	墙面、楼（地）面防水	744 967.63	67.86	32.81
1.1.1.8	保温、隔热及防腐工程	1 816 638.32	165.48	10.84
1.1.1.8.1	保温、隔热工程	1 816 638.32	165.48	100.00
1.1.1.9	其他项、补充项	644 141.99	58.67	3.84
1.1.2	装饰工程	11 314 686.24	1 030.64	31.53
1.1.2.1	门窗	4 071 290.04	370.85	35.98
1.1.2.2	楼地面装饰	2 021 473.20	184.13	17.87
1.1.2.3	墙柱面装饰	3 369 881.82	306.96	29.78
1.1.2.4	天棚装饰	1 025 882.68	93.45	9.07

续表

编号	项目名称	金额（元）	单位指标（元/m²）	占比指标（%）
1.1.2.5	油漆、涂料	376 683.37	34.31	3.33
1.1.2.6	幕墙	22 907.40	2.09	0.20
1.1.2.7	隔断	75 087.90	6.84	0.66
1.1.2.8	其他内装饰	351 479.83	32.02	3.11
1.1.3	安装工程	7 807 513.14	711.18	21.76
1.1.3.1	电气工程	2 324 628.81	211.75	29.77
1.1.3.1.1	配电装置安装	4 164.13	0.38	0.18
1.1.3.1.2	控制设备及低压电器安装	308 992.39	28.15	13.29
1.1.3.1.3	电缆安装	995 445.48	90.67	42.82
1.1.3.1.4	防雷及接地装置	68 311.70	6.22	2.94
1.1.3.1.5	配管、配线	632 834.95	57.64	27.22
1.1.3.1.6	照明器具安装	190 440.56	17.35	8.19
1.1.3.1.7	附属工程	119 231.12	10.86	5.13
1.1.3.1.8	电气调整试验	5 208.48	0.47	0.22
1.1.3.2	建筑智能化及通信工程	505 776.03	46.07	6.48
1.1.3.2.1	计算机应用、网络系统工程	77 322.77	7.04	15.29
1.1.3.2.2	综合布线系统工程	178 095.43	16.22	35.21
1.1.3.2.3	建筑设备自动化系统工程	177 567.39	16.17	35.11
1.1.3.2.4	有线电视、卫星接收系统工程	8 225.96	0.75	1.63
1.1.3.2.5	安全防范系统工程	64 564.48	5.88	12.77
1.1.3.3	空调、通风工程	2 193 955.47	199.84	28.10
1.1.3.3.1	空调设备	863 300.43	78.64	39.35
1.1.3.3.2	通风设备	17 582.88	1.60	0.80
1.1.3.3.3	通风管道	868 684.17	79.13	39.59
1.1.3.3.4	通风管道部件	444 387.99	40.48	20.26
1.1.3.4	给排水工程	463 721.37	42.24	5.94

续表

编号	项目名称	金额（元）	单位指标（元/m²）	占比指标（%）
1.1.3.4.1	给排水管道	334 122.33	30.43	72.05
1.1.3.4.2	卫生器具	98 095.82	8.94	21.15
1.1.3.4.3	给排水设备	31 503.22	2.87	6.79
1.1.3.5	消防工程	798 146.17	72.70	10.22
1.1.3.5.1	水灭火系统	451 077.33	41.09	56.52
1.1.3.5.2	泡沫灭火系统	76 940.58	7.01	9.64
1.1.3.5.3	火灾自动报警系统	270 128.26	24.61	33.84
1.1.3.6	电梯工程	500 000.00	45.54	6.40
1.1.3.7	其他项	780 595.65	71.10	10.00
1.1.3.7.1	支架及套管（给排水、采暖、燃气管道）	329 127.78	29.98	42.16
1.1.3.7.2	管道附件（给排水、采暖、燃气管道）	367 241.16	33.45	47.05
1.1.3.7.3	刷油工程	7 143.71	0.65	0.92
1.1.3.7.4	防腐工程	531.55	0.05	0.07
1.1.3.7.5	绝热工程	71 156.93	6.48	9.12
1.1.3.7.6	自动化控制仪表	5 394.52	0.49	0.69
1.1.3.8	补充项	240 689.64	21.92	3.08
1.2	措施项目费	5 044 993.70	459.54	12.33
1.2.1	单价措施项目	3 783 928.10	344.67	75.00
1.2.1.1	脚手架	889 767.55	81.05	23.51
1.2.1.2	混凝土模板及支架（撑）	2 316 674.96	211.02	61.22
1.2.1.3	其他项	577 485.59	52.60	15.26
1.2.2	总价措施项目	1 261 065.60	114.87	25.00
2	其他项目费	10 000 000.00	910.89	17.67
2.1	暂列金额	10 000 000.00	910.89	100.00
3	规费	995 312.11	90.66	1.76
4	税金	4 673 110.91	425.67	8.26

表3 主要工程量指标表

编号	工程量名称	数量	单位	单位指标
1	建筑工程			
1.1	土石方工程	10 593.78	m³	0.96 m³/m²
1.2	基础工程	1 426.70	m³	0.13 m³/m²
1.3	砌筑工程	1 720.19	m³	0.16 m³/m²
1.4	混凝土工程			
1.4.1	现浇混凝土	4 195.48	m³	0.38 m³/m²
1.5	钢筋工程			
1.5.1	普通钢筋	850 459.00	kg	77.47 kg/m²
1.5.2	预应力钢筋	123 990.00	kg	11.29 kg/m²
1.6	屋面及防水工程			
1.6.1	屋面工程	2 128.16	m²	0.19 m²/m²
1.6.2	防水工程	21 121.34	m²	1.92 m²/m²
1.7	保温、隔热及防腐工程			
1.7.1	保温、隔热工程	12 977.26	m²	1.18 m²/m²
2	装饰工程			
2.1	门窗	1 495.29	m²	0.14 m²/m²
2.2	楼地面装饰	12 098.48	m²	1.10 m²/m²
2.3	墙柱面装饰	24 975.22	m²	2.27 m²/m²
2.4	天棚装饰	19 480.60	m²	1.77 m²/m²
2.5	油漆、涂料	20 381.33	m²	1.86 m²/m²
2.6	幕墙	33.42	m²	<0.01 m²/m²
2.7	隔断	399.11	m²	0.04 m²/m²
2.8	其他内装饰	264.15	m²	0.02 m²/m²
3	安装工程			
3.1	电气工程			
3.1.1	电缆安装	4 806.74	m	0.44 m/m²

续表

编号	工程量名称	数量	单位	单位指标
3.1.2	配管、配线	95 936.83	m	8.74 m/m²
3.1.3	照明器具安装	1 403.00	套	0.13 套/m²
3.2	空调、通风工程			
3.2.1	通风设备及部件制作安装	226	台	0.02 台/m²
3.2.2	通风管道制作安装	4 631.76	m²	0.42 m²/m²
3.2.3	通风管道部件制作安装	1 494.00	个	0.14 个/m²
3.3	消防工程			
3.3.1	水灭火系统			
3.3.1.1	消防管道	4 050.85	m	0.37 m/m²
3.3.1.2	消防装置	10	组	<0.01 组/m²
3.3.1.3	消火栓、灭火器	75	套	0.01 套/m²
3.3.2	气体灭火系统			
3.3.2.1	消防装置	2	套	<0.01 套/m²
3.3.3	火灾自动报警系统	635	套	0.06 套/m²
3.4	给排水、采暖、燃气工程			
3.4.1	给排水管道	5 935.95	m	0.54 m/m²
3.4.2	支架及其他	8 865.01	kg	0.81 kg/m²
3.4.3	设备	1	台	<0.01 台/m²
3.5	刷油、防腐蚀、绝热工程			
3.5.1	刷油工程	848.46	m²	0.08 m²/m²
3.5.2	防腐蚀工程	31.49	m²	<0.01 m²/m²
3.6	机械设备安装工程			
3.6.1	电梯安装	2	部	<0.01 部/m²

案例 70 河南省某大学教学楼

表 1 工程概况及项目专业信息表

基本信息					
建设性质	新建	工程类型	教育建筑/教学楼	结构类型	框架结构
建设形式	全现浇	抗震等级	二级	开/竣工日期	—
计价方式	清单计价	造价阶段	招标控制价	总建筑面积（m^2）	12 265.81
地下建筑面积（m^2）	0	装修标准	精装	人防面积（m^2）	0
建筑物基底面积（m^2）	2 633.73	屋面面积（m^2）	2 473.35	檐高或房屋高度（m）	23.70
地上最高层数（层）	5	地下层数（层）	0	首层层高（m）	3.90
标准层层高（m）	3.90	顶层层高（m）	3.95	地下一层层高（m）	—
地下二层层高（m）	—	地下三层层高（m）	—	户数（户）	
装修类别	精装	基坑支护面积（m^2）	—	建设年限（年）	—
绿建标准	—	安全文明施工标准	达标	质量标准	合格
说明	本工程为框架结构，抗震等级二级，抗震设防烈度为 7 度。建筑高度：23.70 m（计算到坡屋面檐口与屋脊的平均高度）。首层层高为 3.90 m，二层层高为 3.90 m，三层层高为 3.90 m，四层层高为 3.90 m，五层层高为 3.95 m，闷顶层为人字形坡屋面，层高为 4.15 m（计算到坡屋面檐口与屋脊的平均高度）。装修标准：精装				
项目专业信息					
建筑工程	地基处理及土护降工程	土石方工程：挖一般土石方。地基处理方式：桩处理地基、钻孔灌注桩			
	基础工程	桩基础、桩承台基础			

续表

建筑工程	主体工程	钢筋工程：高强钢筋、普通钢筋。混凝土主要强度：C15、C20、C25、C30、C35、C40
	屋面工程	屋面形式：坡屋面。屋面材料：其他
	防水工程	地下防水：卷材防水。室内防水：涂膜防水。屋面防水：卷材防水
	保温工程	外墙保温：挤塑聚苯板。内墙保温：挤塑聚苯板。屋面保温：挤塑聚苯板
装饰工程	门窗工程	门：木门、塑钢门。窗：断桥铝窗、铝合金窗
	地面工程	水泥砂浆、石材、面砖
	墙面工程	涂料、瓷砖
	天棚工程	涂料、纸面石膏板、铝合金吊顶
	外立面形式	涂料、石材、面砖
安装工程	电气工程	电气照明灯具：普通灯具、装饰灯具。电气动力配管：塑料管、钢管。电缆：普通电缆
	电梯工程	—
	建筑智能化及通信工程	计算机网络系统、闭路监控系统、建筑设备监控系统、公共广播、紧急求助系统、有线电视系统
	空调工程	管道：普通钢板风管。集中/半集中式系统类型：全空气形式。冷热源形式：换热站集中供热。设备：新风机组、热回收机组。风机盘管：两管制
	通风工程	—
	给排水工程	冷水管：复合管。卫生器具：有。污废水管道：塑料管、复合管
	采暖工程	—
	燃气工程	—
	消防工程	水灭火系统：水喷淋系统

表2 工程经济指标表

编号	项目名称	金额（元）	单位指标（元/m²）	占比指标（%）
1	单项工程（分部分项+措施项目）	43 520 131.89	3 548.08	89.56
1.1	分部分项费	38 296 372.16	3 122.20	88.00
1.1.1	建筑工程	17 525 651.62	1 428.82	45.76
1.1.1.1	土石方工程	90 838.99	7.41	0.52
1.1.1.2	基础工程	2 957 089.53	241.08	16.87
1.1.1.3	砌筑工程	885 298.44	72.18	5.05
1.1.1.4	混凝土工程	3 150 540.21	256.86	17.98
1.1.1.4.1	现浇混凝土	3 150 540.21	256.86	100.00
1.1.1.5	钢筋工程	5 253 914.20	428.34	29.98
1.1.1.5.1	普通钢筋	4 640 181.25	378.30	88.32
1.1.1.5.2	预应力钢筋	508 687.04	41.47	9.68
1.1.1.5.3	其他项	105 045.91	8.56	2.00
1.1.1.6	金属结构工程	94 860.18	7.73	0.54
1.1.1.7	屋面及防水工程	2 151 098.41	175.37	12.27
1.1.1.7.1	屋面工程	441 682.64	36.01	20.53
1.1.1.7.2	屋面防水	1 056 212.68	86.11	49.10
1.1.1.7.3	墙面、楼（地）面防水	653 203.09	53.25	30.37
1.1.1.8	保温、隔热及防腐工程	1 824 620.87	148.76	10.41
1.1.1.8.1	保温、隔热工程	1 824 620.87	148.76	100.00
1.1.1.9	其他项、补充项	1 117 390.79	91.10	6.38
1.1.2	装饰工程	13 989 620.92	1 140.54	36.53
1.1.2.1	门窗	4 640 331.29	378.31	33.17
1.1.2.2	楼地面装饰	2 119 559.46	172.80	15.15
1.1.2.3	墙柱面装饰	5 725 456.61	466.78	40.93
1.1.2.4	天棚装饰	624 020.59	50.87	4.46

续表

编号	项目名称	金额（元）	单位指标（元/m²）	占比指标（%）
1.1.2.5	油漆、涂料	417 588.79	34.04	2.98
1.1.2.6	隔断	189 538.19	15.45	1.35
1.1.2.7	其他内装饰	273 125.99	22.27	1.95
1.1.3	安装工程	6 781 099.62	552.85	17.71
1.1.3.1	电气工程	2 171 068.66	177.00	32.02
1.1.3.1.1	配电装置安装	5 528.26	0.45	0.25
1.1.3.1.2	控制设备及低压电器安装	423 176.49	34.50	19.49
1.1.3.1.3	电缆安装	756 774.08	61.70	34.86
1.1.3.1.4	防雷及接地装置	78 808.98	6.43	3.63
1.1.3.1.5	配管、配线	606 185.80	49.42	27.92
1.1.3.1.6	照明器具安装	188 688.44	15.38	8.69
1.1.3.1.7	附属工程	106 698.13	8.70	4.91
1.1.3.1.8	电气调整试验	5 208.48	0.42	0.24
1.1.3.2	建筑智能化及通信工程	601 514.61	49.04	8.87
1.1.3.2.1	计算机应用、网络系统工程	71 191.57	5.80	11.84
1.1.3.2.2	综合布线系统工程	148 854.77	12.14	24.75
1.1.3.2.3	建筑设备自动化系统工程	251 933.22	20.54	41.88
1.1.3.2.4	有线电视、卫星接收系统工程	19 127.08	1.56	3.18
1.1.3.2.5	音频、视频系统工程	66 937.36	5.46	11.13
1.1.3.2.6	安全防范系统工程	43 470.61	3.54	7.23
1.1.3.3	空调、通风工程	1 992 753.82	162.46	29.39
1.1.3.3.1	空调设备	1 018 996.67	83.08	51.14
1.1.3.3.2	通风管道	642 447.51	52.38	32.24
1.1.3.3.3	通风管道部件	331 309.64	27.01	16.63
1.1.3.4	给排水工程	609 839.12	49.72	8.99
1.1.3.4.1	给排水管道	438 486.08	35.75	71.90

续表

编号	项目名称	金额（元）	单位指标（元/m²）	占比指标（%）
1.1.3.4.2	卫生器具	171 353.04	13.97	28.10
1.1.3.5	消防工程	422 594.35	34.45	6.23
1.1.3.5.1	水灭火系统	400 989.78	32.69	94.89
1.1.3.5.2	火灾自动报警系统	21 604.57	1.76	5.11
1.1.3.6	其他项	789 394.71	64.36	11.64
1.1.3.6.1	支架及套管（给排水、采暖、燃气管道）	352 704.21	28.76	44.68
1.1.3.6.2	管道附件（给排水、采暖、燃气管道）	348 252.30	28.39	44.12
1.1.3.6.3	刷油工程	4 683.86	0.38	0.59
1.1.3.6.4	防腐工程	292.53	0.02	0.04
1.1.3.6.5	绝热工程	79 587.11	6.49	10.08
1.1.3.6.6	自动化控制仪表	3 874.70	0.32	0.49
1.1.3.7	补充项	193 934.35	15.81	2.86
1.2	措施项目费	5 223 759.73	425.88	12.00
1.2.1	单价措施项目	3 898 851.41	317.86	74.64
1.2.1.1	脚手架	1 013 535.58	82.63	26.00
1.2.1.2	混凝土模板及支架（撑）	2 306 400.51	188.03	59.16
1.2.1.3	其他项	578 915.32	47.20	14.85
1.2.2	总价措施项目	1 324 908.32	108.02	25.36
2	规费	1 059 746.54	86.40	2.18
3	税金	4 012 189.06	327.10	8.26

表3 主要工程量指标表

编号	工程量名称	数量	单位	单位指标
1	建筑工程			
1.1	土石方工程	7 722.74	m³	0.63 m³/m²
1.2	基础工程	1 076.02	m³	0.09 m³/m²

续表

编号	工程量名称	数量	单位	单位指标
1.3	砌筑工程	1 968.89	m³	0.16 m³/m²
1.4	混凝土工程			
1.4.1	现浇混凝土	5 169.37	m³	0.42 m³/m²
1.5	钢筋工程			
1.5.1	普通钢筋	913 147.00	kg	74.45 kg/m²
1.5.2	预应力钢筋	102 235.00	kg	8.33 kg/m²
1.6	屋面及防水工程			
1.6.1	屋面工程	2 622.04	m²	0.21 m²/m²
1.6.2	防水工程	21 534.58	m²	1.76 m²/m²
1.7	保温、隔热及防腐工程			
1.7.1	保温、隔热工程	12 537.10	m²	1.02 m²/m²
2	装饰工程			
2.1	门窗	2 008.86	m²	0.16 m²/m²
2.2	楼地面装饰	12 828.62	m²	1.05 m²/m²
2.3	墙柱面装饰	35 339.26	m²	2.88 m²/m²
2.4	天棚装饰	16 146.40	m²	1.32 m²/m²
2.5	油漆、涂料	21 866.55	m²	1.78 m²/m²
2.6	隔断	935.9	m²	0.08 m²/m²
2.7	其他内装饰	155.13	m²	0.01 m²/m²
3	安装工程			
3.1	电气工程			
3.1.1	电缆安装	3 474.54	m	0.28 m/m²
3.1.2	配管、配线	86 939.73	m	7.09 m/m²
3.1.3	照明器具安装	1 515.00	套	0.12 套/m²
3.2	空调、通风工程			
3.2.1	通风设备及部件制作安装	273	台	0.02 台/m²
3.2.2	通风管道制作安装	3 366.59	m²	0.27 m²/m²

续表

编号	工程量名称	数量	单位	单位指标
3.2.3	通风管道部件制作安装	1 167.00	个	0.10 个/m²
3.3	消防工程			
3.3.1	水灭火系统			
3.3.1.1	消防管道	4 044.60	m	0.33 m/m²
3.3.1.2	消防装置	13	组	<0.01 组/m²
3.3.1.3	消火栓、灭火器	51	套	<0.01 套/m²
3.3.2	火灾自动报警系统	62	套	0.01 套/m²
3.4	给排水、采暖、燃气工程			
3.4.1	给排水管道	8 307.88	m	0.68 m/m²
3.4.2	支架及其他	9 475.41	kg	0.77 kg/m²
3.5	刷油、防腐蚀、绝热工程			
3.5.1	刷油工程	472.11	m²	0.04 m²/m²
3.5.2	防腐蚀工程	17.33	m²	<0.01 m²/m²

案例 71　广东省某中学教学楼

表1　工程概况及项目专业信息表

基本信息					
建设性质	新建	工程类型	教育建筑/教学楼	结构类型	框架结构
建设形式	全现浇	抗震等级	二级	开/竣工日期	—
计价方式	清单计价	造价阶段	投资估算	总建筑面积（m²）	2 731.27
地下建筑面积（m²）	0	装修标准	初装	人防面积（m²）	—
建筑物基底面积（m²）	1 366.00	屋面面积（m²）	1 365.84	檐高或房屋高度（m）	12.40
地上最高层数（层）	2	地下层数（层）	0	首层层高（m）	5.90
标准层层高（m）	4.50	顶层层高（m）	4.50	地下一层层高（m）	—
地下二层层高（m）	—	地下三层层高（m）	—	户数（户）	—
装修类别	初装	基坑支护面积（m²）	—	建设年限（年）	—
绿建标准	其他	安全文明施工标准	达标	质量标准	合格
说明	—				
项目专业信息					
建筑工程	地基处理及土护降工程	土石方工程：挖基坑土石方。地基处理方式：预制钢筋混凝土管桩			
	基础工程	预应力混凝土管桩基础			
	主体工程	钢筋工程：普通钢筋。混凝土主要强度：C20、C25、C30			
	屋面工程	屋面形式：平屋面。屋面材料：混凝土			

续表

建筑工程	防水工程	地下防水：卷材防水、涂膜防水、刚性防水。室内防水：涂膜防水。屋面防水：卷材防水
	保温工程	外墙保温：玻化微珠保温砂浆。内墙保温：玻化微珠保温砂浆。屋面保温：挤塑聚苯板
装饰工程	门窗工程	门：木门、铝合金门、防火门。窗：铝合金窗
	地面工程	面砖
	墙面工程	涂料
	天棚工程	涂料
	外立面形式	面砖
安装工程	电气工程	电气照明灯具：普通灯具。电气动力配管：塑料管、钢管、JDG 管。电缆：普通电缆。电气设备：变压器、应急发电
	电梯工程	电梯种类：直梯
	建筑智能化及通信工程	—
	空调工程	设备：墙式通风机、电动挡烟垂壁
	通风工程	送排风系统、防排烟系统
	给排水工程	冷水管：不锈钢管、水表、闸阀、管道支架。污废水管道：塑料管、实壁加厚 PVC-U 排水管、防反溢地漏、管道支架
	采暖工程	—
	燃气工程	—
	消防工程	水灭火系统：消火栓系统。火灾自动报警系统：有

表2 工程经济指标表

编号	项目名称	金额（元）	单位指标（元/m²）	占比指标（%）
1	单项工程	36 753 341.22	13 456.50	100.00
1.1	分部分项费	32 216 933.86	11 795.59	87.66

续表

编号	项目名称	金额（元）	单位指标（元/m²）	占比指标（%）
1.1.1	建筑工程	20 550 702.42	7 524.23	63.79
1.1.1.1	土石方工程	280 437.42	102.68	1.36
1.1.1.2	地基处理工程	214 369.55	78.49	1.04
1.1.1.3	基础工程	8 043 788.16	2 945.07	39.14
1.1.1.4	砌筑工程	273 063.14	99.98	1.33
1.1.1.5	钢筋工程	3 072 201.68	1 124.83	14.95
1.1.1.5.1	普通钢筋	2 690 583.47	985.10	87.58
1.1.1.5.2	其他项	381 618.21	139.72	12.42
1.1.1.6	金属结构工程	6 052 326.78	2 215.94	29.45
1.1.1.7	屋面及防水工程	2 614 515.69	957.25	12.72
1.1.1.7.1	屋面工程	2 069 673.76	757.77	79.16
1.1.1.7.2	屋面防水	112 311.88	41.12	4.30
1.1.1.7.3	墙面、楼（地）面防水	432 530.05	158.36	16.54
1.1.2	装饰工程	4 685 130.92	1 715.37	14.54
1.1.2.1	门窗	1 281 941.27	469.36	27.36
1.1.2.2	楼地面装饰	1 471 687.33	538.83	31.41
1.1.2.3	墙柱面装饰	1 632 258.30	597.62	34.84
1.1.2.4	天棚装饰	147 923.59	54.16	3.16
1.1.2.5	油漆、涂料	28 384.28	10.39	0.61
1.1.2.6	隔断	28 171.73	10.31	0.60
1.1.2.7	其他内装饰	94 764.42	34.70	2.02
1.1.3	安装工程	6 981 100.52	2 555.99	21.67
1.1.3.1	电气工程	4 933 517.44	1 806.31	70.67
1.1.3.1.1	变压器安装	7 334.26	2.69	0.15
1.1.3.1.2	控制设备及低压电器安装	337 707.27	123.64	6.85
1.1.3.1.3	电缆安装	3 082 641.37	1 128.65	62.48
1.1.3.1.4	防雷及接地装置	198 907.68	72.83	4.03

续表

编号	项目名称	金额（元）	单位指标（元/m²）	占比指标（%）
1.1.3.1.5	配管、配线	1 140 616.04	417.61	23.12
1.1.3.1.6	照明器具安装	64 270.22	23.53	1.30
1.1.3.1.7	电气调整试验	102 040.60	37.36	2.07
1.1.3.2	建筑智能化及通信工程	9 607.36	3.52	0.14
1.1.3.2.1	综合布线系统工程	564.27	0.21	5.87
1.1.3.2.2	建筑设备自动化系统工程	9 043.09	3.31	94.13
1.1.3.3	空调、通风工程	1 058 781.82	387.65	15.17
1.1.3.3.1	空调设备	759 628.88	278.12	71.75
1.1.3.3.2	通风设备	153 564.94	56.22	14.50
1.1.3.3.3	通风管道	82 340.50	30.15	7.78
1.1.3.3.4	通风管道部件	63 247.50	23.16	5.97
1.1.3.4	给排水工程	301 054.81	110.23	4.31
1.1.3.4.1	给排水管道	230 564.01	84.42	76.59
1.1.3.4.2	支架	22 207.77	8.13	7.38
1.1.3.4.3	给排水器具、设备	48 283.03	17.68	16.04
1.1.3.5	消防工程	678 139.09	248.29	9.71
1.1.3.5.1	水灭火系统	240 325.34	87.99	35.44
1.1.3.5.2	气体灭火系统	18 047.28	6.61	2.66
1.1.3.5.3	泡沫灭火系统	206 090.82	75.46	30.39
1.1.3.5.4	火灾自动报警系统	213 675.65	78.23	31.51
1.2	措施项目费	481 771.19	176.39	1.31
1.2.1	单价措施项目	481 771.19	176.39	100.00
1.2.1.1	混凝土模板及支架（撑）	397 739.92	145.62	82.56
1.2.1.2	其他项	84 031.27	30.77	17.44
1.3	其他项目费	500 000.00	183.07	1.36
1.3.1	其他项、补充项	500 000.00	183.07	100.00
1.4	税金	3 554 636.17	1 301.46	9.67

表3 主要工程量指标表

编号	工程量名称	数量	单位	单位指标
1	建筑工程			
1.1	土石方工程	22 210.92	m³	8.13 m³/m²
1.2	地基处理工程	523.99	m³	0.19 m³/m²
1.3	桩基工程	27 081.00	m³	9.92 m³/m²
1.4	砌筑工程	444.76	m³	0.16 m³/m²
1.5	混凝土工程			
1.5.1	现浇混凝土	1 389.08	m³	0.51 m³/m²
1.6	钢筋工程	486 190.00	kg	178.01 kg/m²
1.7	金属结构工程	686 350.00	kg	251.29 kg/m²
1.8	屋面及防水工程	13 342.47	m²	4.89 m²/m²
2	装饰工程			
2.1	门窗	1 029.99	m²	0.38 m²/m²
2.2	楼地面装饰	7 573.52	m²	2.77 m²/m²
2.3	墙柱面装饰	9 938.62	m²	3.64 m²/m²
2.4	天棚装饰	1 080.33	m²	0.40 m²/m²
2.5	油漆、涂料	869.35	m²	0.32 m²/m²
2.6	隔断	109.02	m²	0.04 m²/m²
2.7	其他内装饰	446.49	m²	0.16 m²/m²
3	安装工程			
3.1	电气工程			
3.1.1	变压器安装	2	套	<0.01 套/m²
3.1.2	控制设备及低压电器安装	456	套	0.17 套/m²
3.1.3	电缆安装	21 909.31	m	8.02 m/m²
3.1.4	防雷及接地装置	4 740.00	套	1.74 套/m²
3.1.5	配管、配线	64 121.28	m	23.48 m/m²
3.1.6	照明器具安装	706	套	0.26 套/m²

续表

编号	工程量名称	数量	单位	单位指标
3.2	建筑智能化及通信工程			
3.2.1	综合布线系统工程	1	套	<0.01 套/m²
3.2.2	建筑设备自动化系统工程	7	套	<0.01 套/m²
3.3	空调、通风工程			
3.3.1	通风设备及部件制作安装	81	台	0.03 台/m²
3.3.2	通风管道制作安装	993.14	m²	0.36 m²/m²
3.3.3	通风管道部件制作安装	117	个	0.04 个/m²
3.4	消防工程			
3.4.1	水灭火系统	1 422.00	套	0.52 套/m²
3.4.2	气体灭火系统	7	套	<0.01 套/m²
3.4.3	泡沫灭火系统	2 568.00	套	0.94 套/m²
3.4.4	火灾自动报警系统	564	套	0.21 套/m²
3.5	给排水、采暖、燃气管道			
3.5.1	给排水、采暖、燃气管道	2 508.02	m	0.92 m/m²
3.5.2	支架及其他	8 385.99	kg	3.07 kg/m²
3.5.3	管道附件	235	组	0.09 组/m²
3.5.4	卫生器具	127	套	0.05 套/m²
3.5.5	给排水、采暖、燃气设备	1	台	<0.01 台/m²
3.6	刷油、防腐蚀、绝热工程			
3.6.1	刷油工程	94.2	m²	0.03 m²/m²
3.6.2	防腐蚀工程	572.61	m²	0.21 m²/m²
3.6.3	绝热工程	45.35	m²	0.02 m²/m²
4	措施项目费			
4.1	混凝土模板及支架（撑）	7 152.01	m²	2.62 m²/m²
4.2	垂直运输	8 396.47	m²	3.07 m²/m²

案例 72　广东省某中学教学楼

表 1　工程概况及项目专业信息表

基本信息					
建设性质	新建	工程类型	教育建筑/教学楼	结构类型	框架结构
建设形式	全现浇	抗震等级	三级	开/竣工日期	—
计价方式	清单计价	造价阶段	投资估算	总建筑面积（m²）	9 407.91
地下建筑面积（m²）	0	装修标准	精装	人防面积（m²）	—
建筑物基底面积（m²）	3 827.40	屋面面积（m²）	—	檐高或房屋高度（m）	12.00
地上最高层数（层）	3	地下层数（层）	0	首层层高（m）	4.43
标准层层高（m）	4.00	顶层层高（m）	3.26	地下一层层高（m）	—
地下二层层高（m）	—	地下三层层高（m）	—	户数（户）	—
装修类别	精装	基坑支护面积（m²）	—	建设年限（年）	—
绿建标准	—	安全文明施工标准	达标	质量标准	合格
说明	—				
项目专业信息					
建筑工程	地基处理及土护降工程	土石方工程：挖基坑土石方。地基处理方式：振密地基。降水方式：明沟排水			
	基础工程	地基梁基础			
	主体工程	钢筋工程：普通钢筋。钢结构工程：钢柱、钢梁、钢板、其他。混凝土主要强度：C15、C30			

续表

建筑工程	屋面工程	屋面形式：平屋面。屋面材料：波纹板
	防水工程	室内防水：涂膜防水。屋面防水：卷材防水
	保温工程	屋面保温：挤塑聚苯板
装饰工程	门窗工程	门：木门、塑钢门、铝合金门。窗：铝合金窗
	地面工程	水泥砂浆、细石混凝土、面砖、石材、防静电地板、水泥纤维板地面、石塑地面
	墙面工程	涂料、集成一体化墙板、墙砖、不锈钢踢脚
	天棚工程	涂料、纸面石膏板、铝扣板、拉网板、防火板
	外立面形式	涂料、铝膜装饰板、玻璃幕墙、铝板、面砖幕墙、仿石材幕墙
安装工程	电气工程	电气照明灯具：普通灯具、装饰灯具、障碍照明、荧光灯。电气动力配管：塑料管、钢管。电缆：普通电缆、矿物电缆。电气设备：变压器、应急发电
	电梯工程	电梯种类：进口直梯
	建筑智能化及通信工程	闭路监控系统、公共广播、可视对讲系统
	空调工程	管道：镀锌钢板风管。集中/半集中式系统类型：风+水形式
	通风工程	防排烟系统
	给排水工程	冷水管：钢管、塑料管、复合管。污废水管道：塑料管、钢管、复合管
	采暖工程	—
	燃气工程	—
	消防工程	水灭火系统：消火栓系统

表2 工程经济指标表

编号	项目名称	金额（元）	单位指标（元/m²）	占比指标（%）
1	单项工程	50 099 875.71	5 325.29	100.00
1.1	分部分项费	45 160 338.95	4 800.25	90.14

续表

编号	项目名称	金额（元）	单位指标（元/m²）	占比指标（%）
1.1.1	建筑工程	14 190 397.50	1 508.35	31.42
1.1.1.1	土石方工程	763 430.59	81.15	5.38
1.1.1.2	地基处理工程	141 342.28	15.02	1.00
1.1.1.3	基础工程	664 890.34	70.67	4.69
1.1.1.4	砌筑工程	71 211.77	7.57	0.50
1.1.1.5	钢筋工程	844 164.19	89.73	5.95
1.1.1.5.1	普通钢筋	836 285.68	88.89	99.07
1.1.1.5.2	其他项	7 878.51	0.84	0.93
1.1.1.6	金属结构工程	9 997 553.02	1 062.68	70.45
1.1.1.7	屋面及防水工程	1 384 911.99	147.21	9.76
1.1.1.7.1	屋面工程	1 101 362.93	117.07	79.53
1.1.1.7.2	屋面防水	27 770.96	2.95	2.01
1.1.1.7.3	墙面、楼（地）面防水	255 778.10	27.19	18.47
1.1.1.8	拆除工程	322 893.32	34.32	2.28
1.1.2	装饰工程	27 348 659.26	2 906.99	60.56
1.1.2.1	门窗	1 449 159.74	154.04	5.30
1.1.2.2	楼地面装饰	5 038 241.16	535.53	18.42
1.1.2.3	墙柱面装饰	5 078 370.88	539.80	18.57
1.1.2.4	天棚装饰	2 148 287.74	228.35	7.86
1.1.2.5	油漆、涂料	6 973 368.79	741.22	25.50
1.1.2.6	幕墙	4 576 976.84	486.50	16.74
1.1.2.7	隔断	1 238 444.68	131.64	4.53
1.1.2.8	其他内装饰	845 809.43	89.90	3.09
1.1.3	安装工程	3 621 282.19	384.92	8.02
1.1.3.1	电气工程	2 524 969.71	268.39	69.73
1.1.3.1.1	配电装置安装	245 585.40	26.10	9.73

续表

编号	项目名称	金额（元）	单位指标（元/m²）	占比指标（%）
1.1.3.1.2	控制设备及低压电器安装	390 452.49	41.50	15.46
1.1.3.1.3	电缆安装	353 854.94	37.61	14.01
1.1.3.1.4	防雷及接地装置	28 187.07	3.00	1.12
1.1.3.1.5	配管、配线	1 058 395.83	112.50	41.92
1.1.3.1.6	照明器具安装	446 048.92	47.41	17.67
1.1.3.1.7	附属工程	1 224.92	0.13	0.05
1.1.3.1.8	电气调整试验	1 220.14	0.13	0.05
1.1.3.2	建筑智能化及通信工程	56 984.57	6.06	1.57
1.1.3.2.1	综合布线系统工程	56 984.57	6.06	100.00
1.1.3.3	空调、通风工程	54 069.21	5.75	1.49
1.1.3.3.1	通风管道	36 576.30	3.89	67.65
1.1.3.3.2	通风管道部件	17 492.91	1.86	32.35
1.1.3.4	给排水工程	573 384.75	60.95	15.83
1.1.3.4.1	给排水管道	496 545.89	52.78	86.60
1.1.3.4.2	管道附件	17 628.03	1.87	3.07
1.1.3.4.3	给排水器具、设备	59 210.83	6.29	10.33
1.1.3.5	消防工程	190 124.17	20.21	5.25
1.1.3.5.1	水灭火系统	153 876.50	16.36	80.93
1.1.3.5.2	气体灭火系统	6 673.16	0.71	3.51
1.1.3.5.3	火灾自动报警系统	29 574.51	3.14	15.56
1.1.3.6	电梯工程	221 749.78	23.57	6.12
1.2	措施项目费	1 065 490.67	113.25	2.13
1.2.1	单价措施项目	76 409.31	8.12	7.17
1.2.1.1	混凝土模板及支架（撑）	76 409.31	8.12	100.00
1.2.2	总价措施项目	989 081.36	105.13	92.83
1.3	规费	2 106 703.87	223.93	4.21
1.4	税金	1 767 342.22	187.86	3.53

表3 主要工程量指标表

编号	工程量名称	数量	单位	单位指标
1	建筑工程			
1.1	土石方工程	36 882.09	m^3	3.92 m^3/m^2
1.2	地基处理工程	5 021.04	m^3	0.53 m^3/m^2
1.3	砌筑工程	81.15	m^3	0.01 m^3/m^2
1.4	混凝土工程			
1.4.1	现浇混凝土	707.77	m^3	0.08 m^3/m^2
1.5	钢筋工程	132 044.00	kg	14.04 kg/m^2
1.6	金属结构工程	826 735.00	kg	87.88 kg/m^2
1.7	屋面及防水工程	7 310.42	m^2	0.78 m^2/m^2
1.8	拆除工程	2 126.55	m^2	0.23 m^2/m^2
2	装饰工程			
2.1	门窗	1 867.93	m^2	0.20 m^2/m^2
2.2	楼地面装饰	25 881.39	m^2	2.75 m^2/m^2
2.3	墙柱面装饰	17 131.08	m^2	1.82 m^2/m^2
2.4	天棚装饰	7 589.39	m^2	0.81 m^2/m^2
2.5	油漆、涂料	115 494.33	m^2	12.28 m^2/m^2
2.6	幕墙	4 220.95	m^2	0.45 m^2/m^2
2.7	隔断	3 014.80	m^2	0.32 m^2/m^2
2.8	其他内装饰	3 178.27	m^2	0.34 m^2/m^2
3	安装工程			
3.1	电气工程			
3.1.1	配电装置安装	1	套	<0.01 套$/m^2$
3.1.2	控制设备及低压电器安装	1 587.00	套	0.17 套$/m^2$
3.1.3	电缆安装	3 170.60	m	0.34 m/m^2
3.1.4	防雷及接地装置	1 286.00	套	0.14 套$/m^2$
3.1.5	配管、配线	102 590.33	m	10.90 m/m^2

续表

编号	工程量名称	数量	单位	单位指标
3.1.6	照明器具安装	1 722.00	套	0.18 套/m²
3.1.7	附属工程	213.0	个	0.02 个/m²
3.2	建筑智能化及通信工程			
3.2.1	综合布线系统工程	8 567.00	套	0.91 套/m²
3.3	空调、通风工程			
3.3.1	通风管道制作安装	195	m²	0.02 m²/m²
3.3.2	通风管道部件制作安装	160.0	个	0.02 个/m²
3.4	消防工程			
3.4.1	水灭火系统	687	套	0.07 套/m²
3.4.2	气体灭火系统	41	套	<0.01 套/m²
3.4.3	火灾自动报警系统	60	套	0.01 套/m²
3.5	给排水、采暖、燃气管道			
3.5.1	给排水、采暖、燃气管道	4 646.30	m	0.49 m/m²
3.5.2	支架及其他	611	kg	0.06 kg/m²
3.5.3	管道附件	133	组	0.01 组/m²
3.5.4	卫生器具	304	套	0.03 套/m²
3.5.5	给排水、采暖、燃气设备	1	台	<0.01 台/m²
3.6	刷油、防腐蚀、绝热工程			
3.6.1	刷油工程	638.5	m²	0.07 m²/m²
3.7	机械设备安装工程			
3.7.1	电梯安装	1	部	<0.01 部/m²
4	措施项目费			
4.1	混凝土模板及支架（撑）	67.04	m²	0.01 m²/m²

卫生建筑

案例 73　广东省某医院医技楼

表1　工程概况及项目专业信息表

基本信息					
建设性质	新建	工程类型	卫生建筑/医技楼	结构类型	框架结构
建设形式	全现浇	抗震等级	三级	开/竣工日期	—
计价方式	清单计价	造价阶段	招标控制价	总建筑面积（m²）	38 438.95
地下建筑面积（m²）	13 255.70	装修标准	精装	人防面积（m²）	
建筑物基底面积（m²）	—	屋面面积（m²）	—	檐高或房屋高度（m）	31.20
地上最高层数（层）	8	地下层数（层）	3	首层层高（m）	4.20
标准层层高（m）	3.60	顶层层高（m）	4.00	地下一层层高（m）	4.50
地下二层层高（m）	4.50	地下三层层高（m）	4.30	户数（户）	—
装修类别	精装	基坑支护面积（m²）	—	建设年限（年）	—
绿建标准	—	安全文明施工标准	达标	质量标准	合格
说明	—				
项目专业信息					
建筑工程	地基处理及土护降工程	土石方工程：挖一般土石方。地基处理方式：桩处理地基。基坑支护形式：地下连续墙、护坡桩、喷锚混凝土护坡、钢筋混凝土支撑、钢支撑。降水方式：井点降水			

续表

建筑工程	基础工程	桩基础、满堂基础
	主体工程	钢筋工程：普通钢筋。混凝土主要强度：C15、C20、C25、C30、C35、C40、C45、C50、C55
	屋面工程	屋面形式：平屋面。屋面材料：混凝土
	防水工程	地下防水：卷材防水。室内防水：涂膜防水。屋面防水：卷材防水
	保温工程	—
装饰工程	门窗工程	门：木门、塑钢门、铝合金门。窗：塑钢窗、铝合金窗
	地面工程	水泥砂浆
	墙面工程	石材
	天棚工程	铝塑板吊顶
	外立面形式	涂料
安装工程	电气工程	电气照明灯具：装饰灯具、防爆灯具。电气动力配管：钢管。电缆：普通电缆、矿物电缆
	电梯工程	电梯种类：进口直梯、进口货梯
	建筑智能化及通信工程	计算机网络系统、闭路监控系统、停车场管理系统、门禁控制系统、公共广播、信息发布系统、病房呼叫系统
	空调工程	管道：普通钢板风管、镀锌钢板风管。集中/半集中式系统类型：风+水形式。局部式空调类型：分体式空调。设备：空调机组、新风机组
	通风工程	送排风系统、防排烟系统、人防系统
	给排水工程	冷水管：不锈钢管。中水管：复合管。热水管：不锈钢管。给水设备：变频给水设备。污废水管道：塑料管
	采暖工程	—
	燃气工程	—
	消防工程	水灭火系统：消火栓系统、水喷淋系统。气体灭火系统：无管网灭火系统。火灾自动报警系统：有

表2 工程经济指标表

编号	项目名称	金额（元）	单位指标（元/m²）	占比指标（%）
1	单项工程（分部分项+措施项目）	185 773 911.41	4 832.96	82.57
1.1	分部分项费	163 602 832.33	4 256.17	88.07
1.1.1	建筑工程	89 642 039.82	2 332.06	54.79
1.1.1.1	土石方工程	8 291 692.47	215.71	9.25
1.1.1.2	地基处理工程	7 854 937.63	204.35	8.76
1.1.1.3	基坑与边坡支护	10 794 659.60	280.83	12.04
1.1.1.4	基础工程	17 482 255.71	454.81	19.50
1.1.1.5	砌筑工程	3 396 301.93	88.36	3.79
1.1.1.6	混凝土工程	14 414 106.43	374.99	16.08
1.1.1.6.1	现浇混凝土	14 390 383.16	374.37	99.84
1.1.1.6.2	预制混凝土	23 723.27	0.62	0.16
1.1.1.7	钢筋工程	22 016 802.04	572.77	24.56
1.1.1.7.1	普通钢筋	20 276 500.94	527.50	92.10
1.1.1.7.2	预应力钢筋	1 715 984.58	44.64	7.79
1.1.1.7.3	其他项	24 316.52	0.63	0.11
1.1.1.8	金属结构工程	872 688.77	22.70	0.97
1.1.1.9	屋面及防水工程	2 157 612.03	56.13	2.41
1.1.1.9.1	屋面防水	723 037.12	18.81	33.51
1.1.1.9.2	墙面、楼（地）面防水	1 434 574.91	37.32	66.49
1.1.1.10	保温、隔热及防腐工程	396 486.48	10.31	0.44
1.1.1.10.1	保温、隔热工程	295 491.46	7.69	74.53
1.1.1.10.2	防腐工程	100 995.02	2.63	25.47
1.1.1.11	拆除工程	965 414.60	25.12	1.08
1.1.1.12	其他项、补充项	999 082.13	25.99	1.11
1.1.2	装饰工程	24 084 714.71	626.57	14.72

续表

编号	项目名称	金额（元）	单位指标（元/m²）	占比指标（%）
1.1.2.1	门窗	3 408 290.71	88.67	14.15
1.1.2.2	楼地面装饰	4 560 368.39	118.64	18.93
1.1.2.3	墙柱面装饰	3 796 917.25	98.78	15.76
1.1.2.4	天棚装饰	1 438 932.03	37.43	5.97
1.1.2.5	油漆、涂料	2 129 943.13	55.41	8.84
1.1.2.6	幕墙	4 416 633.99	114.90	18.34
1.1.2.7	隔断	203 648.45	5.30	0.85
1.1.2.8	其他内装饰	2 923 232.47	76.05	12.14
1.1.2.9	其他项、补充项	1 206 748.29	31.39	5.01
1.1.3	安装工程	49 876 077.80	1 297.54	30.49
1.1.3.1	电气工程	15 735 184.06	409.36	31.55
1.1.3.1.1	配电装置安装	259 827.70	6.76	1.65
1.1.3.1.2	母线安装	877 784.38	22.84	5.58
1.1.3.1.3	控制设备及低压电器安装	2 115 086.90	55.02	13.44
1.1.3.1.4	蓄电池安装	2 295.00	0.06	0.01
1.1.3.1.5	电缆安装	6 509 437.95	169.34	41.37
1.1.3.1.6	防雷及接地装置	193 325.69	5.03	1.23
1.1.3.1.7	配管、配线	4 789 221.35	124.59	30.44
1.1.3.1.8	照明器具安装	867 805.47	22.58	5.52
1.1.3.1.9	电气调整试验	120 399.62	3.13	0.77
1.1.3.2	建筑智能化及通信工程	1 071 392.72	27.87	2.15
1.1.3.2.1	计算机应用、网络系统工程	5 304.12	0.14	0.50
1.1.3.2.2	综合布线系统工程	547 286.68	14.24	51.08
1.1.3.2.3	建筑设备自动化系统工程	331 750.30	8.63	30.96
1.1.3.2.4	有线电视、卫星接收系统工程	70 600.38	1.84	6.59
1.1.3.2.5	音频、视频系统工程	107 369.38	2.79	10.02

续表

编号	项目名称	金额（元）	单位指标（元/m²）	占比指标（%）
1.1.3.2.6	安全防范系统工程	9 081.86	0.24	0.85
1.1.3.3	空调、通风工程	7 406 436.57	192.68	14.85
1.1.3.3.1	空调设备	1 813 605.12	47.18	24.49
1.1.3.3.2	通风设备	766 207.90	19.93	10.35
1.1.3.3.3	通风管道	3 481 366.59	90.57	47.00
1.1.3.3.4	通风管道部件	1 345 256.96	35.00	18.16
1.1.3.4	给排水工程	4 761 663.09	123.88	9.55
1.1.3.4.1	给排水管道	2 820 005.48	73.36	59.22
1.1.3.4.2	卫生器具	136 531.66	3.55	2.87
1.1.3.4.3	给排水设备	1 805 125.95	46.96	37.91
1.1.3.5	消防工程	4 651 927.96	121.02	9.33
1.1.3.5.1	水灭火系统	3 341 856.98	86.94	71.84
1.1.3.5.2	气体灭火系统	558 438.50	14.53	12.00
1.1.3.5.3	火灾自动报警系统	751 632.48	19.55	16.16
1.1.3.6	采暖工程	288 403.32	7.50	0.58
1.1.3.6.1	采暖设备	288 403.32	7.50	100.00
1.1.3.7	电梯工程	3 704 678.89	96.38	7.43
1.1.3.8	其他项	11 248 670.71	292.64	22.55
1.1.3.8.1	支架及套管（给排水、采暖、燃气管道）	5 749 394.59	149.57	51.11
1.1.3.8.2	管道附件（给排水、采暖、燃气管道）	2 205 309.78	57.37	19.61
1.1.3.8.3	自动化控制仪表	62 202.84	1.62	0.55
1.1.3.8.4	其他机械设备安装	3 231 763.50	84.08	28.73
1.1.3.9	补充项	1 007 720.48	26.22	2.02
1.2	措施项目费	22 171 079.08	576.79	11.93
1.2.1	单价措施项目	9 930 746.78	258.35	44.79
1.2.1.1	脚手架	1 674 313.23	43.56	16.86

续表

编号	项目名称	金额（元）	单位指标（元/m²）	占比指标（%）
1.2.1.2	混凝土模板及支架（撑）	6 460 672.33	168.08	65.06
1.2.1.3	其他项	1 795 761.22	46.72	18.08
1.2.2	总价措施项目	12 240 332.30	318.44	55.21
2	其他项目费	20 626 423.04	536.60	9.17
2.1	暂列金额	16 360 283.14	425.62	79.32
2.2	其他项	4 266 139.90	110.98	20.68
3	税金	18 576 030.03	483.26	8.26

表3　主要工程量指标表

编号	工程量名称	数量	单位	单位指标
1	建筑工程			
1.1	土石方工程	151 191.58	m³	3.93 m³/m²
1.2	地基处理工程	358.7	m³	0.01 m³/m²
1.3	基坑与边坡支护	5 453.48	m³	0.14 m³/m²
1.4	基础工程	9 803.70	m³	0.26 m³/m²
1.5	砌筑工程	5 827.29	m³	0.15 m³/m²
1.6	混凝土工程			
1.6.1	现浇混凝土	17 816.89	m³	0.46 m³/m²
1.6.2	预制混凝土	4.31	m³	<0.01 m³/m²
1.7	钢筋工程			
1.7.1	普通钢筋	3 867 857.00	kg	100.62 kg/m²
1.7.2	预应力钢筋	315 512.00	kg	8.21 kg/m²
1.8	金属结构工程	21.27	t	<0.01 t/m²
1.9	屋面及防水工程			
1.9.1	防水工程	37 152.03	m²	0.97 m²/m²
1.10	保温、隔热及防腐工程			

续表

编号	工程量名称	数量	单位	单位指标
1.10.1	保温、隔热工程	8 290.88	m²	0.22 m²/m²
1.10.2	防腐工程	10 839.42	m²	0.28 m²/m²
2	装饰工程			
2.1	门窗	4 699.11	m²	0.12 m²/m²
2.2	楼地面装饰	51 116.20	m²	1.33 m²/m²
2.3	墙柱面装饰	67 214.67	m²	1.75 m²/m²
2.4	天棚装饰	12 782.59	m²	0.33 m²/m²
2.5	油漆、涂料	54 428.17	m²	1.42 m²/m²
2.6	幕墙	7 031.44	m²	0.18 m²/m²
2.7	隔断	708.95	m²	0.02 m²/m²
2.8	其他内装饰	146.09	m²	<0.01 m²/m²
3	安装工程			
3.1	电气工程			
3.1.1	母线安装	357.57	m	0.01 m/m²
3.1.2	电缆安装	50 549.38	m	1.32 m/m²
3.1.3	配管、配线	371 679.87	m	9.67 m/m²
3.1.4	照明器具安装	5 899.00	套	0.15 套/m²
3.2	建筑智能化及通信工程			
3.2.1	安全防范系统工程	83	套	<0.01 套/m²
3.3	空调、通风工程			
3.3.1	通风设备及部件制作安装	423	台	0.01 台/m²
3.3.2	通风管道制作安装	14 459.93	m²	0.38 m²/m²
3.3.3	通风管道部件制作安装	2 662.00	个	0.07 个/m²
3.4	消防工程			
3.4.1	水灭火系统			
3.4.1.1	消防管道	25 235.52	m	0.66 m/m²
3.4.1.2	消防装置	14	组	<0.01 组/m²

续表

编号	工程量名称	数量	单位	单位指标
3.4.1.3	消火栓、灭火器	285	套	0.01 套/m²
3.4.2	气体灭火系统	—	—	—
3.4.3	泡沫灭火系统	—	—	—
3.4.4	火灾自动报警系统	3 564.00	套	0.09 套/m²
3.5	给排水、采暖、燃气工程			
3.5.1	给排水管道	20 441.34	m	0.53 m/m²
3.5.2	管道附件	46	组	<0.01 组/m²
3.5.3	卫生器具	12	套	<0.01 套/m²
3.5.4	设备	20	台	<0.01 台/m²
3.6	刷油、防腐蚀、绝热工程	—	—	—
3.7	机械设备安装工程			
3.7.1	电梯安装	12	部	<0.01 部/m²
4	措施项目费			
4.1	混凝土模板及支架（撑）	9 494.24	m²	0.25 m²/m²

厂房

案例 74　广东省某厂房

表 1　工程概况及项目专业信息表

基本信息					
建设性质	新建	工程类型	工业建筑/厂房	结构类型	框架结构
建设形式	全现浇	抗震等级	四级	开/竣工日期	—
计价方式	清单计价	造价阶段	投资估算	总建筑面积（m²）	8 496.47
地下建筑面积（m²）	0	装修标准	初装	人防面积（m²）	—
建筑物基底面积（m²）	7 875.00	屋面面积（m²）	6 910.92	檐高或房屋高度（m）	9.65
地上最高层数（层）	1	地下层数（层）	0	首层层高（m）	9.65
标准层层高（m）	9.65	顶层层高（m）	9.65	地下一层层高（m）	—
地下二层层高（m）	—	地下三层层高（m）	—	户数（户）	—
装修类别	初装	基坑支护面积（m²）	—	建设年限（年）	—
绿建标准	其他	安全文明施工标准	达标	质量标准	合格
说明	—				
项目专业信息					
建筑工程	地基处理及土护降工程	土石方工程：挖一般土石方、挖沟槽土石方、挖基坑土石方。地基处理方式：换填地基、其他。基坑支护形式：其他			

续表

建筑工程	基础工程	桩基础、其他
	主体工程	钢筋工程：高强钢筋、普通钢筋。钢结构工程：钢柱、钢梁、屋面钢结构。混凝土主要强度：C15、C20、C25、C30、C35、C40
	屋面工程	屋面形式：坡屋面。屋面材料：混凝土
	防水工程	地下防水：卷材防水。室内防水：涂膜防水。屋面防水：卷材防水
	保温工程	外墙保温：挤塑聚苯板。屋面保温：离心玻璃棉毡复合保温
装饰工程	门窗工程	门：木门、钢板门、防火卷帘门、钢质防火门。窗：铝合金窗
	地面工程	混凝土、环氧地面、面砖、防静电地板、金属骨料耐磨地面
	墙面工程	涂料、瓷砖、金属
	天棚工程	涂料、铝合金吊顶
	外立面形式	涂料、金属
安装工程	电气工程	电气照明灯具：普通灯具、防爆灯具。电气动力配管：钢管。母线槽：有。电缆：普通电缆、耐火电缆。电气设备：应急发电
	电梯工程	—
	建筑智能化及通信工程	—
	空调工程	管道：镀锌钢板风管、柔性软风管。集中/半集中式系统类型：风+水形式、全空气形式、VAVbox形式。局部式空调类型：分体式空调。冷热源形式：水冷冷水机组、风冷冷水机组。设备：空调机组。风机盘管：两管制
	通风工程	送排风系统、防排烟系统
	给排水工程	冷水管：钢丝网骨架高密度塑料给水管。热水管：PPR管（支管）。污废水管道：塑料管、钢管
	采暖工程	—
	燃气工程	—
	消防工程	水灭火系统：水喷淋系统。泡沫灭火系统：碳钢管

表2 工程经济指标表

编号	项目名称	金额（元）	单位指标（元/m²）	占比指标（%）
1	单项工程	37 331 911.25	4 393.81	100.00
1.1	分部分项费	32 216 933.86	3 791.80	86.30
1.1.1	建筑工程	20 550 702.42	2 418.73	63.79
1.1.1.1	土石方工程	280 437.42	33.01	1.36
1.1.1.2	地基处理工程	214 369.55	25.23	1.04
1.1.1.3	基础工程	8 043 788.16	946.72	39.14
1.1.1.4	砌筑工程	273 063.14	32.14	1.33
1.1.1.5	钢筋工程	3 072 201.68	361.59	14.95
1.1.1.5.1	普通钢筋	2 690 583.47	316.67	87.58
1.1.1.5.2	其他项	381 618.21	44.91	12.42
1.1.1.6	金属结构工程	6 052 326.78	712.33	29.45
1.1.1.7	屋面及防水工程	2 614 515.69	307.72	12.72
1.1.1.7.1	屋面工程	2 069 673.76	243.59	79.16
1.1.1.7.2	屋面防水	112 311.88	13.22	4.30
1.1.1.7.3	墙面、楼（地）面防水	432 530.05	50.91	16.54
1.1.2	装饰工程	4 685 130.92	551.42	14.54
1.1.2.1	门窗	1 281 941.27	150.88	27.36
1.1.2.2	楼地面装饰	1 471 687.33	173.21	31.41
1.1.2.3	墙柱面装饰	1 632 258.30	192.11	34.84
1.1.2.4	天棚装饰	147 923.59	17.41	3.16
1.1.2.5	油漆、涂料	28 384.28	3.34	0.61
1.1.2.6	隔断	28 171.73	3.32	0.60
1.1.2.7	其他内装饰	94 764.42	11.15	2.02
1.1.3	安装工程	6 981 100.52	821.65	21.67
1.1.3.1	电气工程	4 933 517.44	580.65	70.67

续表

编号	项目名称	金额（元）	单位指标（元/m²）	占比指标（%）
1.1.3.1.1	变压器安装	7 334.26	0.86	0.15
1.1.3.1.2	控制设备及低压电器安装	337 707.27	39.75	6.85
1.1.3.1.3	电缆安装	3 082 641.37	362.81	62.48
1.1.3.1.4	防雷及接地装置	198 907.68	23.41	4.03
1.1.3.1.5	配管、配线	1 140 616.04	134.25	23.12
1.1.3.1.6	照明器具安装	64 270.22	7.56	1.30
1.1.3.1.7	电气调整试验	102 040.60	12.01	2.07
1.1.3.2	建筑智能化及通信工程	9 607.36	1.13	0.14
1.1.3.2.1	综合布线系统工程	564.27	0.07	5.87
1.1.3.2.2	建筑设备自动化系统工程	9 043.09	1.06	94.13
1.1.3.3	空调、通风工程	1 058 781.82	124.61	15.17
1.1.3.3.1	空调设备	759 628.88	89.41	71.75
1.1.3.3.2	通风设备	153 564.94	18.07	14.50
1.1.3.3.3	通风管道	82 340.50	9.69	7.78
1.1.3.3.4	通风管道部件	63 247.50	7.44	5.97
1.1.3.4	给排水工程	301 054.81	35.43	4.31
1.1.3.4.1	给排水管道	230 564.01	27.14	76.59
1.1.3.4.2	支架	22 207.77	2.61	7.38
1.1.3.4.3	给排水器具、设备	48 283.03	5.68	16.04
1.1.3.5	消防工程	678 139.09	79.81	9.71
1.1.3.5.1	水灭火系统	240 325.34	28.29	35.44
1.1.3.5.2	气体灭火系统	18 047.28	2.12	2.66
1.1.3.5.3	泡沫灭火系统	206 090.82	24.26	30.39
1.1.3.5.4	火灾自动报警系统	213 675.65	25.15	31.51
1.2	措施项目费	481 771.19	56.70	1.29
1.2.1	单价措施项目	481 771.19	56.70	100.00

续表

编号	项目名称	金额（元）	单位指标（元/m²）	占比指标（%）
1.2.1.1	混凝土模板及支架（撑）	397 739.92	46.81	82.56
1.2.1.2	其他项	84 031.27	9.89	17.44
1.3	其他项目费	1 078 570.03	126.94	2.89
1.3.1	其他项、补充项	1 078 570.03	126.94	100.00
1.4	税金	3 554 636.17	418.37	9.52

表3　主要工程量指标表

编号	工程量名称	数量	单位	单位指标
1	建筑工程			
1.1	土石方工程	22 210.92	m³	2.61 m³/m²
1.2	地基处理工程	523.99	m³	0.06 m³/m²
1.3	桩基工程	27 081.00	m³	3.19 m³/m²
1.4	砌筑工程	444.76	m³	0.05 m³/m²
1.5	混凝土工程			
1.5.1	现浇混凝土	1 389.08	m³	0.16 m³/m²
1.6	钢筋工程	486 190.00	kg	57.22 kg/m²
1.7	金属结构工程	686 350.00	kg	80.78 kg/m²
1.8	屋面及防水工程	13 342.47	m²	1.57 m²/m²
2	装饰工程			
2.1	门窗	1 029.99	m²	0.12 m²/m²
2.2	楼地面装饰	7 573.52	m²	0.89 m²/m²
2.3	墙柱面装饰	9 938.62	m²	1.17 m²/m²
2.4	天棚装饰	1 080.33	m²	0.13 m²/m²
2.5	油漆、涂料	869.35	m²	0.10 m²/m²
2.6	隔断	109.02	m²	0.01 m²/m²
2.7	其他内装饰	446.49	m²	0.05 m²/m²

续表

编号	工程量名称	数量	单位	单位指标
3	安装工程			
3.1	电气工程			
3.1.1	变压器安装	2	套	<0.01 套/m²
3.1.2	控制设备及低压电器安装	456	套	0.05 套/m²
3.1.3	电缆安装	21 909.31	m	2.58 m/m²
3.1.4	防雷及接地装置	4 740.00	套	0.56 套/m²
3.1.5	配管、配线	64 121.28	m	7.55 m/m²
3.1.6	照明器具安装	706	套	0.08 套/m²
3.2	建筑智能化及通信工程			
3.2.1	综合布线系统工程	1	套	<0.01 套/m²
3.2.2	建筑设备自动化系统工程	7	套	<0.01 套/m²
3.3	空调、通风工程			
3.3.1	通风设备及部件制作安装	81	台	0.01 台/m²
3.3.2	通风管道制作安装	993.14	m²	0.12 m²/m²
3.3.3	通风管道部件制作安装	117	个	0.01 个/m²
3.4	消防工程			
3.4.1	水灭火系统	1 422.00	套	0.17 套/m²
3.4.2	气体灭火系统	7	套	<0.01 套/m²
3.4.3	泡沫灭火系统	2 568.00	套	0.30 套/m²
3.4.4	火灾自动报警系统	564	套	0.07 套/m²
3.5	给排水、采暖、燃气管道			
3.5.1	给排水、采暖、燃气管道	2 508.02	m	0.30 m/m²
3.5.2	支架及其他	8 385.99	kg	0.99 kg/m²
3.5.3	管道附件	235	组	0.03 组/m²
3.5.4	卫生器具	127	套	0.01 套/m²
3.5.5	给排水、采暖、燃气设备	1	台	<0.01 台/m²
3.6	刷油、防腐蚀、绝热工程			

续表

编号	工程量名称	数量	单位	单位指标
3.6.1	刷油工程	94.2	m²	0.01 m²/m²
3.6.2	防腐蚀工程	572.61	m²	0.07 m²/m²
3.6.3	绝热工程	45.35	m²	0.01 m²/m²
4	措施项目费			
4.1	混凝土模板及支架（撑）	7 152.01	m²	0.84 m²/m²
4.2	垂直运输	8 396.47	m²	0.99 m²/m²